常用异步电动机绕组展开图与接线图

谭影航 编著

金盾出版社

内 容 提 要

本书从介绍电动机绕组的基础知识及其展开图和接线图的画法入手,绘编了 Y2(IP54)、Y(IP44)、YX 系列三相笼型异步电动机、YU、YC、YY、YL 系列单相异步电动机、YR 系列(IP44)绕线式异步电动机和 YD 系列三相变极多速异步电动机定(转)子绕组展开图与接线图,同时,还绘编了其他常用的电动机绕组展开图与接线图。附录中给出了相关电动机定子铁心和绕组的技术数据。本书可供从事电动机修理的专业人员使用,也可供从事电器、电机设计制造的技术人员阅读参考。

图书在版编目(CIP)数据

常用异步电动机绕组展开图和接线图/谭影航编著. —北京:金盾出版社,2010.3
ISBN 978-7-5082-5717-4

Ⅰ. 常… Ⅱ. 谭… Ⅲ. 异步电动机—定子绕组—布线—图集 Ⅳ.
TM343.031-64

中国版本图书馆 CIP 数据核字(2009)第 051768 号

金盾出版社出版、总发行
北京太平路 5 号(地铁万寿路站往南)
邮政编码:100036　电话:68214039　83219215
传真:68276683　网址:www.jdcbs.cn
封面印刷:北京精美彩色印刷有限公司
彩页正文印刷:北京凌奇印刷有限责任公司
装订:兴浩装订厂
各地新华书店经销
开本:705×1 000 1/16　印张:23.5　彩页:280　字数:420 千字
2010 年 3 月第 1 版第 1 次印刷
印数:1～10000 册　定价:68.00 元

(凡购买金盾出版社的图书,如有缺页、
倒页、脱页者,本社发行部负责调换)

前　言

　　定子绕组是电动机实现能量转变的关键部件。将三相交流电源接入三相定子绕组,就会产生旋转磁场,并在转子绕组中感应电动势,产生电磁转矩,使转子转动起来。定子绕组技术状态如何,关系到电动机的性能,因而有电动机"心脏"之称。

　　要保证与提高电机的维修质量,必须了解和熟悉绕组的构成原则、连线规律与方法。为了满足电动机修理人员的需要,作者绘编了这本常用异步电动机绕组展开图与接线图集。

　　书中从绕组的基本概念及其展开图和接线图的画法入手,绘制了目前工农业生产和生活中广泛使用的 Y2(IP54)、Y(IP44)、YX 系列三相笼型异步电动机和 YU、YC、YL 系列单相异步电动机定子绕组展开图和接线图,同时还根据实际需要,绘制了 YR(IP44) 系列绕线式异步电动机、YD 系列多速异步电动机绕组展开图与接线图和罩极单相电动机定(转)子展开图和接线图。为了方便维修人员使用,附录中给出了相关电动机定子铁心和绕组的技术数据。

　　本书在编写过程中,参考和引用了部分书刊中的标准及文献,在此,向有关作者表示衷心感谢。

　　由于本人水平有限,书中会有疏漏和错误,恳请读者批评指正。

作　者

目 录

第一章 电动机绕组的基础知识及其展开图和接线图的绘制方法 …… 1
第一节 电动机绕组的基础知识 …… 1
一、电动机的分类 …… 1
二、电动机绕组的名词术语 …… 1
三、电动机绕组的分类 …… 3
第二节 三相绕组展开图的绘制方法 …… 4
一、绕组展开图 …… 4
二、三相绕组构成的原则 …… 5
三、三相绕组的连接规律 …… 6
四、三相电动机单层交叉式绕组展开图的绘制方法 …… 7
五、三相电动机双层绕组展开图的绘制方法 …… 9
六、分数槽绕组展开图的绘制方法 …… 10
第三节 三相电动机绕组圆形接线图的绘制方法 …… 26
一、绕组圆形接线图 …… 26
二、并联支路数 $a=1$ 绕组圆形接线图的绘制方法 …… 26
三、并联支路数 $a>1$ 绕组圆形接线图的绘制方法 …… 28
第四节 单相电动机定子绕组展开图的绘制方法 …… 30
一、单相电动机单层链式绕组展开图绘制方法 …… 30
二、单相电动机正弦绕组展开图的绘制方法 …… 33
第五节 单相异步电动机绕组的接线方法 …… 36
一、绕组简化图 …… 36
二、串联接法 …… 36
三、并联接法 …… 37
四、单相异步电动机绕组引出端的表示方法 …… 37

第二章 三相异步电动机定子(或转子)绕组展开图 …… 38
第一节 2极电动机绕组展开图 …… 38
1. 2极18槽单层交叉式绕组1路接法 …… 38
2. 2极18槽单层交叉同心式绕组1路接法 …… 39
3. 2极18槽单层同心式绕组 …… 40

4. 2极24槽单层同心式绕组1路接法 …………………………… 40
5. 2极24槽单层同心式绕组2路接法 …………………………… 41
6. 2极24槽双层叠式绕组2路接法(节距:$Y=1-11$) ………… 42
7. 2极24槽双层叠式绕组1路接法(节距:$Y=1-12$) ………… 44
8. 2极30槽单层同心式绕组1路接法 …………………………… 45
9. 2极30槽双层叠式绕组2路并联接法(节距:$Y=1-11$) …… 46
10. 2极30槽双层叠式绕组1路接法(节距:$Y=1-12$) ………… 46
11. 2极30槽双层叠式绕组2路并联接法(节距:$Y=1-12$) …… 48
12. 2极36槽单层同心式绕组1路接法($a=1$) ………………… 49
13. 2极36槽单层同心式绕组2路接法 …………………………… 50
14. 2极36槽双层叠式绕组1路接法(节距:$Y=1-14$) ………… 51
15. 2极36槽双层叠式绕组2路并联接法(节距:$Y=1-14$) …… 52
16. 2极36槽双层叠式绕组1路接法(节距:$Y=1-13$) ………… 53
17. 2极36槽双层叠式绕组2路接法(节距:$Y=1-13$) ………… 53
18. 2极42槽双层叠式绕组2路接法(节距:$Y=1-15$) ………… 53
19. 2极42槽双层叠式绕组2路并联接法(节距:$Y=1-16$) …… 53
20. 2极42槽双层叠式绕组2路并联接法(节距:$Y=1-17$) …… 62
21. 2极48槽双层叠式绕组2路并联接法 ………………………… 62

第二节 4极电动机绕组展开图 …………………………………… 67
1. 4极18槽单层交叉式绕组1路正串接法 ……………………… 67
2. 4极24槽单层链式绕组1路接法 ……………………………… 67
3. 4极24槽双层叠式绕组1路接法(节距:$Y=1-6$) …………… 69
4. 4极24槽双层叠式绕组2路并联接法(节距:$Y=1-6$) ……… 70
5. 4极30槽(分数槽)双层叠式绕组1路接法(节距:$Y=1-8$) …… 71
6. 4极30槽(分数槽)双层叠式绕组2路并联接法
   (节距:$Y=1-8$) ……………………………………………… 71
7. 4极36槽单层叠式绕组1路正串接法 ………………………… 73
8. 4极36槽单层交叉式绕组1路接法 …………………………… 73
9. 4极36槽单层交叉式绕组2路接法 …………………………… 75
10. 4极36槽单层同心交叉式绕组1路接法 …………………… 76
11. 4极36槽双层叠式绕组1路接法(节距:$Y=1-9$) ………… 77
12. 4极36槽双层叠式绕组2路接法(节距:$Y=1-9$) ………… 78
13. 4极36槽双层叠式绕组2路接法(节距:$Y=1-8$) ………… 79
14. 4极42槽(分数槽)双层叠式绕组1路接法(节距:$Y=1-9$) … 79

15. 4极48槽单层同心式绕组2路并联接法(节距:Y1=1—12,Y2=2—11) …………………………………………………… 79
16. 4极48槽单层叠式绕组1路接法(节距:Y=1—11) ………… 79
17. 4极48槽单层叠式绕组2路并联接法(节距:Y1=1—11,Y2=2—12) …………………………………………………… 85
18. 4极48槽单层链式绕组4路并联接法(节距:Y=1—11) …… 85
19. 4极48槽双层叠式绕组2路并联接法(节距:Y=1—11) …… 86
20. 4极48槽双层叠式绕组4路并联接法(节距:Y=1—11) …… 91
21. 4极48槽双层叠式绕组2路并联接法(节距:Y=1—12) …… 91
22. 4极48槽双层叠式绕组4路并联接法(节距:Y=1—12) …… 91
23. 4极54槽(分数槽)双层叠式绕组1路接法(节距:Y=1—13) …………………………………………………………… 98
24. 4极54槽(分数槽)双层叠式绕组2路接法(节距:Y=1—13) …………………………………………………………… 98
25. 4极60槽双层叠式绕组4路并联接法(节距:Y=1—13) …… 98
26. 4极60槽双层叠式绕组4路并联接法(节距:Y=1—14) …… 98
27. 4极60槽双层叠式绕组4路并联接法(节距:Y=1—15) …… 107
28. 4极72槽双层叠式绕组4路并联接法 ……………………… 107

第三节 6极电动机绕组展开图 …………………………………… 112
1. 6极27槽(分数槽)双层叠式绕组1路接法 ………………… 112
2. 6极36槽单层链式绕组1路接法 …………………………… 113
3. 6极36槽单层链式绕组2路并联接法(节距:Y=1—6) …… 114
4. 6极36槽单层链式绕组3路接法(节距:Y=1—6) ………… 115
5. 6极36槽单层同心式绕组1路正串接法(节距:Y=1—8,2—7) ……………………………………………………………… 116
6. 6极36槽双层叠式绕组1路接法(节距:Y=1—6) ………… 116
7. 6极36槽双层叠式绕组2路并联接法(节距:Y=1—6) …… 117
8. 6极45槽(分数槽)双层叠式绕组1路接法(节距:Y=1—7) … 118
9. 6极45槽(分数槽)双层叠式绕组1路接法(节距:Y=1—8) … 119
10. 6极48槽(分数槽)双层叠式绕组1路接法(节距:Y=1—8) …………………………………………………………… 119
11. 6极48槽(分数槽)双层叠式绕组2路接法(节距:Y=1—8) …………………………………………………………… 126
12. 6极54槽单层链式绕组1路接法(节距:Y=1—8) ………… 126

13. 6极54槽单层叠式绕组1路正串接法(节距:Y=1—10) …… 126
14. 6极54槽单层同心交叉式绕组1路接法 ………………… 126
15. 6极54槽单层交叉式绕组3路接法 ……………………… 126
16. 6极54槽双层叠式绕组1路接法(节距:Y=1—9) …… 126
17. 6极54槽双层叠式绕组2路并联接法(节距:Y=1—9) … 139
18. 6极54槽双层叠式绕组3路接法(节距:Y=1—9) …… 139
19. 6极60槽(分数槽)双层叠式绕组1路接法 ……………… 139
20. 6极60槽(分数槽)双层叠式绕组2路接法 ……………… 139
21. 6极72槽双层叠式绕组3路接法(节距:Y=1—11) …… 139
22. 6极72槽双层叠式绕组2路并联接法(节距:Y=1—12) … 150
23. 6极72槽双层叠式绕组3路并联接法(节距:Y=1—12) … 150
24. 6极72槽双层叠式绕组6路并联接法(节距:Y=1—11) … 150
25. 6极72槽双层叠式绕组6路并联接法(节距:Y=1—12) … 150

第四节　8极电动机绕组展开图 ……………………………… 159
1. 8极36槽单层交叉式绕组1路正串接法 ………………… 159
2. 8极36槽(分数槽)双层叠式绕组1路接法(节距:Y=1—5) … 159
3. 8极36槽(分数槽)双层叠式绕组2路接法(节距:Y=1—5) … 161
4. 8极45槽(分数槽)双层叠式绕组1路接法(节距:Y=1—6) … 161
5. 8极48槽单层同心式绕组1路正串接法 ………………… 161
6. 8极48槽单层链式绕组1路接法(节距:Y=1—6) ……… 161
7. 8极48槽单层链式绕组2路并联接法(节距:Y=1—6) … 166
8. 8极48槽单层叠式绕组2路并联正串接法 ……………… 168
9. 8极48槽双层叠式绕组1路接法(节距:Y=1—6) ……… 168
10. 8极48槽双层叠式绕组2路并联接法(节距:Y=1—6) … 168
11. 8极48槽双层叠式绕组4路并联接法(节距:Y=1—6) … 168
12. 8极54槽(分数槽)双层叠式绕组1路接法(节距:Y=1—6) … 177
13. 8极54槽(分数槽)双层叠式绕组1路接法(节距:Y=1—7) … 177
14. 8极54槽(分数槽)双层叠式绕组2路并联接法
　　(节距:Y=1—7) ……………………………………… 177
15. 8极60槽单层同心式绕组1路正串接法 ………………… 177
16. 8极60槽单层交叉式绕组2路正串接法 ………………… 177
17. 8极60槽(分数槽)双层叠式绕组2路接法 ……………… 187
18. 8极60槽(分数槽)双层叠式绕组4路接法 ……………… 187
19. 8极72槽单层交叉式绕组2路并联接法 ………………… 187

20. 8极72槽单层交叉式绕组4路并联接法 …………………… 187
21. 8极72槽双层叠式绕组2路并联接法(节距:Y=1-9) …… 187
22. 8极72槽双层叠式绕组4路并联接法(节距:Y=1-9) …… 195
23. 8极72槽双层叠式绕组8路并联接法(节距:Y=1-9) …… 195

第五节 单双层混合绕组展开图 …………………………………… 198
1. 2极18槽单双层混合绕组1路接法 ………………………… 198
2. 2极24槽单双层混合绕组1路接法 ………………………… 198
3. 2极36槽单双层混合绕组2路接法 ………………………… 199
4. 2极42槽单双层混合绕组2路并联接法 …………………… 200
5. 2极48槽单双层混合绕组2路并联接法 …………………… 201
6. 4极36槽单双层混合绕组1路接法 ………………………… 202
7. 4极60槽单双层混合绕组4路并联接法 …………………… 203
8. 8极36槽单双层混合绕组1路正串接法 …………………… 203

第三章 三相异步电动机圆形接线图 ……………………………… 207
第一节 2极电动机圆形接线图 …………………………………… 207
1. 三相2极 $a=1$ 圆形接线图 ………………………………… 207
2. 三相2极 $a=2$ 圆形接线图 ………………………………… 207

第二节 4极电动机圆形接线图 …………………………………… 208
1. 三相4极 $a=1$ 圆形接线图 ………………………………… 208
2. 三相4极 $a=2$ 圆形接线图 ………………………………… 209
3. 三相4极 $a=4$ 圆形接线图 ………………………………… 210

第三节 6极电动机圆形接线图 …………………………………… 210
1. 三相6极 $a=1$ 圆形接线图 ………………………………… 210
2. 三相6极 $a=2$ 圆形接线图 ………………………………… 210
3. 三相6极 $a=3$ 圆形接线图 ………………………………… 210
4. 三相6极 $a=6$ 圆形接线图 ………………………………… 210

第四节 8极电动机圆形接线图 …………………………………… 214
1. 三相8极 $a=1$ 圆形接线图 ………………………………… 214
2. 三相8极 $a=2$ 圆形接线图 ………………………………… 214
3. 三相8极 $a=4$ 圆形接线图 ………………………………… 214
4. 三相8极 $a=8$ 圆形接线图 ………………………………… 214

第四章 单相异步电动机定子绕组展开图 ………………………… 218
第一节 2极单相电动机 …………………………………………… 218
1. 2极12槽(3/3)单相电动机正弦绕组 ……………………… 218

2. 2极12槽(3/3)单相电动机正弦绕组2路并联接法 …………… 218
3. 2极16槽(3/3)单相电动机正弦绕组 ………………………… 219
4. 2极16槽(2/2)单相电动机正弦绕组展开图 ………………… 220
5. 2极18槽(4/4)单相电动机正弦绕组 ………………………… 221
6. 2极20槽(4/4)单相电动机正弦绕组 ………………………… 222
7. 2极24槽(4/2)单相电动机正弦绕组 ………………………… 223
8. 2极24槽(4/4)单相电动机正弦绕组 ………………………… 224
9. 2极24槽(5/3)单相电动机正弦绕组 ………………………… 225
10. 2极24槽(5/4)单相电动机正弦绕组 ……………………… 226
11. 2极24槽(5/5)单相电动机正弦绕组 ……………………… 227
12. 2极24槽(6/3)单相电动机正弦绕组 ……………………… 228
13. 2极24槽(6/4)单相电动机正弦绕组 ……………………… 229
14. 2极24槽(6/5)单相电动机正弦绕组 ……………………… 230
15. 2极24槽(6/6)单相电动机正弦绕组(一) ………………… 230
16. 2极24槽(6/6)单相电动机正弦绕组(二) ………………… 231
17. 2极24槽(电容运转)单相电动机绕组 ……………………… 233
18. 2极24槽(6/4)正弦绕组2路并联接法 ……………………… 234
19. 2极24槽(6/6)正弦绕组2路并联接法 ……………………… 234
20. 2极24槽(5/5)正弦绕组2路并联接法 ……………………… 234

第二节 4极单相电动机 ……………………………………………… 236
1. 4极12槽(电容运转)单相电动机绕组(一) ………………… 236
2. 4极12槽(电容运转)单相电动机绕组(二) ………………… 237
3. 4极16槽(1/1)单相电动机定子绕组 ………………………… 237
4. 4极16槽(2/2)单相电动机绕组 ……………………………… 238
5. 4极24槽(2/1)单相电动机正弦绕组 ………………………… 239
6. 4极24槽(2/2)单相电动机正弦绕组 ………………………… 239
7. 4极24槽(3/2)单相电动机正弦绕组 ………………………… 240
8. 4极24槽(3/3)单相电动机正弦绕组1路接法 ……………… 241
9. 4极24槽(3/3)单相电动机正弦绕组2路并联接法 ………… 242
10. 4极24槽(3/3)单相电动机正弦绕组4路并联接法 ……… 243
11. 4极24槽(3/2)单相电动机绕组2路并联接法 …………… 244
12. 4极24槽(3/2)单相电动机正弦绕组4路并联接法 ……… 244
13. 4极32槽(4/3)单相电动机正弦绕组 ……………………… 245
14. 4极32槽(3/3)单相电动机正弦绕组 ……………………… 246

15. 4极32槽单相电动机正弦绕组(一) …………………… 248
16. 4极32槽单相电动机正弦绕组(二) …………………… 249
17. 4极36槽(4/3)单相电动机正弦绕组 …………………… 249
18. 4极36槽(4/2)单相电动机正弦绕组 …………………… 250
19. 4极36槽(4/3)单相电动机正弦绕组 …………………… 251
20. 4极36槽(4/3)单相电动机正弦绕组2路并联接法 …… 252
21. 4极36槽(4/3)单相电动机正弦绕组4路并联接法 …… 253

第三节 6极和8极单相电动机 ……………………………… 253
1. 6极24槽(电容运转)单相电动机定子绕组 …………… 253
2. 8极32槽(电容运转)单相电动机定子绕组 …………… 254

第四节 罩极单相电动机 …………………………………… 255
1. 2极12槽罩极单相电动机定子绕组 …………………… 255
2. 2极16槽罩极单相电动机定子绕组(一) ……………… 256
3. 2极16槽罩极单相电动机定子绕组(二) ……………… 256
4. 2极16槽罩极单相电动机定子绕组(三) ……………… 257
5. 2极18槽(4/2)罩极单相电动机定子绕组 ……………… 258
6. 2极18槽罩极单相电动机定子绕组 …………………… 259
7. 2极24槽(5/2)罩极单相电动机定子绕组 ……………… 260
8. 2极24槽(4/3)罩极单相电动机定子绕组 ……………… 261
9. 4极24槽(3/2)罩极单相电动机定子绕组 ……………… 262
10. 4极24槽(2/2)罩极单相电动机定子绕组 …………… 263

第五章 单相异步电动机定子绕组接线图 ……………… 265
1. 电阻分相单相电动机定子绕组接线图 ………………… 265
2. 电容起动单相电动机定子绕组接线图 ………………… 266
3. 电容运转单相电动机定子绕组接线图 ………………… 268
4. 电容起动、电容运转单相电动机定子绕组接线图 …… 268
5. 2极单相电动机定子绕组2路并联接线图 …………… 269
6. 4极单相电动机定子绕组2路并联接线图 …………… 272
7. 罩极式单相电动机定子绕组接线图 …………………… 272

第六章 三相变极多速异步电动机绕组展开图与接线图 …… 274
1. 24槽2/4极单绕组双速电动机展开图与接线图(一) … 274
2. 24槽2/4极单绕组双速电动机展开图与接线图(二) … 276
3. 36槽2/4极单绕组双速电动机展开图与接线图(一) … 278
4. 36槽2/4极单绕组双速电动机展开图(二) …………… 280

5. 48槽2/4极单绕组双速电动机展开图与接线图 …………… 281
6. 60槽2/4极单绕组双速电动机展开图与接线图 …………… 283
7. 36槽4/8极单绕组双速电动机展开图与接线图 …………… 287
8. 48槽4/8极单绕组双速电动机展开图与接线图 …………… 288
9. 54槽4/8极单绕组双速电动机展开图与接线图 …………… 292
10. 72槽4/8极单绕组双速电动机展开图与接线图 ………… 295
11. 36槽6/4/2极双绕组三速电动机展开图与接线图 ……… 297
12. 36槽8/4/2极双绕组三速电动机展开图与接线图 ……… 301
13. 36槽8/6/4极双绕组三速电动机展开图与接线图 ……… 303
14. 54槽8/6/4极双绕组三速电动机展开图与接线图 ……… 305
15. 72槽8/6/4极双绕组三速电动机展开图与接线图(一) … 308
16. 72槽8/6/4极双绕组三速电动机展开图与接线图(二) … 312

附录 异步电动机技术数据及绕组参数表

附表1 Y2系列(IP54)三相异步电动机技术数据及绕组参数表 …… 318
附表2 Y2-E系列(IP54)三相异步电动机技术数据及绕组参数表 … 325
附表3 Y系列(IP44)三相笼型异步电动机绕组参数表 …………… 329
附表4 YX系列高效率三相异步电动机绕组参数表 ……………… 333
附表5 YR系列绕线转子三相异步电动机技术数据及
　　　绕组参数表(IP44) …………………………………………… 335
附表6 YR系列绕线转子三相异步电动机技术数据及
　　　绕组参数表(IP23) …………………………………………… 338
附表7 JO4系列三相笼型异步电动机绕组参数表 ………………… 341
附表8 JO3系列三相笼型异步电动机绕组参数表(铜线) ………… 342
附表9 JO2系列三相笼型异步电动机绕组参数表 ………………… 344
附表10 YD系列变极多速三相异步电动机技术数据及绕组参数表 … 347

第一章 电动机绕组的基础知识及其展开图和接线图的绘制方法

第一节 电动机绕组的基础知识

一、电动机的分类

电动机按电流性质,可分为直流电动机和交流电动机;交流电动机按运行原理,可分为异步电动机(感应电动机)和同步电动机(同期电动机);异步电动机按相数,又分为三相电动机和单相电动机;按转子的结构形式,分为鼠笼式三相异步电动机(也称短路式感应电动机)和绕线式三相异步电动机(也称滑环式感应电动机);单相电动机又有分相式和罩极式等。分类关系如图 1-1-1 所示。

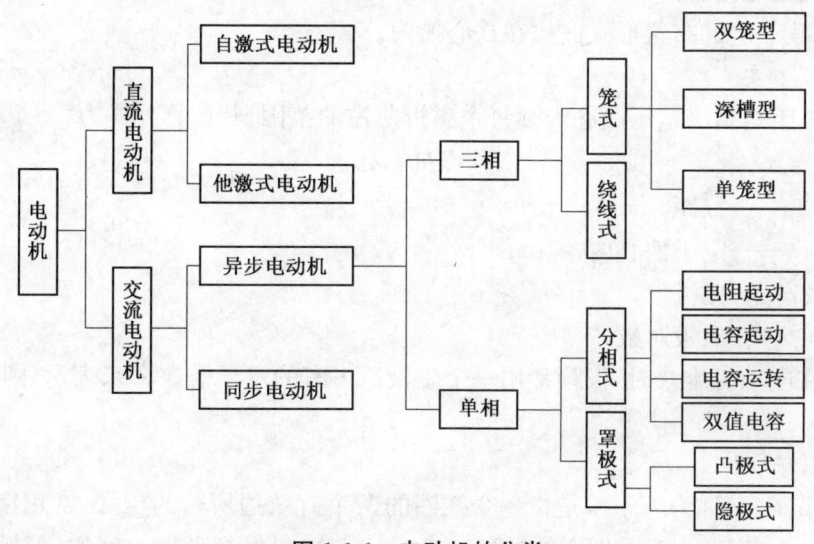

图 1-1-1 电动机的分类

二、电动机绕组的名词术语

1. 线圈

线圈是用绝缘铜(或铝)导线绕制而成的,也可以说是由漆包线绕制而成的。线圈是组成绕组的基本元件,每个线圈的圈数称为匝数。绕组可以是单匝的,也可以是多匝的。

线圈的直线部分(称为有效部分)放在槽内,起着转换电磁能量的作用;直线部分两端的连线,称为线圈端部。如图1-1-2所示。

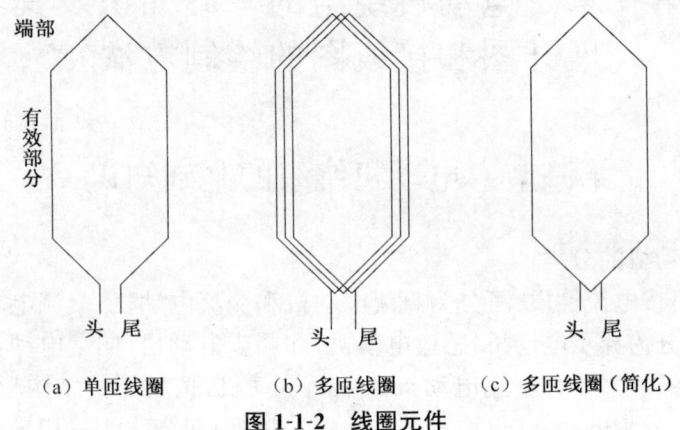

(a) 单匝线圈　　(b) 多匝线圈　　(c) 多匝线圈(简化)

图 1-1-2　线圈元件

2. 绕组

绕组是由若干个线圈按一定的规律和端部连接方式(串联或并联)组成的,并按一定的布置形式嵌放在铁心槽内。

3. 极距

极距是指沿定子铁心内圆每个磁极所占的范围,其计算公式为

$$\tau = \pi D_i / 2p$$

式中　τ——极距,mm

　　　D_i——定子铁心内径,mm

　　　$2p$——磁极数

　　　p——磁极对数

在电动机维修时,极距常用一个磁极所占有的定子槽数 Z 来表示,则

$$\tau = Z/2p$$

4. 节距

节距(又称为跨距),是指一个线圈的两个有效边所跨的槽数,常用字母 y 表示。当 $y=\tau$ 时,叫做全节距;当 $y<\tau$ 时,叫做短节距。例如,槽距为 1—8,节距为 $8-1=7$。

5. 槽距

槽距是指一个线圈的两个有效边嵌下槽后所跨的距离。

当采用整节距时,槽距$=\tau+1$

当采用短节距时,槽距$=y+1$

6. 短距比

线圈的节距 y 与极距 τ 的比值称为短距比,常用字母 β 表示,即 $\beta=y/\tau$。在双层绕组中,一般 $\beta=0.8\sim0.9$,通常取 $y=5/6\times\tau$。

7. 电角度

从几何学角度分析,电动机的定子或转子的一周等于 $360°$,几何角度也称机械角度。但在电工学中常用电角度来分析计算。电角度一般可解释为,线圈在磁场中转过一对磁极,线圈内的电流完成一个正弦交流振动周期。若将正弦交流电的一个振动周期定义为 $360°$ 电角度,则电角度与机械角度的关系为电角度=磁极对数×机械角度。例如:电动机为 4 极,则,电动机转子旋转一周的电角度 $=2\times360°=720°$;同理,电动机为 8 极,则电动机转子旋转一周的电角度 $=4\times360°=1440°$。

8. 槽距角

两相邻铁心线槽之间隔开的电角度,称为槽距角,常用字母 α 表示。则

$$\alpha=p\times360°/Z$$

9. 相带

通常将每个极面下绕组所占有的范围按相数等分,每个等分所包括的地带称为一个相带,相带用电角度表示。对于三相交流电动机定子绕组来说,不论极数多少,每个极都占有 $180°$ 电角度,故三相交流电动机绕组相带通常为 $60°$ 电角度,称为 $60°$ 相带绕组。

10. 每极每相槽数

每相绕组在每个磁极下所分到的槽数称为每极每相槽数,常用字母 q 表示。则

$$q=Z/(m\times2p)$$

式中,m 表示相数。对于三相电动机而言 $m=3$,故上式可改写为:$q=Z/6p$。

在 q 不变的情况下,双层绕组每相的极相组数就等于极数,而单层绕组每相的极相组数就等于极对数。

11. 极相组

在一相中,形成同一个磁极的一个或几个线圈定为一组,称为极相组。极相组也可叫线圈组。

12. 每相绕组的并联支路数 a

在同一相里,可以将所有的线圈组串联成一条支路,也可以并联组成多条支路。每相绕组中并联的路数称为并联支路数,常用字母 a 表示。

三、电动机绕组的分类

对于 $60°$ 相带绕组来说,电动机的三相绕组可分为定子绕组和转子绕

组。定子绕组为绕线式。按绕组的层数划分,分为单层绕组、双层绕组和单双层混合绕组。按元件的形状和连接方式,单层绕组可以分为同心式、链式和交叉式,双层绕组可以分叠绕式和波绕式。此外,按节距的大小,绕组可以分为全节距绕组和短节距绕组。由于短节距绕组可以节省导线、减少谐波影响、改善电动机的电气性能,故多数的电动机采用短节距绕组。

  转子绕组分为笼型绕组和绕线型绕组。笼型绕组成鼠笼状。就是在转子的铁心槽中放入铜条,其两端用端环连接或在槽中浇注铸铝液,冷却后成为笼状。由于铝的价格较便宜,加工制作过程比较简单,故中小型电动机的笼型绕组都用铸铝制作。绕线型转子绕组的类型与定子绕组相同。电动机绕组的分类关系如图 1-1-3 所示。

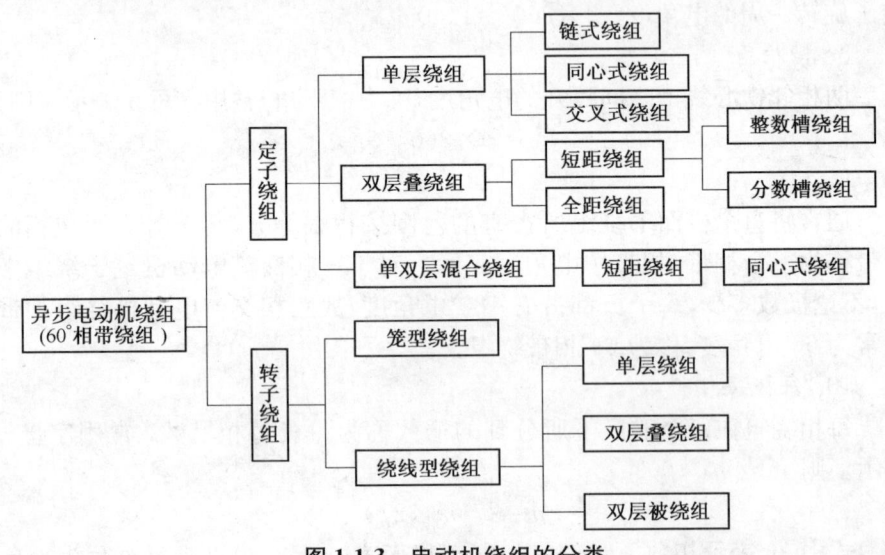

图 1-1-3　电动机绕组的分类

第二节　三相绕组展开图的绘制方法

一、绕组展开图

  三相异步电动机的定子绕组,一般均匀地分布在定子铁心的圆柱内表面上。假设用一把剪刀沿定子轴向将铁心剪开,并展开成一个平面,略去铁心部分,就形成了定子绕组的平面展开图,如图 1-2-1 所示。在实际绘制平面展开图时可以用实线、虚线、点划线三种线条,也可以用红、绿、蓝三种颜色分别代表 U、V、W 三相绕组,然后把线圈组及它们的连接方法画在平面图上,就是一个三相电动机定子绕组的平面展开图。

由于平面展开图可以清晰地看出绕组中每一线圈边的嵌放位置和各线圈的连接方法,可以作为了解定子绕组结构以及定子绕组维修时嵌线和连接的依据,故在电动机维修中占有重要地位。学会绘制定子绕组展开图,也是维修电工和电机维修专业人员的基本功。

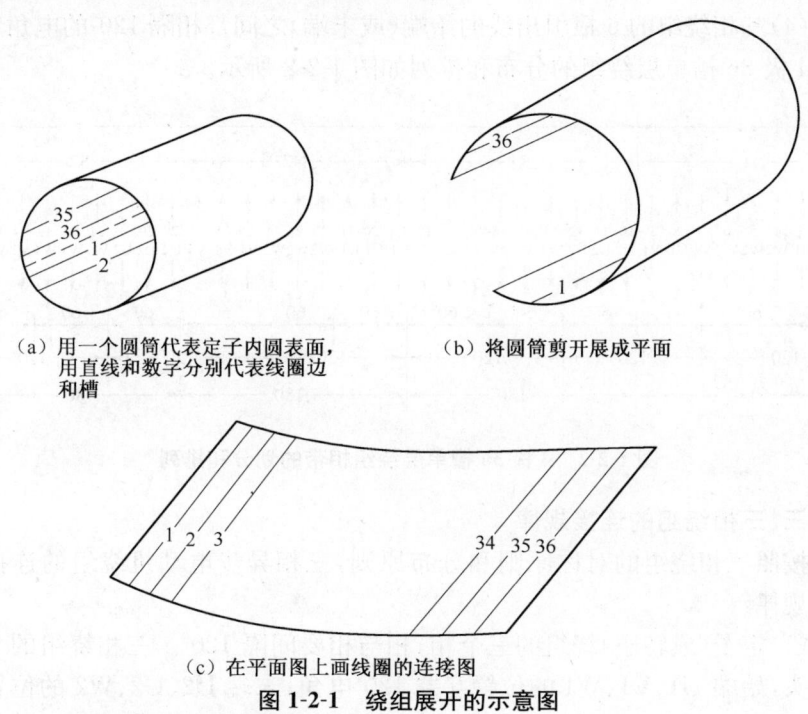

(a) 用一个圆筒代表定子内圆表面,用直线和数字分别代表线圈边和槽　　(b) 将圆筒剪开展成平面

(c) 在平面图上画线圈的连接图

图 1-2-1　绕组展开的示意图

二、三相绕组构成的原则

1. 三相绕组的对称原则

(1) 三相绕组的结构要相同,各相产生的磁势要相等,在空间位置上各相差一个相同的角度,使三相电势的相位分别相差 120°电角度。

(2) 三相绕组的阻抗要平衡,即每相绕组的导线规格、导体数、并联支路数应相等,线圈形状、尺寸、数目也要相同。

(3) 每相线圈在空间分布规律相同(布置情况相同)、连接方法相同。

因此,只要掌握一相绕组的分布情况,其他两相的分布就迎刃而解了。

2. 三相绕组的分布原则

(1) 三相绕组在每个磁极下应均匀分布。将定子绕组按极数分,使每个极占有 180°的电角度,再将每极下槽数分成均匀的三个相带,每个相带占 60°电角度。

(2) 同一相的极相组所通过的电流方向数的和与磁极数相同,且同相绕组的各个有效边在同性磁极下的电流方向相同,在异性磁极下的电流方向相反。

(3) 同相绕圈有效边之间的连接原则,是使有效边的电流在连接支路中的方向相同。

(4) 三相绕组的 6 根引出线的始端(或末端)之间都相隔 120°的电角度。

4 极 36 槽单层绕组的分布和排列如图 1-2-2 所示。

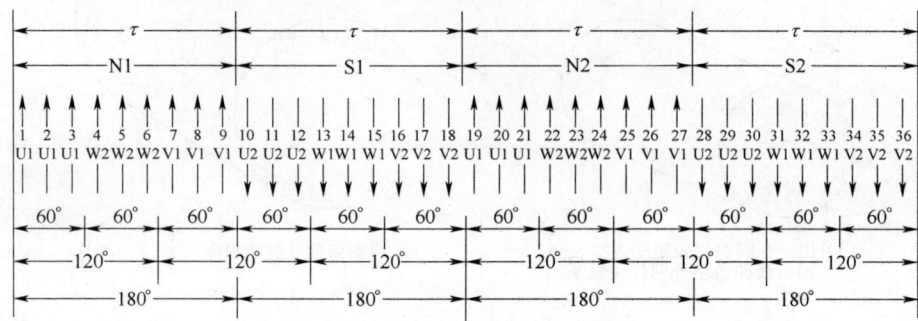

图 1-2-2 4 极 36 槽单层绕组相带的划分和排列

三、三相绕组的连接规律

按照三相绕组的对称原则和分布原则,三相异步电动机绕组的连接有以下规律:

(1) 定子(或转子)绕组的三个相,相与相要间隔 120°。三相绕组的 6 个接线头,始端 U1、V1、W1 的位置互差 120°电角;末端 U2、U2、W2 的位置也互差 120°电角。

(2) 把电动机铁心的总槽数分成 $2q$ 个等份,每一等份为 $Z/2q$,就是一个极距。每个极必须具有三个相的线圈组,或者说每相的线圈组在每个极里都有分布且相等。

(3) 双层绕组的每相线圈数等于 $Z/3$,单层绕组的每相线圈数等于 $Z/6$,极相组的线圈数等于 $Z/2pm$,每极每相槽数 $q=Z/2pm$。双层叠绕组的极相组数(线圈组数)等于磁极数;单层同心式绕组、单层交叉式绕组、单层链式绕组,其极相组数(线圈组数)都等于磁极数。

(4) 相绕组的单路连接。就是每相绕组的支路数 $a=1$ 时的连接,常用"正串"和"反串"两种接法。

1) 正串接法。当一相绕组的线圈组数等于电动机磁极数的 1/2(或一相绕组的线圈组数等于电动机磁极对数)时,为了适应电动机同极性的需要,使两个线圈组之间的电流方向相同,采用正串接法。即在同一相里,第一线圈组的尾与第二线圈组的头相连接,其余线圈组的接法依此类推。简练的说,就是"头—尾"或"尾—头"连接。如图 2-2-7 和 2-3-5 所示。

2) 反串接法。当一相绕组的线圈组数目等于电动机磁极数目时,为了适应每相绕组的相邻两个线圈组产生异极性磁极的需要,使两个线圈组之间的电流方向相反,采用反串接法。即在同一相里,第一线圈组的尾与第二线圈组的尾相连接,其余线圈组的接法依此类推。简练的说,就是"尾—尾"或"头—头"连接。如图 1-2-3d 或图 1-2-4e 所示。

(5) 相绕组的多路连接。对每相绕组支路数 $a>1$ 的电动机,支路之间并联连接的原则是:

1) 各支路均顺着箭头方向连接。

2) 各支路的相头与相头连接,相末与相末连接,不得颠倒。

3) 并联后各条支路的线圈组数应相等。如图 1-3-2 所示。

常见三相绕组并联支路数见表 1-1:

表 1-1 三相绕组并联支路数

极数	2	4	6	8	10	12	14
并联支路数 a	1、2	1、2、4	1、2、3、6	1、2、4、8	1、2、5、10	1、2、3、4、6、12	1、7、14

四、三相电动机单层交叉式绕组展开图的绘制方法

以一台 4 极 36 槽异步电动机为例,说明定子绕组展开图的画法。

1. 定子绕组参数计算

(1) 极距
$$\tau = Z/2p = 36/2 \times 2 = 9(槽)$$

(2) 每极每相槽数
$$q = Z/6p = 36/6 \times 2 = 3$$

(3) 单层绕组的每相线圈数等于
$$Z/6 = 36/6 = 6$$

短节距绕组,4 极电机,每相线圈组(或相极组)数=4,即两个线圈组分别由两个大线圈(节距 $y=8$;$Y_大=1-9$)组成,另两个线圈组分别由一个小线圈(节距 $y=7$;$Y_小=1-8$)组成。

2. 绘制步骤

单层交叉式绕组展开图绘制步骤如下:

(1) 画出定子铁心的槽数,并给槽数编号。即在纸上画出 36 根互相平行的直线,一根直线段代表定子铁心的一条槽,并在直线段的中间标号,以表示每槽的序号,如图 1-2-3a 所示。

(2) 划定极距和分相带,并标注相带号。①划定极距:按照 $2p=4$、$\tau=9$,把 36 槽划分为 4 等份,每份占 9 个槽,每一等份代表一个极距,即每个极占有180°的电角度,并在极距对应上面标出磁极极性 N、S、N、S;②分相带:将每一极划分3等份,即180/3=60°相带,每极每相$q=3$槽。从第1号槽开始,终至第36号槽,在每一极的槽号下面,分别依次标注 UUU、WWW、VVV 相带号。如图1-2-3b 所示。

(3) 画出电流方向。按照三相绕组的分布原则,同相绕组的各个有效边在同性磁极下的电流方向相同,在异性磁极下的电流方向相反。即 N 极(1、2、3、4、5、6、7、8、9号槽和19、20、21、22、23、24、25、26、27号槽)的电流方向向上,S 极(10、11、12、13、14、15、16、17、18 号槽和28、29、30、31、32、33、34、35、36号槽)的电流方向向下。如图1-2-3c 所示。

(4) 按照绕组的类型、电流方向和线圈节距(两个大线圈 $Y_大=1-9$;一个小线圈 $Y_小=1-8$),画出线圈的端部,逐个将相应的线圈边连接成线圈,使它们形成线圈与线圈组,并连接线圈组(画过桥线)构成 U1—U2 相绕组。如图1-2-3d 所示。具体画法是:

第2号槽的电流方向向上,第10号槽的电流方向向下,加上这两条槽之间的距离正好等于大线圈的节距 $Y_大=1-9$,因此,将这两条槽线圈有效边用斜线连接起来,则构成第一个线圈。同理,将第3号槽和第11号槽的线圈有效边用斜线连接起来,则构成第二个线圈。再将(2—10)和(3—11)两个线圈串联起来,则构成第一个线圈组。

第12号槽的电流方向向下,第19号槽的电流方向向上,加上这两条槽之间的距离正好等于小线圈的节距 $Y_小=1-8$,因此,将这两条槽线圈有效边用斜线连接起来,则构成第三个线圈。根据绕组的类型,由一个小线圈构成第二个线圈组。

同理,将(20—28)和(21—28)连接起来,构成第三个线圈组;再将(30—1)号槽线圈有效边连接起来,构成第四个线圈组;

根据"一相绕组的线圈组数目等于电动机磁极数目"的绕组连接规律,将属于一相的4个线圈组按"反串"的规则串联起来,就得到 U1—U2 相绕组。

(5) 画出 V1—V2 相绕组,以构成第二相绕组。如图1-2-3e 所示。根据"相与相之间的空间相隔120°电角度,算出 V1—V2 相绕组始端或末端的引出线。

①相邻两槽间的电角度,即槽距角 α
$$2p=4 \quad p=2$$
$$\alpha=p\times 360°/Z = 2\times 360°/36 = 20°$$
即,每1个槽占20°的电角度。

②V 相与 U 相之间的引线应相差 120°电角度,
$$120° \div 20° = 6(槽)$$
即 V 相与 U 相之间的引线应相隔 6 槽的距离。U 相的始端在第 2 槽,V 相的始端应放在第 8 槽。按照上述方法,将 V 相的各线圈组串接起来,即构成了 V1—V2 相绕组。

(6) 画出 W1-W2 相绕组,构成三相绕组。因 W 相与 V 相之间的引线应相隔 6 槽的距离,V 相的始端在第 8 号槽,所以 W 相的始端应放在第 14 号槽。按照上述方法,将 W 相的各线圈组串接起来,即构成了完整的三相绕组展开图。如图 1-2-3f 所示。

五、三相电动机双层绕组展开图的绘制方法

以一台 4 极 36 槽异步电动机双层绕组为例,说明其绕组展开图的画法。

1. 定子绕组的参数计算

(1) 极距
$$\tau = Z/2p = 36/2 \times 2 = 9 \text{ 槽}$$
该电动机为整距绕组,因此,节距等于极距:$y=\tau=9$;$Y=1—10$

(2) 每极每相槽数
$$q = Z/6p = 36/6 \times 2 = 3$$

(3) 双层绕组的每相线圈数 $= Z/m = 36/3 = 12$

(4) 由于双层叠绕组极相组的线圈数等于每极每相槽数 q,因此
$$极相组的线圈数 = Z/(2pm) = 36/(2 \times 2 \times 3) = 3$$

(5) 一相绕组的极相组数等于磁极数,因此,磁极数 $2p=4$,极相组数(线圈组数)为:4

2. 绘制步骤

4 极 36 槽电动机整距($y=\tau=9$)双层绕组展开图的绘制步骤如下:

(1) 画槽并给槽编号。画出 36 条槽,每条槽号画两根竖直线段,并相互平行,上层线圈有效边用实线和编号 1,2,3,4,…36 表示,下层线圈有效边用虚线和编号 $1',2',3',4',…36'$ 表示。如图 1-2-4a 所示。

(2) 划分极距、相带,并在上层边标注相带号。极距 $\tau = y = 9$,每个极距 τ 占有 9 个槽,整个定子铁心 36 个槽可分成 4 个极距;每个极距分成 3 个小等份,每个小等份就是一个相带,相带 $= \tau/m = 9/3 = 3$(槽),或 $q = Z/6p = 36/6 \times 2 = 3$(槽),即在一个极下每一个相带占 3 个槽,也就是说,在一个极下相带宽为 3 个槽。在槽的编号下,分别依次以 U、U、U、W、W、W、V、V、V;…标注,以表示它们为对应相绕组的线圈上层边所在的槽位,它们下层边所在的槽位由节距而决定。如图 1-2-4b 所示。

(3) 决定电流方向。按照三相绕组的分布原则,同相绕组的各个有效边在同性磁极下的电流方向相同,在异性磁极下的电流方向相反。在线圈上层边所在的槽位标注电流方向,即 N1 极和 N2 极所有的槽电流方向向上,S1 极和 S2 极所有的槽电流方向向下。如图 1-2-4c 所示。

(4) 按照绕组的类型、电流方向和线圈节距,画出线圈端部和线圈之间的连线,使它们与线圈有效边合成线圈和组成线圈组。第一个线圈组($q=3$)从第一个极距的第 1 号槽开始,按照整距 $y=\tau=9$(即 $Y=1—10$)的要求,一个线圈的边放在槽的上层,另一个线圈的边放在槽的下层,用斜线依次将一个上层边与相距 $Y=1—10$ 槽的下层边相连便合成了线圈;把一个相带的 $q=3$ 个线圈串联成线圈组,即把 $1\sim10'$、$2\sim11'$ 及 $3\sim12'$ 的 3 个线圈串联构成第一个线圈组;同理,第二个线圈组从第二个极距的第 10 号槽开始,也按照整距 $Y=1—10$ 的要求,即将 $10\sim19'$、$11\sim20'$ 及 $12\sim21'$ 的 3 个线圈连接构成第二个线圈组;第三个线圈组则从第三个极距的第 19 号槽开始,按照整距 $Y=1—10$ 的要求,即将 $19\sim28'$、$20\sim29'$ 及 $21\sim30'$ 的 3 个线圈连接构成第三个线圈组;第四个线圈组则从第四个极距的第 28 号槽开始,按照整距 $y=\tau=9$ 的要求,即将 $28\sim1'$、$29\sim2'$ 及 $30\sim3'$ 构成第四个线圈组。可见一相绕组中有 12 个线圈,有 4 个线圈组,正好等于电动机的磁极数。因此,符合电动机的技术要求。如图 1-2-4d 所示。

(5) 画过桥线,将线圈组进行连接,使它们构成一相绕组。由于一相绕组的线圈组数目等于电动机磁极数目,要使相邻两个线圈组之间的电流方向相反,则采用"反串"接法。如图 1-2-4e 所示。

(6) 同理,画出 V1—V2 相绕组和 W1—W2 相绕组。按照相与相的始端(或末端)引出线相隔 120°电角度的原则,$\alpha=20°$,V 相与 U 相之间始端的引出线应相隔 6 槽的距离,W 相与 V 相之间始端的引出线也应相隔 6 槽的距离。即 U 相的始端在第 1 槽,V 相的始端应放在第 7 槽;V 相的始端在第 7 槽,W 相的始端则放在第 13 槽。按照上述方法,将 V 相和 W 相的各线圈和线圈组串接起来,即构成完整的三相双层叠绕组。分别如图 1-2-4f 和图 1-2-4g 所示。

六、分数槽绕组展开图的绘制方法

1. 分数槽绕组应满足的条件

(1) 分数槽绕组每极每相槽数 q 不是整数,而是分数,即 $q=Z/2pm=q'+b/n$($q'+\dfrac{b}{n}$ 是一个带分数,q' 是整数,$\dfrac{b}{n}$ 是一个分数,其分子 b 与分母 n 必须约净)。

(2) 分数槽绕组应满足的条件:

第二节 三相绕组展开图的绘制方法

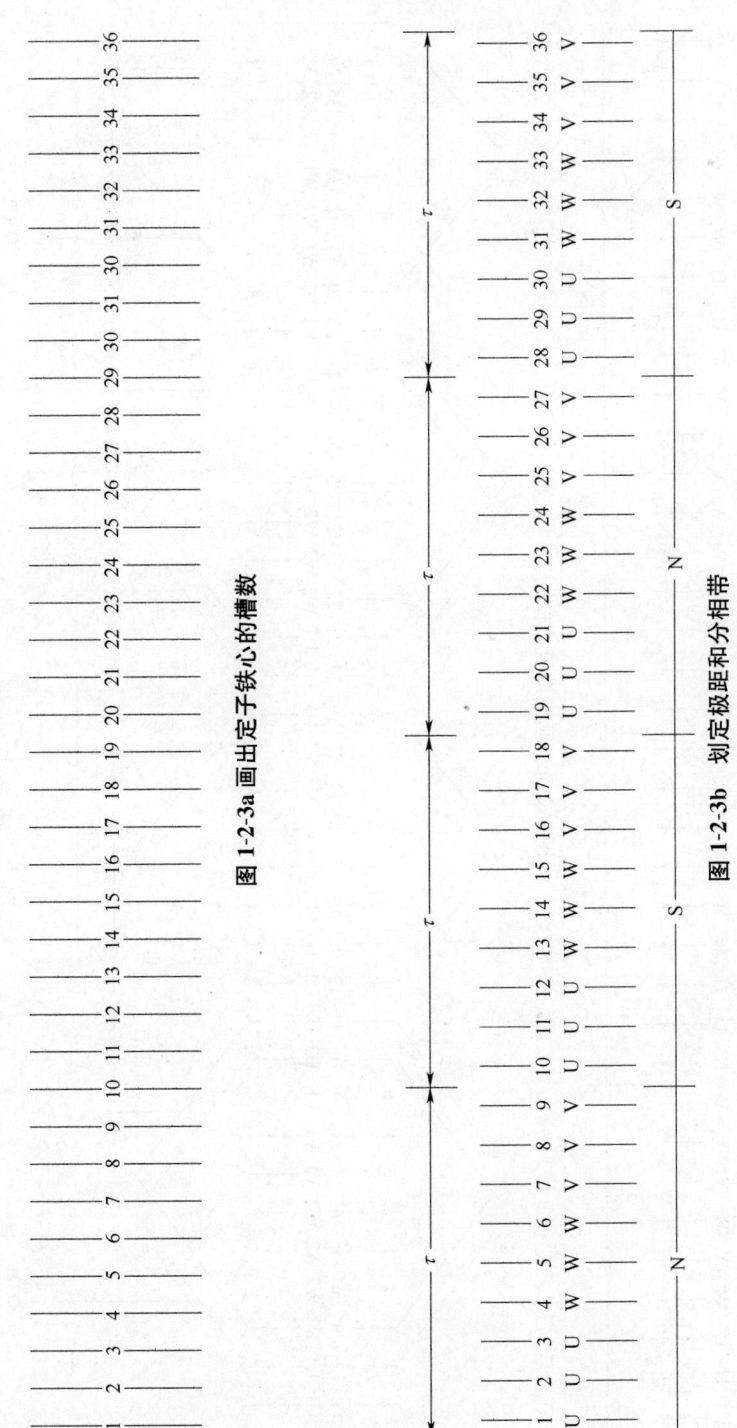

图 1-2-3a 画出定子铁心的槽数

图 1-2-3b 划定极距和分相带

第一章 电动机绕组的基础知识及其展开图和接线图的绘制方法

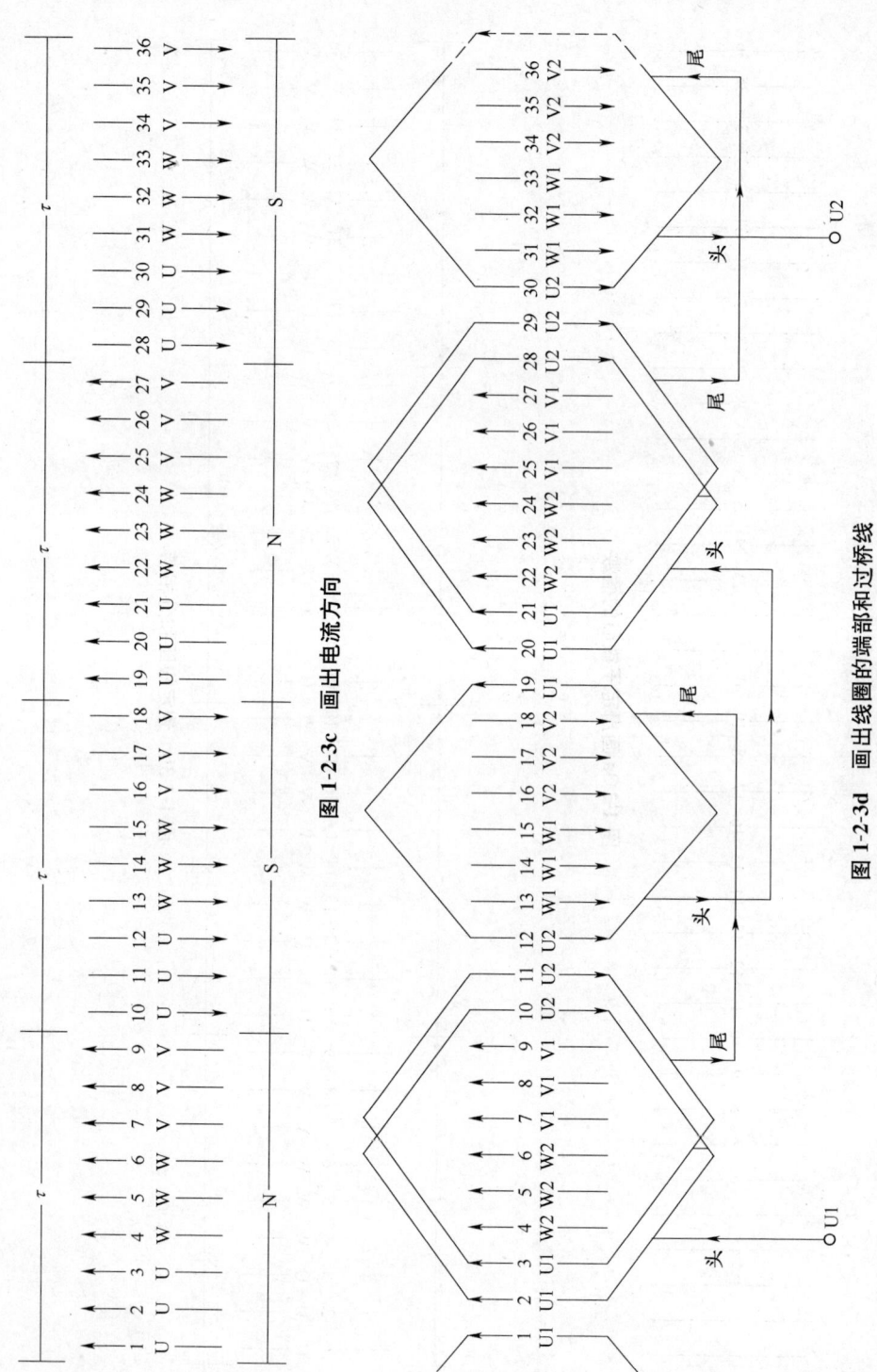

图 1-2-3c 画出电流方向

图 1-2-3d 画出线圈的端部和过桥线

第二节 三相绕组展开图的绘制方法

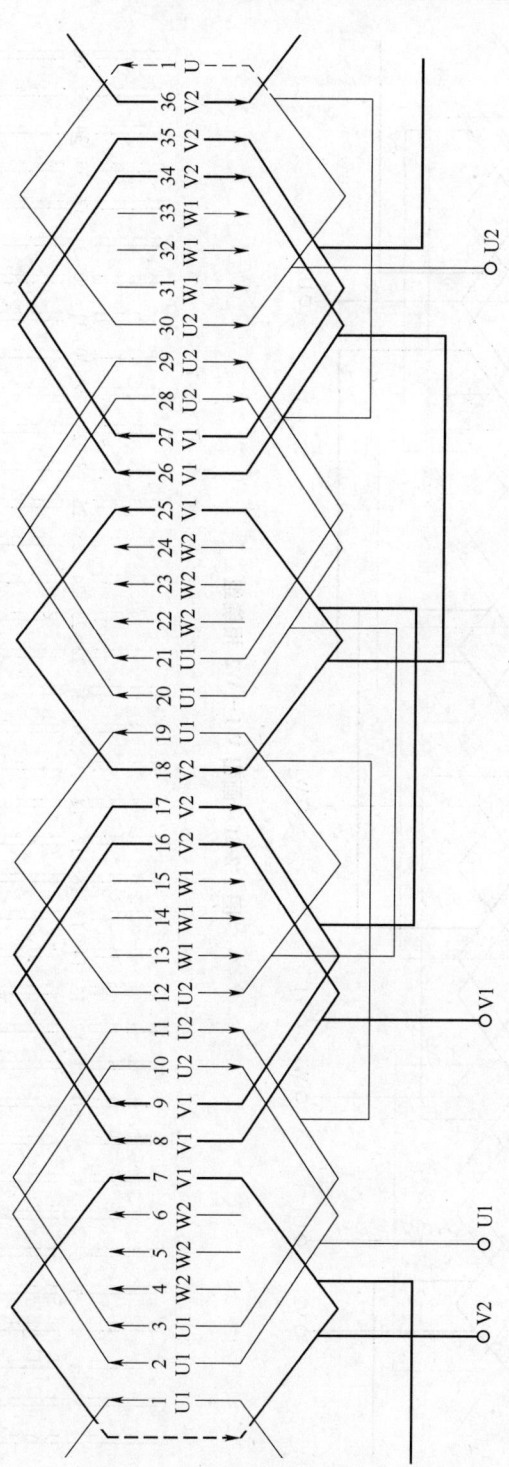

图 1-2-3e 画出 V1—V2 相绕组

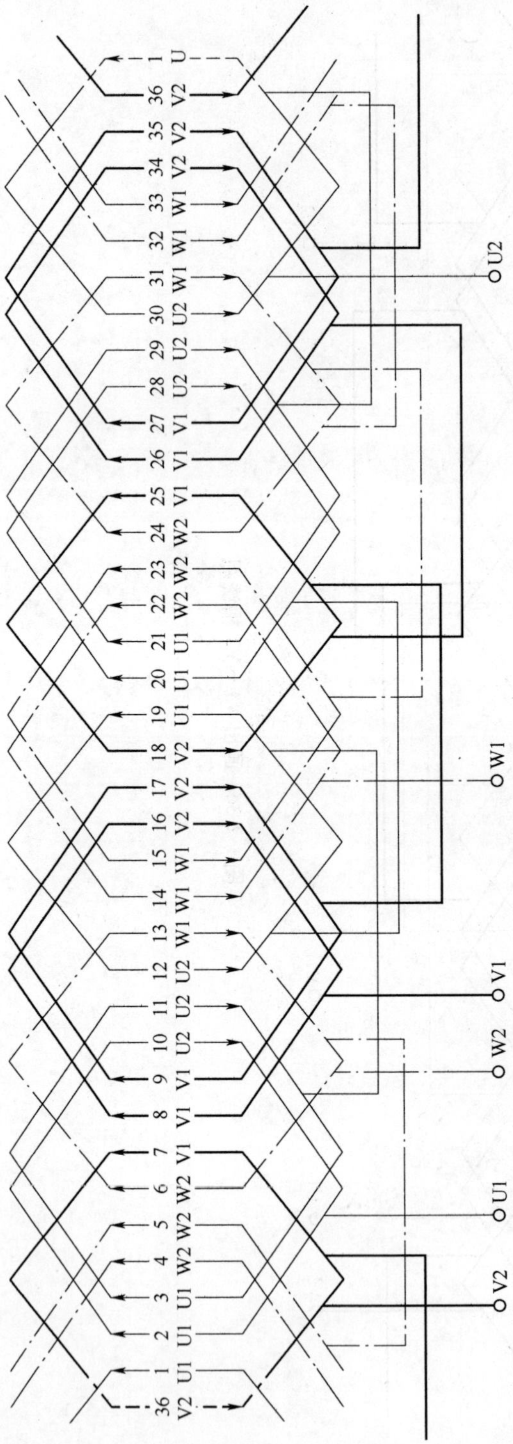

第一章 电动机绕组的基础知识及其展开图和接线图的绘制方法

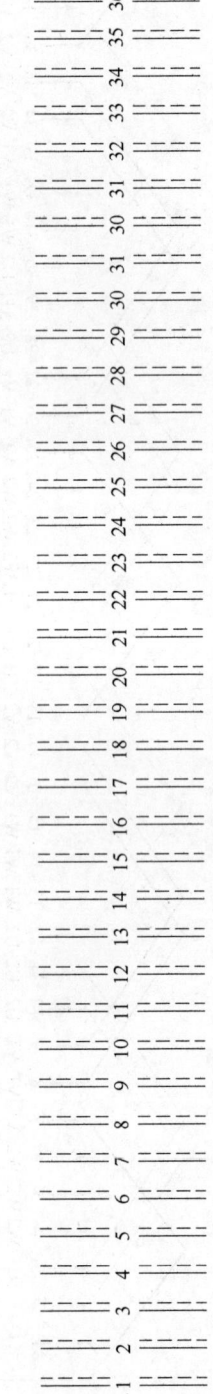

图 1-2-3f 画出 W1—W2 相绕组

图 1-2-4a 画槽并给槽编号

第二节 三相绕组展开图的绘制方法

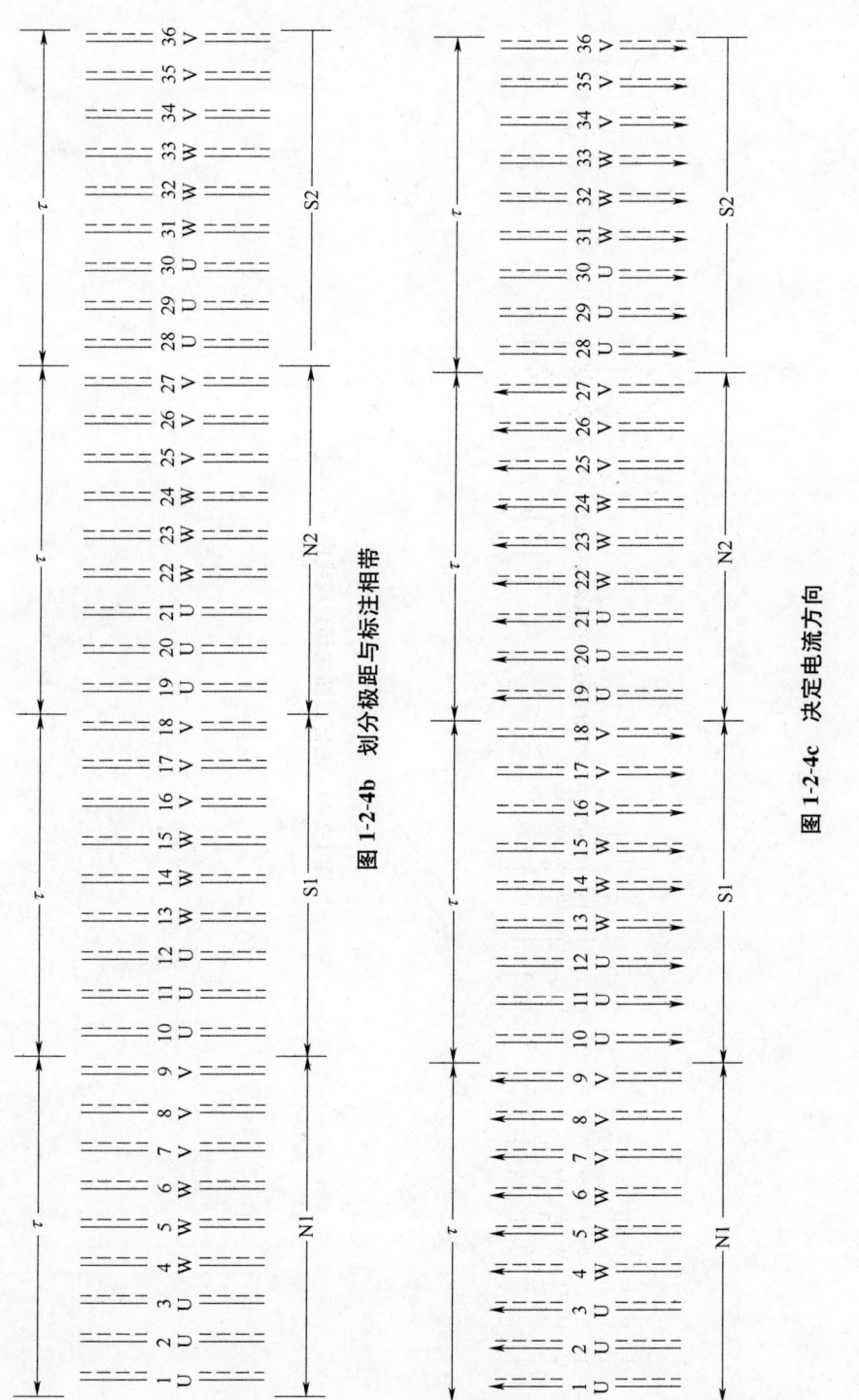

图 1-2-4b 划分极距与标注相带

图 1-2-4c 决定电流方向

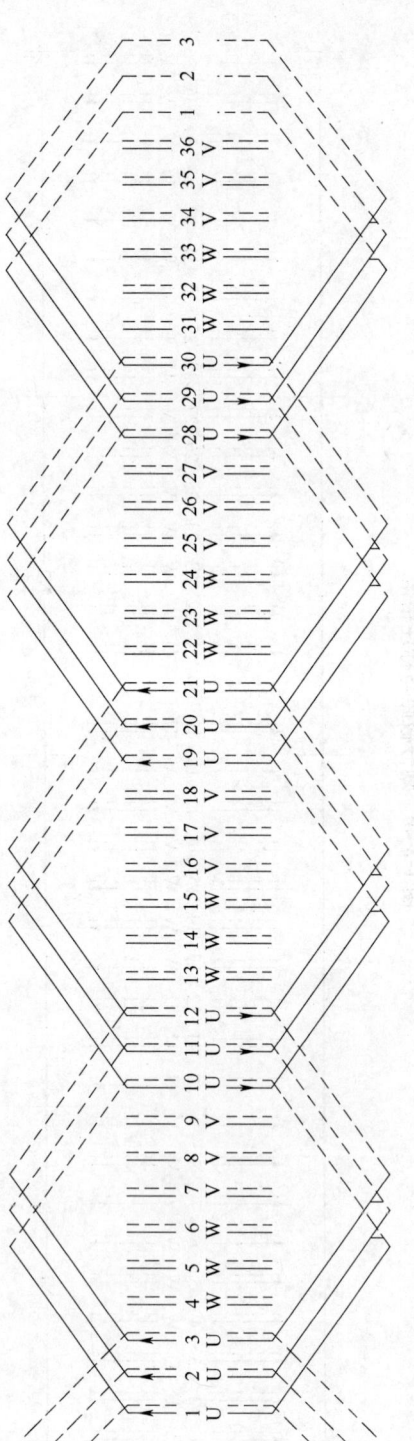

图 1-2-4d　画出线圈端部合成线圈

第二节 三相绕组展开图的绘制方法

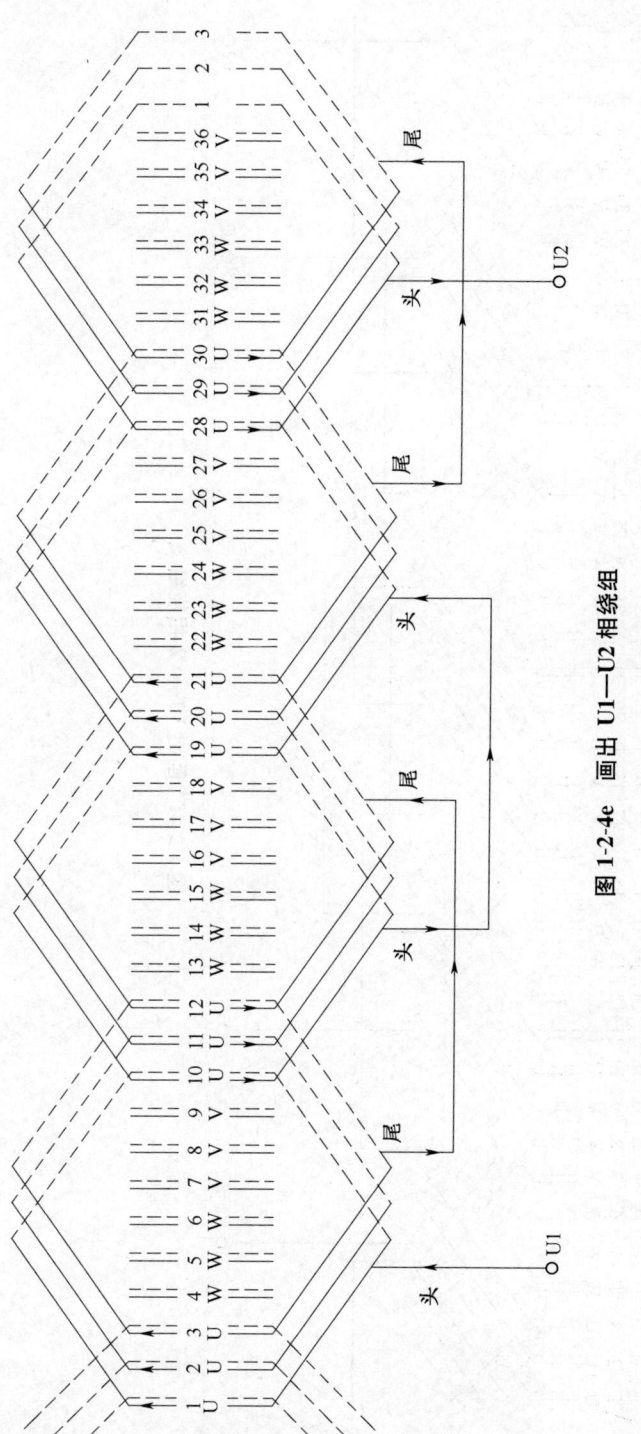

图 1-2-4e 画出 U1—U2 相绕组

第一章 电动机绕组的基础知识及其展开图和接线图的绘制方法

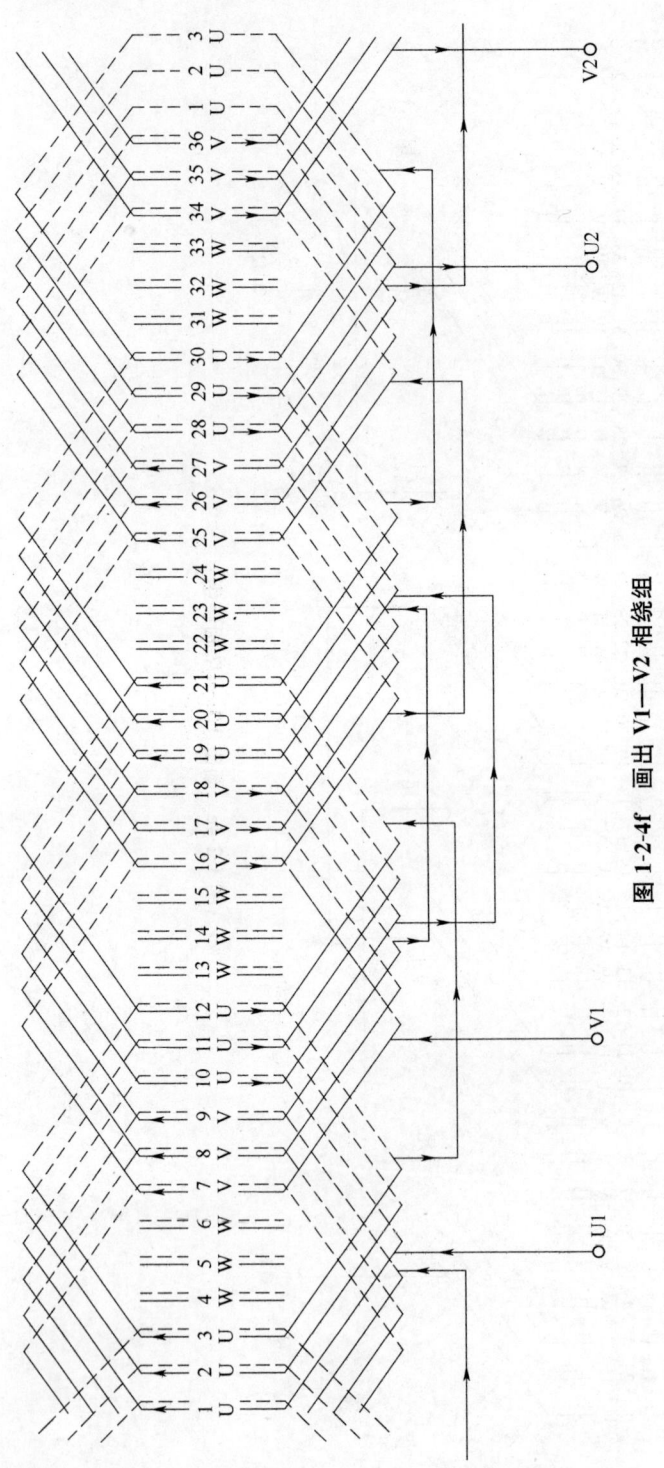

图 1-2-4f 画出 V1—V2 相绕组

第二节 三相绕组展开图的绘制方法

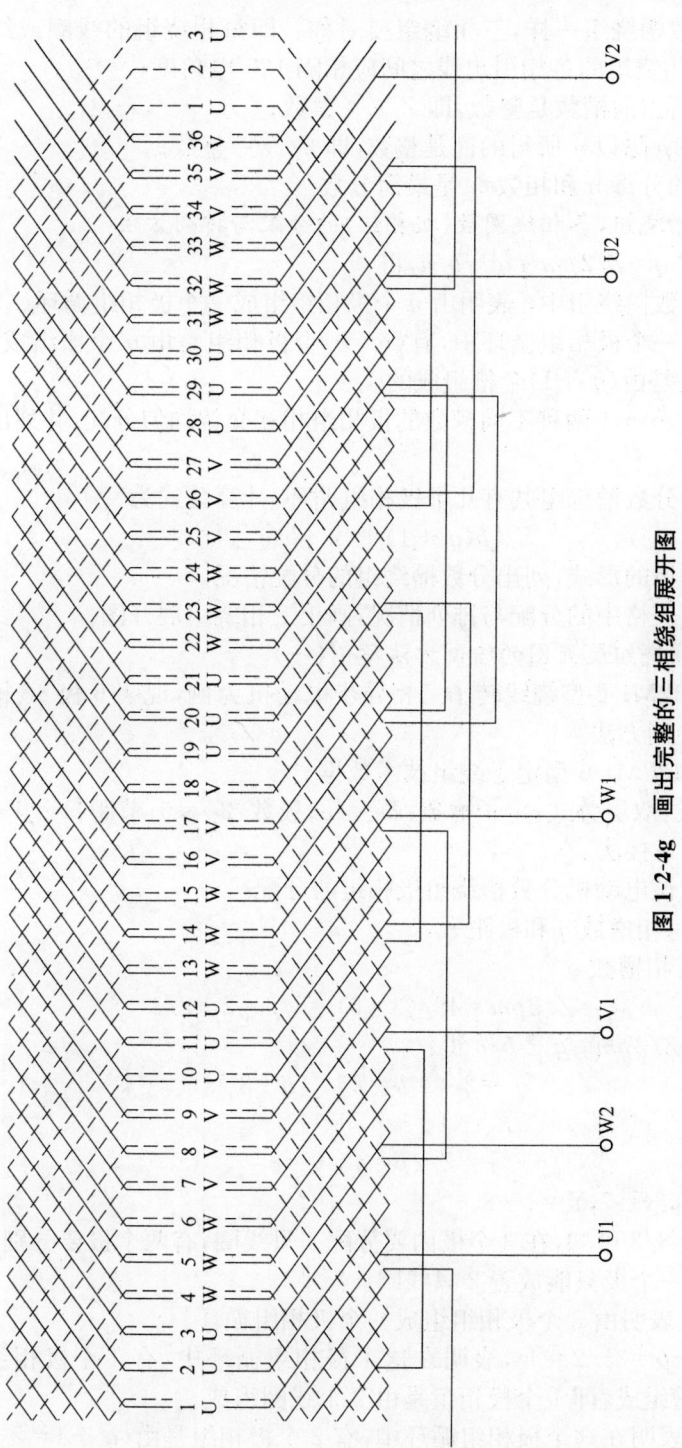

图 1-2-4g 画出完整的三相绕组展开图

1) 与整数槽绕组一样,三相绕组要对称。即每相绕组的线圈或线圈组应相等,且三相绕组的各相引出线之间应相隔120°电角度;

2) 每相所占的槽数是整数,即$Z/m=$整数;

3) 极数$2p$除以n所得的商是整数,即$2p/n=$整数;

4) 分数的分母n和相数m是最简分数。

2. 分数槽绕组,各相线圈数(极相组)的分配与排列方法

根据公式$q=Z/2pm=q'+b/n$,得

(1) 在分数槽绕组中,表明由n个极相组组成一个极相组循环。

(2) 在这一个极相组循环中,有$(n-b)$个极相组是由q'个槽组成的,还有b个极相组是由$(q'+1)$个槽组成的。

(3) 将q'、$q'+1$两种不同槽数的极相组相互交替均匀分配,并列出极相组循环。

(4) 求出分数槽绕组共有几个极相组循环,计算公式为

$$Z/[b(q'+1)+(n-b)q']$$

(5) 用表格的形式,列出分数槽绕组的分配情况。

(6) 按照表格中的分配与排列情况,画出三相绕组展开图。

3. 分数槽绕组展开图的绘制方法举例(一)

以 YR-132M1-6 型绕线转子三相异步电动机为例,说明6极48槽定子绕组线圈的绘制方法。

(1) YR-132M1-6 型定子绕组技术数据。

绕组形式:双层叠式;定子槽数:$Z_1=48$;极数:$2p=6$;节距:$Y=1—8$;并联支路数$a=1$;接法:△。

(2) 求出该电动机分数槽绕组极相组的分配。

1) 每极每相槽数q和极距τ。

①每极每相槽数q

$$q=Z/2pm=48/(3\times6)=8/3=2+2/3$$

根据$q=Z/2pm=q'+b/n$得:

$$q'=2 \quad b=2 \quad n=3$$

②极距τ

$$\tau=Z/2p=48/6=8$$

短距绕组:$y=7,Y=1-8$。

2) 由$q=8/3$可知,在3个极内要分配8只线圈,有两个极要分别放置3只线圈,而有一个极只能放置2只线圈。

3) $n=3$,表明由3个极相组组成一个极相组循环。

4) 由$n-b=3-2=1$,表明在这个极相组循环中,有1个极相组是由$(q'=2)$2个槽组成,即1个极相组是由2个线圈组成。

5) $b=2$表明在这个极相组循环中,有2个极相组是由$(q'+1=2+1=3$

第二节 三相绕组展开图的绘制方法

槽)3个槽组成,即2个极相组分别是由3个线圈组成。

6) 因此,极相组循环为2,3,3;或3,3,2;或3,2,3。

为了使每相绕组的线圈或线圈组相等,应将q'、$q'+1$两种不同槽数的极相组相互交替均匀分配。

7) 根据公式,求出整个电动机绕组共有几个极相组循环。

$$Z/[b(q'+1)+(n-b)q']=48/[2(2+1)+(3-1)2]$$
$$=48/[6+2]=48/8=6$$

结果表明,整个电动机绕组有6个极相组循环,应排列为:(3,3,2);(3,2,3,);(2,3,3);(3,3,2);(3,2,3,);(2,3,3)。

8) 6极48槽分数槽绕组极相组的分配。

① 极相组循环下的数字所占的槽数:

极相组循环

(3,3,2)
↓ ↓ ↓
占 占 占
3 2 2
个 个 个
槽 槽 槽

② 6极48槽分数槽绕组极相组的分配与排列分别见表1-2、表1-3。

表1-2 6极48槽分数槽绕组极相组的分配

极性	N1			S1			N2			S2			N3			S3		
相带	U	W	V	U	W	V	U	W	V	U	W	V	U	W	V	U	W	V
相极组的排列	3	3	2	3	2	3	2	3	3	3	3	2	3	2	3	2	3	3
极相组下槽号	1、2、3			9、10、11				17、18		25、26、27			33、34、35				41、42	
		4、5、6			12、13			19、20、21			28、29、30			36、37			43、44、45	
			7、8			14、15、16			22、23、24			31、32			38、39、40			46、47、48

表1-3 6极48槽分数槽绕组线圈数排列汇总表

相	极						每相总线圈数
	N1	S1	N2	S2	N3	S3	
U	3	3	2	3	3	2	16
W	3	2	3	3	2	3	16
V	2	3	3	2	3	3	16
每极总线圈数	8	8	8	8	8	8	合计:48

9) 6极48槽电动机分数槽绕组展开图的绘制步骤。分数槽绕组展开图的绘制方法与整数槽绕组展开图的绘制方法基本相同,因此,绘制步骤可参阅双层整数槽叠绕组展开图的绘制步骤。

①画槽、编号、划分极距和标注相带、决定电流方向,如图 1-2-5a 所示。这里需要说明的是,异相槽上下层导体瞬时电流的方向可能相反,它们产生旋转磁场的作用相互抵消。为此,常引进一个短距系数 K_d 来考虑之。

②端部连接,使线圈边形成线圈组;画过桥线、引出线,使线圈形成 U1—U2 绕组,如图 1-2-5b 所示。

③画出完整的三相绕组展开图,如图 1-2-5c 所示。

4. 分数槽绕组展开图绘制方法举例(二)

以 JO3-225S-8 型笼式三相异步电动机为例,说明 8 极 60 槽定子绕组展开图的绘制方法。

(1) JO3-225S-8 型定子绕组数据。

绕组形式:双层叠式;定子槽数:$Z=60$;极数:$2p=8$;节距:$Y=1—8$;并联支路数 $a=4$;接法:△。

(2) 求出该电动机分数槽绕组极相组的分配。

1) $q=Z/2pm=60/(3\times 8)=5/2=2+1/2$

根据 $q=Z/2pm=q'+b/n$,得

$$q'=2 \quad b=1 \quad n=2$$
$$\tau=Z/2p=60/8=7+1/2$$

取 $y=7$,即 $Y1=1-8$。

2) 由 $q=5/2$ 可知,2 个极下要分配 5 只线圈,一个极下要放置 2 只线圈,而另一个极下则要放置 3 只线圈,应按(2—3)分配。

3) 由 $n=2$ 可知,由 2 个极相组组成一个极相组循环。

4) 由 $n-b=2-1=1$ 可知,有 1 个极相组由($q'=2$)2 个槽组成。

5) 由 $b=1$ 可知,有 1 个极相组由($q'+1=2+1=3$)3 个槽组成。

6) 因此,极相组循环为:(2,3);……;即极相组循环下的数字所占的槽数为:

```
        极相组循环
          (2,3)
           ↓ ↓
           占 占
           2 3
           个 个
           槽 槽
```

7) 求出整个电动机绕组共有几个极相组循环。

$$Z/[b(q'+1)+(n-b)q']=60/[1(2+1)+(2-1)2]$$
$$=62/[3+2]=60/5=12$$

计算结果表明,整个电动机绕组共有 12 个极相组循环,排列为:(2,3);(2,3);(2,3);(2,3);(2,3);(2,3);(2,3);(2,3);(2,3);(2,3);(2,3);(2,3)。

8) 8 极 60 槽分数槽绕组极相组的分配和线圈排列分别见表 1-4 和表 1-5。

第二节 三相绕组展开图的绘制方法

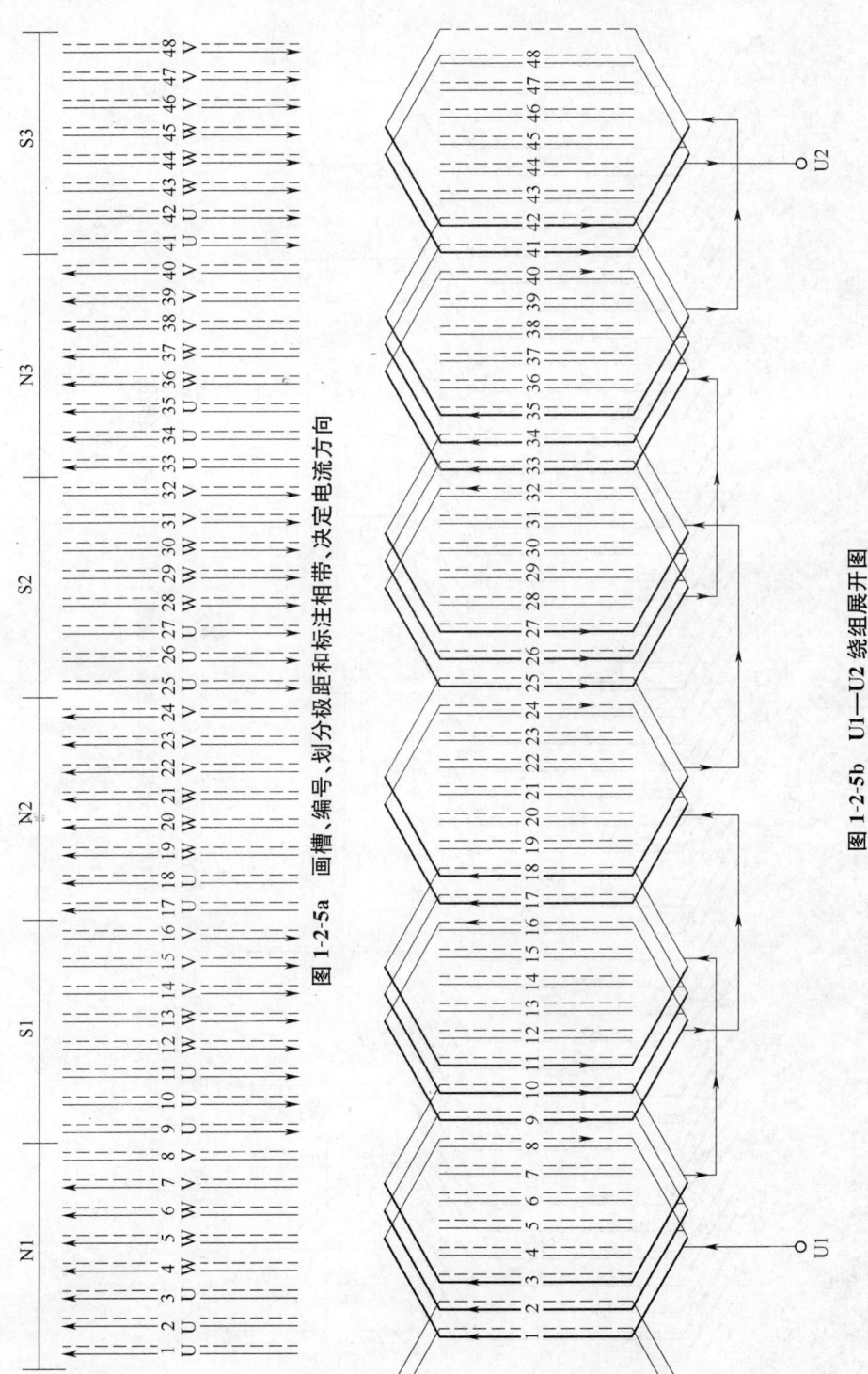

图 1-2-5a 画槽、编号、划分极距和标注相带、决定电流方向

图 1-2-5b U1—U2 绕组展开图

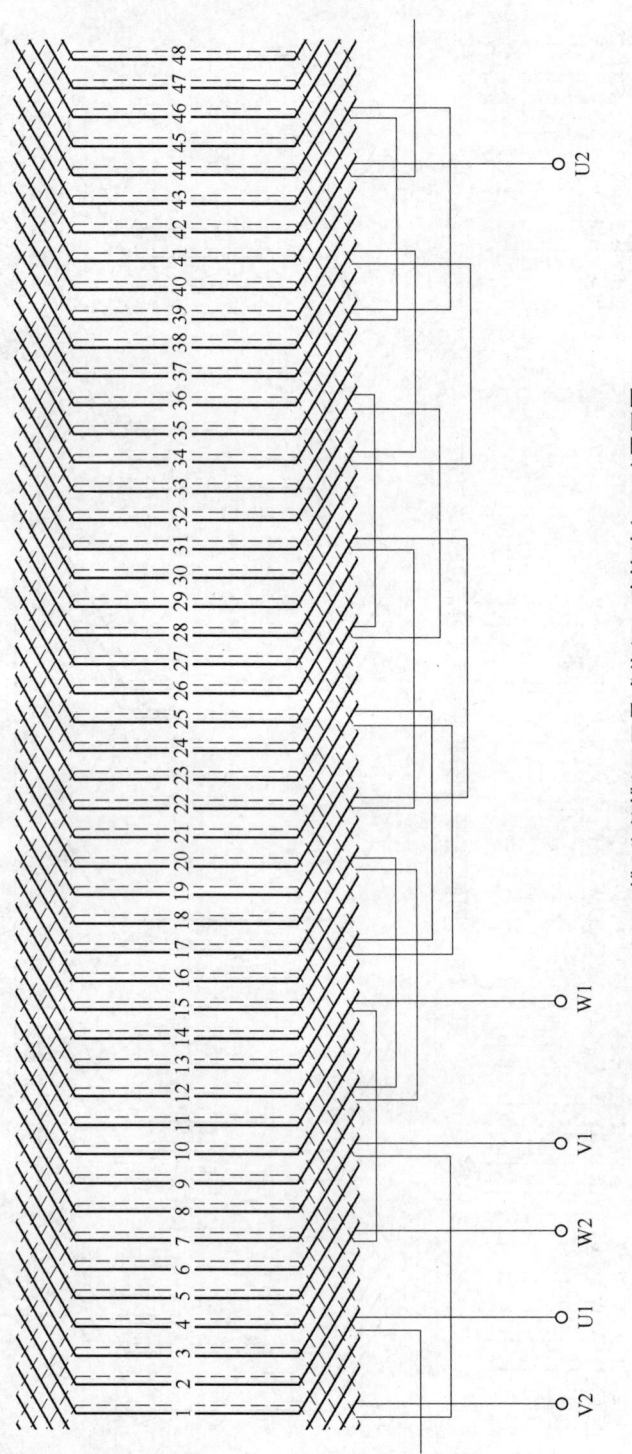

图 1-2-5c 6极48槽(分数槽)双层叠式绕组1路接法($a=1$)展开图

第二节 三相绕组展开图的绘制方法

表1-4 60槽8极绕组极相组的分配

极性	N1			S1			N2			S2			N3			S3			N4			S4		
相带	U	W	V	U	W	V	U	W	V	U	W	V	U	W	V	U	W	V	U	W	V	U	W	V
极相组的排列	2	3	2	3	2	3	2	3	2	3	2	3	2	3	2	3	2	3	2	3	2	3	2	3
极相组下槽号	1,2	3,4,5	6,7	8,9,10	11,12	13,14,15	16,17	18,19,20	21,22	23,24,25	26,27	28,29,30	31,32	33,34,35	36,37	38,39,40	41,42	43,44,45	46,47	48,49,50	51,52	53,54,55	56,57	58,59,60

表 1-5 8 极 60 槽分数槽绕组线圈数排列汇总表

相	极								每相总线圈数
	N1	S1	N2	S2	N3	S3	N4	S4	
U	2	3	2	3	2	3	2	3	20
W	3	2	3	2	3	2	3	2	20
V	2	3	2	3	2	3	2	3	20
每极总线圈数	7	8	7	8	7	8	7	8	合计:60

9) 8 极 60 槽电动机分数槽绕组展开图的绘制步骤与整数槽绕组展开图的绘制方法基本相同,有兴趣的读者可按上述步骤独立完成。8 极 60 槽分数槽绕组展开图详见图 2-4-18。

第三节 三相电动机绕组圆形接线图的绘制方法

一、绕组圆形接线图

在电动机修理时,为了清楚地看出各极相组之间的连接关系,一般采用圆形接线图。圆形接线图以电动机定子的端面为基本图形,无论每极每相有几个槽,也无论每个极相组有几个线圈,均以线圈组为基本单元,并用短箭头表示线圈组中电流的方向,然后按一定的原则和方法将线圈组的头尾进行连接。

二、并联支路数 $a=1$ 绕组圆形接线图的绘制方法

以三相 4 极电动机绕组为例,介绍其圆形接线图的绘制步骤。

1. 算出这台电动机的共有几个线圈组

由于该电动机的磁极数 $2p=4$,线圈组数是磁极数的 3 倍,因此,该电动机绕组总的线圈组数 $=3\times 2p=3\times 4=12$。

2. 画出线圈组

在圆周上画出 12 个近似于等腰梯形,且使 12 个等腰梯形在圆周上均匀分布,间隔有一定的距离,即 12 个等腰梯形分别表示 4 极电动机绕组的 12 个线圈组。等腰梯形两侧各带有一条引出线,且延伸至等腰梯形外侧,两条引线分别表示线圈组的"头"和"尾",上层边的引出线也称为面线,下层边的引出线也称为底线,如图 1-3-1a 所示。

3. 在圆周上的等腰梯形内侧画出短弧线箭头,表示接线的方向

因为相邻线圈组要产生异名磁极,所以每一相中相邻线圈组上画的电流方向相反,所以箭头方向的规律为一正一反(箭头相对、箭尾相向)相间隔。如图 1-3-1b 所示。

4. 给线圈组编号

前面说过 60°相带绕组在每极下每相占 60°电角度的位置。每个极对应

第三节 三相电动机绕组圆形接线图的绘制方法

180°电角度,分成三份相带,得到的相带分布次序为:U→W→V→U→W→V……依次类推。因此,可以任意从某一个等腰梯形开始,按逆时针方向在等腰梯形内标注相带号和给线圈组编号:U/①、W/②、V/③、U/④、W/⑤、V/⑥…U/⑩、W/⑪、V/⑫。如图 1-3-1c 所示。从图中看出:U 相的线圈组为 1、4、7、10;W 相的线圈组为 3、6、9、12、;V 相的线圈组为 2、5、8、11。

5. 确定三相绕组始端 U1、W1、V1 引出线的位置

一般选定线圈组 U/① 作为 U 相始端的引出线 U1;V1 相与 U1 相线圈组相隔 $2/3 \times \tau$(即相隔 120°电角度),则选定线圈组 V/③ 为 V 相始端的引出线 V1;W1 相与 V1 相线圈组相隔 $2/3 \times \tau$(即相隔 120°电角度),则选定线圈组 W/⑤ 为 W 相始端的引出线 W1。如图 1-3-1d 所示。

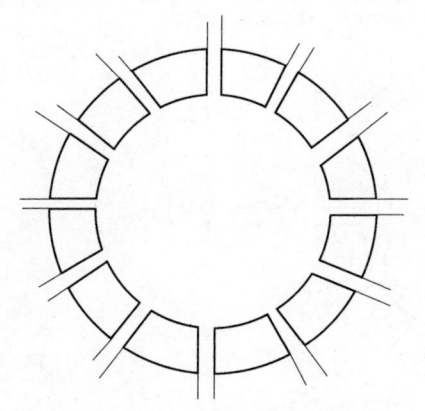

图 1-3-1a 画出 12 个线圈组

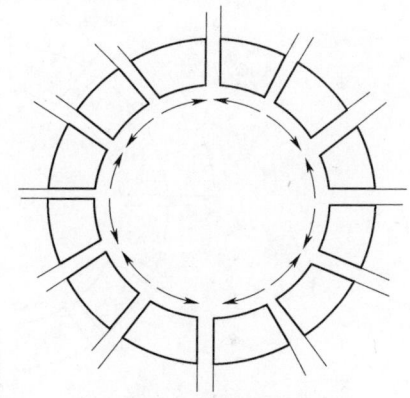

图 1-3-1b 画出电流方向

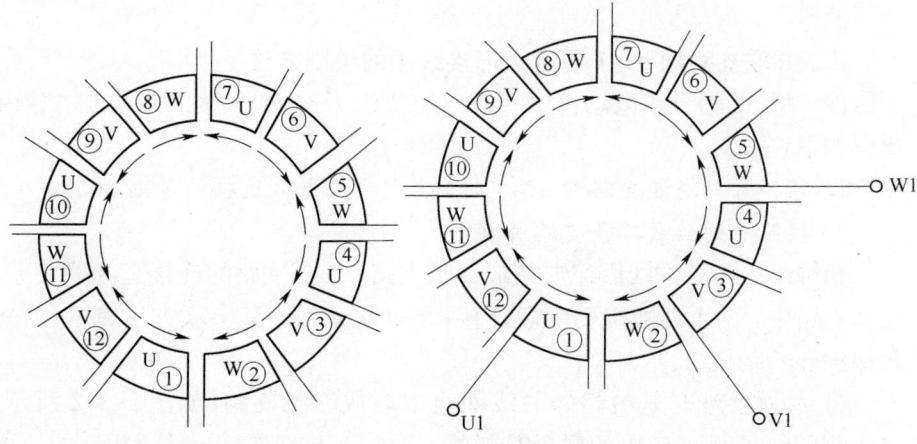

图 1-3-1c 画出相带和编号   图 1-3-1d 选定三相绕组引出线始端

6. 连接引出端

从 U 相中选一个线圈组 U/①的引线作为始端,电流方向是由 U 1 始端进入,即面线流入,底线流出。或者说电流方向是从一边流到另一边。按尾—尾或头—头相接的原则串接,把属于 U 相的线圈组:①、④、⑦、⑩顺着箭头方向(按反时针方向)串联连接起来,就构成 U 相绕组。如图 1-3-1e 所示。

同理,依次把属于 V 相的线圈组:③、⑥、⑨、⑫和属于 W 相的线圈组⑤、⑧、⑪、②,分别顺着其箭头方向串接起来,则形成 V 相绕组和 W 相绕组。三相引出线六根引出线的始端和末端分别为:U 1—U 2,V1—V2,W1—W 2。如图 1-3-1f 所示。

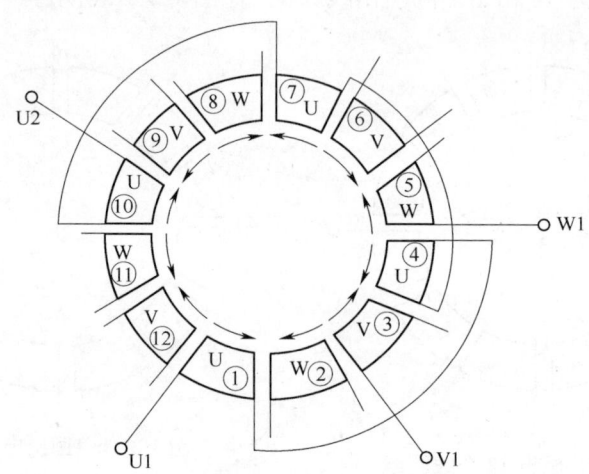

图 1-3-1e 连接 U1—U2 相中各线圈组

三、并联支路数 $a>1$ 绕组圆形接线图的绘制方法

以 4 极 36 槽异步电动机($a=2$)双层绕组为例,圆形接线图绘制方法和步骤如下:

1. 掌握每相绕组支路数 $a>1$ 时,支路之间并联连接的原则
2. 按照原则接成二条支路并联

相绕组中所有的线圈组要接成二条支路,二条支路的连接是并联关系。在本支路中,两个线圈组要串联连接,是串联关系。其串联方法有两种:短跳接法和长跳接法。

(1)短跳接法。是由相邻的线圈组串联成一条支路,如图 1-3-2 所示。由于相邻线圈组其产生的磁极是异性,因此,先按照"尾—尾"相连的原则串联。在 U 相中,把①号线圈组和④号线圈组串联(尾—尾连接)成一路,

第三节 三相电动机绕组圆形接线图的绘制方法

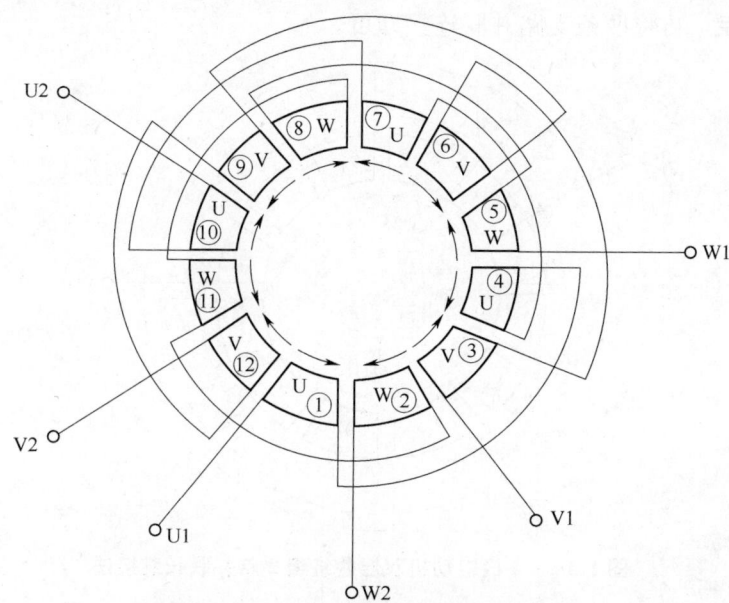

图 1-3-1f 三相 4 极电动机圆形接线图

把⑦号线圈组和⑩号线圈组串联（尾—尾连接）另成一条支路。然后，再将两条支路并联。

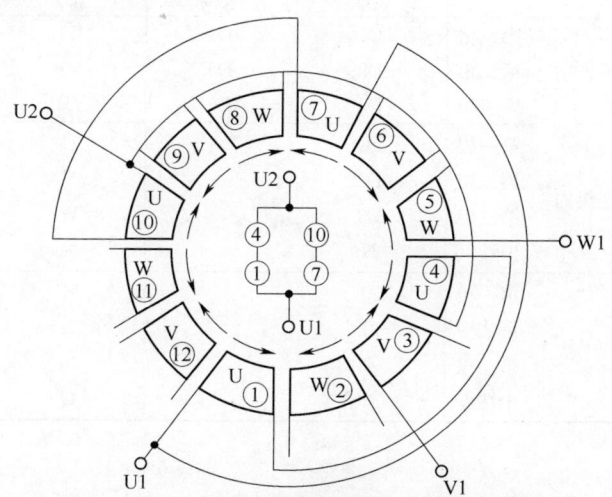

图 1-3-2 4 极电动机双层叠绕组 2 路并联短跳接法

（2）长跳接法。是由不是相邻的线圈组串联成一条支路，如图 1-3-3 所示。由于不是相邻的线圈组，其产生的磁极是同性的，因此，应按"头—尾"相连的原则串联。在 U 相中，把①号线圈组和⑦号线圈组串联（头—尾连接）成一条支路，把④号线圈组和⑩号线圈组串联（头—尾连接）另成一支路。然后,再将两条支路并联连接即可。

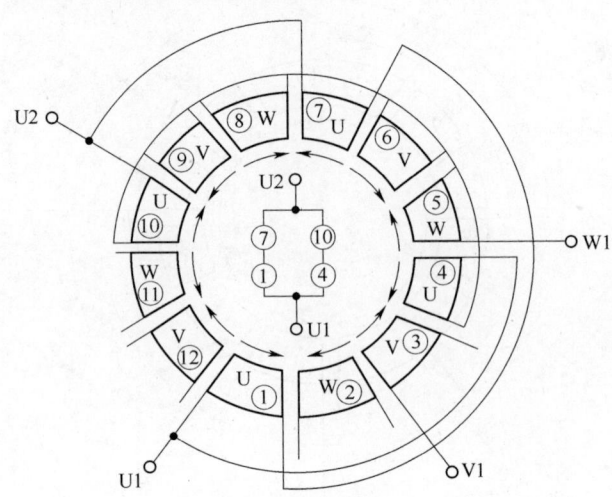

图 1-3-3　4 极电动机双层叠绕组 2 路并联长跳接法

三相异步电动机绕组的出线端标记见表 1-6。

表 1-6　异步电动机绕组的出线端标记

绕 组 名 称		1965 年国家标准		1980 年国家标准	
		始端	末端	始端	末端
定子绕组(各相不连接)	第一相	D1	D4	U1	U2
	第二相	D2	D5	V1	V2
	第三相	D3	D6	W1	W2
定子绕组(各相连接的)	第一相	D1		U	
	第二相	D2		V	
	第三相	D3		W	
	中性点	N		N	
转子绕组	第一相	Z1		K	
	第二相	Z2		L	
	第三相	Z3		M	
	中性点	—		Q	

第四节　单相电动机定子绕组展开图的绘制方法

一、单相电动机单层链式绕组展开图绘制方法

以 2 极 24 槽电容起动单相电动机单层链式绕组为例,其展开图的画法与步骤如下:

1. 在图纸上画出 24 条线槽，并给每条线槽编号

如图 1-4-1a 所示。

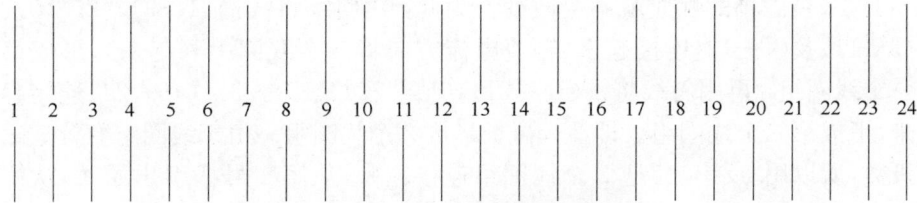

图 1-4-1a　画出 24 条线槽并编号

2. 划定极距、分相带，并标上两极的电流方向

(1) 极距。$\tau = Z/2p = 24/2 = 12$（槽）

对于 2 极 24 槽电动机，划定：21～8 槽为 $\tau 1$，9～20 槽为 $\tau 2$。

(2) 分相带。该机是电容起动单相电动机，主绕组占定子总槽数 2/3，副绕组占定子总槽数 1/3。因此，主副两绕组所占的槽数分别为：

主绕组占的槽数：$24 \times 2/3 = 16$（槽）

副绕组占的槽数：$24 \times 1/3 = 8$（槽）

主副绕组每极下所占的槽数为：

主绕组每极下占的槽数：$12 \times 2/3 = 8$ 槽

即主绕组由 4 个线圈组成一个极相组（线圈组），共有 2 个线圈组。

副绕组每极下占的槽数：$12 \times 1/3 = 4$ 槽

即副绕组由 2 个线圈组成一个极相组（线圈组），共有 2 个线圈组。

将每极每相占有的线槽分别用字母 D、F 标上属相。即 21～4 线槽为 D1 相，5～8 线槽为 F1 相，9～16 线槽为 D2 相，17～20 线槽为 F2 相。如图 1-4-1b 所示。

(3) 决定电流方向。$\tau 1$ 下的 21～8 线槽电流方向向上，$\tau 2$ 下的 9～20 线槽电流方向向下。如图 1-4-1b 所示。

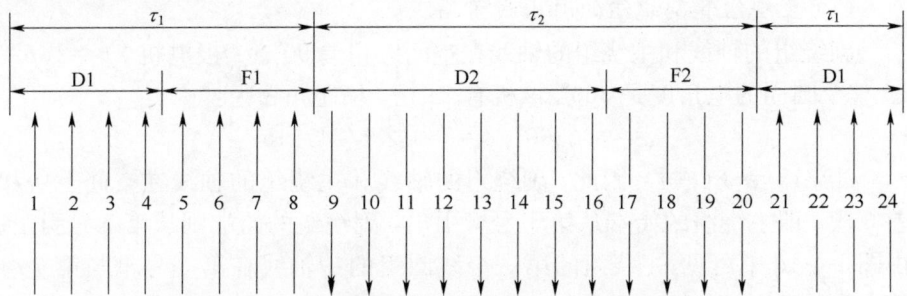

图 1-4-1b　划定极距、分相带，并标上两极的电流方向

3. 连接主绕组

连接的原则和三相电动机一样，保持主绕组 16 条线槽中导体电流方向不变，2 极磁场的性质就不会改变。为此，用斜线将线槽(1—9)、(2—10)、(3—11)及(4—12)连接起来(顺着电流方向将四个线圈串联起来)，形成第一个线圈组，再用斜线将槽(13—21)、(14—22)、(15—23)、(16—24)连接起来，形成第二个线圈组。即 2 个磁极形成 2 个线圈组。由于线圈组数等于磁极数，所以用"反串法"把 2 个线圈组连接起来，从第 1 号槽引出始端，从第 13 号槽引出尾端，即形成主绕组相。如图 1-4-1c 所示。

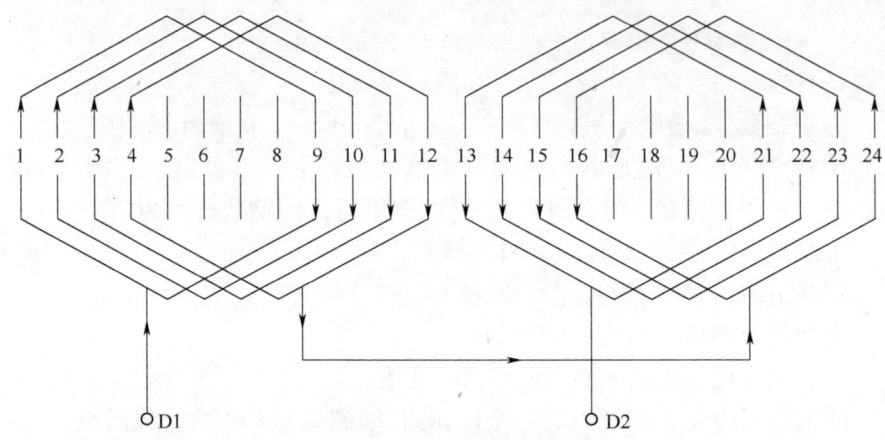

图 1-4-1c 连接主绕组

4. 连接副绕组

同理，保持副绕组 8 条线槽中导体电流方向不变，则用斜线将(7—17)和(8—18)连接起来形成第一个线圈组，再用斜线将(19—5)和(20—6)连接起来形成第二线圈组，然后，与主绕组一样，用"反串法"把 2 个线圈组反串起来。如图 1-4-1d 所示。

(5) 主绕组和副绕组的引出线间隔距离

副绕组的轴线和主绕组的轴线在空间应相差 $90°$。2 极电机 $2p=2$, $p=1$。整个圆周的电角度是 $360°$，该机有 24 槽，槽距角 α 为：

$$\alpha = p \times 360°/Z = 360° \times 1/24 = 15°$$

$90°/15° = 6$(槽)。因此，副绕组的轴线和主绕组的轴线在空间上应相差 6 槽，即主绕组的始端从第 1 号槽引出，副绕组的始端则从第 7 号引出。由图 1-4-1d 中可见，主绕组的第一个线圈组的中轴线在第 6 号槽与第 7 号槽之间，副绕组的第一个线圈组在第 12 号槽与第 13 号槽之间，主绕组与副绕组之间相隔 6 槽，即符合二相绕组空间相距 $90°$ 电角度的要求。

第四节 单相电动机定子绕组展开图的绘制方法

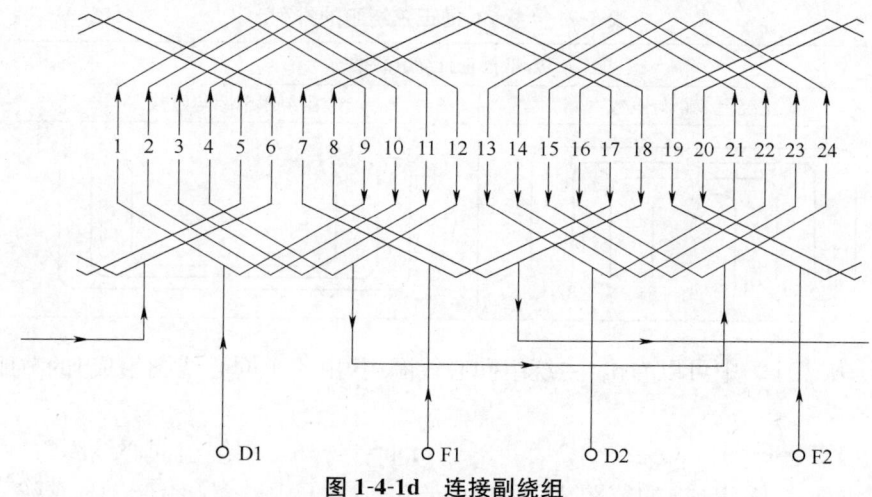

图 1-4-1d 连接副绕组

二、单相电动机正弦绕组展开图的绘制方法

以 4 极 36 槽单相电动机正弦绕组为例，其展开图的画法如下：

1. 画出 36 条线槽，并标上槽号

如图 1-4-2a 所示。

图 1-4-2a 画出 36 条线槽，并标上槽号

2. 划定极距，并标上电流方向

如图 1-4-2b 所示。

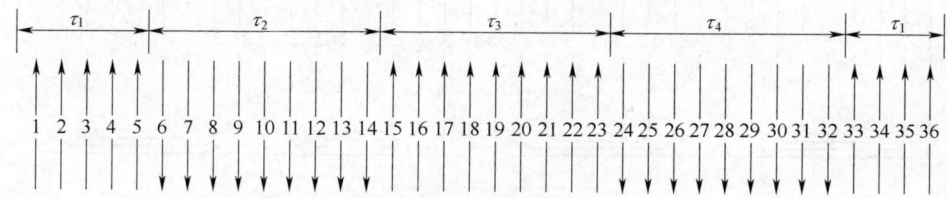

图 1-4-2b 划定极距，并标上电流方向

(1) 极距。$\tau = Z/2p = 36/4 = 9$（槽）

(2) 分极。按极数将 36 条线槽分成 4 等份，每份 9 条线槽。

(3) 查阅有关资料得知：正弦绕组的排列如表 1-7：

表 1-7　4 极 36 槽正弦绕组的排列

4 极 36 槽正弦绕组的排列	
主绕组节距与匝数	副绕组节距与匝数

从表 1-7 中可以看出：主绕组同心线圈组（由 4 个同心线圈组成）的节距为：

Y1＝1－9；Y2＝2－8；Y3＝3－7；Y4＝4－6。副绕组同心线圈组（由 3 个同心线圈组成）的节距为：Y1＝5－14 或（1－10）；Y2＝6－13 或（2－9）；Y3＝7－12（或 3－8）。

3. 连接主绕组和副绕组

在图 1-4-2b 中，每极主绕组占 8 个线槽，其电流方向一致，分别以第 5、14、23 及 32 号线槽为中轴线，并根据主绕组同心线圈组的节距和线槽中的电流方向，对称地进行连接，则形成主绕组的四个同心线圈组，如图 1-4-2c 所示。即第一个同心线圈组由线圈有效边（1－9）、（2－8）、（3－7）、（4－6）连接组成；第二个同心线圈组由线圈有效边（10－18）、（11－17）、（12－16）、（13－15）连接组成；第三个同心线圈组由线圈有效边（19－27）、（20－26）、（21－25）、（22－24）连接组成；第四个同心线圈组由线圈有效边（28－36）、（29－35）、（30－34）、（31－33）连接组成。

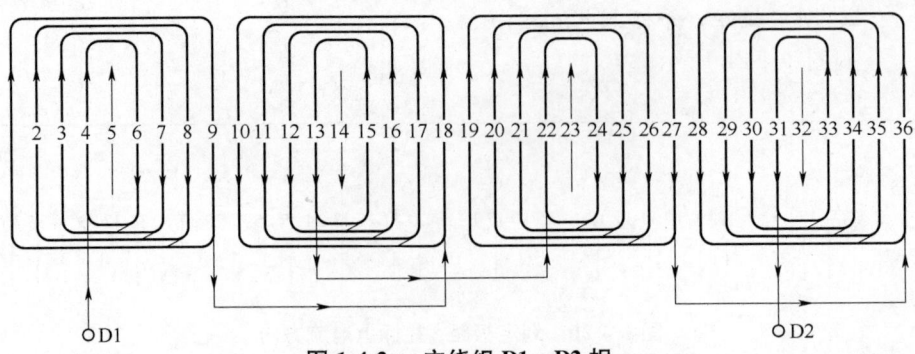

图 1-4-2c　主绕组 D1—D2 相

然后，以 9.5 槽、18.5 槽、27.5 槽、36.5 槽为中轴线，并根据副绕组同心线圈组的节距和线槽中的电流方向，对称地将（5′—14,6—13,7—12）、（14′—23,15—22,16—21）、（23′—32,24—31,25—30）、（32′—5,33—4,

34—3)的线槽连接起来,形成副绕组的 4 个同心线圈组,如图 1-4-2d 所示。

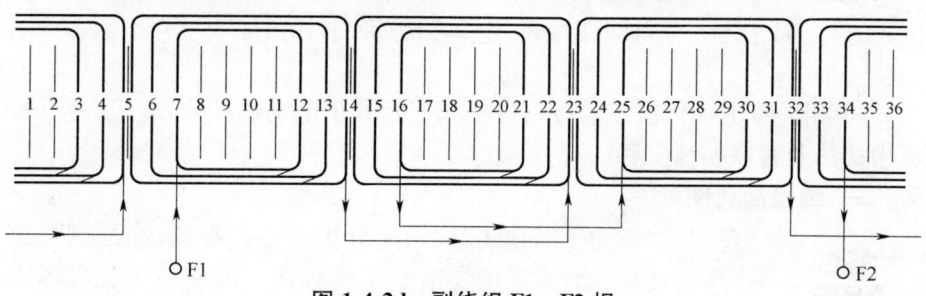

图 1-4-2d 副绕组 F1—F2 相

4. 确定副绕组中轴线

副绕组的中轴线和主绕组的中轴线相差 90°电角度。

$$2p=4 \quad p=2$$

槽距角:$\alpha = p \times 360/Z = 720°/36 = 20°$(电角度)

90°电角度相当于 4.5 槽。因为主绕组 4 个线圈组的中轴线分别在第 5、14、23、32 号线槽,所以副绕组 4 个线圈组的中轴线应分别在 $5+4.5=9.5$ 槽,$14+4.5=18.5$ 槽,$23+4.5=27.5$ 槽,$32+4.5=36.5$ 槽,即副绕组 4 个线圈组的中轴线应分别在第 9 槽与第 10 号槽之间、第 18 号与第 19 号槽之间、第 27 号与 28 号槽之间、第 36 号与 1 号槽之间。主绕组的始端在第 4 号槽引出,副绕组的始端则在第 7 号引出。

5. 连接过桥线

主绕组的线圈组数等于电动机的磁极数,副绕组的线圈组数也等于电动机的磁极数,所以主副绕组线圈组间的端线连接都采用反串法,即头与头连接,尾与尾连接。4 极 36 槽单相电动机完整的主副正弦绕组展开图,如图 1-4-2e 所示。

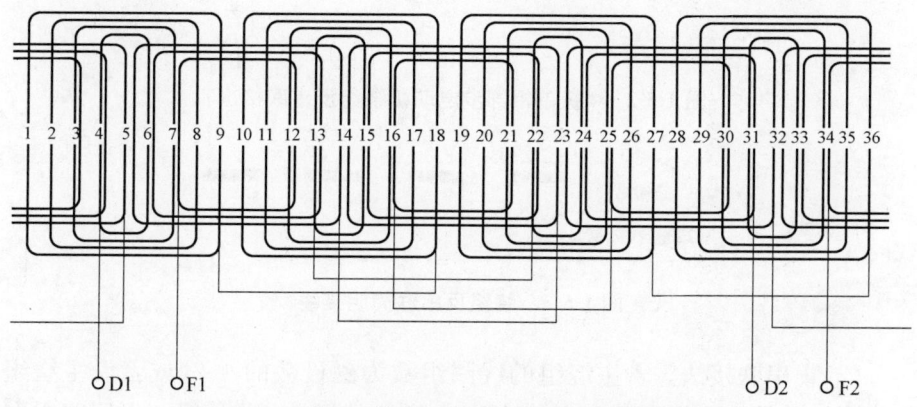

图 1-4-2e 4 极 36 槽单相电动机两相正弦绕组展开图

第五节 单相异步电动机绕组的接线方法

单相异步电动机绕组的接线方法和三相异步电动机一样，有正串接法、反串接法及并联接法三种。

一、绕组简化图

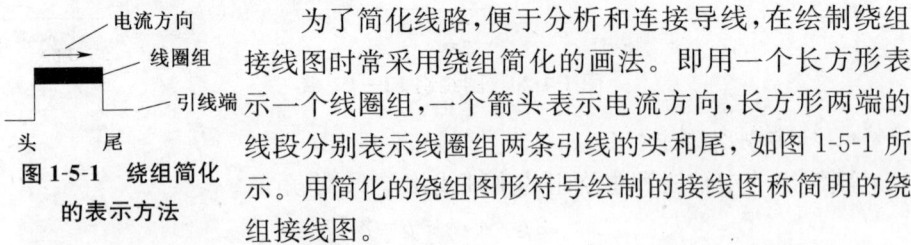

图 1-5-1 绕组简化的表示方法

为了简化线路，便于分析和连接导线，在绘制绕组接线图时常采用绕组简化的画法。即用一个长方形表示一个线圈组，一个箭头表示电流方向，长方形两端的线段分别表示线圈组两条引线的头和尾，如图 1-5-1 所示。用简化的绕组图形符号绘制的接线图称简明的绕组接线图。

二、串联接法

1. 主绕组的接线方法

(1) 反串联接法。若主绕组的线圈组数和磁极数相等，相邻二个磁极的极性相反，线圈组回路内电流方向相反，线圈组间连接规律是：头接头、尾接尾，即反串联接法。图 1-5-2 所示为 4 极单相异步电动机绕组反串联接法。其绕组简明接法如图 1-5-3 所示。

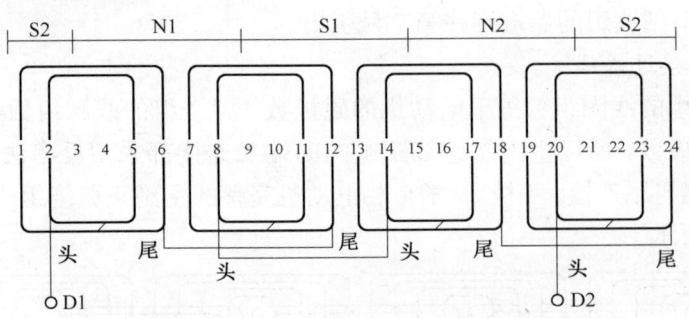

图 1-5-2 4 极单相异步电动机绕组反串联接法

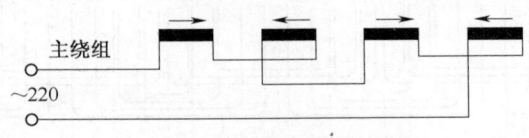

图 1-5-3 绕组反串联简明接线

(2) 正串联接法。若主绕组的线圈组数为磁极数的 1/2（或者说主绕组的线圈组数等于磁极对数），不相邻二个磁极的极性相同，线圈组回路内电流方向相同,线圈组间连接规律是:头接尾、尾接头,即正串联接法。这种接法用得较少。

主绕组接线的行进方向,应符合绕组内电流方向,使绕组内电流互相叠加而不互相抵消。

2. 副绕组的接线方法

单相电动机副绕组端部的接线方式与主绕组基本相同,也是由磁极极性来决定的。只要保持线槽中导体的电流方向不变,线圈组按次序连接后就不会改变磁极极性。不同的是,在副绕组回路中多了一个离心开关,或者是一个离心开关和一个电容器。离心开关可接在绕组的端线与电源输入线之间,也可以接在绕组的中间(即在线圈组的中间)。

三、并联接法

大多数单相电动机的绕组采用单路反串联接法,个别单相电动机的绕组采用 2 路并联接法。绕组的并联接法也和三相异步电动机绕组并联接法一样,图 1-5-4a、b 所示分别绘出主绕组 4 极 2 路两种并联接法。不论其绕组有几条支路并联,必须符合相邻两个磁极极性相反的原理。

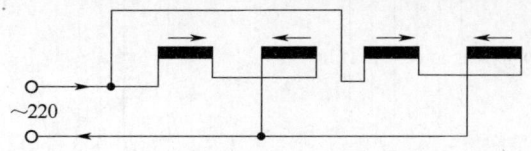

图 1-5-4a　主绕组 4 极 2 路并联接法(一)

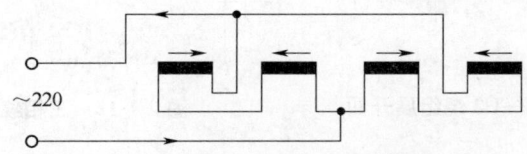

图 1-5-4b　主绕组 4 极 2 路并联接法(二)

四、单相异步电动机绕组引出端的表示方法

单相异步电动机接线时,应正确区分主副绕组,并注意两种绕组的始末端,在接线板上主副绕组引出端的符号见表 1-8。

表 1-8　单相异步电动机主副绕组的引出端符号

绕组名称	始端	末端
主绕组(或工作绕组、运转绕组)	D1	D2
副绕组(或称为起动绕组)	F1	F2

第二章 三相异步电动机定子（或转子）绕组展开图

第一节 2极电动机绕组展开图

1. 2极18槽单层交叉式绕组1路接法

(1)绕组展开图。U1—U2绕组展开图如图2-1-1a所示，三相绕组展开图如图2-1-1b所示。

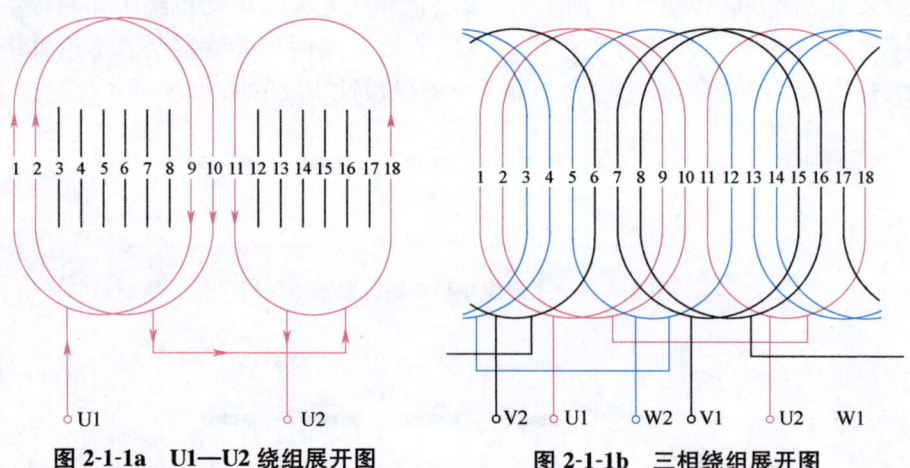

图2-1-1a U1—U2绕组展开图　　图2-1-1b 三相绕组展开图

(2)圆形接线图。详见书中第三章图3-1-1。
(3)节距。2(1—9),1(1—8)或1—9,2—10,11—18。
(4)适用电动机型号。

　　Y2系列：Y2-631-2,Y2-632-2,Y2-711-2,Y2-712-2,Y2-801-2,Y2-802-2,Y2-90S-2,Y2-90L-2。

　　Y2-E系列：Y2-801-2E,Y2-802-2E,Y2-90S-2,EY2-90L-2E。

　　Y系列：Y801-2,Y802-2,Y90S-2,Y90L-2。

　　JO4系列：JO4-21-2,JO4-22-2。

　　JO3系列：JO3-801-2,JO3-802-2。

　　JO2系列：JO2-21-2,JO2-22-2。

第一节 2极电动机绕组展开图

2. 2极18槽单层交叉同心式绕组1路接法

(1)绕组展开图。U1—U2绕组展开图如图2-1-2a所示,三相绕组展开图如图2-1-2b所示。

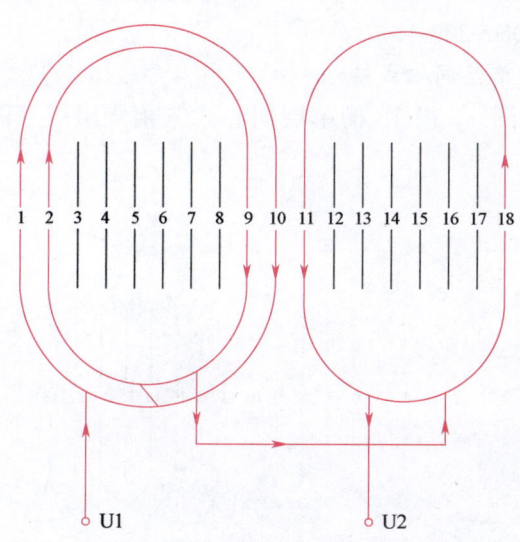

图2-1-2a U1—U2绕组

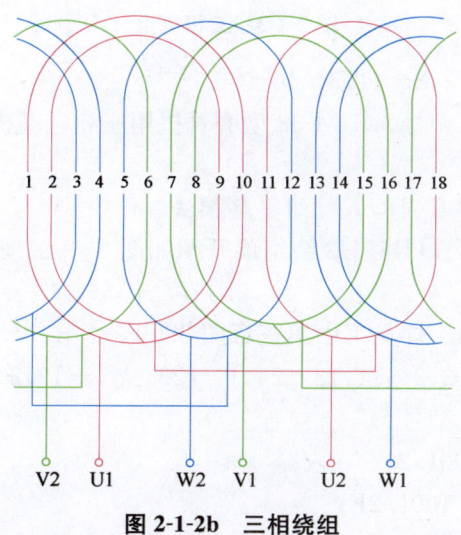

图2-1-2b 三相绕组

(2)圆形接线图。详见书中第三章图3-1-1。

(3)节距。1—10,2—9,11—18。

(4)适用电动机型号。YQS2-150-3,YQS2-150-4,YQS2-150-5.5,YQS2-150-7.5,YQS2-150-9.2,YQS2-150-11,YQS2-150-13,YQS2-150-15,YQS2-200-4,YQS2-200-5.5,YQS2-200-7.5,YQS2-200-9.2,YQS2-200-11,YQS2-200-13,YQS2-200-15。

3. 2极18槽单层同心式绕组

(1)绕组展开图。2极18槽单层同心式三相绕组展开图如图2-1-3所示。

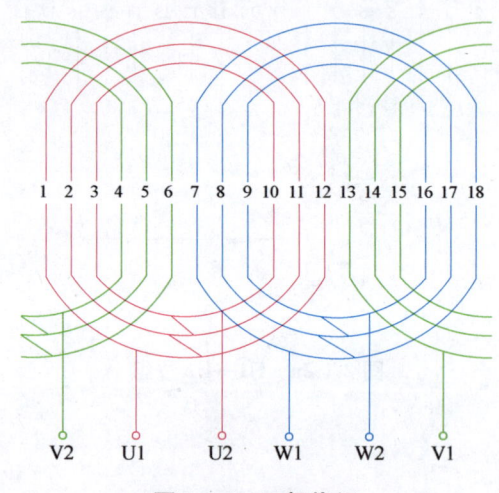

图 2-1-3　三相绕组

(2)节距。1—12,2—11,3—10。

(3)适用电动机型号。S3M-38型磨管机用三相电动机;B11型平板振动器用三相电动机。

4. 2极24槽单层同心式绕组1路接法

(1)绕组展开图。U1—U2绕组展开图如图2-1-4a所示,三相绕组展开图如图2-1-4b所示。

(2)圆形接线图。详见书中第三章图3-1-1。

(3)节距。1—12,2—11,13—24,14—23,或 1—12,2—11。

(4)适用电动机型号。

Y2 系列:Y2-100L-2;

Y2-E 系列:Y2-100L-2E;

Y 系列:Y100L-2;

YX 系列:YX-100L-2;

JO4 系列:JO4-31-2,JO4-41-2,JO4-42-2,JO4-52-2;
JO3 系列:JO3-90S-2,JO3-100S-2,JO3-100L-2;
JO2 系列:JO2-11-2,JO2-12-2,JO2-31-2,JO2-32-2,JO2-41-2;JO2-42-2,
JO2-51-2;JO2-52-2。

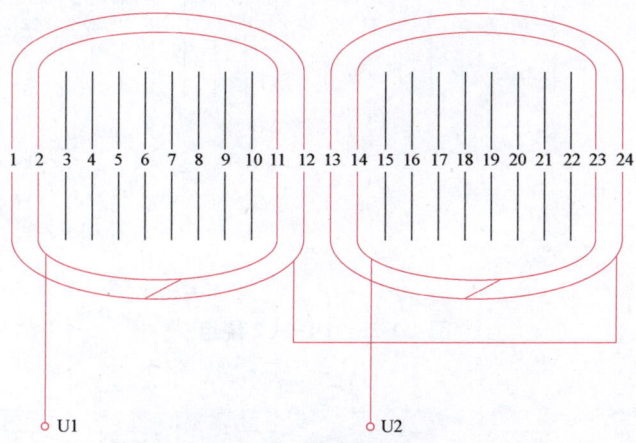

图 2-1-4a　U1—U2 绕组

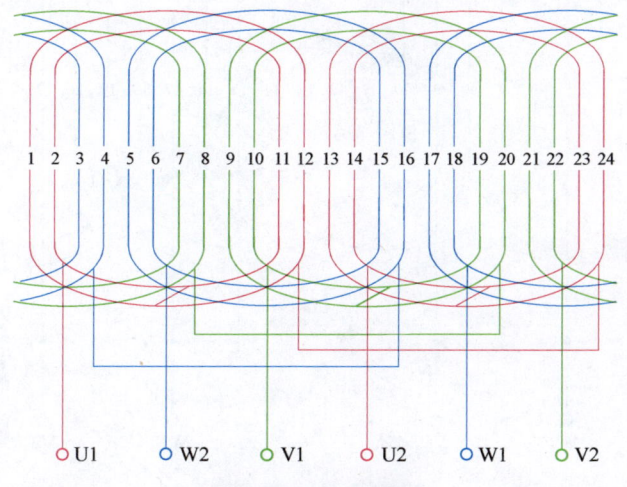

图 2-1-4b　三相绕组

5. 2 极 24 槽单层同心式绕组 2 路接法

(1)绕组展开图。U1—U2 绕组展开图如图 2-1-5a 所示,三相绕组展开图如图 2-1-5b 所示。

(2)圆形接线图。详见书中第三章图 3-1-2。

(3)节距。$Y_1=1-12, Y_2=2-11$。

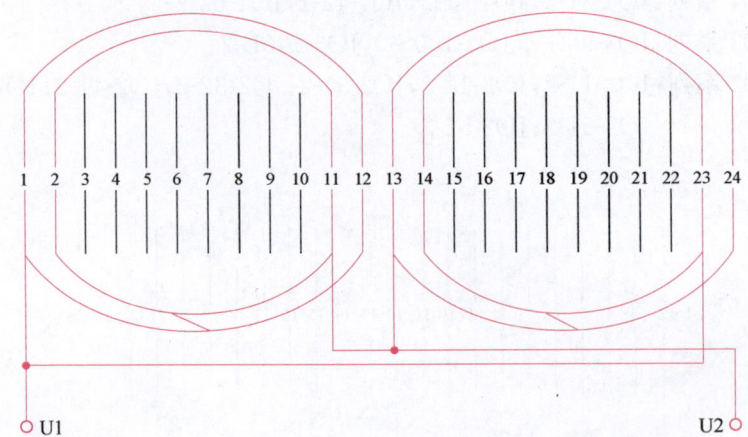

图 2-1-5a　U1—U2 绕组

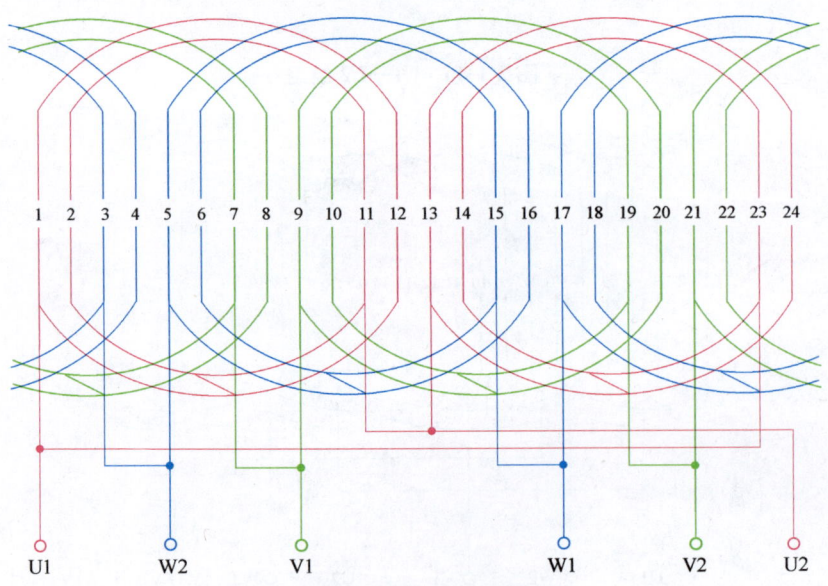

图 2-1-5b　三相绕组

(4)适用的电动机型号。JO3-140M-2,JO3-160S-2,JO3-160M-2,BJO2-52-2。

6. 2 极 24 槽双层叠式绕组 2 路接法(节距:$Y=1-11$)

(1)绕组展开图。U1—U2 绕组展开图如图 2-1-6a 所示,三相绕组展开图如图 2-1-6b 所示。

第一节 2极电动机绕组展开图

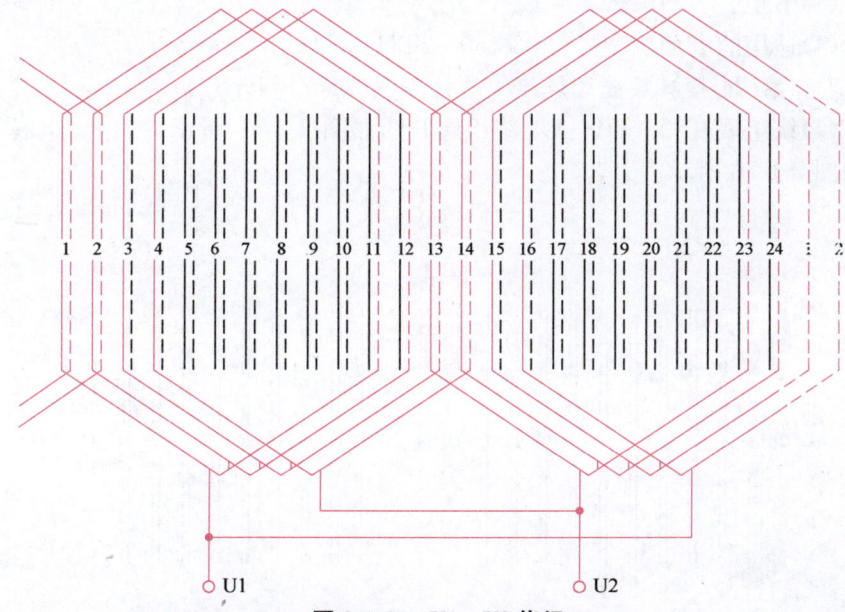

图 2-1-6a　U1—U2 绕组

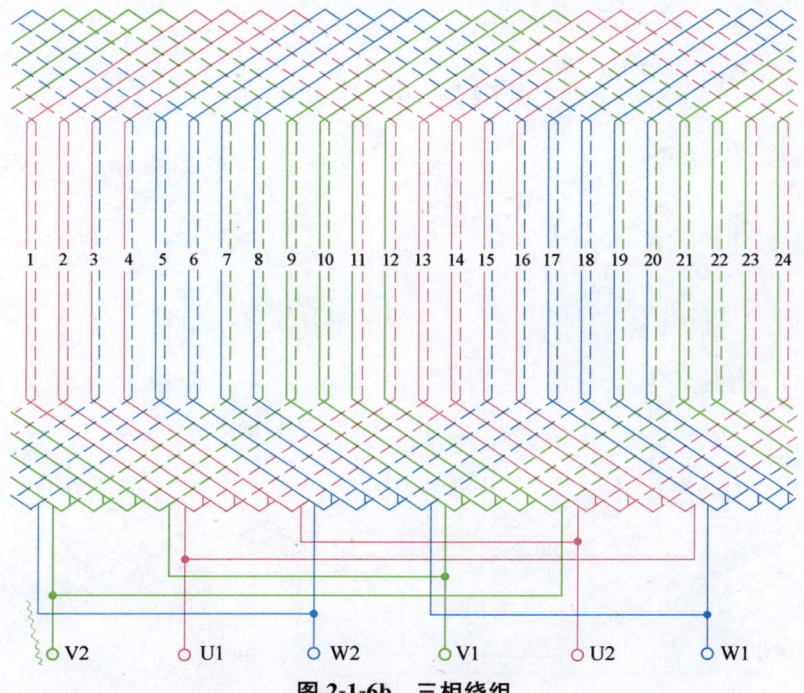

图 2-1-6b　三相绕组

（2）圆形接线图。详见书中第三章图 3-1-2。

(3)节距。$y=10$；或 $Y=1-11$。

(4)适用的电动机型号：JO3-160S-2TH。

7. 2极24槽双层叠式绕组1路接法（节距：$Y=1-12$）

(1)绕组展开图。U1—U2绕组展开图如图2-1-7a所示，三相绕组展开图如图2-1-7b所示。

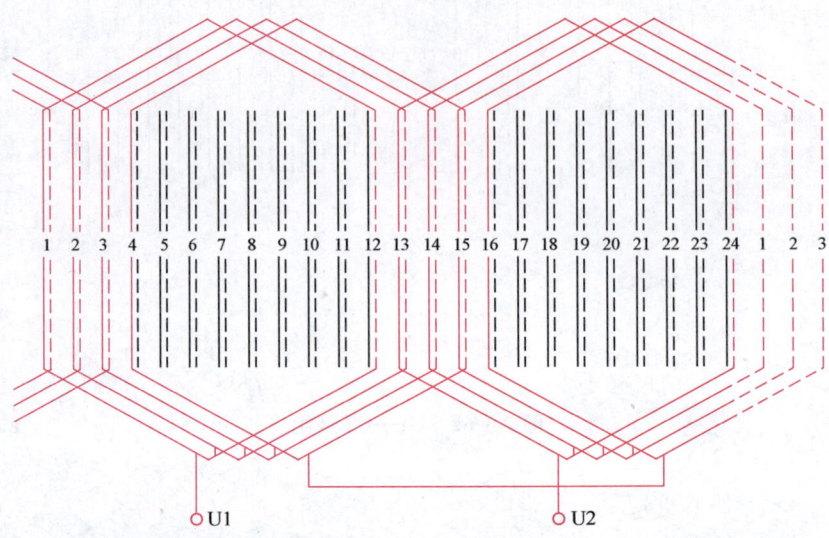

图 2-1-7a　U1—U2 绕组

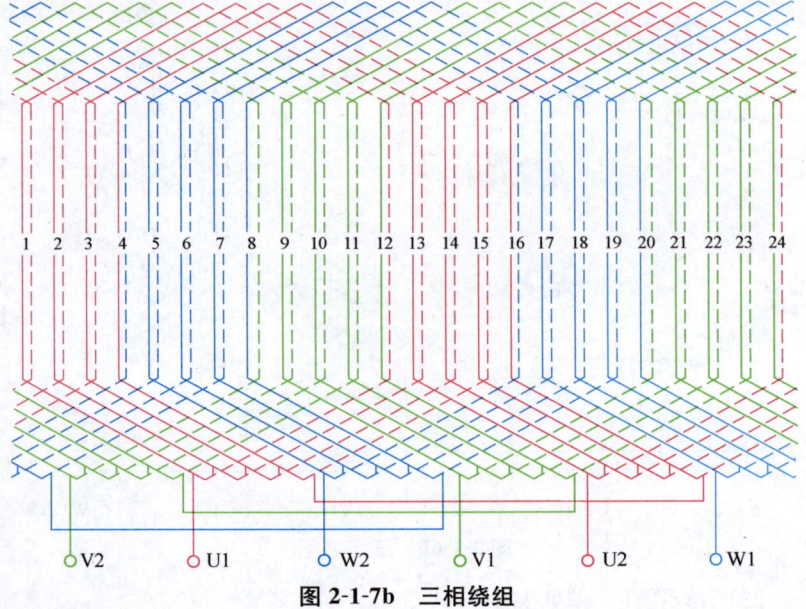

图 2-1-7b　三相绕组

(2)圆形接线图。详见书中第三章图 3-1-1。

(3)节距。$y=11$ 或 $Y=1-12$。

(4)适用的电动机型号。JO4-61-2,JO4-62-2,JO4-71-2,JO4-72-2。

8. 2 极 30 槽单层同心式绕组 1 路接法

(1)绕组展开图。U1—U2 绕组展开图如图 2-1-8a 所示,三相绕组展开图如图 2-1-8b 所示。

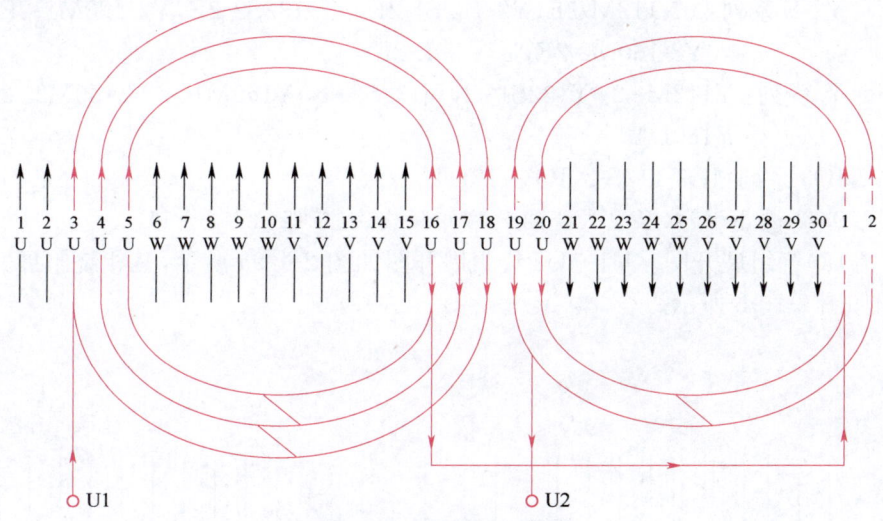

图 2-1-8a U1—U2 绕组

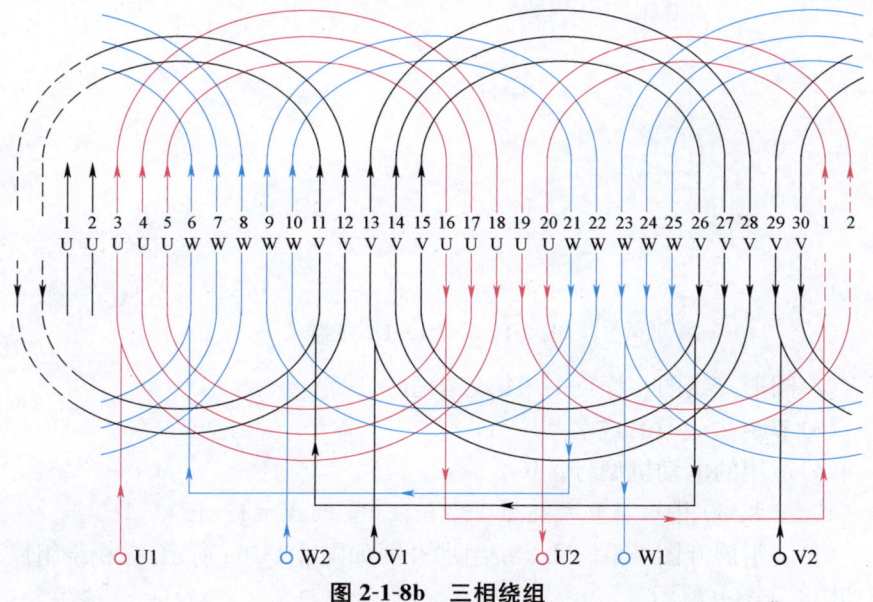

图 2-1-8b 三相绕组

(2)圆形接线图。详见书中第三章图 3-1-1。

(3)节距。1—16,2—15,3—14,17—30,18—29。或 1—16,2—15,3—14;1—14,2—13。

(4)适用电动机型号

Y2 系列:Y2-112M-2,Y2-132S1-2,Y2-132S2-2,Y2-160M1-2,Y2-160M2-2,Y2-160L-2。

Y2-E 系列:Y2-112M-2E,Y2-132S1-2E,Y2-132S2-2E,Y2-160M1-2E,Y2-160M2-2E,Y2-160L-2E。

Y 系列:Y112M-2,Y132S1-2,Y132S2-2,Y160M1-2,Y160M2-2,Y160L-2。

JO3 系列:JO3-112S-2,JO3-112L-2。

9. 2 极 30 槽双层叠式绕组 2 路并联接法(节距:$Y=1-11$)

(1)绕组展开图。U1—U2 绕组展开图如图 2-1-9a 所示,三相绕组展开图如图 2-1-9b 所示。

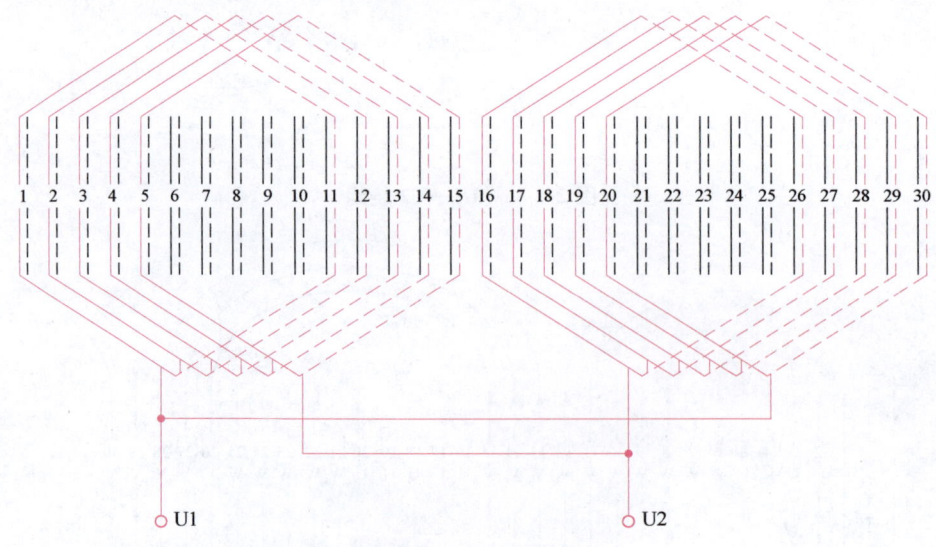

图 2-1-9a　U1—U2 绕组

(2)圆形接线图。详见书中第三章图 3-1-2。

(3)节距。$y=10$;或 $Y=1-11$。

(4)适用的电动机型号。JO2-61-2。

10. 2 极 30 槽双层叠式绕组 1 路接法(节距:$Y=1-12$)

(1)绕组展开图。U1—U2 绕组展开图如图 2-1-10a 所示,三相绕组展开图如图 2-1-10b 所示。

第一节 2极电动机绕组展开图　　47

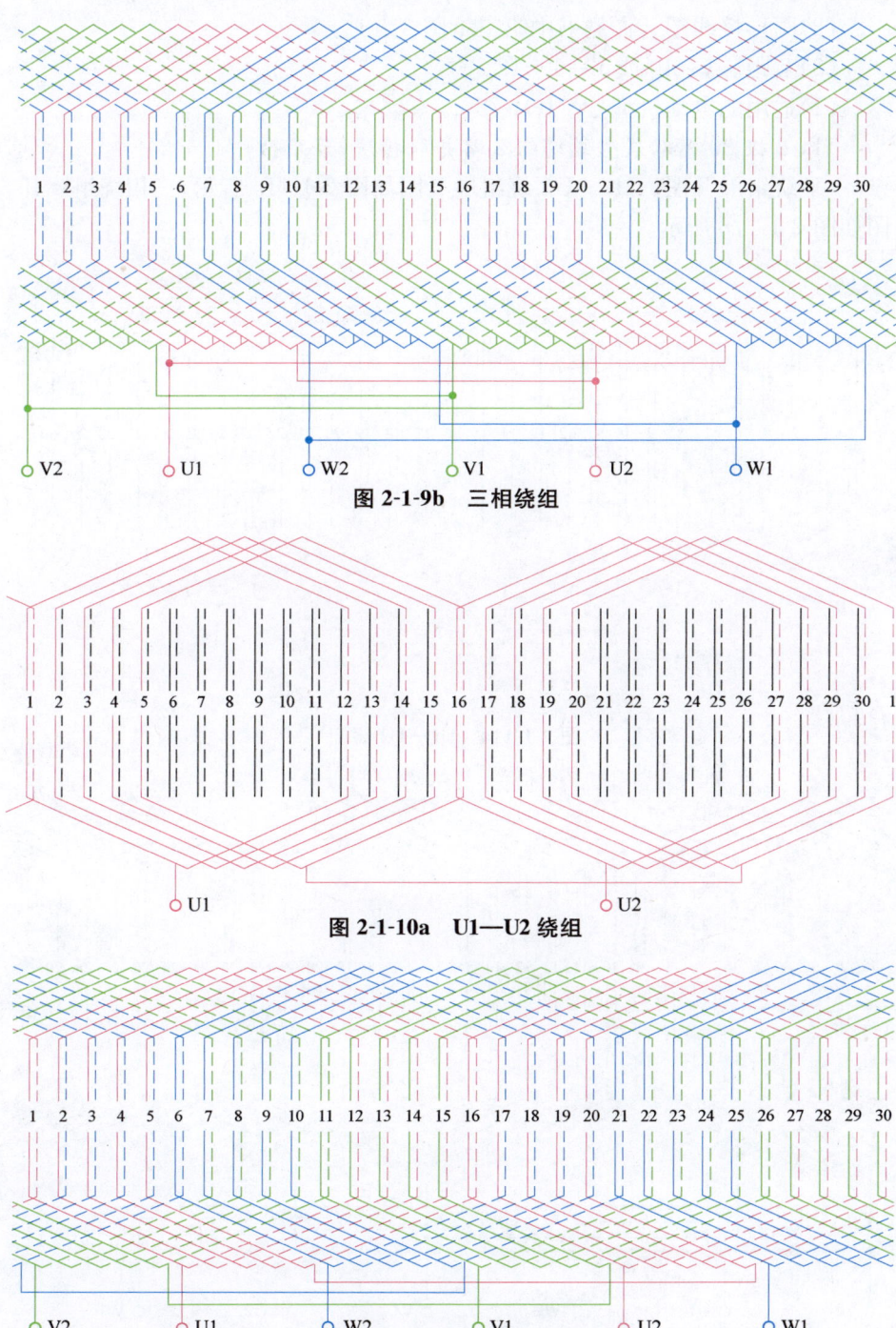

图 2-1-9b　三相绕组

图 2-1-10a　U1—U2 绕组

图 2-1-10b　三相绕组

(2)圆形接线图。详见书中第三章图 3-1-1。

(3)节距。$y=10$ 或 $Y=1-12$。

(4)适用的电动机型号。JO4-72-2。

11. 2 极 30 槽双层叠式绕组 2 路并联接法(节距:$Y=1-12$)

(1)绕组展开图。U1—U2 绕组展开图如图 2-1-11a 所示,三相绕组展开图如图 2-1-11b 所示。

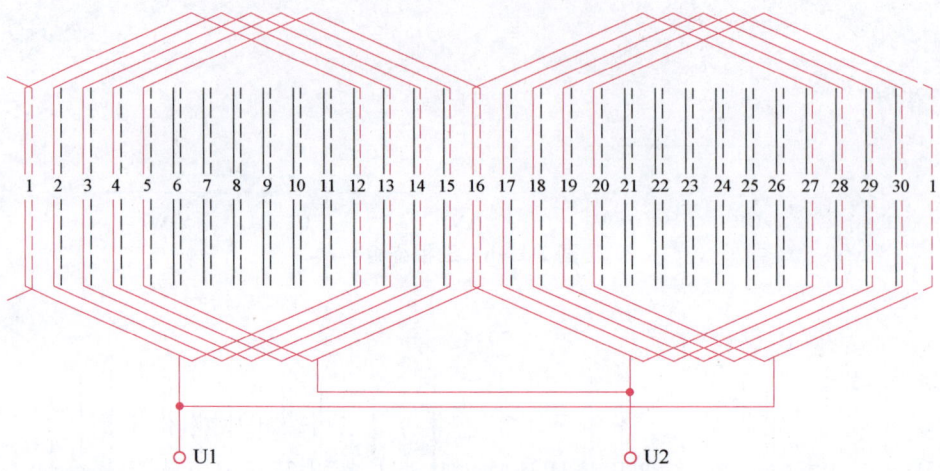

图 2-1-11a　U1—U2 绕组

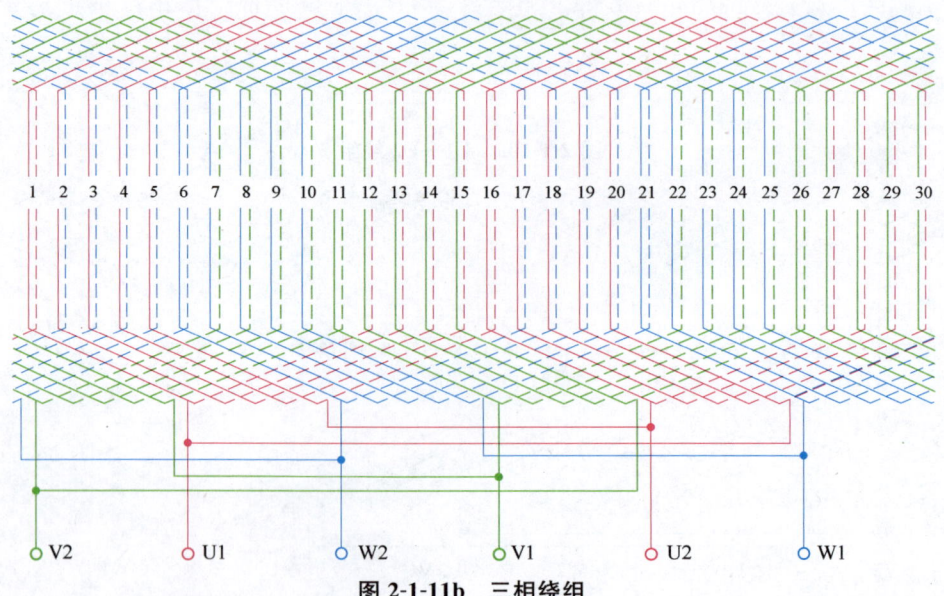

图 2-1-11b　三相绕组

(2)圆形接线图。详见书中第三章图 3-1-2。

(3)节距。$y=10$;$Y=1-12$。

(4)适用的电动机型号。JO4-73-2。

12. 2 极 36 槽单层同心式绕组 1 路接法($a=1$)

(1)绕组展开图。U1—U2 绕组展开图如图 2-1-12a 所示,三相绕组展开图如图 2-1-12b 所示。

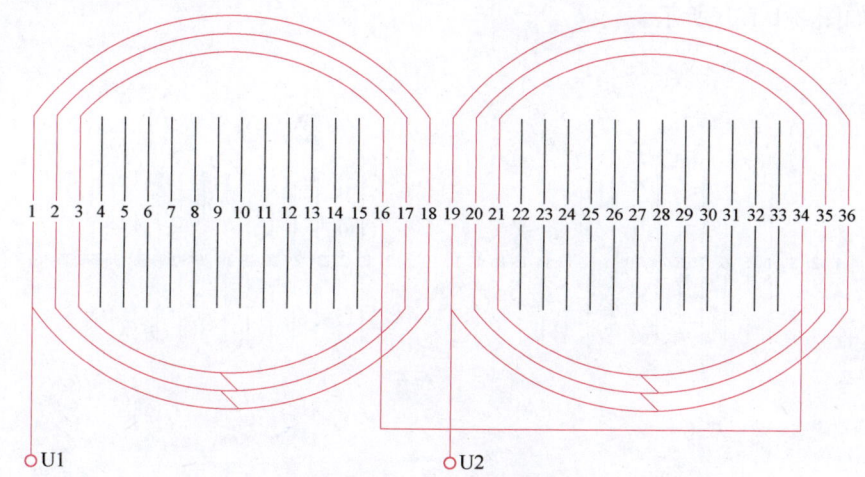

图 2-1-12a　U1—U2 绕组

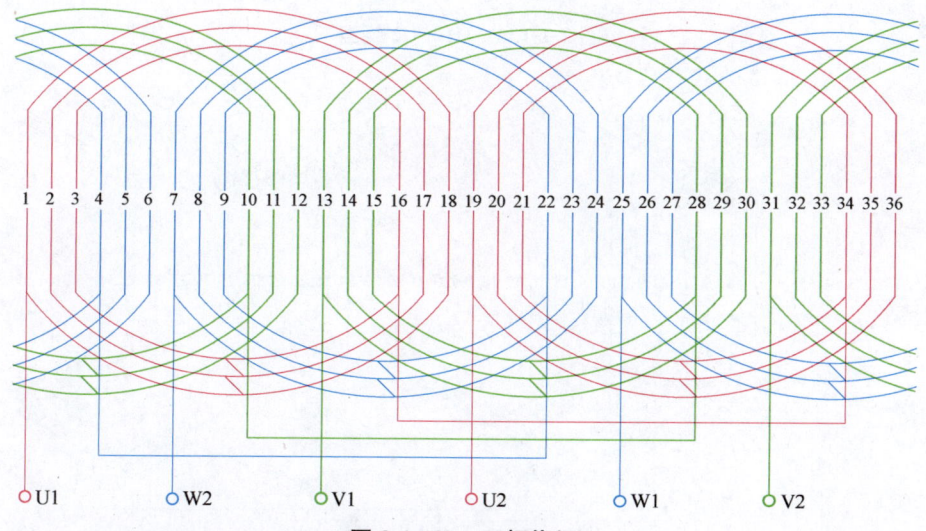

图 2-1-12b　三相绕组

(2)圆形接线图。详见书中第三章图 3-1-1。

(3)节距:$Y1=1-18$,$Y2=2-17$,$Y3=3-16$。

(4)适用的电动机型号。

YX 系列：YX-112M-2，YX-132S1-2，YX-132M-2，YX-160M1-2，YX-160M2-2，YX-160L-2。

JO3 系列：JO3-1801M-2，JO3-1802M-2。

13. 2 极 36 槽单层同心式绕组 2 路接法

(1)绕组展开图。U1—U2 绕组展开图如图 2-1-13 所示，三相绕组展开图如图 2-1-13b 所示。

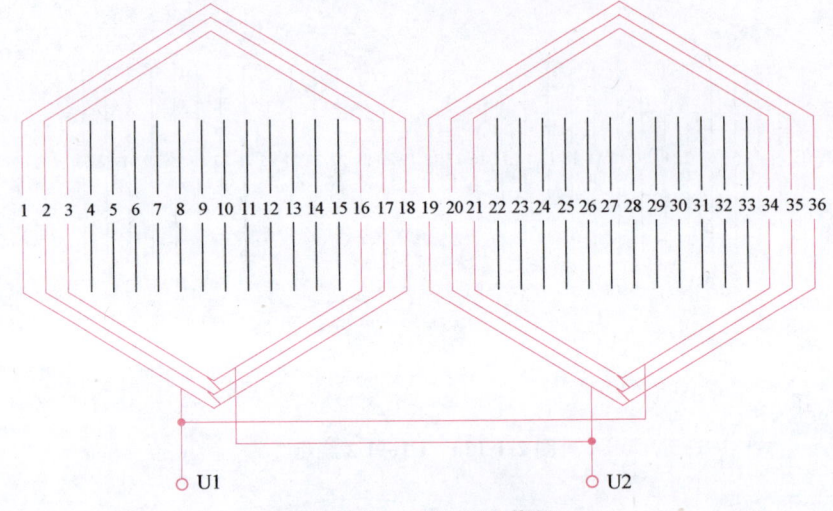

图 2-1-13a　U1—U2 绕组

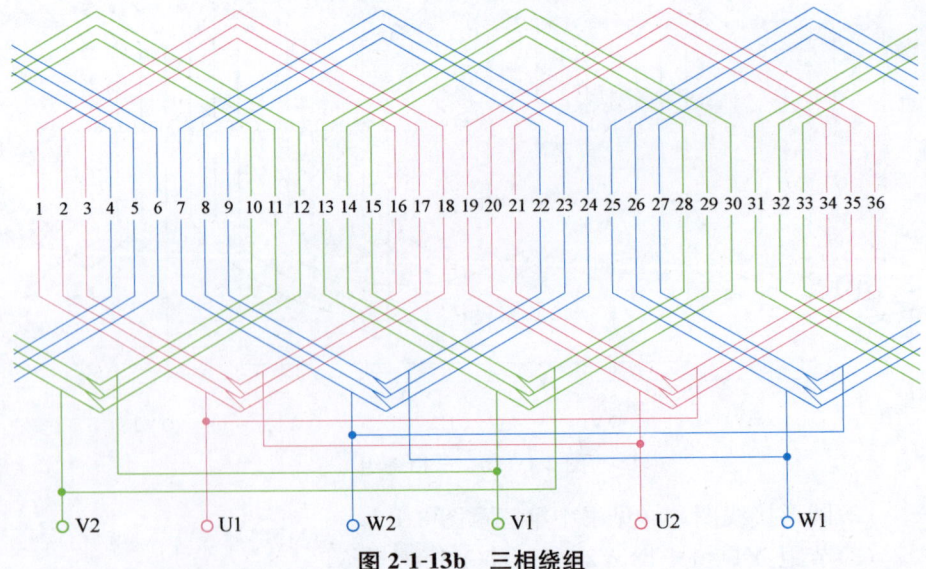

图 2-1-13b　三相绕组

(2)圆形接线图。详见书中第三章图 3-1-2。

(3)节距。$Y_1=1-18$,$Y_2=2-17$,$Y_3=3-16$。

(4)适用的电动机型号。JO3-200M-2,JO3-225M-2。

14. 2极36槽双层叠式绕组1路接法(节距:$Y=1-14$)

(1)绕组展开图。U1—U2 绕组展开图如图 2-1-14a 所示,三相绕组展开图如图 2-1-14b 所示。

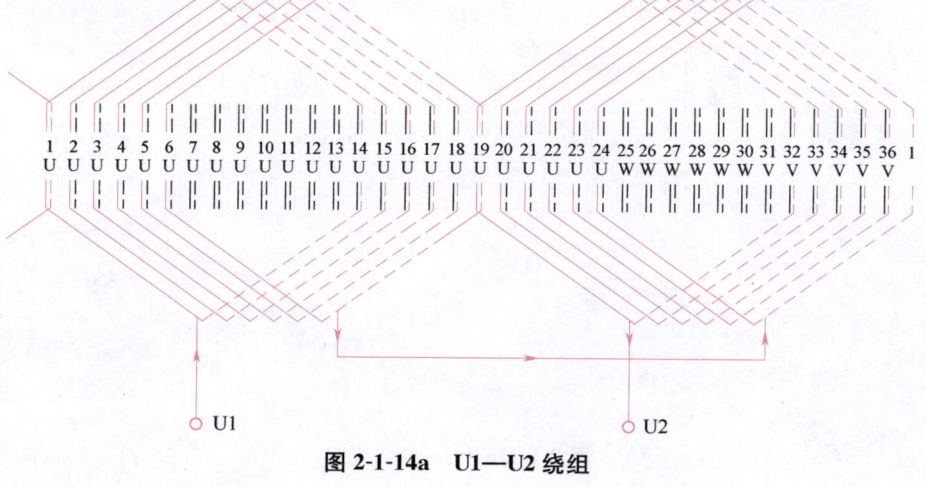

图 2-1-14a　U1—U2 绕组

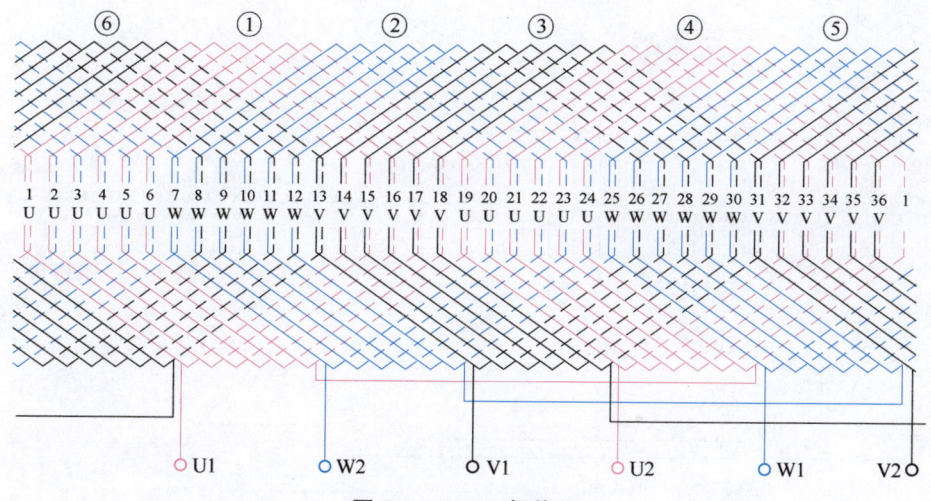

图 2-1-14b　三相绕组

(2)圆形接线图,详见书中第三章图 3-1-1。

(3)节距。$y=13$ 或 $Y=1-14$。

(4)适用电动机型号。

Y2-E 系列：Y2-180M-2E。

Y 系列：Y180M-2。

15. 2 极 36 槽双层叠式绕组 2 路并联接法（节距：$Y=1-14$）

（1）绕组展开图。U1—U2 绕组展开图如图 2-1-15a 所示，三相绕组展开图如图 2-1-15b 所示。

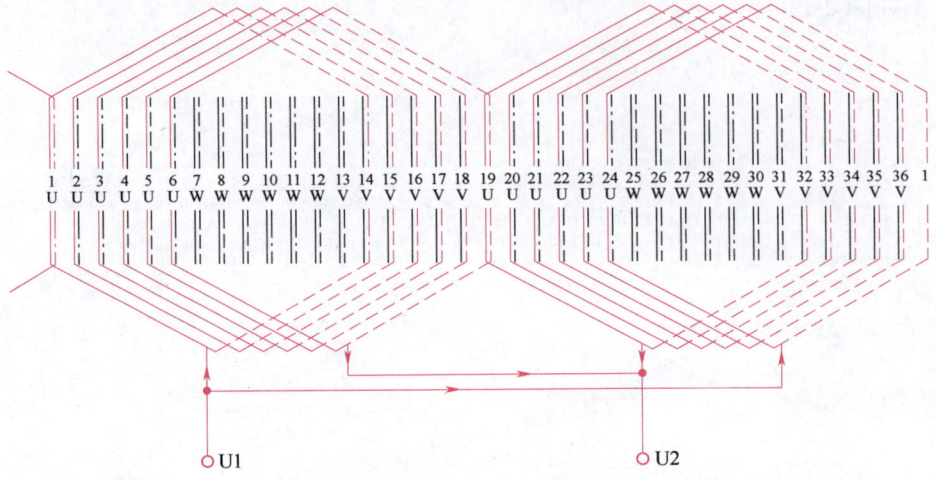

图 2-1-15a　U1—U2 绕组

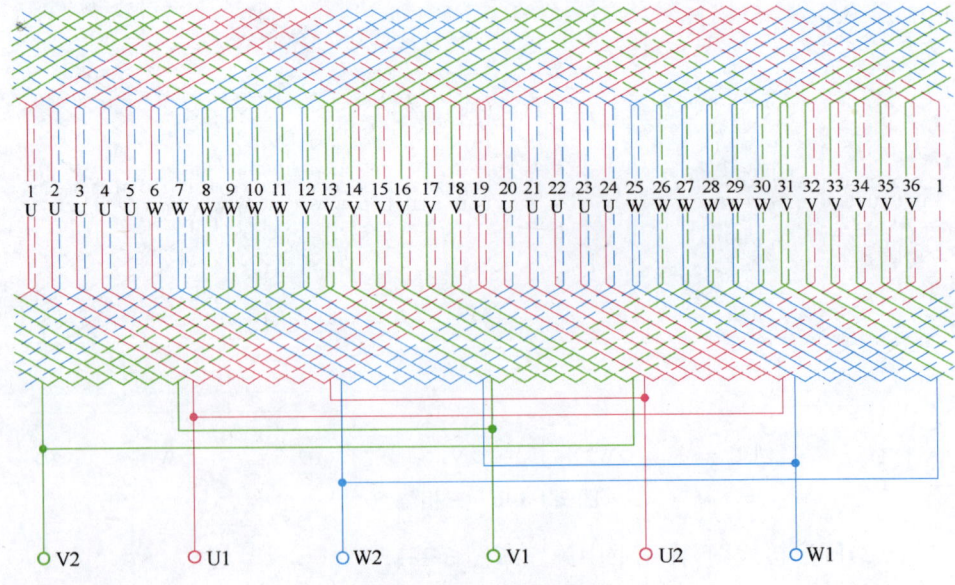

图 2-1-15b　三相绕组

(2)圆形接线图。详见书中第三章图3-1-2。

(3)节距。$Y=1-14$。

(4)适用电动机型号。

Y2系列：Y2-180M-2,Y2-200L1-2,Y2-200L2-2,Y2-225M-2,
　　　　Y2-250M-2。

Y2-E系列：Y2-200L1-2E,Y2-200L2-2E,Y2-225M-2E,Y2-250M-2E。

Y系列：Y200L1-2,Y200L2-2,Y225M-2,Y250M-2。

YX系列：YX-180M-2,YX-200L1-2,YX-200L2-2,YX-225M-2。

JO3系列：JO3-250S-2,JO3-280S-2。

16. 2极36槽双层叠式绕组1路接法(节距：$Y=1-13$)

(1)绕组展开图。U1—U2绕组展开图如图2-1-16a所示,三相绕组展开图如图2-1-16b所示。

(2)圆形接线图。详见书中第三章图3-1-1。

(3)节距：$y=12$或$Y=1-13$。

(4)适用的电动机型号。JO2-71-2,JO2-72-2。

17. 2极36槽双层叠式绕组2路接法(节距：$Y=1-13$)

(1)绕组展开图。U1—U2绕组展开图如图2-1-17a所示,三相绕组展开图如图2-1-17b所示。

(2)圆形接线图。详见书中第三章图3-1-2。

(3)节距。$y=12$或$Y=1-13$。

(4)适用的电动机型号。JO2-82-2。

18. 2极42槽双层叠式绕组2路接法(节距：$Y=1-15$)

(1)绕组展开图。U1—U2绕组展开图如图2-1-18a所示,三相绕组展开图如图2-1-18b所示。

(2)圆形接线图。详见书中第三章图3-1-2。

(3)节距。$y=14$或$Y=1-15$。

(4)适用的电动机型号。JO2-91-2,JO2-92-2,JO2-93-2。

19. 2极42槽双层叠式绕组2路并联接法(节距：$Y=1-16$)

(1)绕组展开图。U1—U2绕组展开图如图2-1-19a所示,三相绕组展开图如图2-1-19b所示。

(2)圆形接线图。详见书中第三章图3-1-2。

(3)节距。$Y=1-16$。

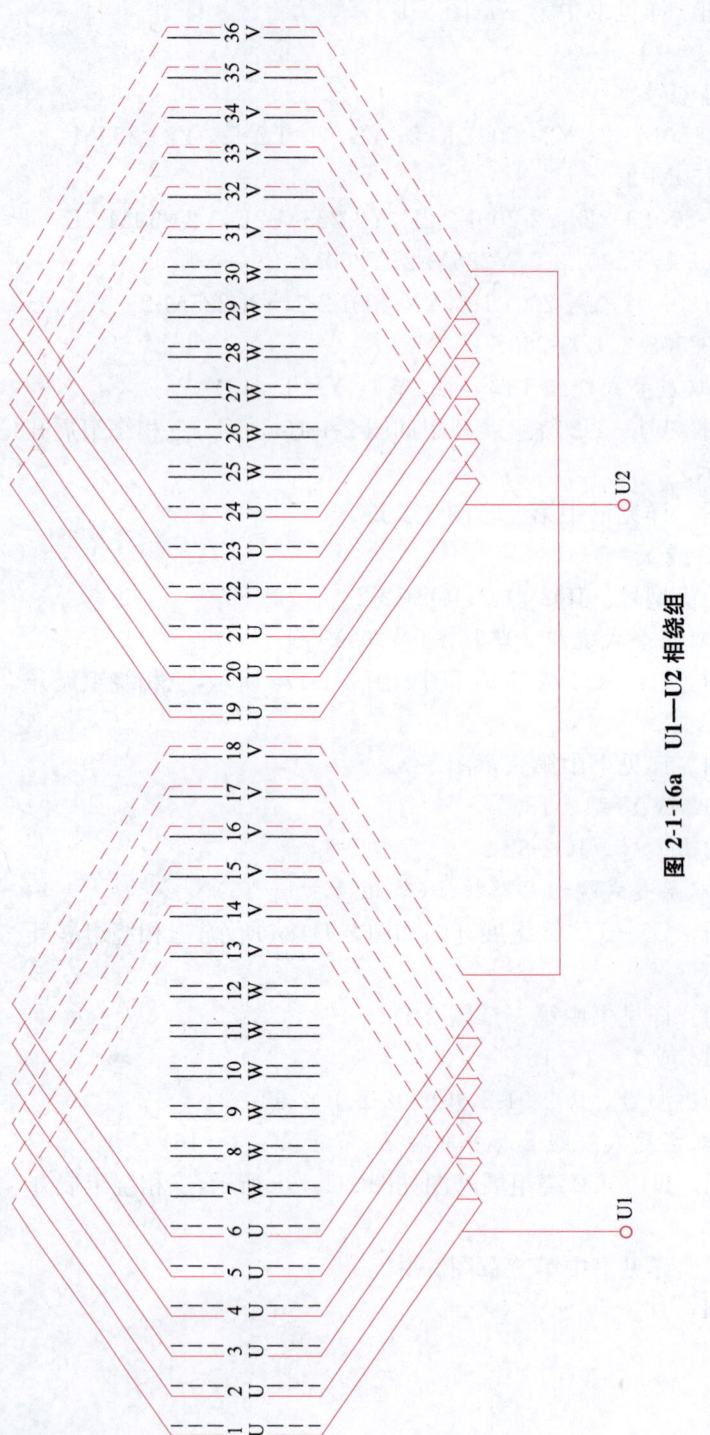

图 2-1-16a U1—U2 相绕组

第一节 2极电动机绕组展开图

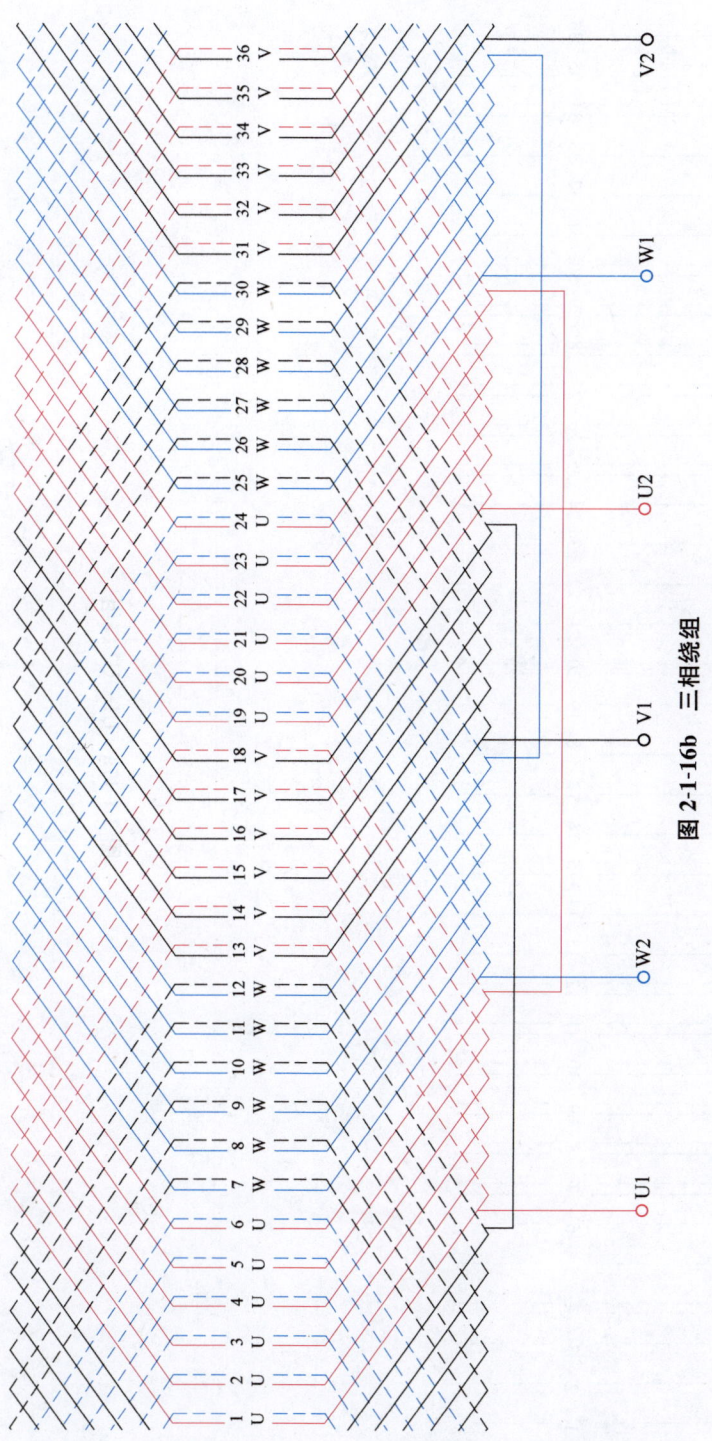

图 2-1-16b 三相绕组

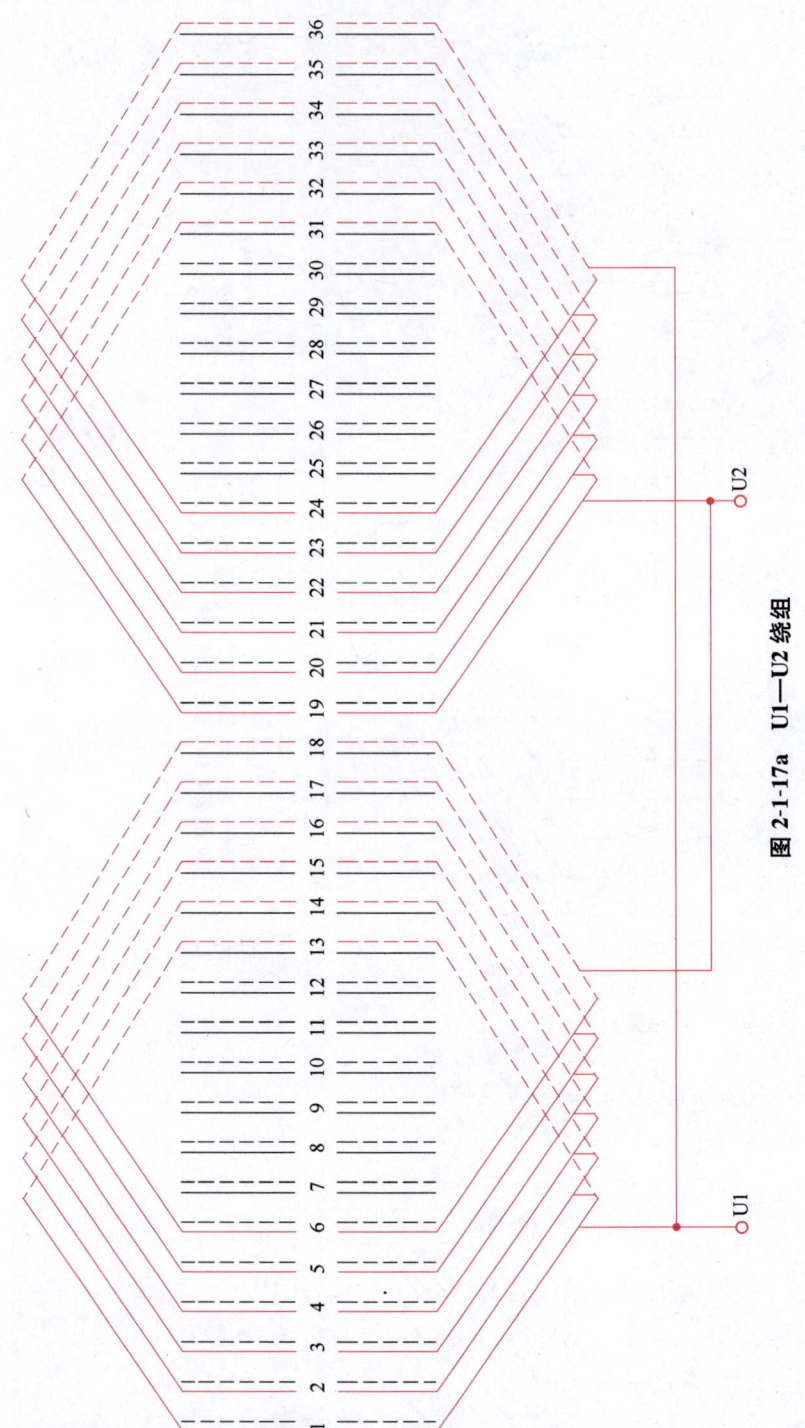

图 2-1-17a U1—U2 绕组

第一节 2极电动机绕组展开图

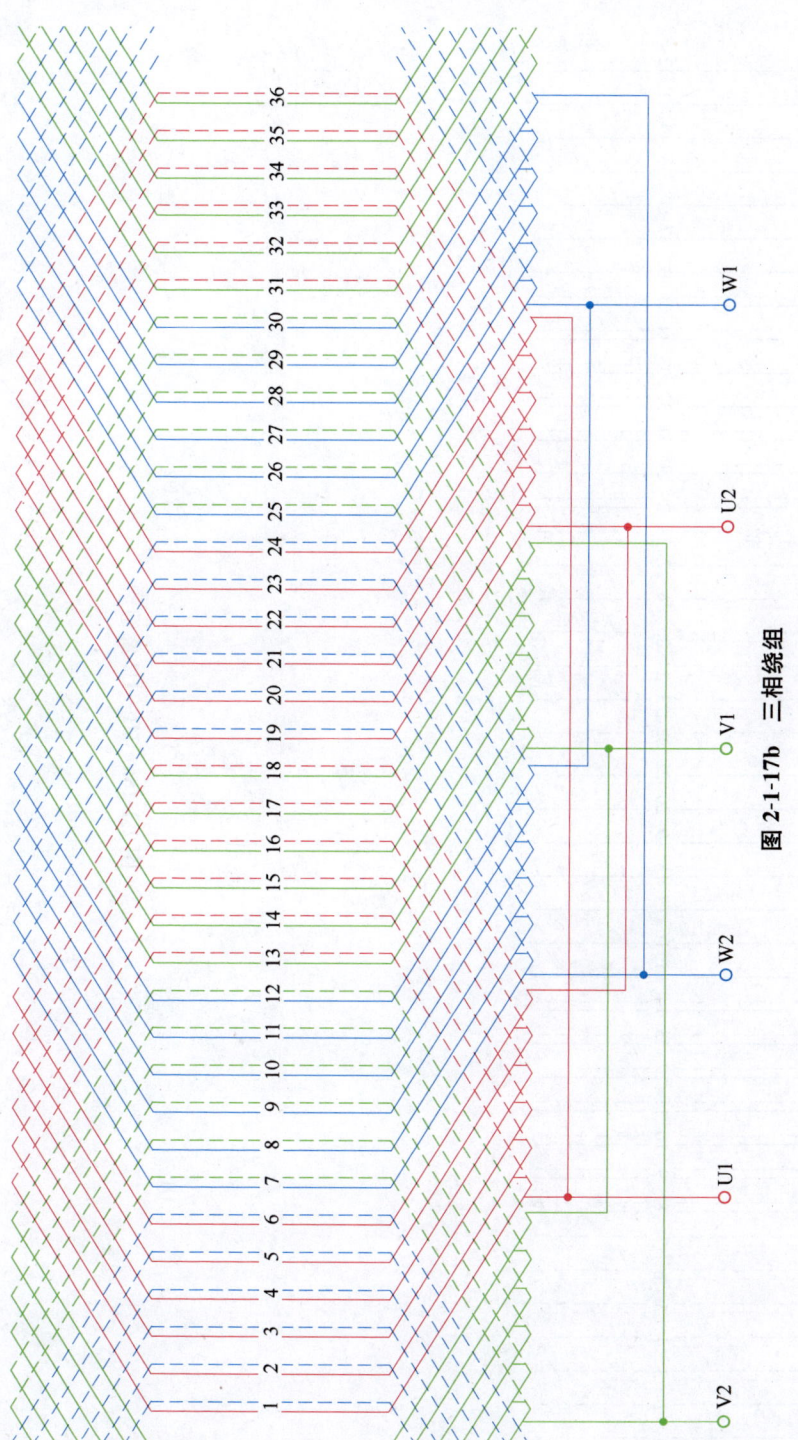

图 2-1-17b 三相绕组

第二章 三相异步电动机定子(或转子)绕组展开图

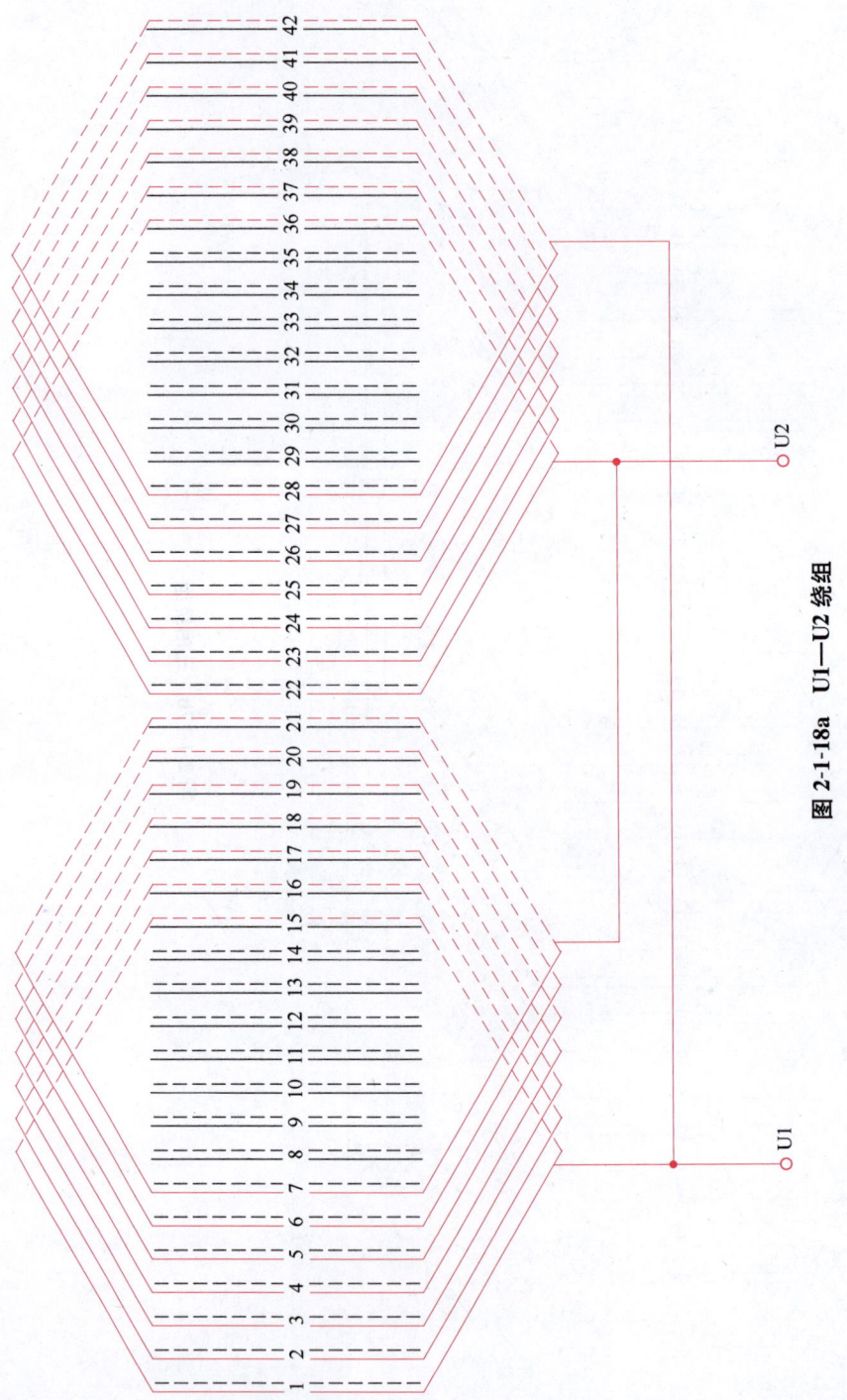

图 2-1-18a U1—U2 绕组

第一节 2极电动机绕组展开图

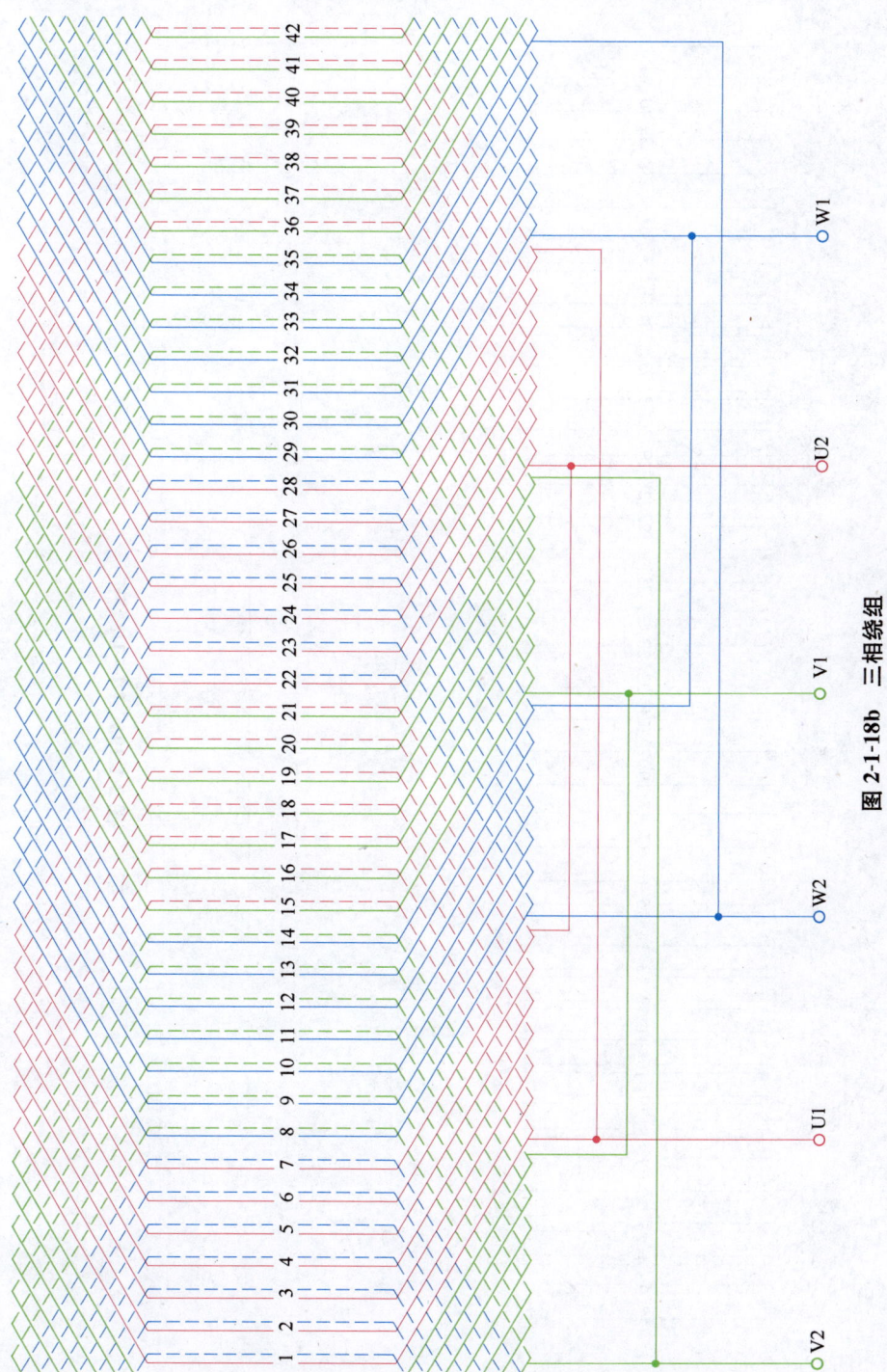

图 2-1-18b 三相绕组

第二章 三相异步电动机定子(或转子)绕组展开图

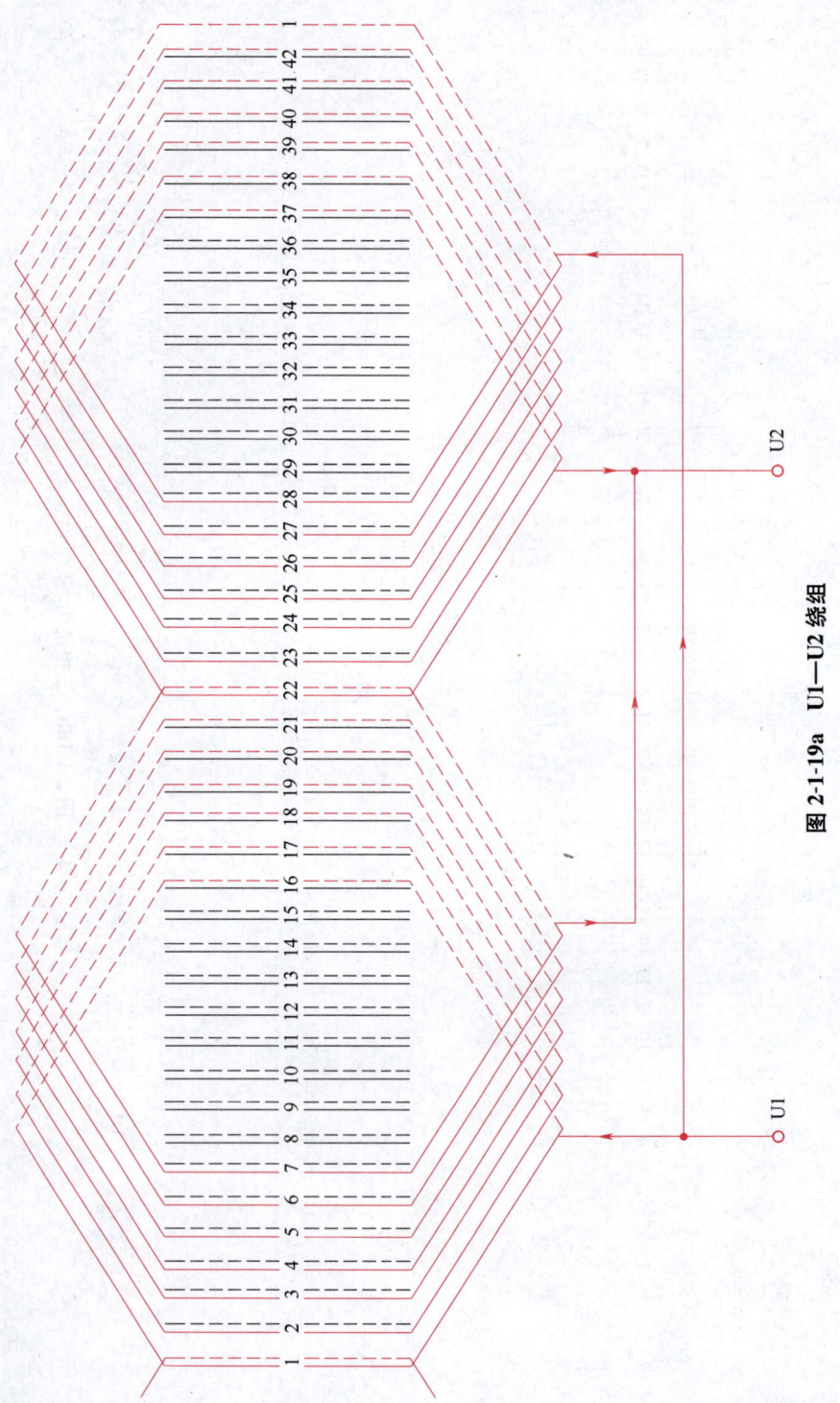

图 2-1-19a　U1—U2 绕组

第一节 2极电动机绕组展开图

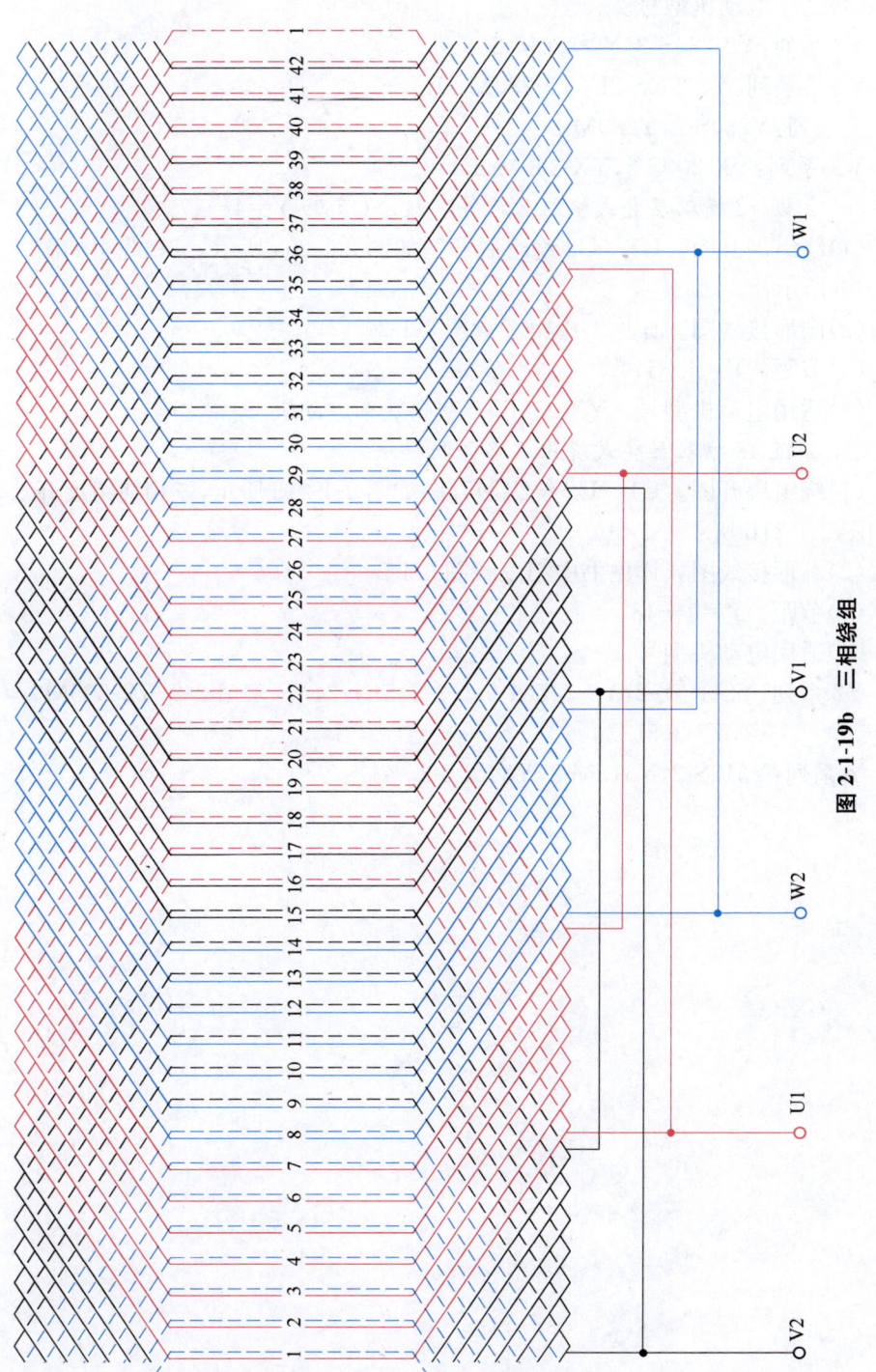

图 2-1-19b 三相绕组

(4)适用电动机型号。

Y2 系列：Y2-280S-2,Y2-280M-2。

Y2-E 系列：Y2-280S-2E,Y2-280M-2E。

Y 系列：Y280S-2,Y280M-2。

YX 系列：YX-200S-2,YX-280M-2。

20. 2 极 42 槽双层叠式绕组 2 路并联接法(节距：$Y=1-17$)

(1)绕组展开图。U1—U2 绕组展开图如图 2-1-20a 所示，三相绕组如图 2-1-20b 所示。

(2)圆形接线图。详见书中第三章图 3-1-2。

(3)节距。$Y=1-17$。

(4)适用电动机型号。YX-250M-2 型高效率电动机。

21. 2 极 48 槽双层叠式绕组 2 路并联接法

(1)绕组展开图。U1—U2 绕组展开图如图 2-1-21a 所示，三相绕组展开图如图 2-1-21b 所示。

(2)圆形接线图。详见书中第三章图 3-1-2。

(3)节距。$Y=1-18$。

(4)适用电动机型号。

Y2 系列：Y2-315S-2,Y2-315M-2,Y2-315L1-2,Y2-315L2-2,Y2-355M-2,Y2-355L-2。

Y 系列：Y315S-2,Y315M-2,Y315L2-2。

第一节 2极电动机绕组展开图

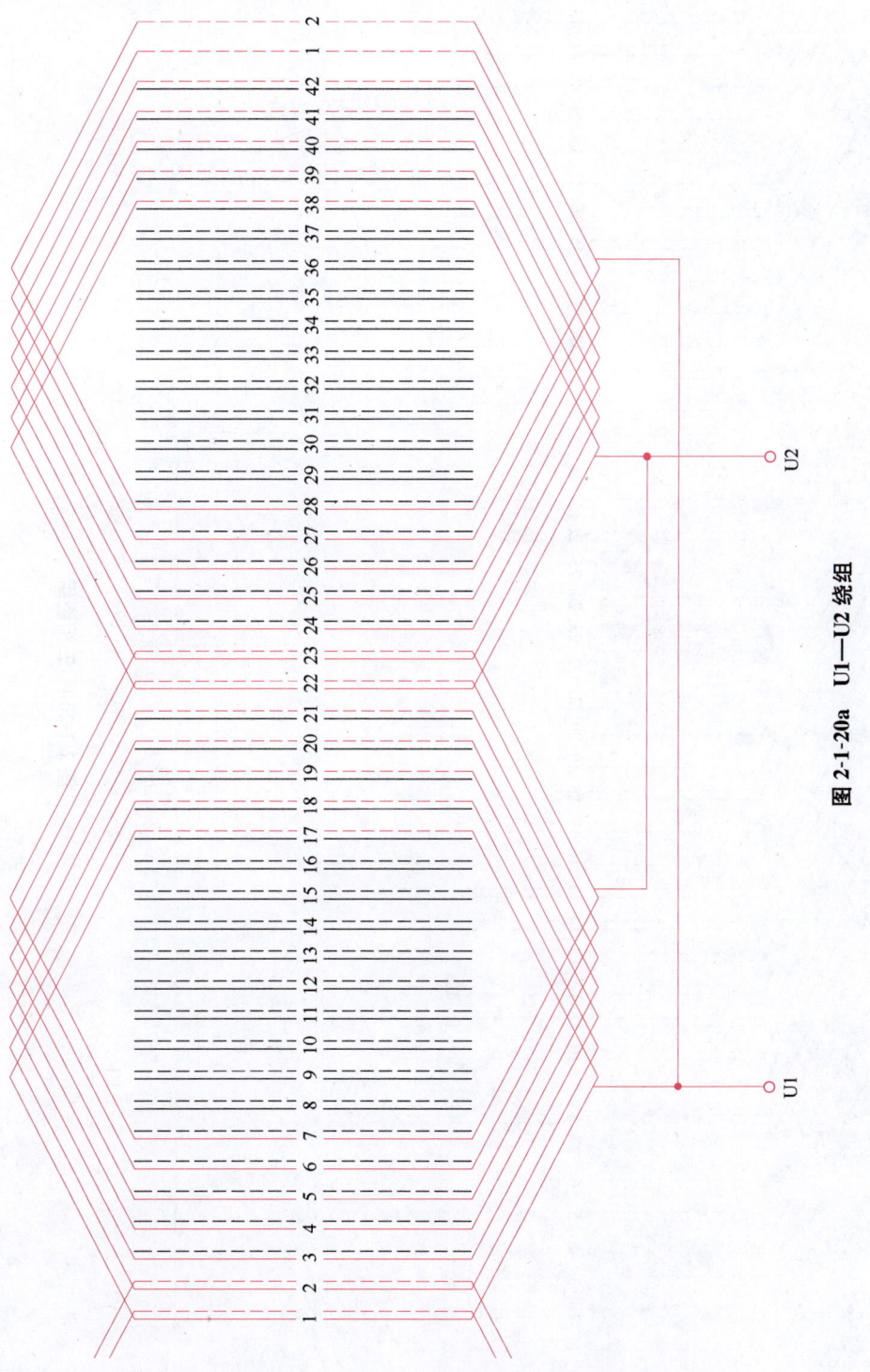

图 2-1-20a U1—U2 绕组

64　第二章　三相异步电动机定子(或转子)绕组展开图

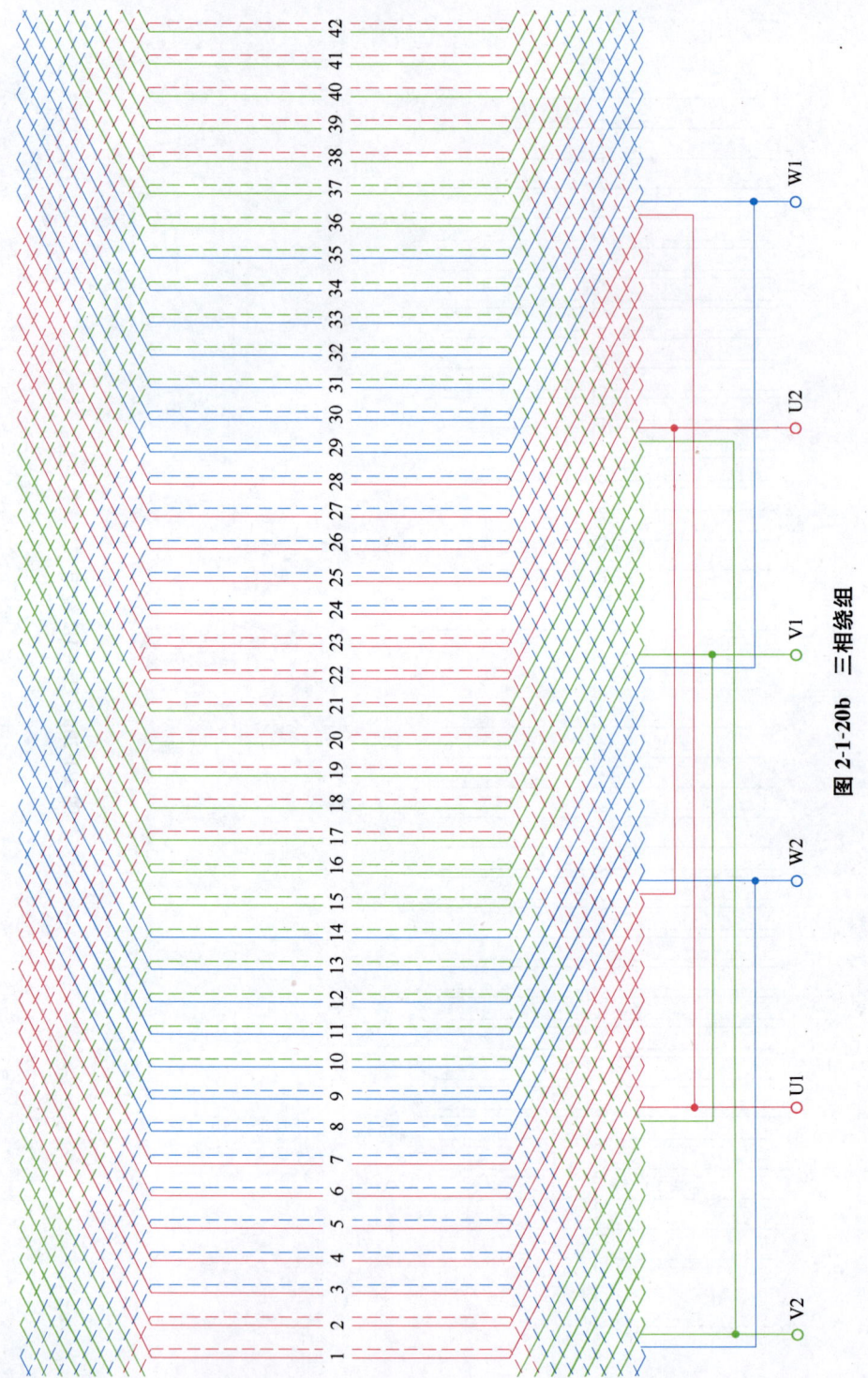

图 2-1-20b　三相绕组

第一节 2极电动机绕组展开图

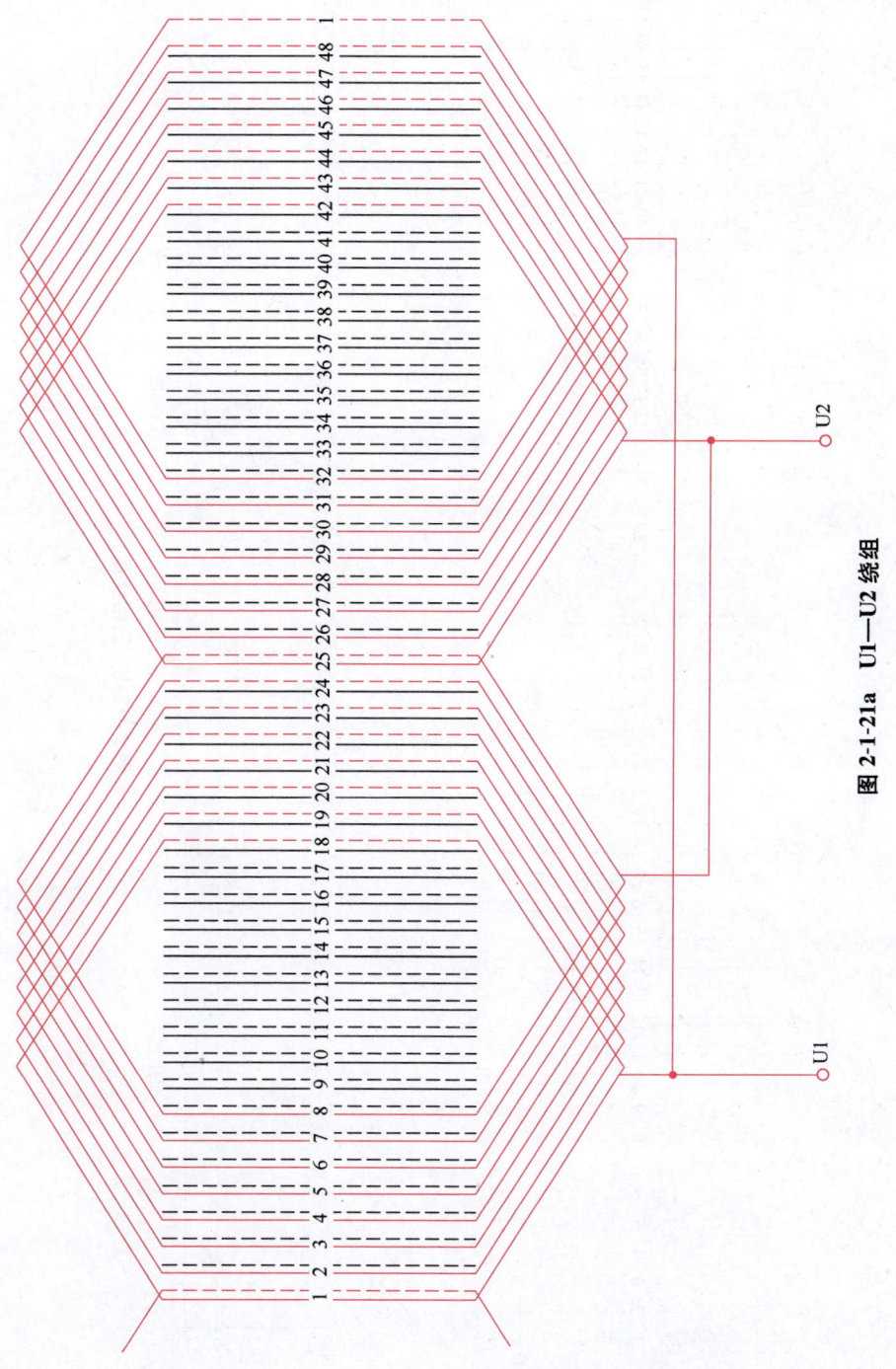

图 2-1-21a　U1—U2 绕组

66　第二章　三相异步电动机定子(或转子)绕组展开图

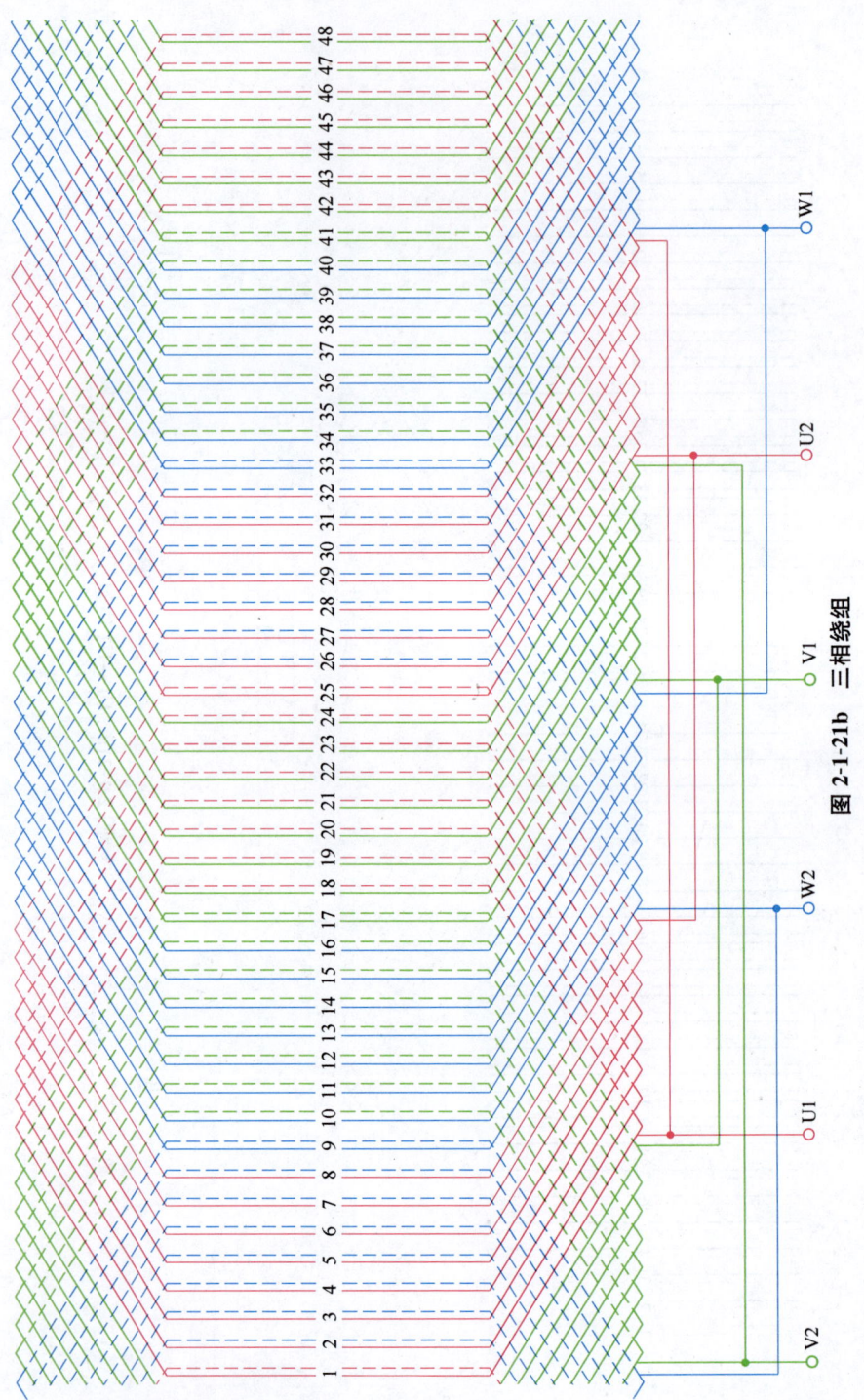

图 2-1-21b　三相绕组

第二节 4极电动机绕组展开图

1. 4极18槽单层交叉式绕组1路正串接法

(1)绕组展开图。U1—U2绕组展开图如图2-2-1a所示,三相绕组展开图如图2-2-1b所示。

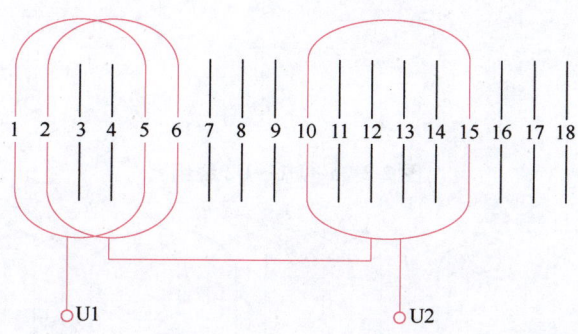

图 2-2-1a U1—U2 绕组

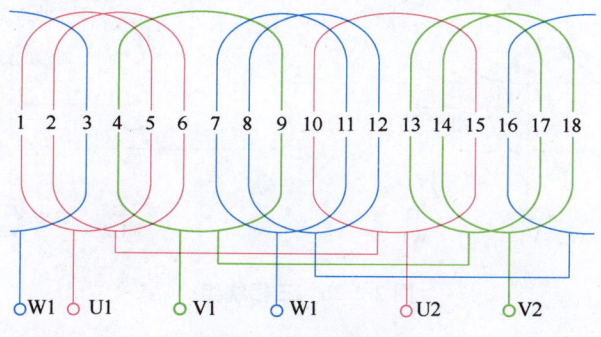

图 2-2-1b 三相绕组

(2)节距。1—5,2—6,10—15。

(3)适用电动机型号。JW-07-4。

2. 4极24槽单层链式绕组1路接法

(1)绕组展开图。U1—U2绕组展开图如图2-2-2a所示,三相绕组展开图如图2-2-2b所示。

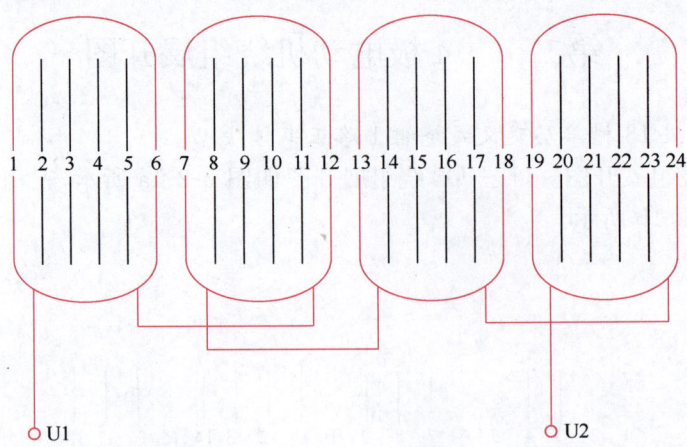

图 2-2-2a　U1—U2 绕组

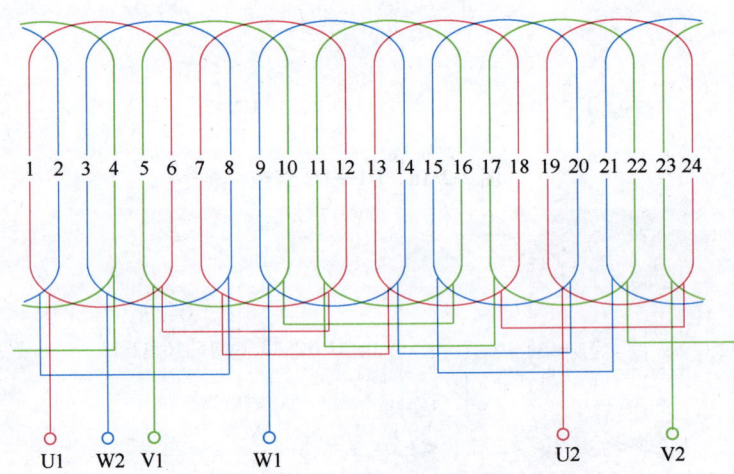

图 2-2-2b　三相绕组

(2) 圆形接线图。详见书中第三章图 3-2-1。

(3) 节距。Y＝1－6。

(4) 适用电动机型号。

Y2 系列：Y2-631-4，Y2-632-4，Y2-711-4，Y2-712-4，Y2-801-4，Y2-802-4，Y2-90S-4，Y2-90L-4。

Y2-E 系列：Y2-801-4E，Y2-802-4E，Y2-90S-4E，Y2-90L-4E。

Y 系列：Y801-4，Y802-4，Y90S-4，Y90L-4。

JO2 系列：JO2-11-4，JO2-12-4，JO2-21-4，JO2-22-4。

JO3 系列：JO3-801-4，JO3-802-4，JO3-90S-4，

JO4 系列:JO4-21-4,JO4-22-4,JO4-31-4。

3. 4 极 24 槽双层叠式绕组 1 路接法(节距:$Y=1-6$)

(1)绕组展开图。U1—U2 绕组展开图如图 2-2-3a 所示,三相绕组如图 2-2-3b 所示。

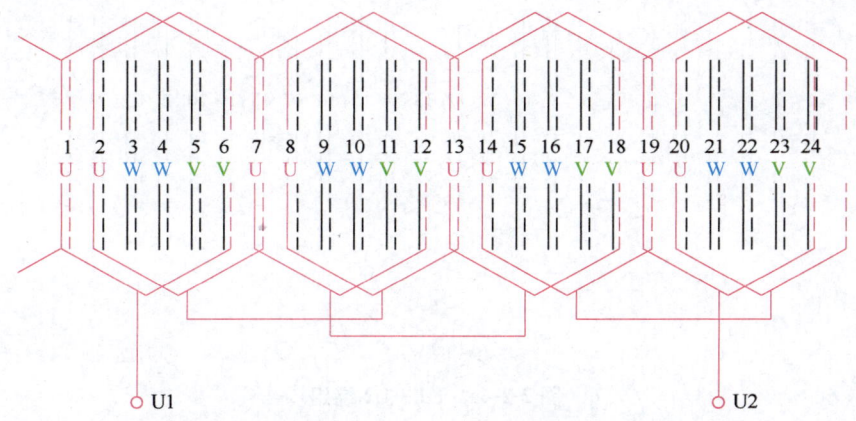

图 2-2-3a　U1—U2 绕组

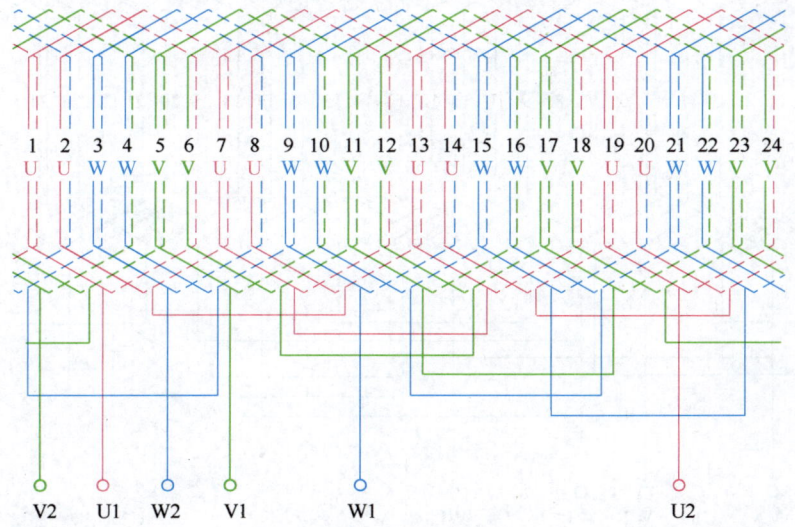

图 2-2-3b　三相绕组

(2)圆形接线图。详见书中第三章图 3-2-1。

(3)节距。$Y=1-6$。

(4)适用电动机型号。

YR 系列(转子绕组):YR-132M1-4,YR-132M2-4。

4. 4极24槽双层叠式绕组2路并联接法(节距：$Y=1-6$)

(1)绕组展开图。U1—U2绕组展开图如图2-2-4a所示，三相绕组展开图如图2-2-4b所示。

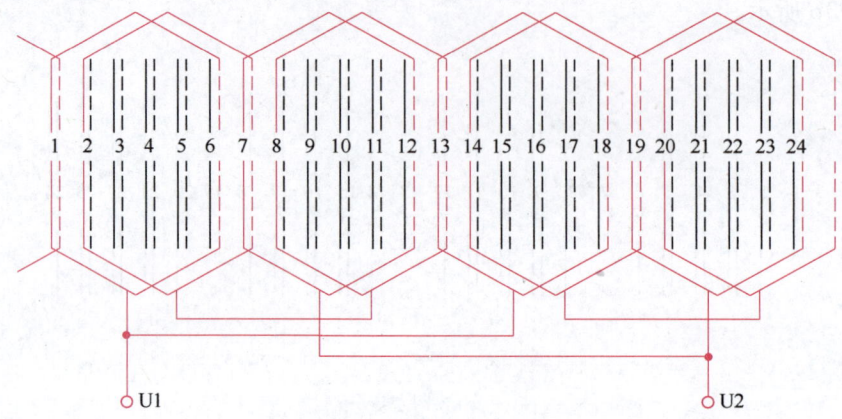

图2-2-4a　U1—U2绕组

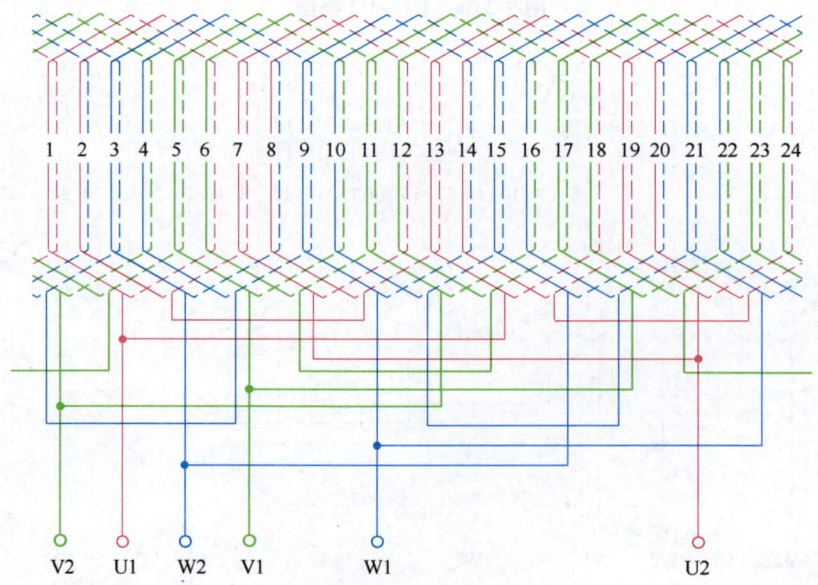

图2-2-4b　三相绕组

(2)圆形接线图。详见书中第三章图3-2-2。

(3)节距。$Y=1-6$。

(4)适用电动机型号。

YR系列(转子绕组)：YR-160M-4，YR-160L-4。

第二节　4极电动机绕组展开图

5. 4极30槽(分数槽)双层叠式绕组1路接法(节距:$Y=1-8$)

(1)绕组展开图。U1—U2绕组展开图如图 2-2-5a 所示,三相绕组展开图如图 2-2-5b 所示。

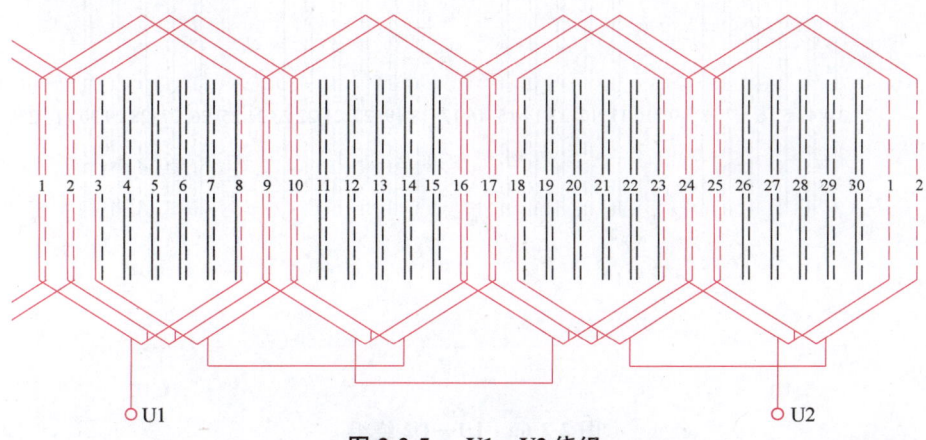

图 2-2-5a　U1—U2 绕组

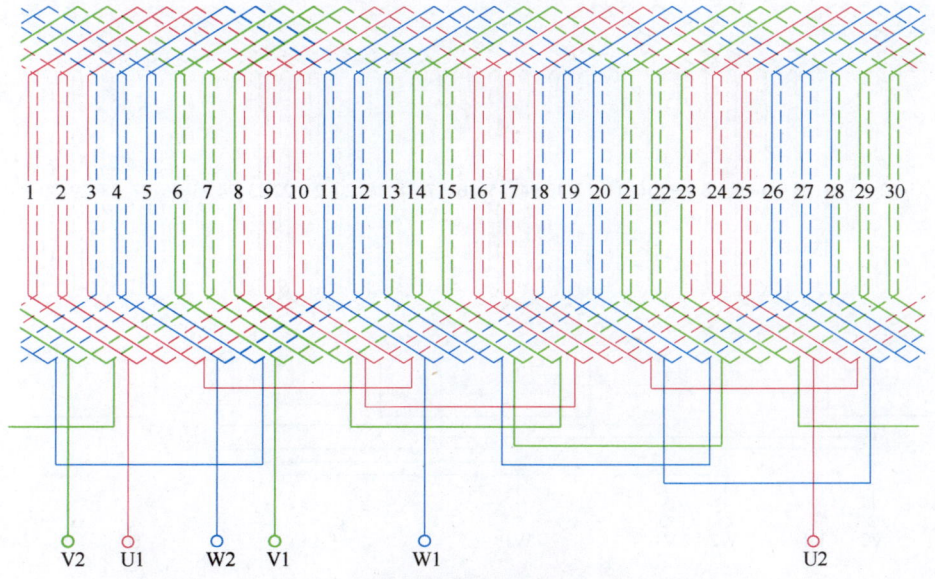

图 2-2-5b　三相绕组

(2)圆形接线图。详见书中第三章图 3-2-1。
(3)节距。$Y=1-8$。
(4)适用机型。2极30槽的三相电动机改为4极30槽的三相电动机。

6. 4极30槽(分数槽)双层叠式绕组2路并联接法(节距:$Y=1-8$)

(1)绕组展开图。U1—U2绕组展开图如图 2-2-6a 所示,三相绕组展开图如图 2-2-6b 所示。

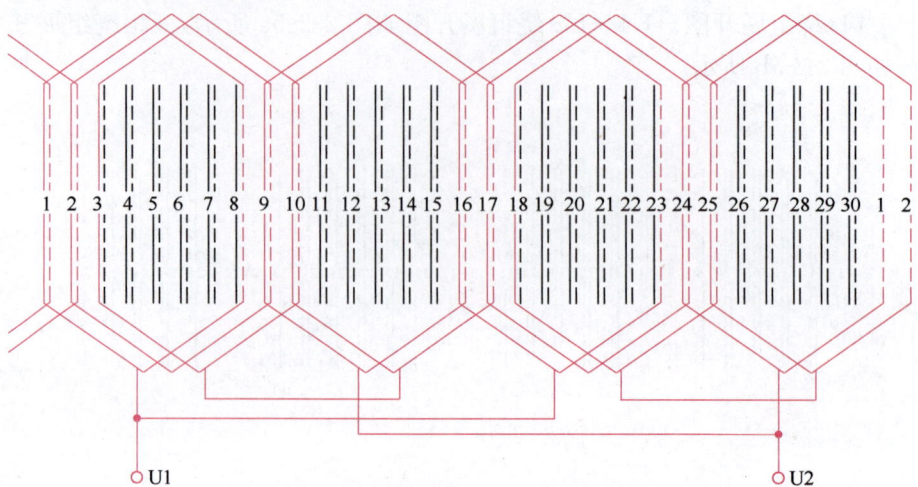

图 2-2-6a　U1—U2 绕组

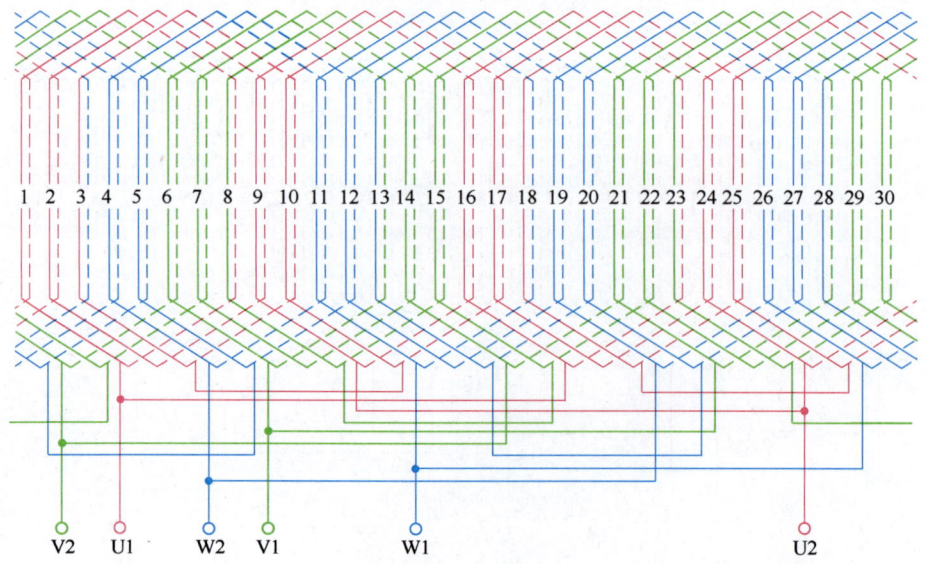

图 2-2-6b　三相绕组

(2) 圆形接线图。详见书中第三章图 3-2-2。

(3) 节距。Y=1—8。

(4) 适用机型。2 极 30 槽的三相电动机改为 4 极 30 槽的三相电动机。

7. 4极36槽单层叠式绕组1路正串接法

(1)绕组展开图。U1—U2绕组展开图如图2-2-7a所示,三相绕组展开图如图2-2-7b所示。

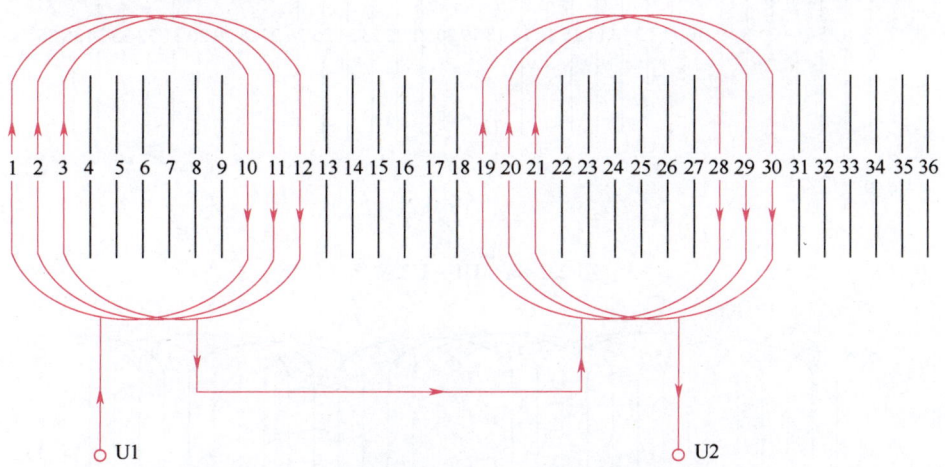

图2-2-7a U1—U2绕组

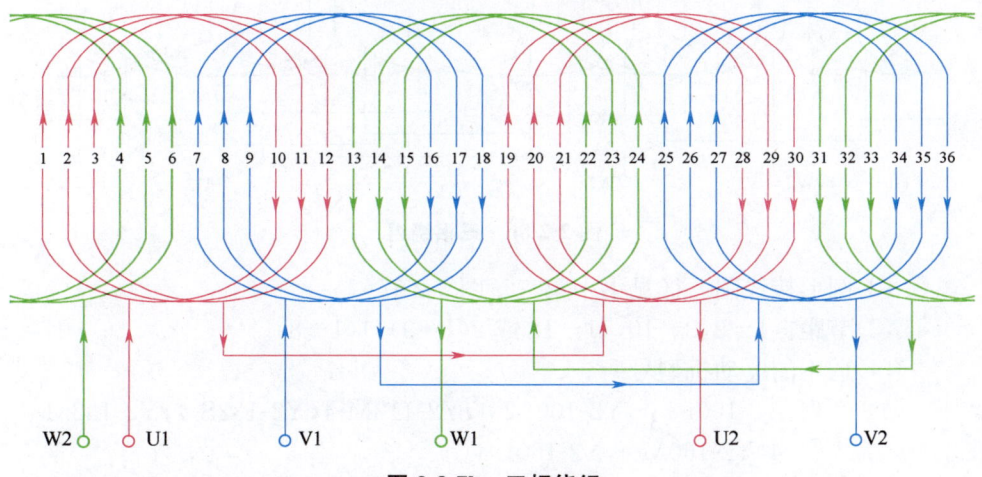

图2-2-7b 三相绕组

(2)节距。$Y=1-10, 2-11, 3-12$。

(3)适用电动机型号。JO2L-32-4。

8. 4极36槽单层交叉式绕组1路接法

(1)绕组展开图。U1—U2绕组展开图如图2-2-8a所示,三相绕组展开图如图2-2-8b所示。

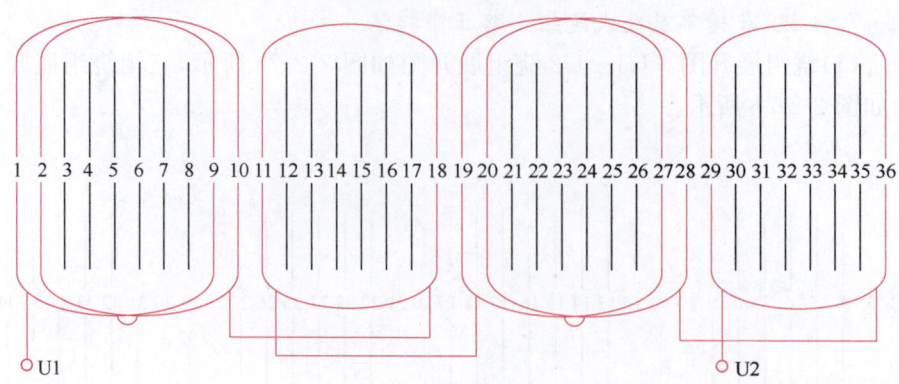

图 2-2-8a　U1—U2 绕组

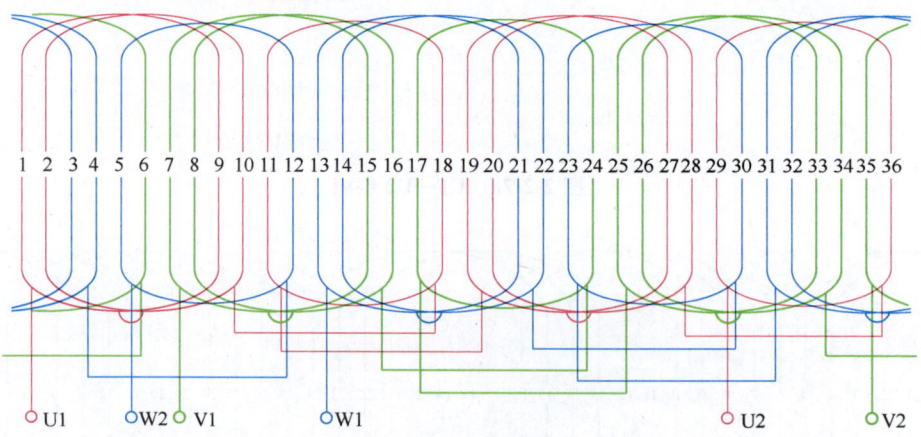

图 2-2-8b　三相绕组

(2)圆形接线图。详见书中第三章图 3-2-1。

(3)节距。1—9,2—10,11—18 或 2(1—9),1(1—8)。

(4)适用的电动机型号。

Y2 系列:Y2-100L1-4,Y2-100L2-4,Y2-112M-4,Y2-132S-4,Y2-132M-4,Y2-160M-4,Y2-160L-4。

Y2-E 系列:Y2-100L1-4E,Y2-100L2-4E,Y2-112M-4E,Y2-132S-4E,Y2-132M-4E,Y2-160M-4E,Y2-160L-4E。

Y 系列:Y100L1-4,Y100L2-4,Y112M-4,Y132S-4,Y132M-4,Y160M-4,Y160L-4。

YX 系列:YX-100L1-4,YX-100L2-4,YX-112M-4,YX-132M-4,YX-132S-4。

JO4 系列:JO4-41-4,JO4-42-4,JO4-51-4,JO4-61-4,JO4-62-4,JO4-52-4。

JO3 系列：JO3-100S-4，JO3-100L-4，JO3-112S-4，JO3-112L-4，JO3-140S-4，JO3-140M-4。

JO2 系列：JO2-31-4；JO2-32-4，JO2-41-4，JO2-42-4，JO2-51-4，JO2-52-4。

9. 4 极 36 槽单层交叉式绕组 2 路接法

(1)绕组展开图。U1—U2 绕组展开图如图 2-2-9a 所示，三相绕组展开图如图 2-2-9b 所示。

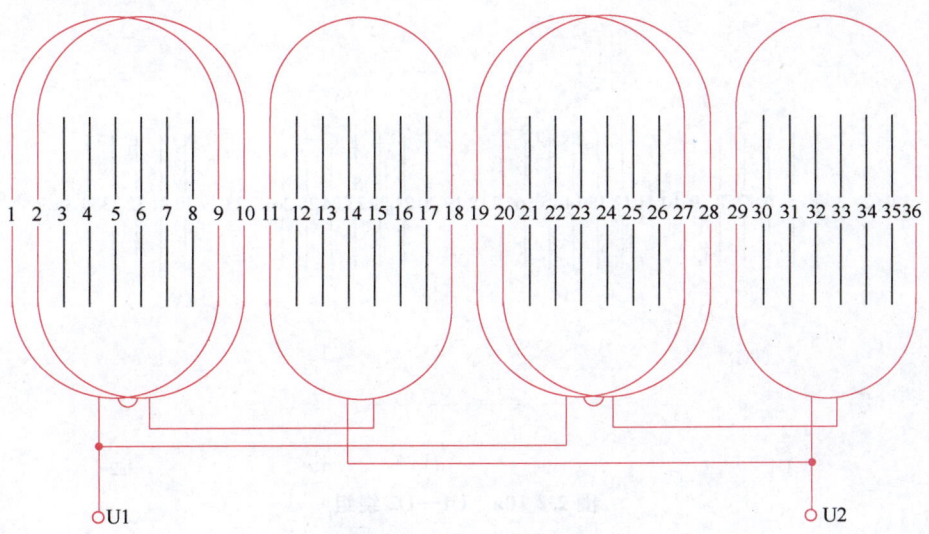

图 2-2-9a　U1—U2 绕组

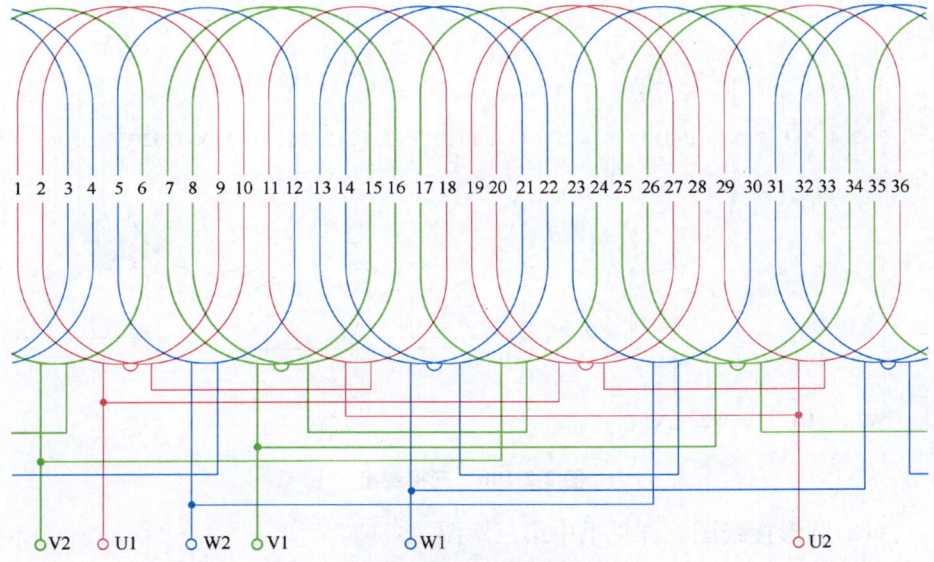

图 2-2-9b　三相绕组

(2)圆形接线图。详见书中第三章图 3-2-2。

(3)节距。$Y=1-9,2-10,11-18$ 或 $2(1-9),1(1-8)$。

(4)适用的电动机型号。Y160M-4,BJO2-32-4。

10. 4 极 36 槽单层同心交叉式绕组 1 路接法

(1)绕组展开图。U1—U2 绕组展开图和三相绕组展开图分别如图 2-2-10a、b 所示。

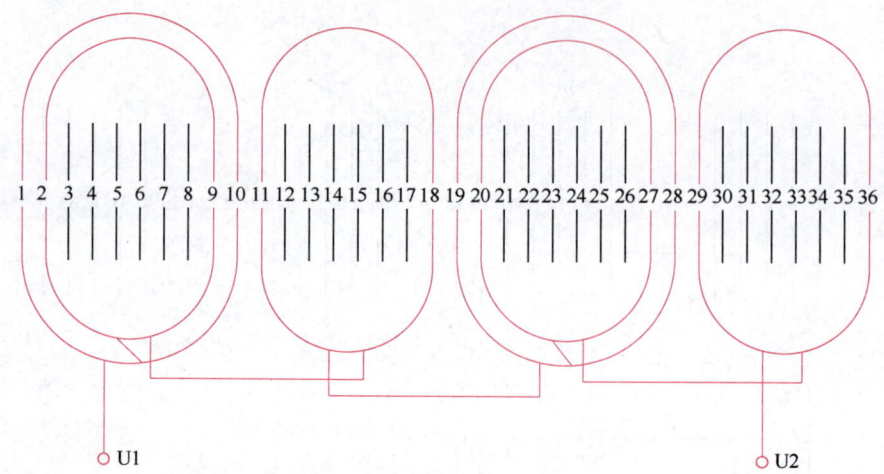

图 2-2-10a　U1—U2 绕组

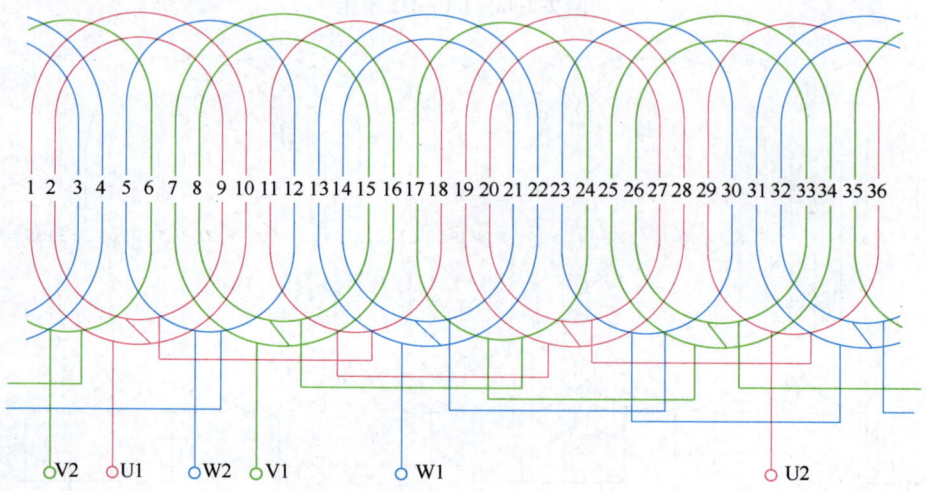

图 2-2-10b　三相绕组

(2)圆形接线图。详见书中第三章图 3-2-1。

(3)节距。$Y=1-10,2-9,11-18$。

(4)适用的电动机型号。JO2-32-4。

11. 4极36槽双层叠式绕组1路接法(节距:$Y=1-9$)

(1)绕组展开图。U1—U2绕组展开图和三相绕组展开图分别如图2-2-11a、b所示。

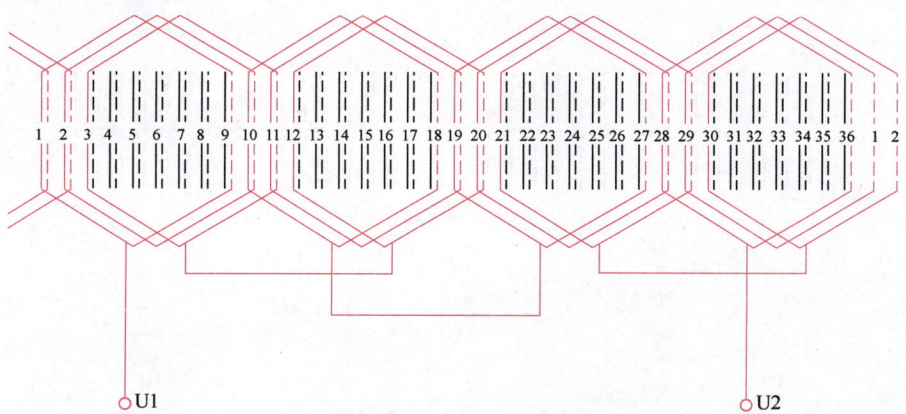

图2-2-11a　U1—U2相绕组

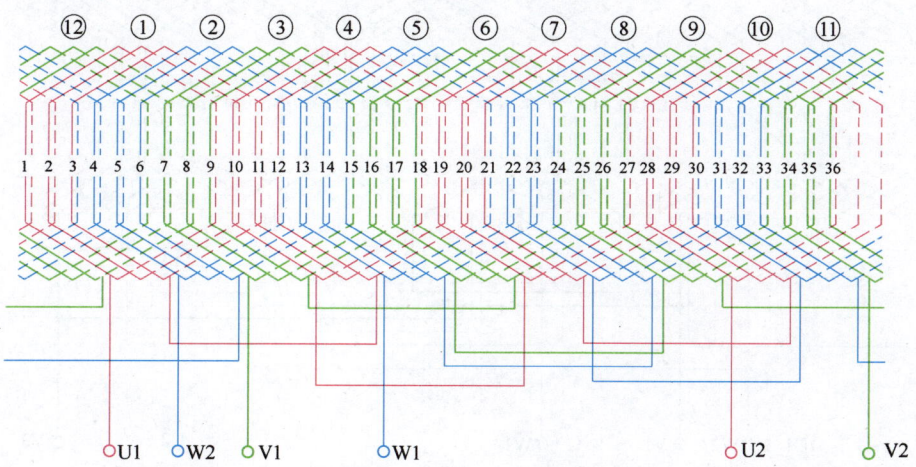

图2-2-11b　三相绕组

(2)圆形接线图。详见书中第三章图3-2-1。

(3)节距。$y=8$ 或 $Y=1-9$。

(4)适用的电动机型号。

YR系列(转子绕组):YR-200L1-4,YR-200L2-4,YR-225M2-4,YR-250M1-4,YR-250M2-4。

JO4系列:JO4-71-4。

J2 系列:J2-71-4。

12. 4极36槽双层叠式绕组2路接法(节距:Y=1-9)

(1)绕组展开图。U1—U2绕组展开图和三相绕组展开图分别如图2-2-12a、b所示。

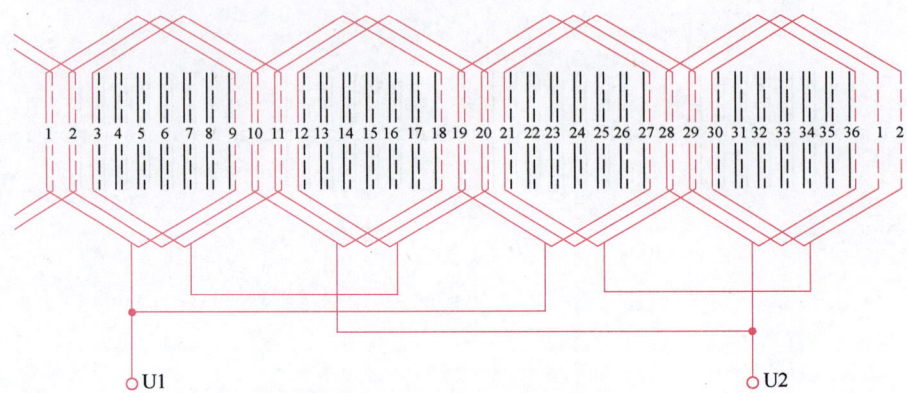

图 2-2-12a　U1—U2 绕组

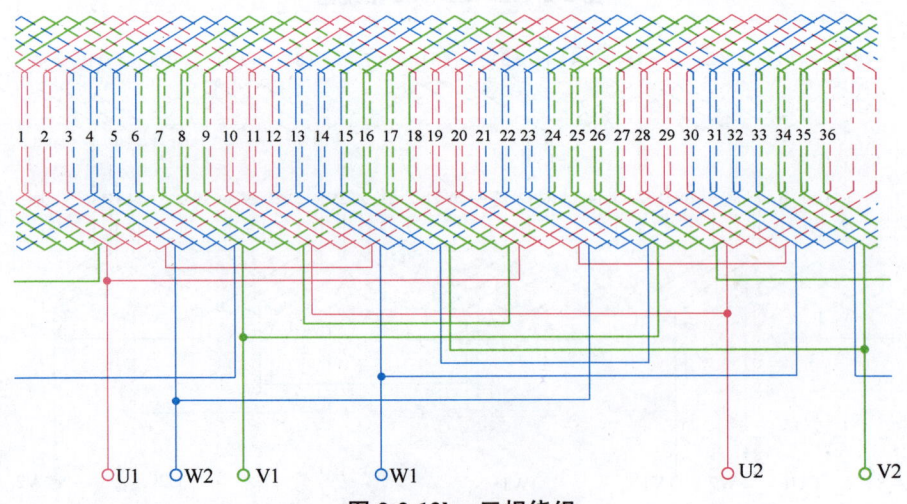

图 2-2-12b　三相绕组

(2)圆形接线图。详见书中第三章图3-2-2。

(3)节距。$y=8$ 或 $Y=1-9$。

(4)适用的电动机型号。

YR 系列(定子绕组):YR-132M1-4,YR-132M2-4,YR-160M-4,YR-160L-4。

YR 系列(转子绕组):YR-180L-4,YR-200L1-4,YR-200L2-4,YR-225M2-4,YR-250M1-4,YR-250M2-4。

第二节 4 极电动机绕组展开图

JO2 系列：JO2-71-4，JO2-72-4。

JO3 系列：JO3-160S-4，JO3-200M-4。

JO4 系列：JO4-72-4，JO4-73-4。

13. 4 极 36 槽双层叠式绕组 2 路接法（节距：$Y=1-8$）

(1)绕组展开图。U1—U2 绕组展开图和三相绕组展开图分别如图 2-2-13a、b 所示。

(2)圆形接线图。详见书中第三章图 3-2-2。

(3)节距。$y=7$ 或 $Y=1-8$。

(4)适用的电动机型号。

　　　　JO3 系列：JO3-1801-4，JO3-1802M-4，JO3-160M-4。

　　　　JO2 系列：JO2-61-4，JO2-62-4。

14. 4 极 42 槽(分数槽)双层叠式绕组 1 路接法（节距：$Y=1-9$）

(1)绕组展开图。U1—U2 绕组展开图和三相绕组展开图分别如图 2-2-14a、b 所示。

(2)圆形接线图。详见书中第三章图 3-2-1。

(3)节距。$y=8$ 或 $Y=1-9$。

(4)适用机型。2 极 42 槽的电动机改为 4 极 42 槽电动机，或者小型同步发电机。

15. 4 极 48 槽单层同心式绕组 2 路并联接法（节距：$Y1=1-12,Y2=2-11$）

(1)绕组展开图。U1—U2 绕组展开图和三相绕组展开图分别如图 2-2-15a、b 所示。

(2)圆形接线图。详见书中第三章图 3-2-2。

(3)节距。$Y1=1-12,Y2=2-11$。

(4)适用电动机型号。JO2L-71-4。

16. 4 极 48 槽单层叠式绕组 1 路接法（节距：$Y=1-11$）

(1)绕组展开图。U1—U2 绕组展开图和三相绕组展开图分别如图 2-2-16a、b 所示。

(2)圆形接线图。详见书中第三章图 3-2-1。

(3)节距。$Y=1-11$。

(4)适用电动机型号。YX-160M-4 型、YX-160L-4 型高效率电动机。

第二章 三相异步电动机定子(或转子)绕组展开图

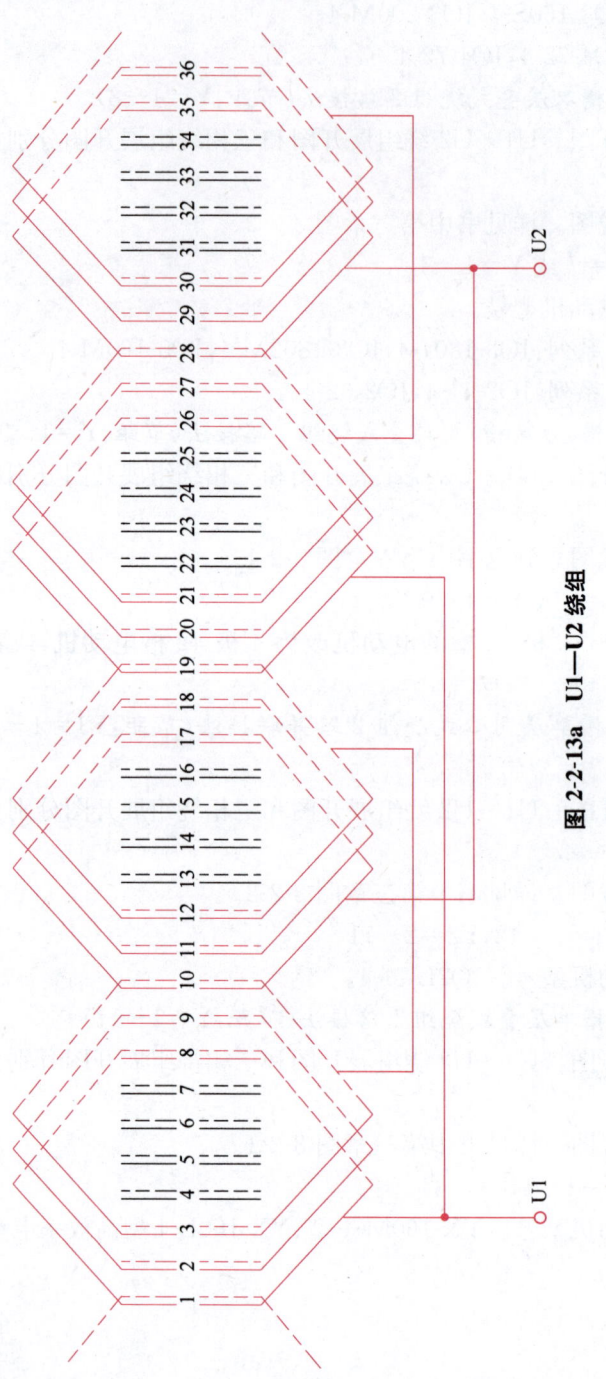

图 2-2-13a U1—U2 绕组

第二节 4极电动机绕组展开图

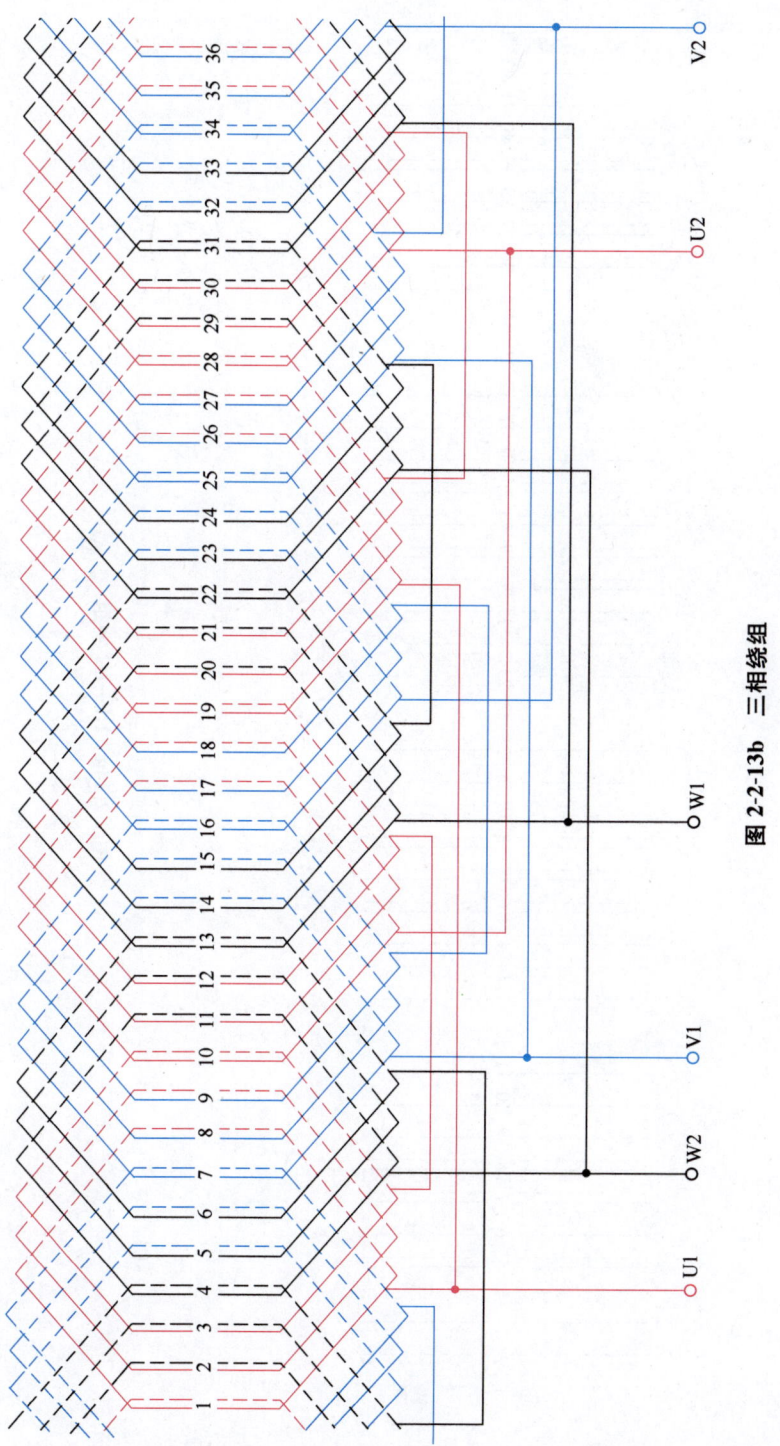

图 2-2-13b 三相绕组

第二章 三相异步电动机定子(或转子)绕组展开图

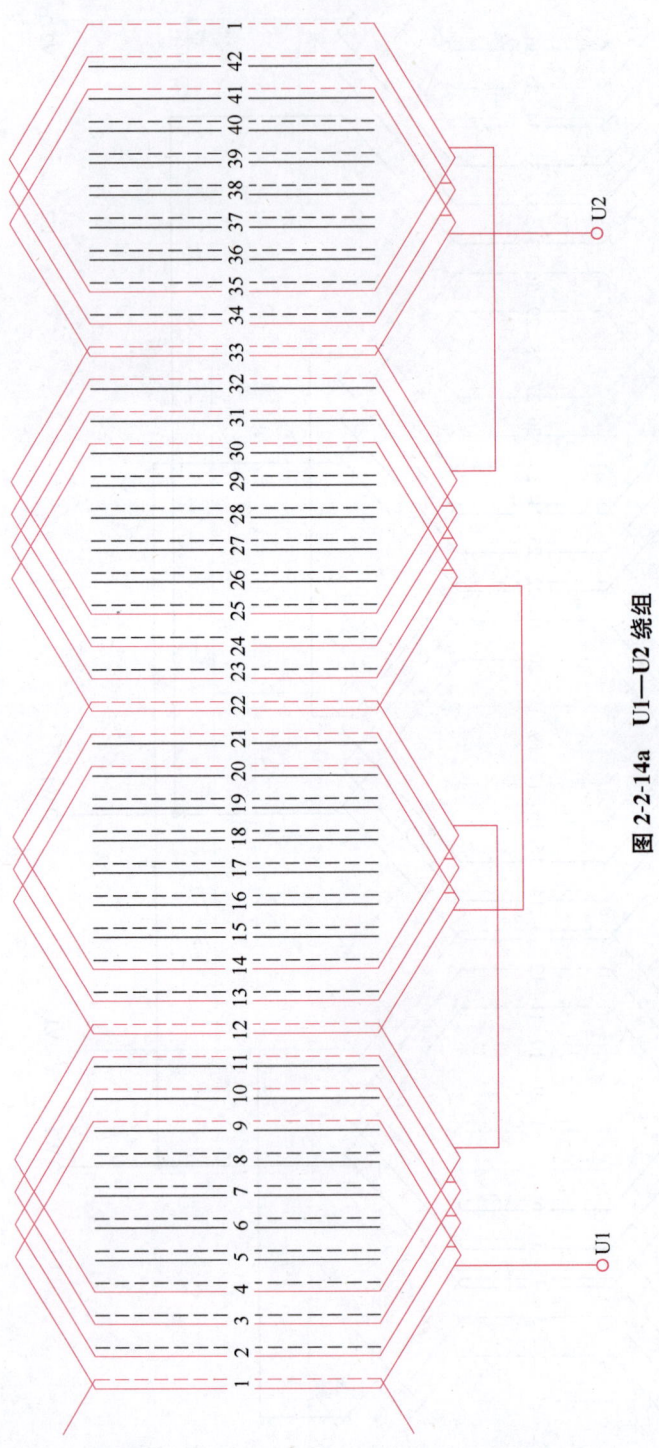

图 2-2-14a U1—U2 绕组

第二节 4极电动机绕组展开图

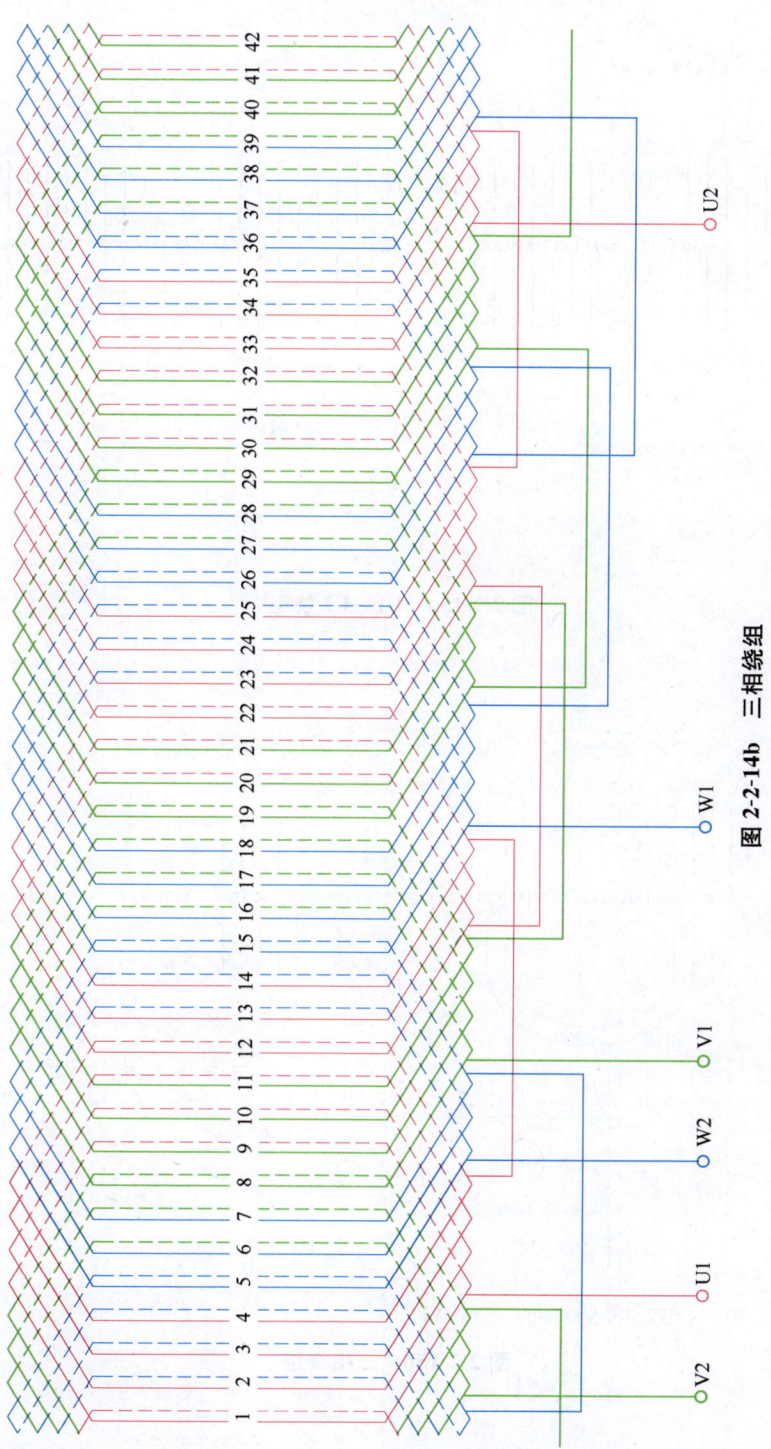

图 2-2-14b 三相绕组

第二章 三相异步电动机定子(或转子)绕组展开图

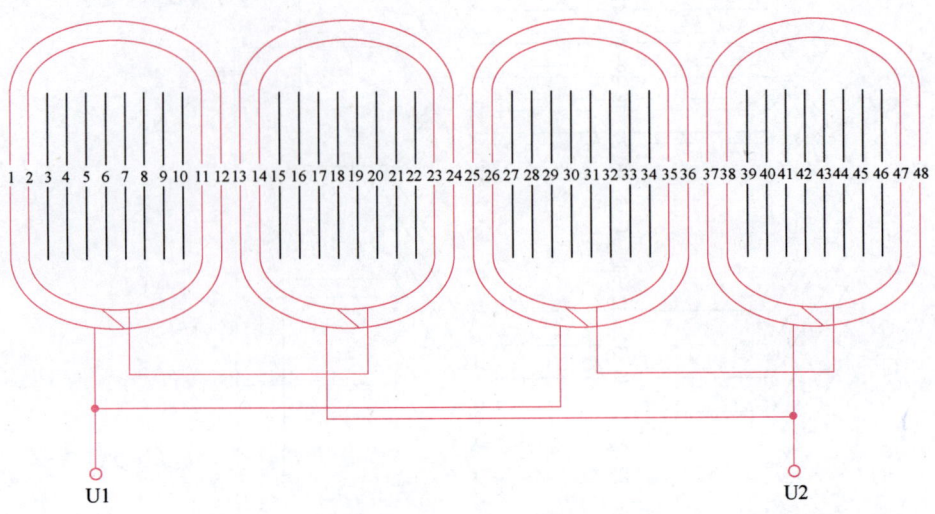

图 2-2-15a　U1—U2 绕组

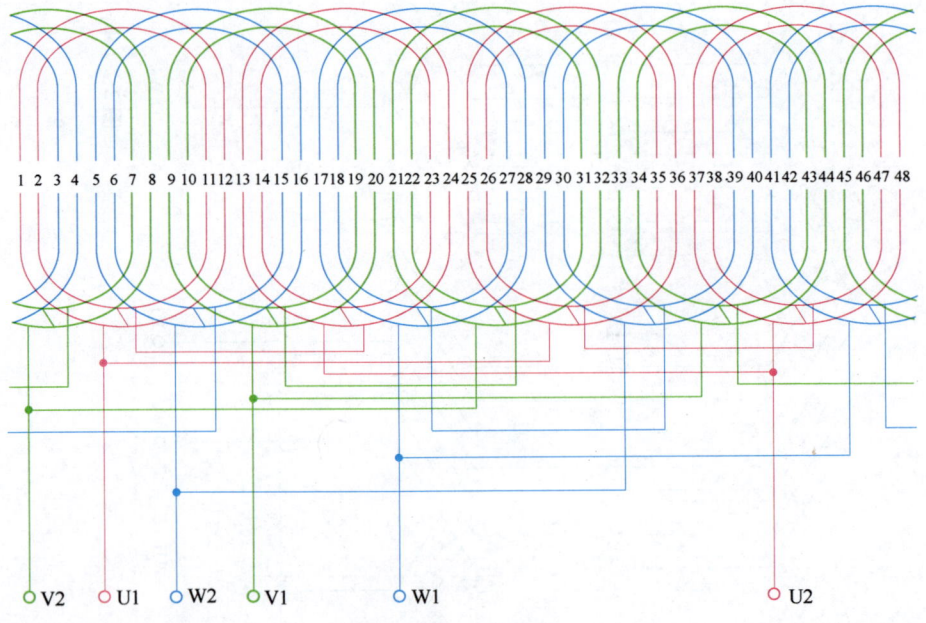

图 2-2-15b　三相绕组

第二节　4极电动机绕组展开图

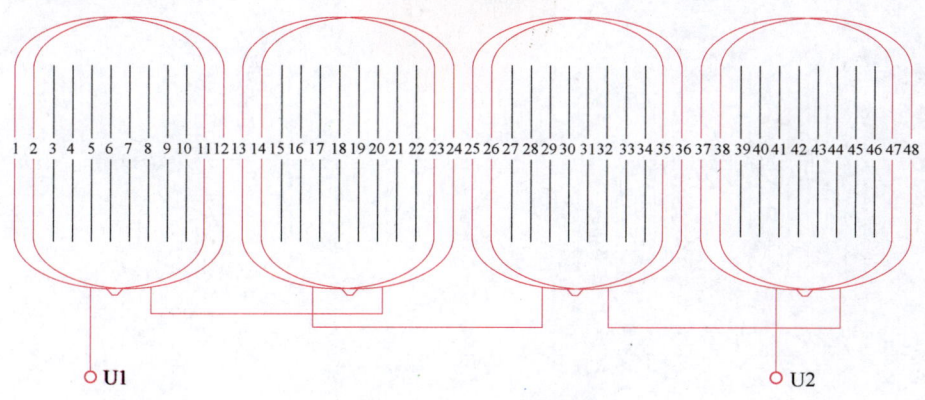

图2-2-16a　U1—U2绕组

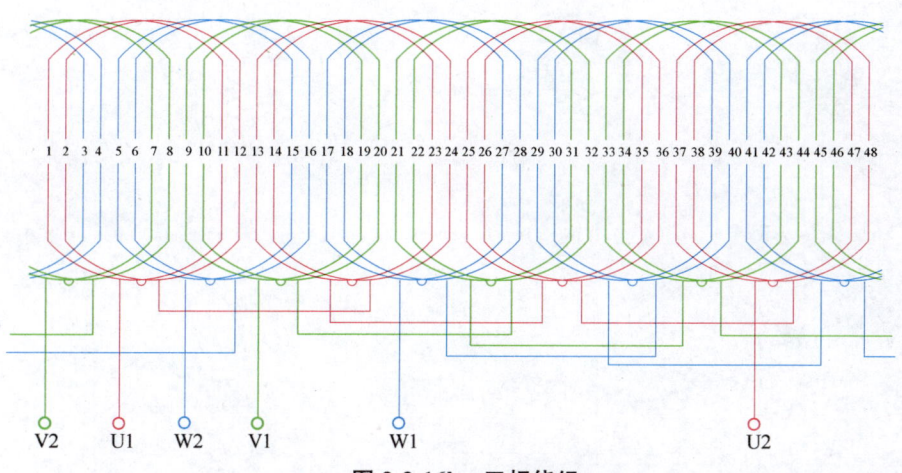

图2-2-16b　三相绕组

17. 4极48槽单层叠式绕组2路并联接法（节距：$Y1=1-11, Y2=2-12$）

（1）绕组展开图。U1—U2绕组展开图和三相绕组展开图分别如图2-2-17a、b所示。

（2）圆形接线图。详见书中第三章图3-2-2。

（3）节距。$Y1=1-11, Y2=2-12$。

（4）适用电动机型号。用于JO2L-71-4型电动机和绕线式异步电动机的转子绕组。

18. 4极48槽单层链式绕组4路并联接法（节距：$Y=1-11$）

（1）绕组展开图。U1—U2绕组展开图和三相绕组展开图分别如图2-2-18a、b所示。

（2）圆形接线图。详见书中第三章图3-2-3。

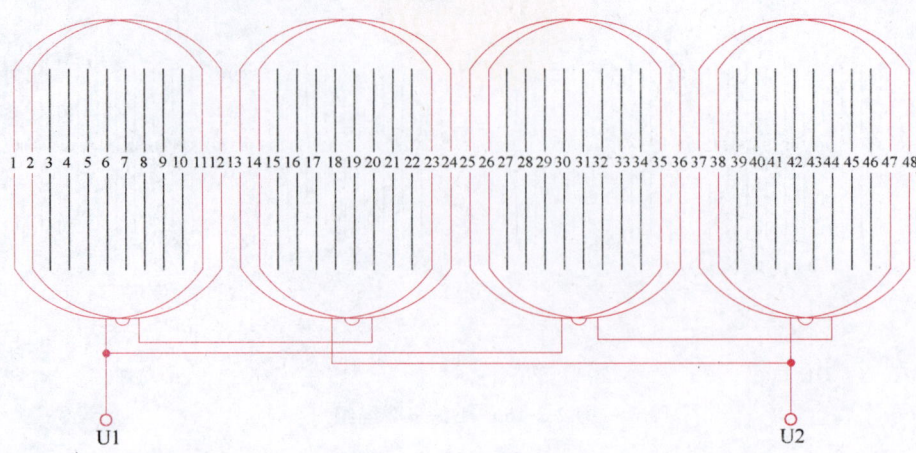

图 2-2-17a U1—U2 绕组

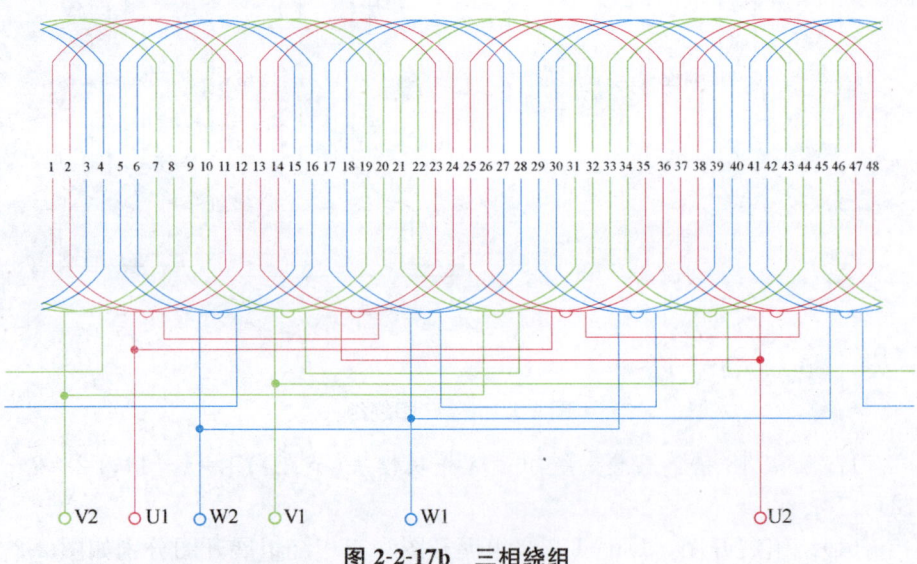

图 2-2-17b 三相绕组

(3)节距。$Y=1-11$。

(4)适用电动机型号。YX-180M-4 型、YX-180L-4 型高效率电动机。

19. 4 极 48 槽双层叠式绕组 2 路并联接法(节距:$Y=1-11$)

(1)绕组展开图。U1—U2 绕组展开图和三相绕组展开图分别如图 2-2-19a、b 所示。

(2)圆形接线图。详见书中第三章图 3-2-2。

(3)节距。$Y=1-11$。

第二节 4极电动机绕组展开图

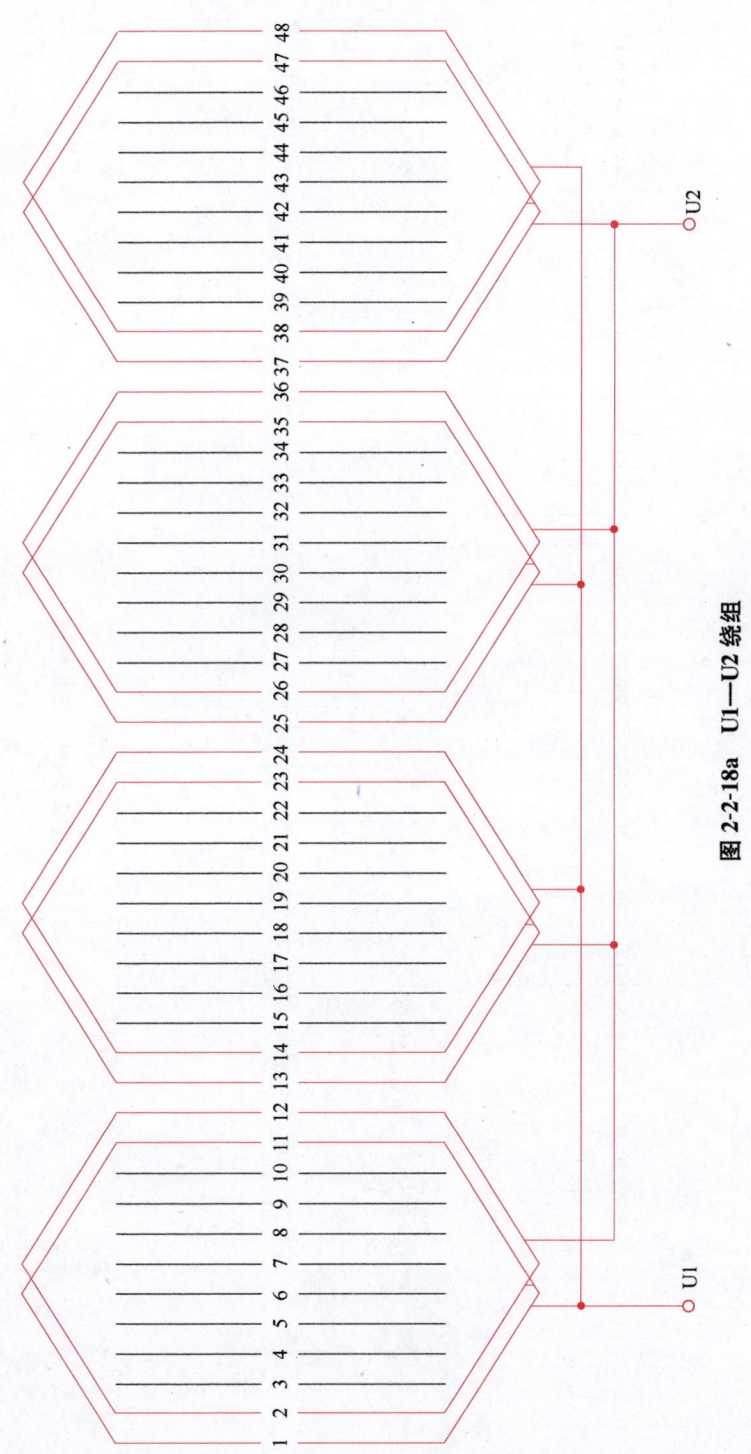

图 2-2-18a　U1—U2 绕组

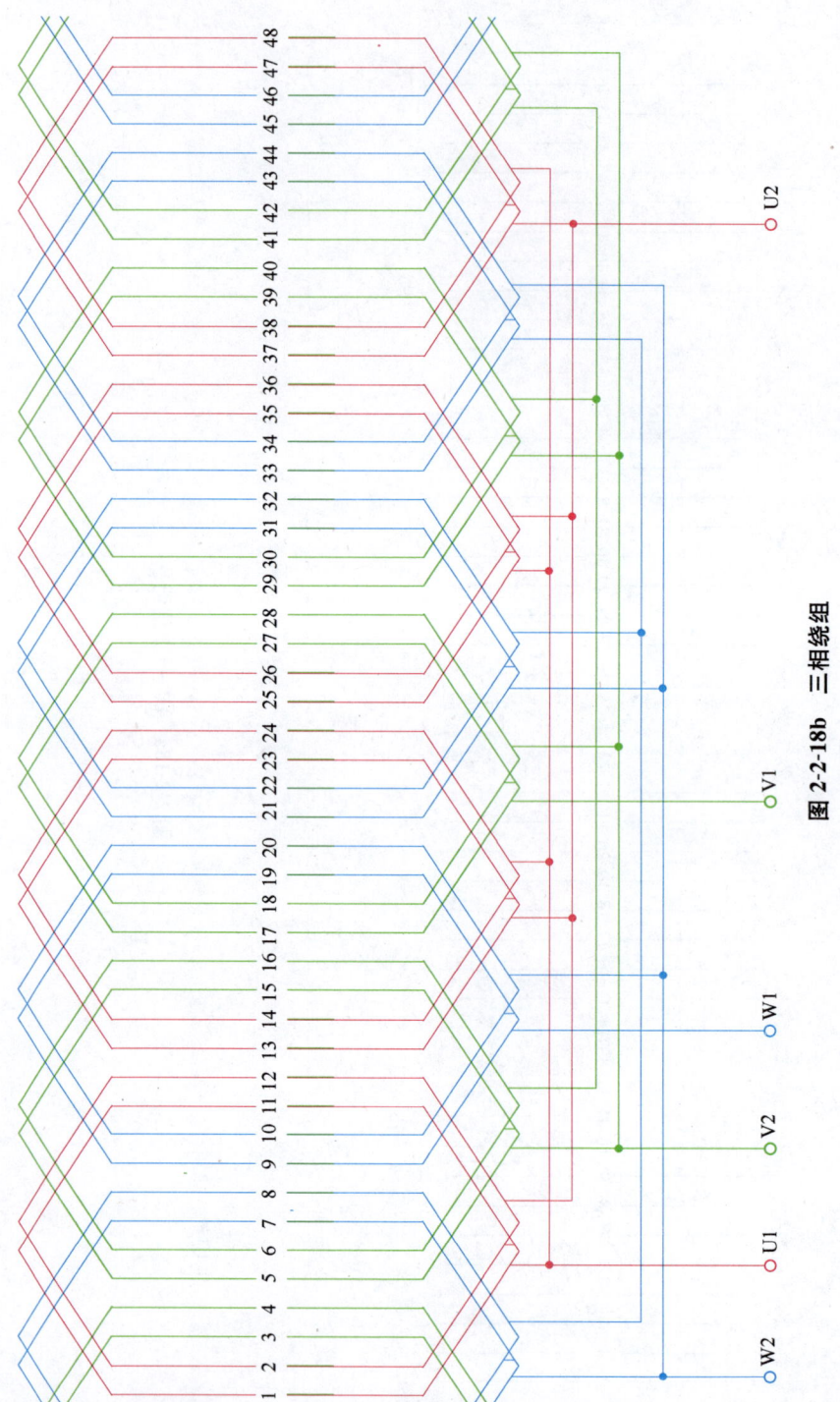

图 2-2-18b 三相绕组

第二节 4极电动机绕组展开图

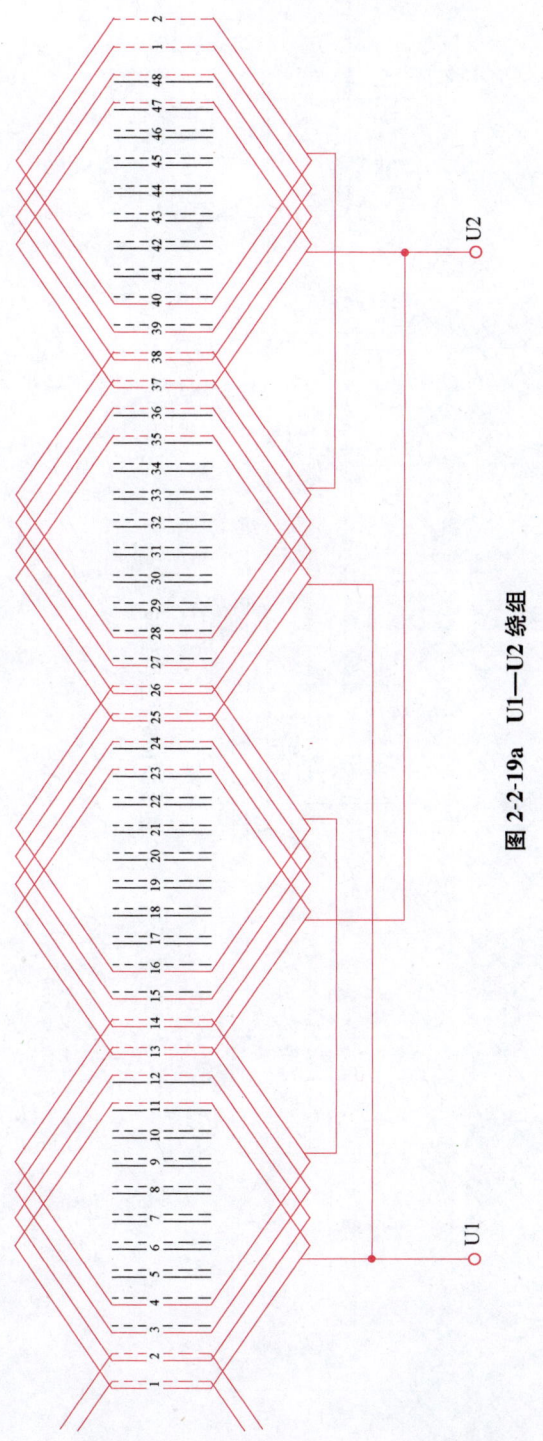

图 2-2-19a U1—U2 绕组

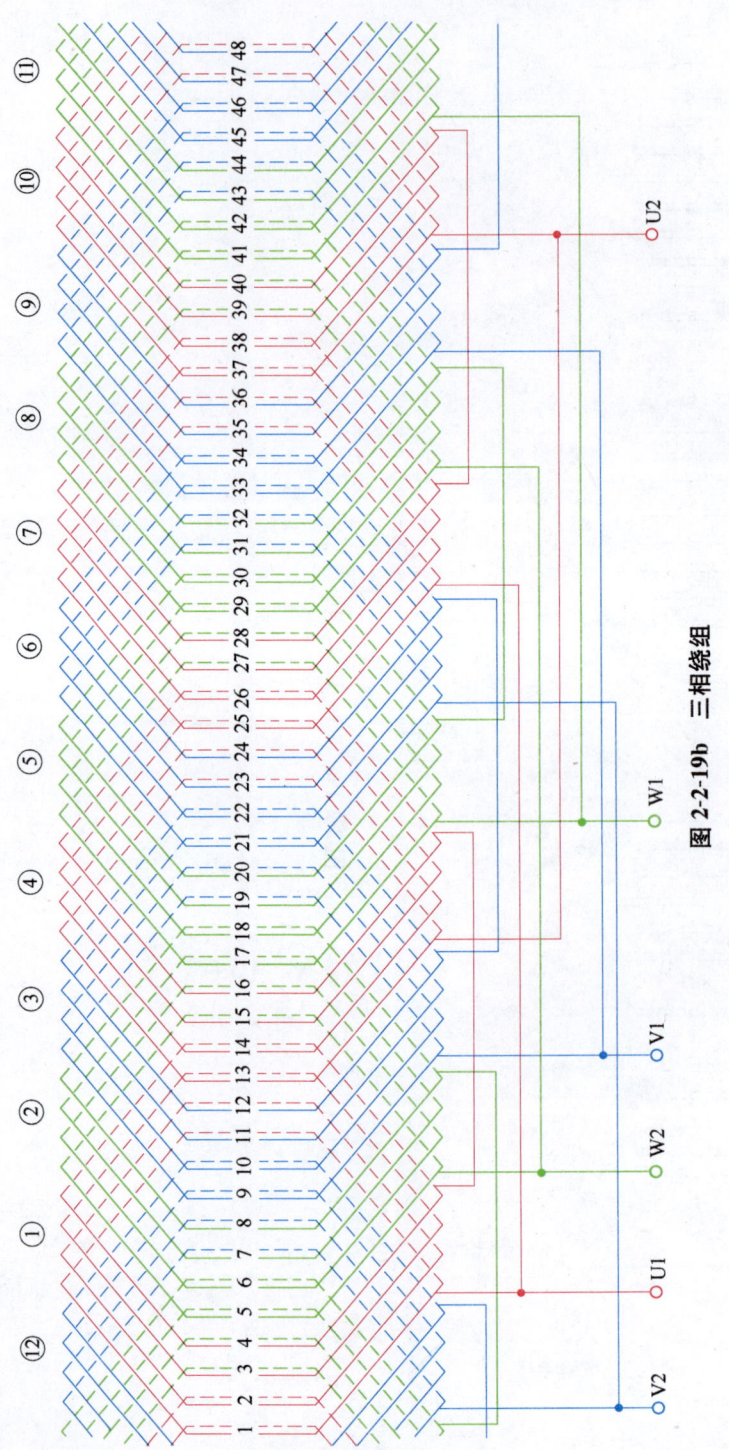

图 2-2-19b 三相绕组

第二节 4极电动机绕组展开图

(4)适用电动机型号。

Y2系列:Y2-180M-4,Y2-180L-4,Y2-200L-4,Y2-250M-4。

Y2-E系列:Y2-180M-4E,Y2-180L-4E,Y2-200L-4E。

Y系列:Y180M-4,Y180L-4,Y200L-4。

YX系列:YX-180L-4,YX-200L-4型高效率电动机。

YR系列(定子绕组):YR-180-4,YR-225M2-4。

JO2系列:JO2-82-4。

JO3系列:JO3-225S-4。

20. 4极48槽双层叠式绕组4路并联接法(节距:$Y=1-11$)

(1)绕组展开图。U1—U2绕组展开图和三相绕组展开图分别如图2-2-20a、b所示。

(2)圆形接线图,详见书中第三章图3-2-3。

(3)节距。$Y=1-11$。

(4)适用电动机型号。

Y2-E系列:Y2-250M-4E。

YX系列:YX-180M-4。

YR系列(定子绕组):YR-200L1-4;YR-200L2-4。

铝线绕组电动机:JO2L-72-4。

21. 4极48槽双层叠式绕组2路并联接法(节距:$Y=1-12$)

(1)绕组展开图。U1—U2绕组展开图和三相绕组展开图分别如图2-2-21a、b所示。

(2)圆形接线图。详见书中第三章图3-2-2。

(3)节距。$Y=1-12$。

(4)适用电动机型号。

Y2-E系列:Y2-225S-4E,Y2-225M-4E。

YR系列(转子绕组):YR-280S-4,YR-280M-4。

YX系列:YX-200L-4。

Y系列:Y-180L-4。

22. 4极48槽双层叠式绕组4路并联接法(节距:$Y=1-12$)

(1)绕组展开图。U1—U2绕组展开图和三相绕组展开图分别如图2-2-22a、b所示。

(2)圆形接线图。详见书中第三章图3-2-3。

(3)节距。$Y=1-12$。

(4)适用电动机型号。

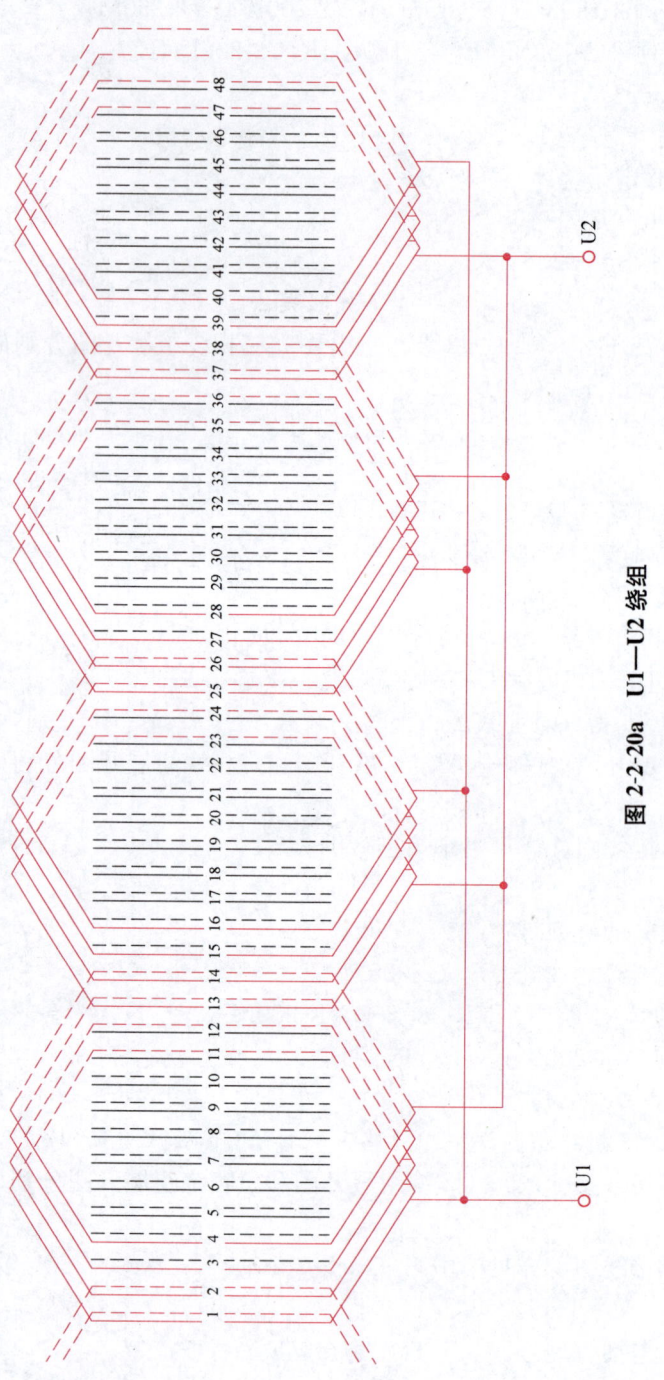

图 2-2-20a U1—U2 绕组

第二节 4极电动机绕组展开图

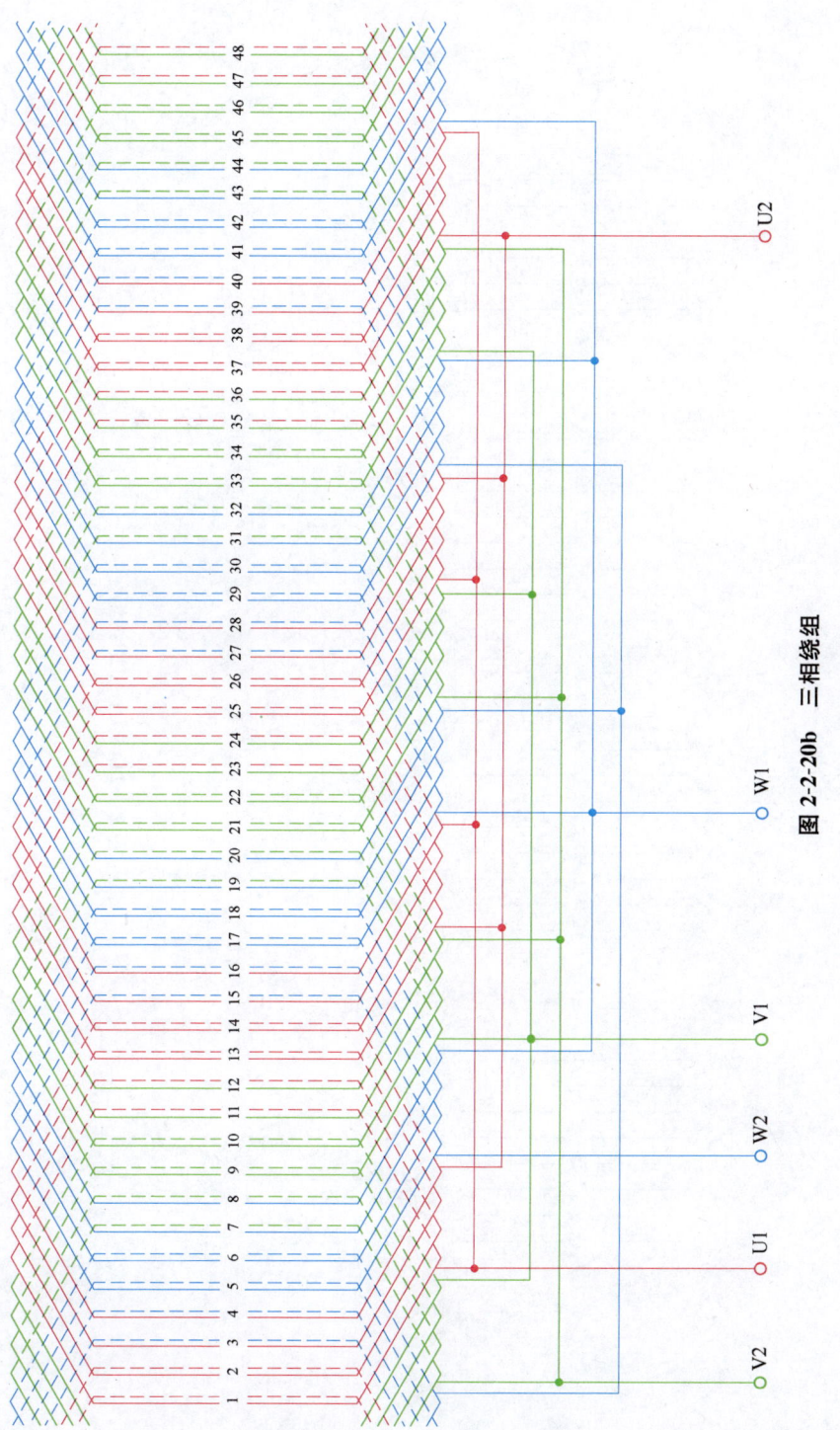

图 2-2-20b 三相绕组

第二章 三相异步电动机定子(或转子)绕组展开图

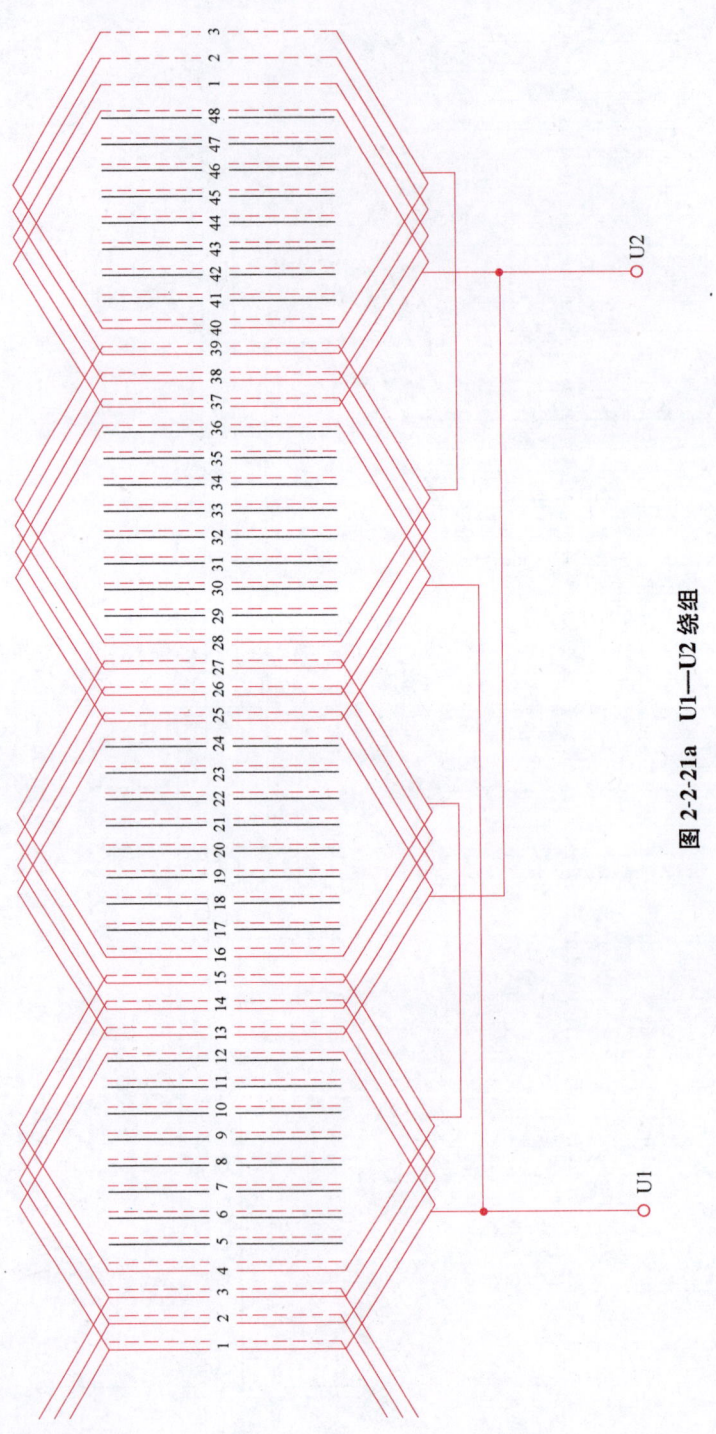

图 2-2-21a U1—U2 绕组

第二节 4极电动机绕组展开图

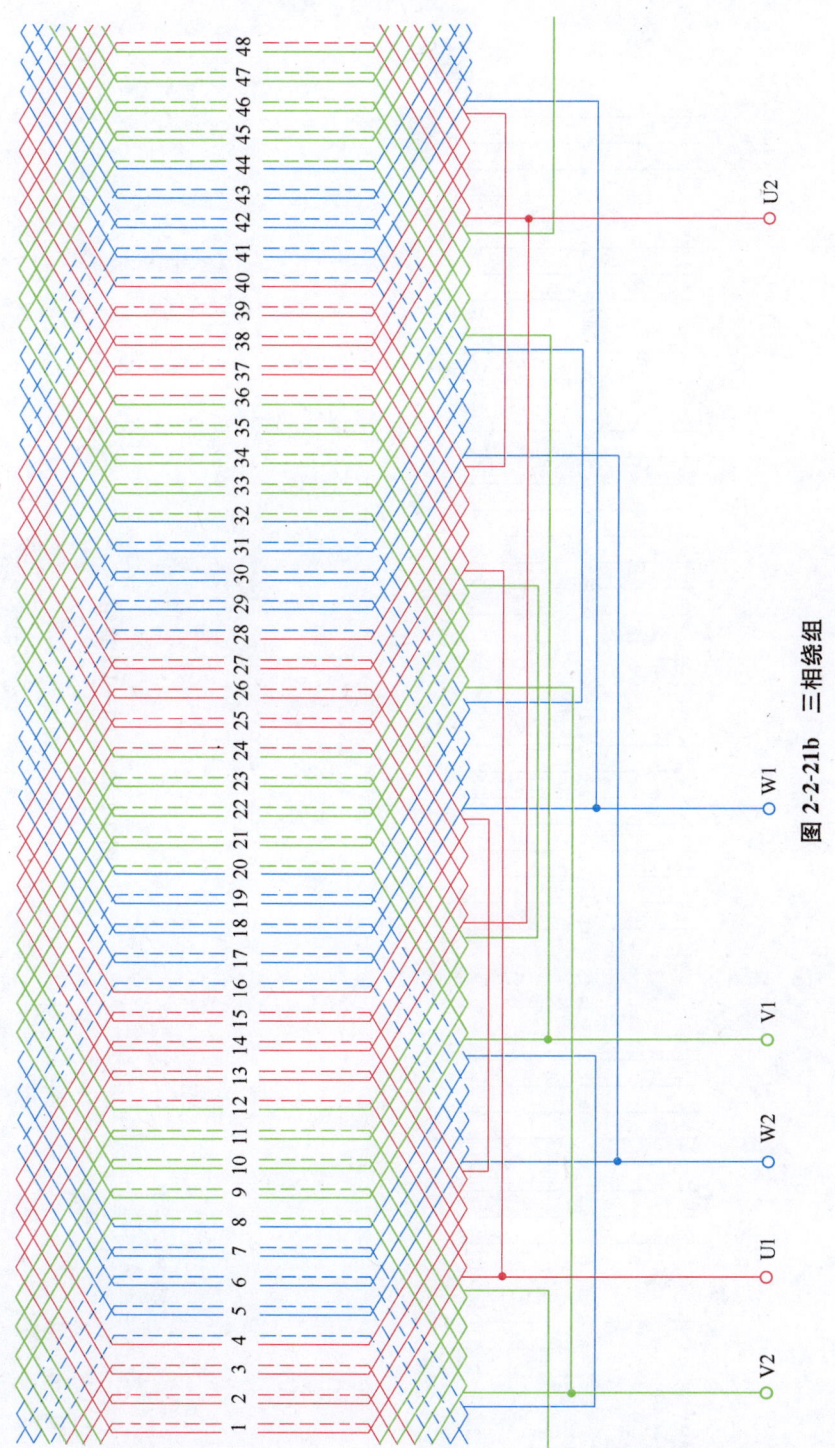

图 2-2-21b 三相绕组

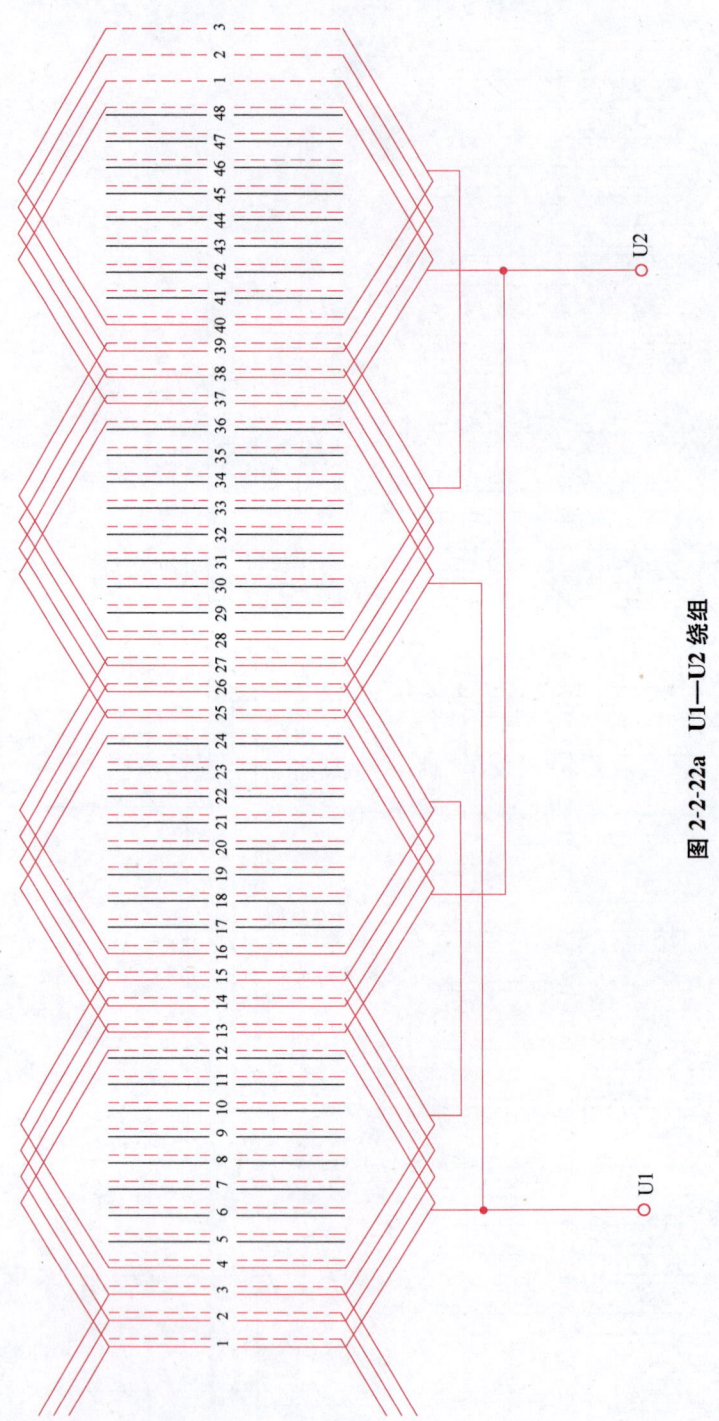

图 2-2-22a　U1—U2 绕组

第二节 4极电动机绕组展开图

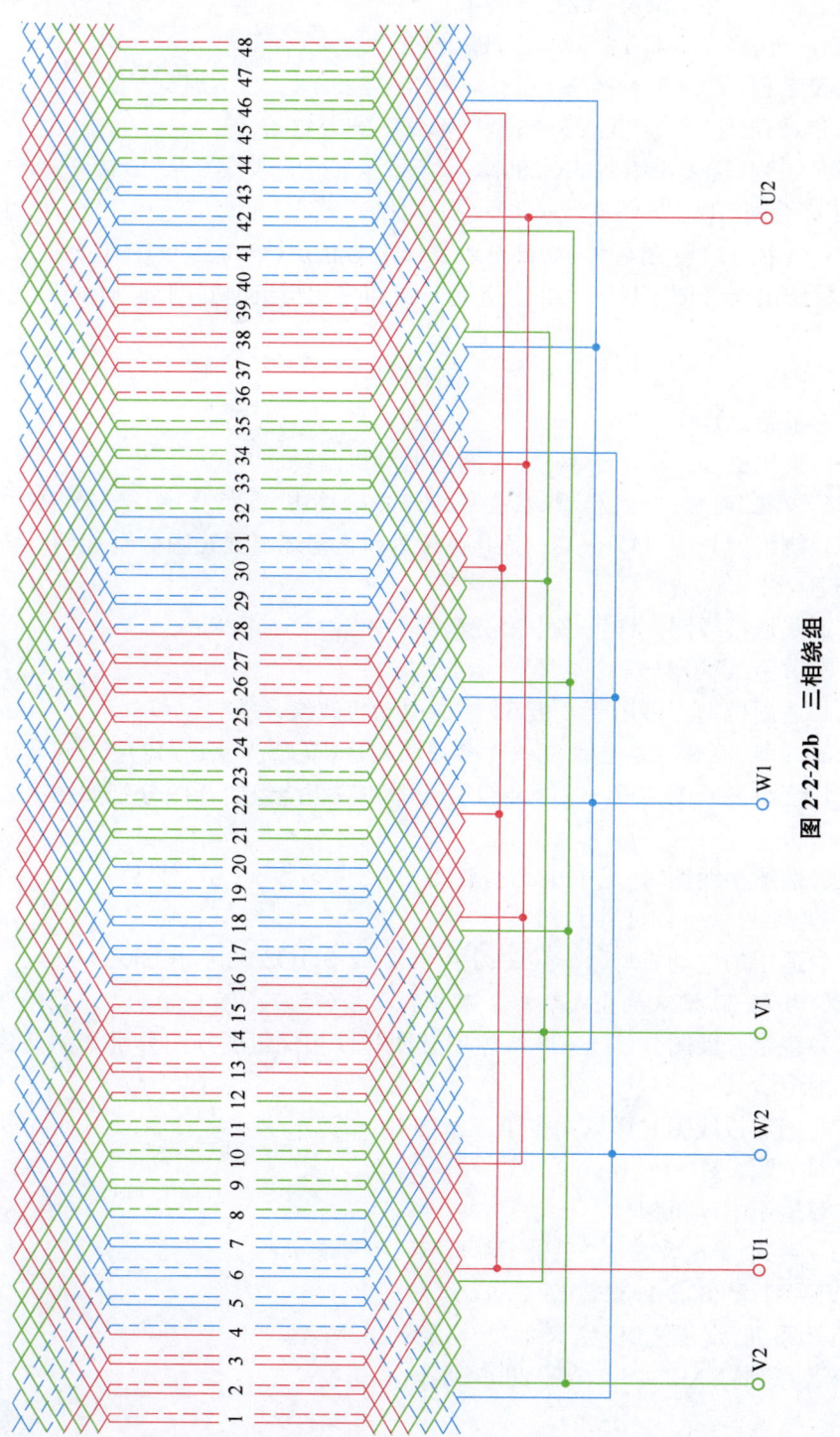

图 2-2-22b 三相绕组

Y2 系列:Y2-225S-4,Y2-225M-4。

Y 系列:Y225S-4,Y225M-4,Y250M-4。

YX 系列:YX-250M-4,YX-225M-4,YX-225S-4。

YR 系列(定子绕组):YR-250M1-4,YR-250M2-4。

YR 系列(转子绕组):YR-280M-4。

JO3 系列:JO3-250S-4。

23. 4 极 54 槽(分数槽)双层叠式绕组 1 路接法(节距:$Y=1-13$)

(1)绕组展开图。U1—U2 绕组展开图和三相绕组展开图分别如图 2-2-23a、b 所示。

(2)圆形接线图。详见书中第三章图 3-2-1。

(3)节距。$Y=1-13$。

(4)适用机型。可用于 6 极 54 槽的电动机改绕。

24. 4 极 54 槽(分数槽)双层叠式绕组 2 路接法(节距:$Y=1-13$)

(1)绕组展开图。U1—U2 绕组展开图和三相绕组展开图分别如图 2-2-24a、b 所示。

(2)圆形接线图。详见书中第三章图 3-2-2。

(3)节距。$Y=1-13$。

(4)适用机型。可用于 6 极 54 槽的电动机改绕。

25. 4 极 60 槽双层叠式绕组 4 路并联接法(节距:$Y=1-13$)

(1)绕组展开图。U1—U2 绕组展开图和三相绕组展开图分别如图 2-2-25a、b 所示。

(2)圆形接线图,详见书中第三章图 3-2-3。

(3)节距。$y=12,Y=1-13$。

(4)适用的电动机型号。JO2-91-4,JO2-92-2,JO2-93-4,JO2L-91-4。

26. 4 极 60 槽双层叠式绕组 4 路并联接法(节距:$Y=1-14$)

(1)绕组开展图。U1—U2 绕组展开图和三相绕组展开图分别如图 2-2-26a、b 所示。

(2)圆形接线图。详见书中第三章图 3-2-3。

(3)节距。$Y=1-14$。

(4)适用电动机型号。

Y2 系列:Y2-280S-4,Y2-280M-4。

Y 系列:Y280S-4,Y280M-4。

YR 系列(定子绕组):YR-280S-4,YR-280M-4。

YX 系列:YX-280S-4,YX-280M-4。

第二节 4极电动机绕组展开图

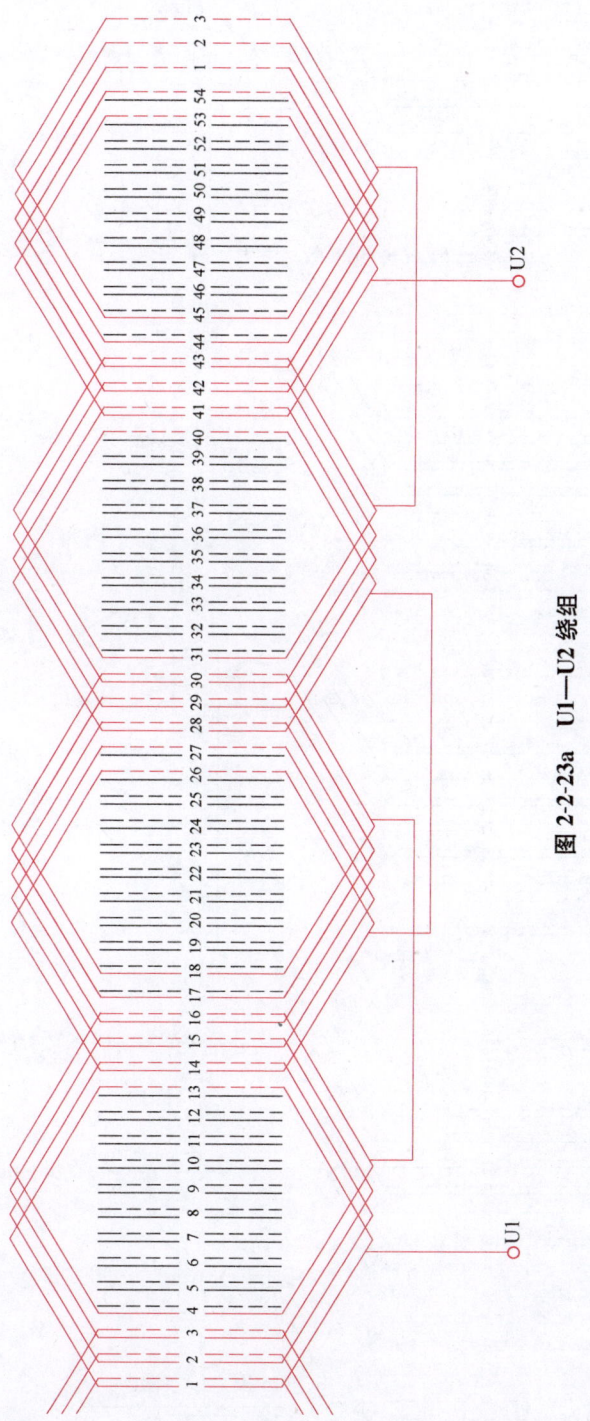

图 2-2-23a U1—U2 绕组

100　第二章　三相异步电动机定子(或转子)绕组展开图

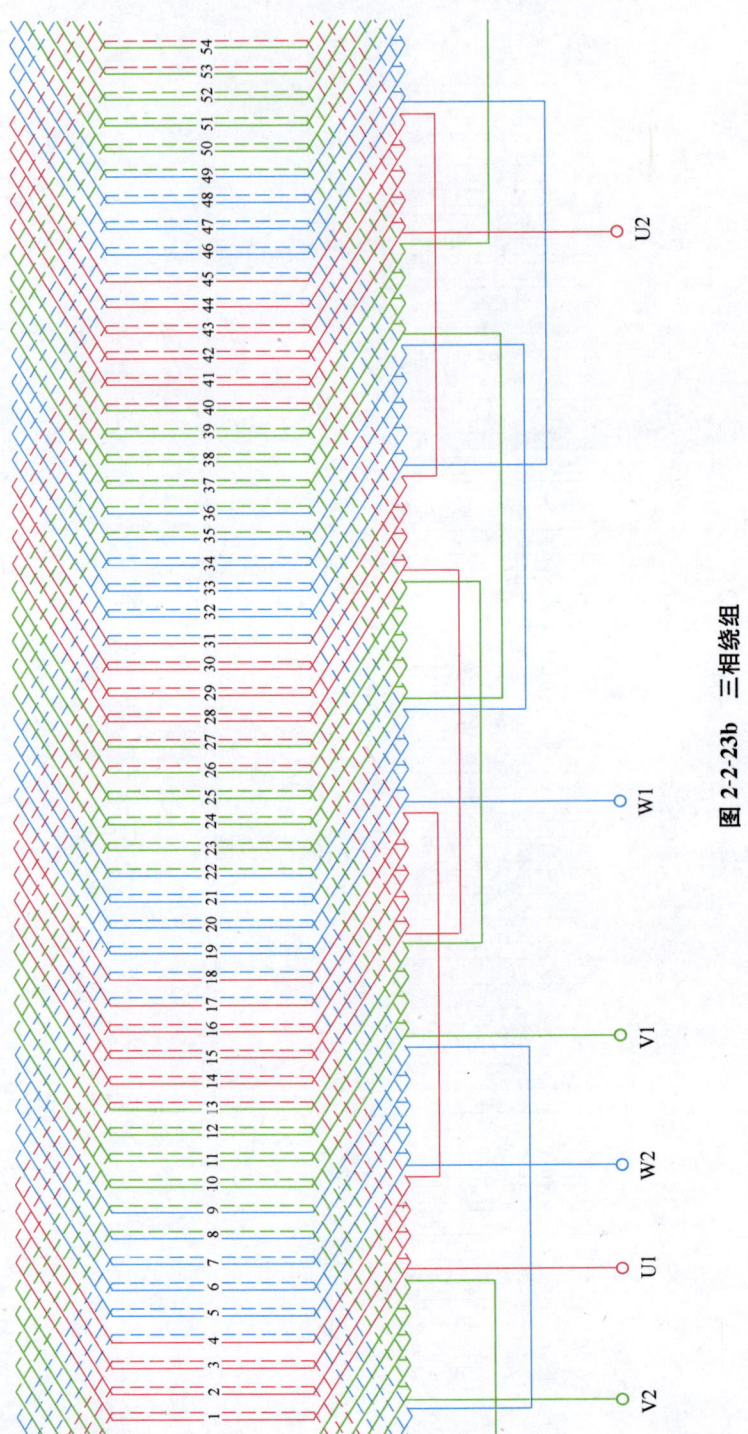

图 2-2-23b　三相绕组

第二节 4极电动机绕组展开图

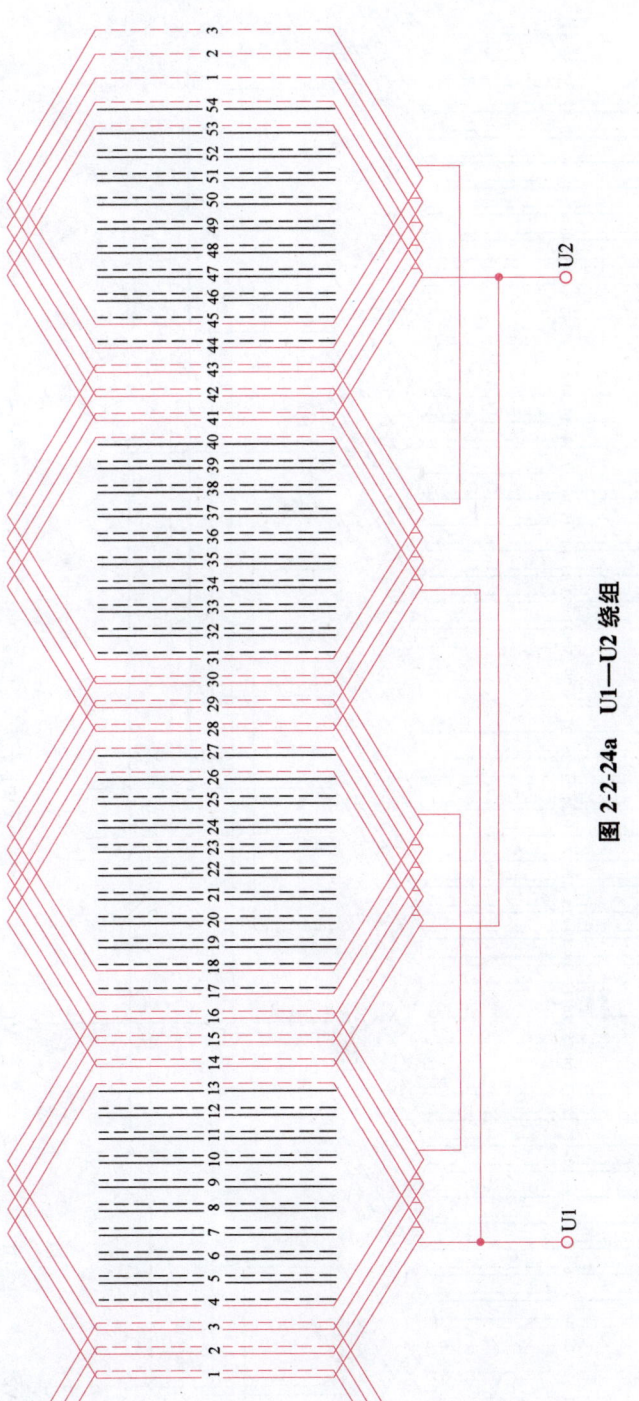

图 2-2-24a　U1—U2 绕组

第二章 三相异步电动机定子(或转子)绕组展开图

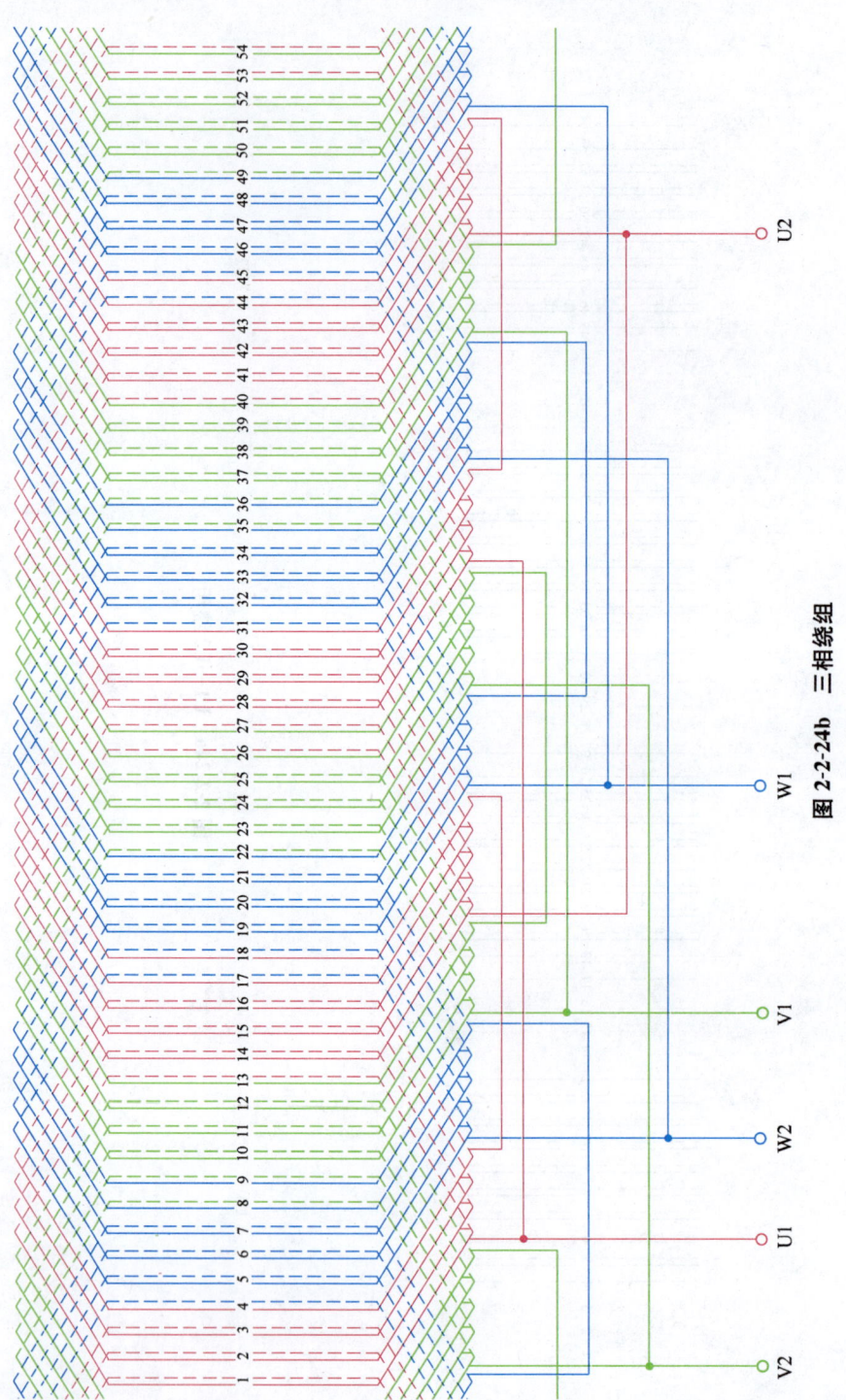

图 2-2-24b 三相绕组

第二节　4极电动机绕组展开图

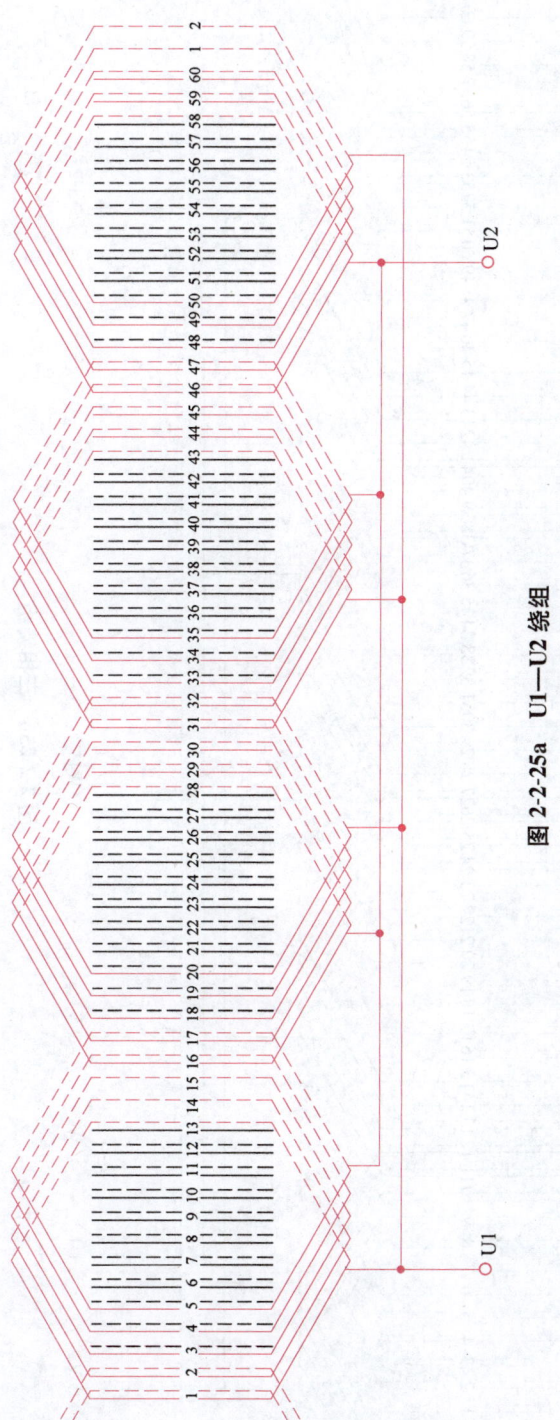

图 2-2-25a　U1—U2 绕组

第二章 三相异步电动机定子(或转子)绕组展开图

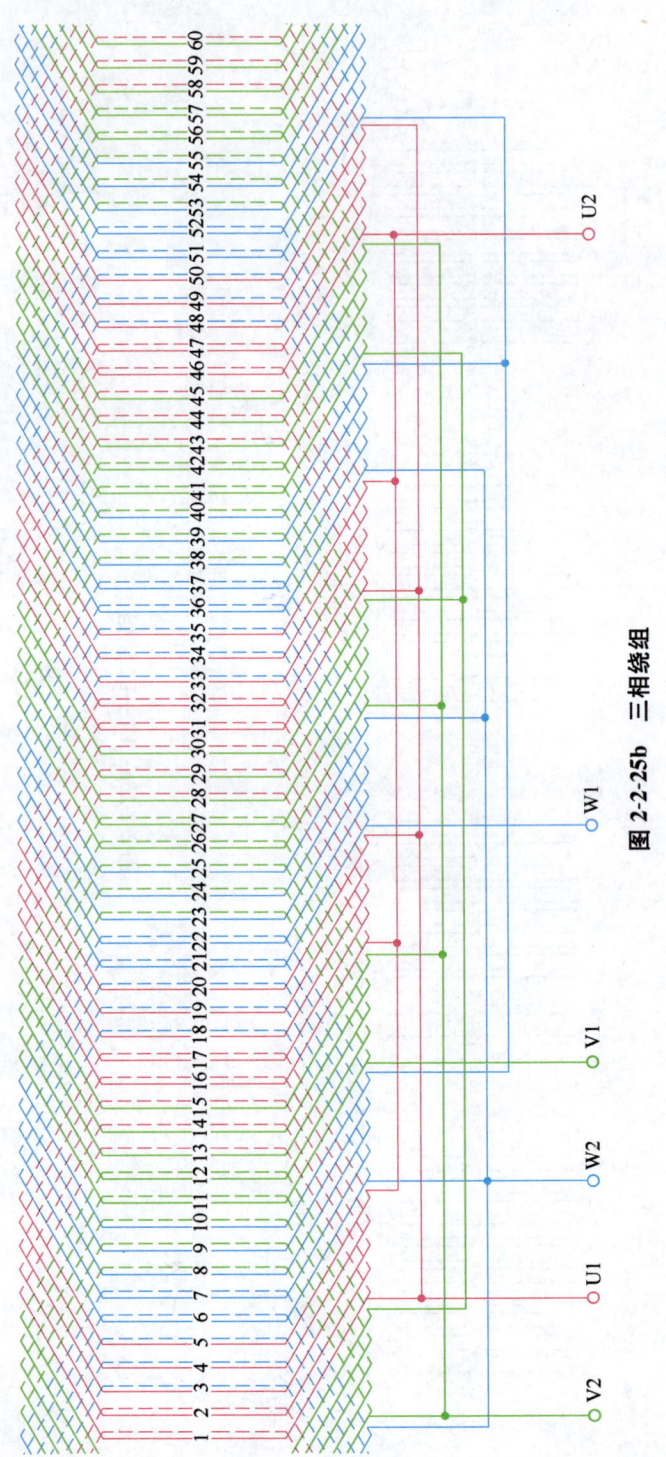

图 2-2-25b 三相绕组

第二节 4极电动机绕组展开图

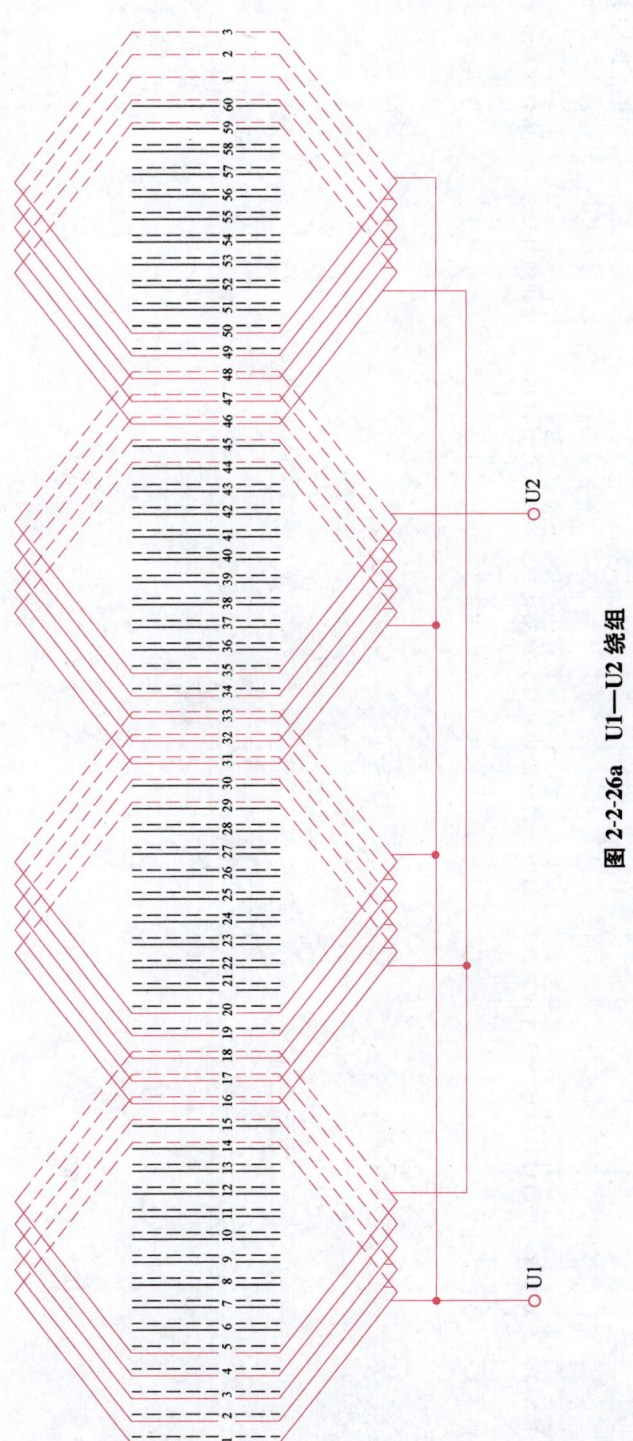

图 2-2-26a U1—U2 绕组

第二章 三相异步电动机定子(或转子)绕组展开图

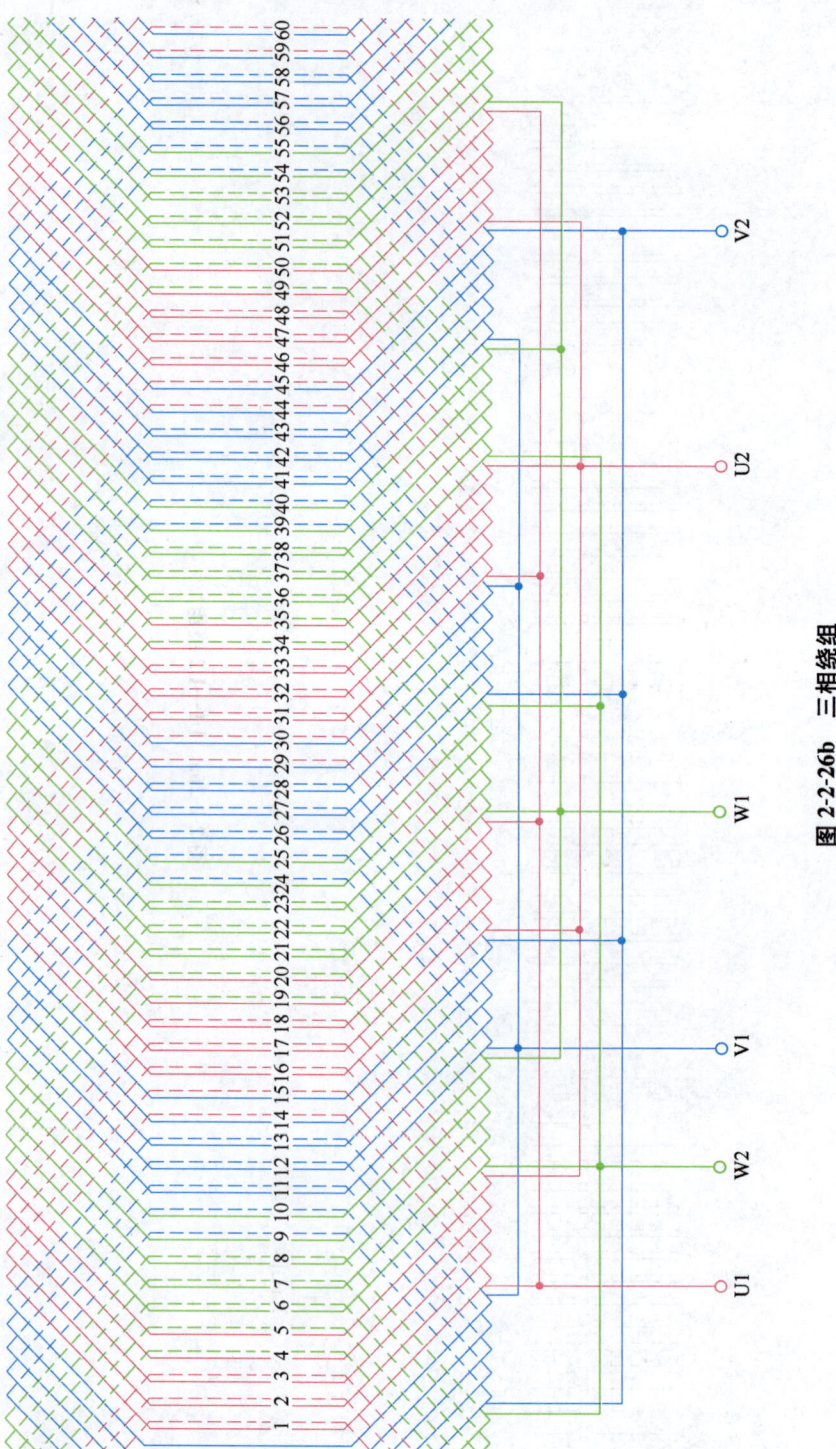

图 2-2-26b 三相绕组

JO3 系列:JO3-280S-4。

JR2-400-4;JO2L-93-4;YLB280-1-4。

27. 4 极 60 槽双层叠式绕组 4 路并联接法(节距:$Y=1-15$)

(1)绕组开展图。U1—U2 绕组展开图和三相绕组展开图分别如图 2-2-27a、b 所示。

(2)圆形接线图。详见书中第三章图 3-2-3。

(3)节距。$Y=1-15$。

(4)适用电动机型号。

Y2-E 系列:Y2-280S-4E,Y2-280M-4E。

28. 4 极 72 槽双层叠式绕组 4 路并联接法

(1)绕组展开图。U1—U2 绕组展开图和三相绕组展开图分别如图 2-2-28a、b 所示。

(2)圆形接线图。详见书中第三章图 3-2-3。

(3)节距。$Y=1-16$。

(4)适用电动机型号:

Y2 系列:Y2-315S-4,Y2-315M-4,Y2-315L1-4,Y2-315L2-4,Y2-355M-4,Y2-355L-4。

Y 系列:Y315S-4,Y315M-4,Y315L1-4,Y315L2-4。

108　第二章　三相异步电动机定子(或转子)绕组展开图

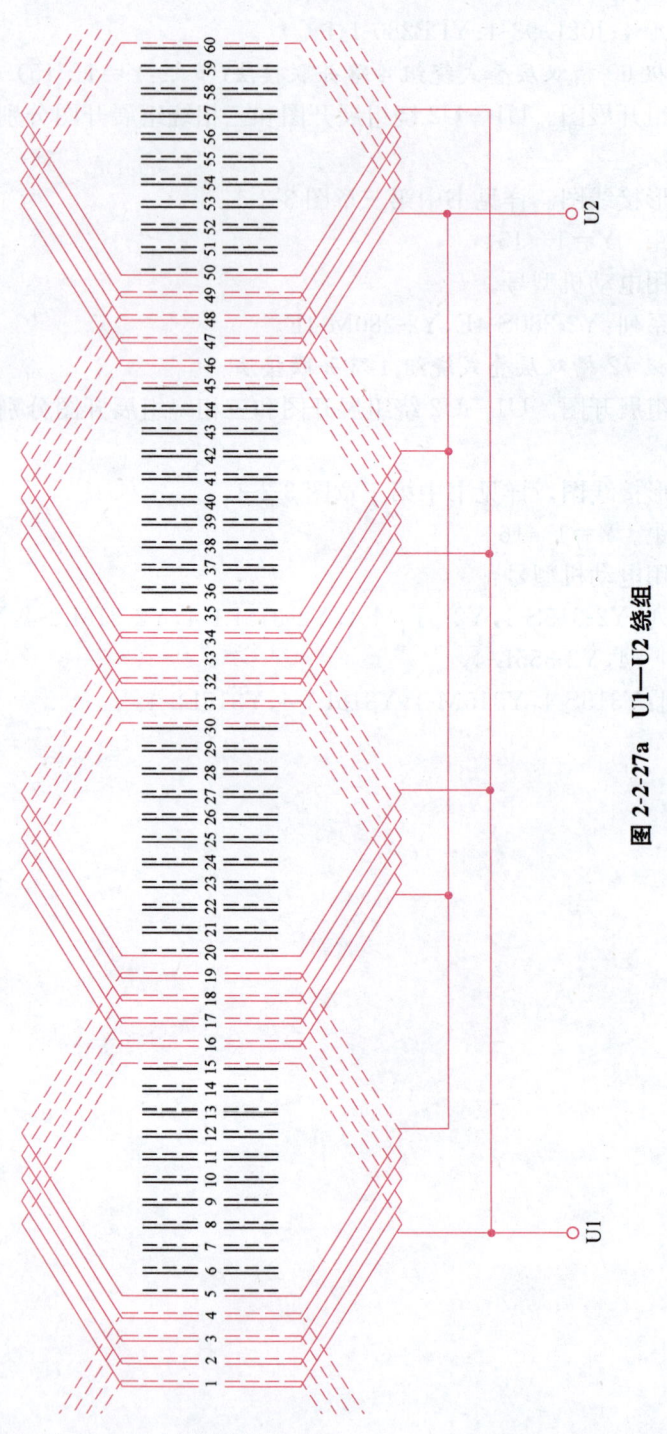

图 2-2-27a　U1—U2 绕组

第二节 4极电动机绕组展开图

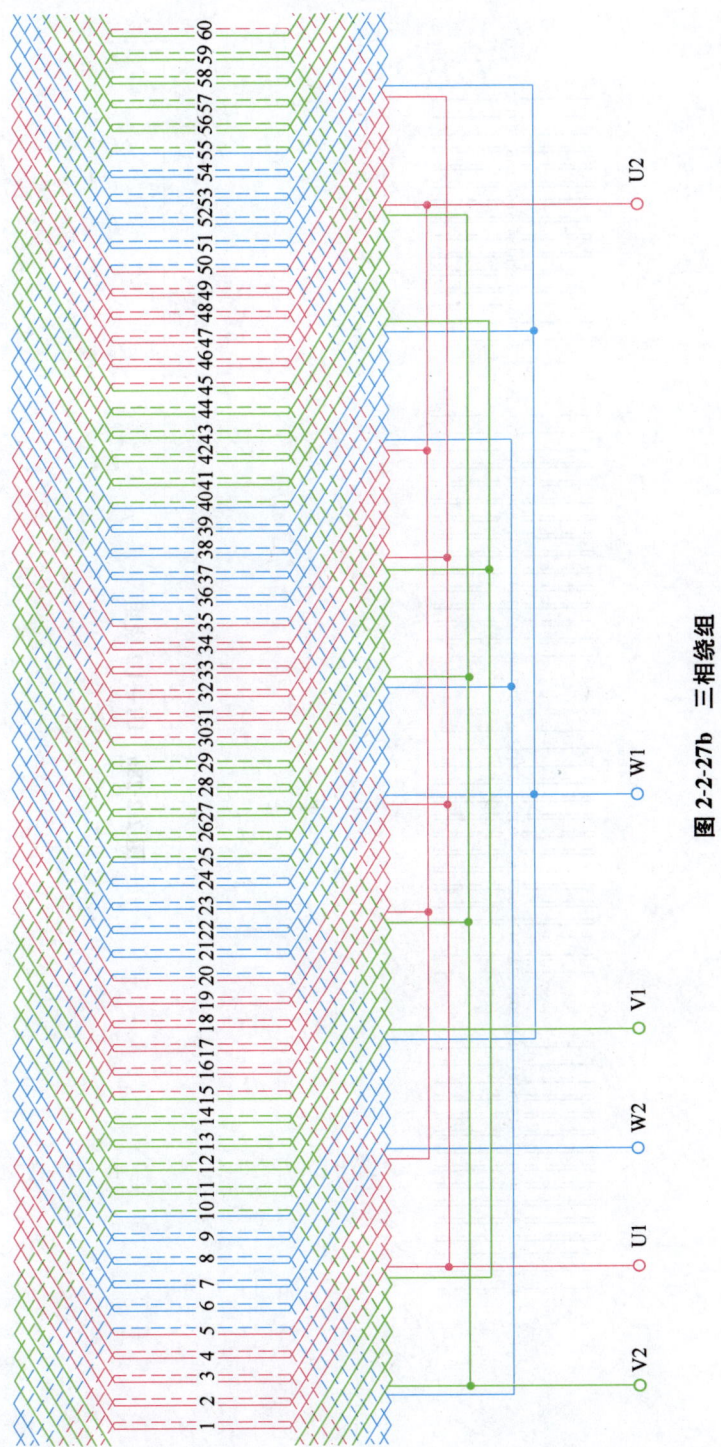

图 2-2-27b 三相绕组

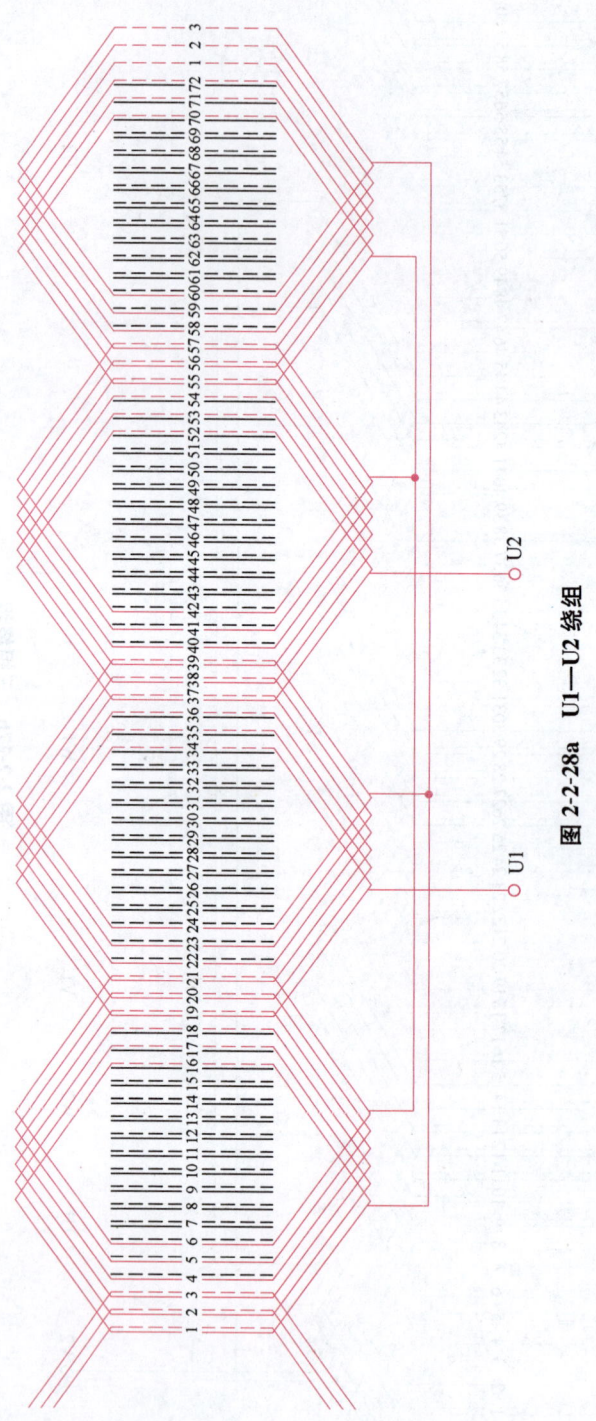

图 2-2-28a　U1—U2 绕组

第二节 4极电动机绕组展开图

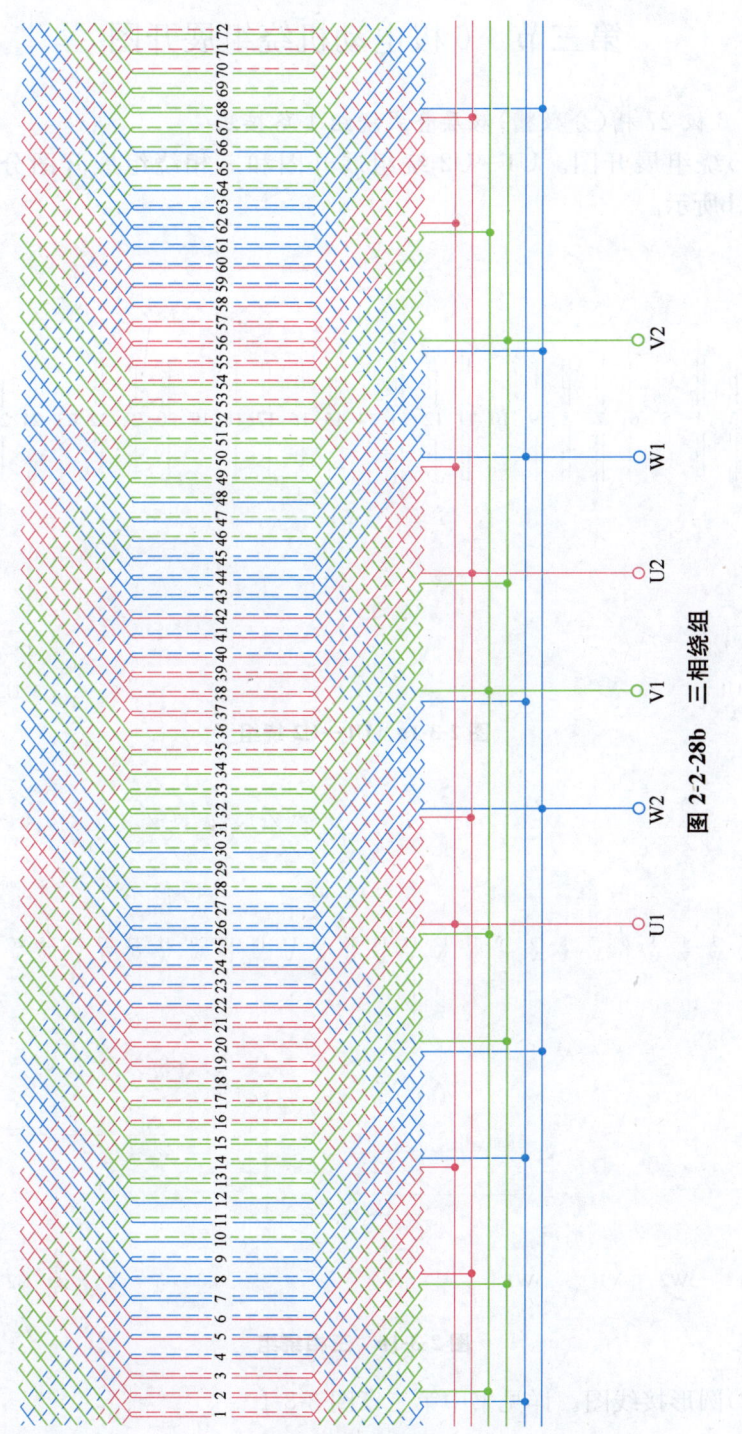

图 2-2-28b 三相绕组

第三节 6极电动机绕组展开图

1. 6极27槽(分数槽)双层叠式绕组1路接法

(1)绕组展开图。U1—U2绕组展开图和三相绕组展开图分别如图2-3-1a、b所示。

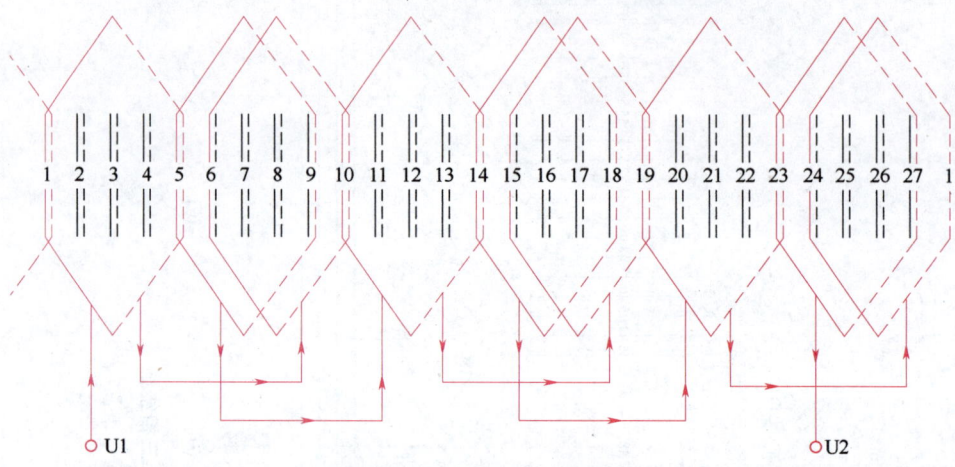

图2-3-1a U1—U2绕组

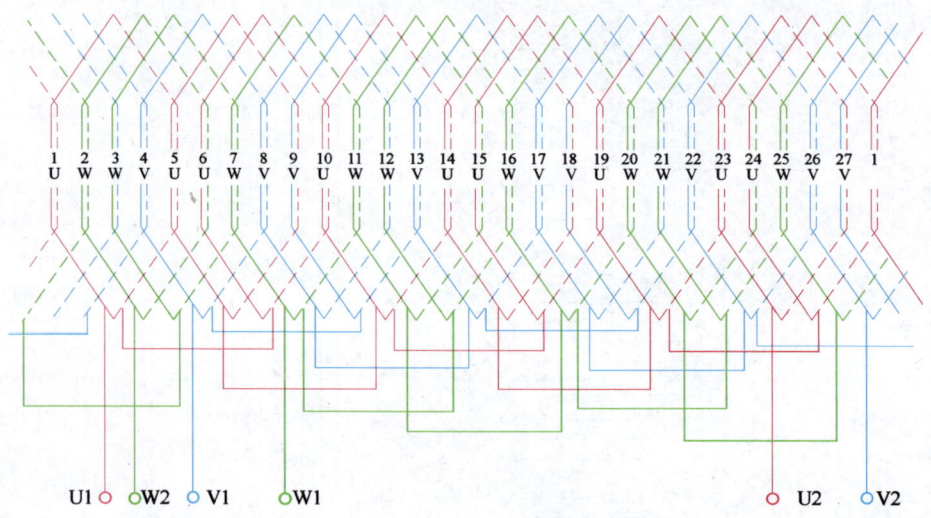

图2-3-1b 三相绕组

(2)圆形接线图。详见书中第三章图3-3-1。

(3)节距。$Y=1-5$。
(4)适用电动机型号。
Y2 系列：Y2-711-6，Y2-712-6。
JO3 系列：JO3-801-6，JO3-802-6。
2. 6 极 36 槽单层链式绕组 1 路接法
(1)绕组展开图。U1—U2 绕组展开图和三相绕组展开图分别如图 2-3-2a、b 所示。

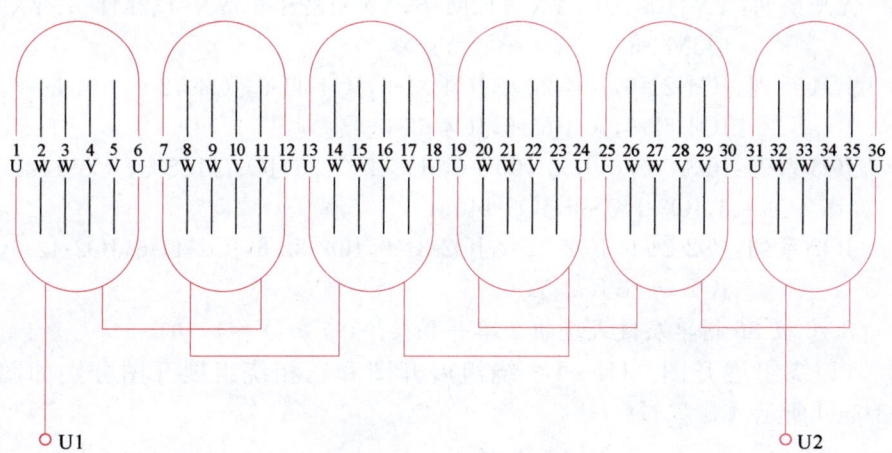

图 2-3-2a　U1—U2 绕组

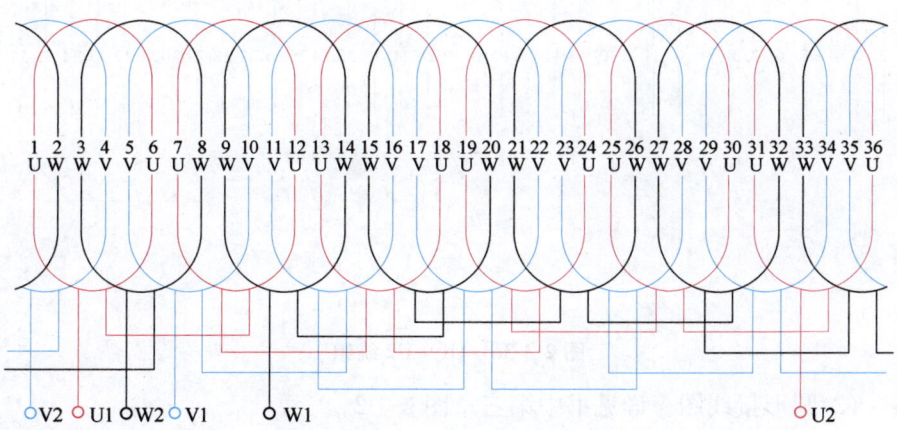

图 2-3-2b　三相绕组

(2)圆形接线图。详见书中第三章图 3-3-1。
(3)节距。$Y=1-6$。
(4)适用电动机型号。

Y2 系列：Y2-801-6，Y2-802-6，Y2-90L-6，Y2-90S-6，Y2-100L-6，Y2-112M-6，Y2-132S-6，Y2-132M1-6；Y2-132M2-6，Y2-160M-6，Y2-160L-6。

Y2-E 系列：Y2-90L-6E，Y2-90S-6E，Y2-100L-6E，Y2-112M-6E，Y2-132S-6E，Y2-132M1-6E，Y2-132M2-6E，Y2-160M-6E，Y2-160L-6E。

Y 系列：Y90S-6，Y90L-6，Y100L-6，Y112M-6，Y132S-6，Y132M1-6。

YX 系列：YX-100L-6，YX-112M-6，YX-132S-6，YX-132M1-6，YX-132M2-6。

JO4 系列：JO4-21-6，JO4-22-6，JO4-31-6，JO4-41-6，JO4-42-6，JO4-51-6，JO4-52-6，JO4-61-6，JO4-62-6。

JO3 系列：JO3-90S-6，JO3-100S-6，JO3-100L-6，JO3-112S-6，JO3-112L-6，JO3-140S-6，JO3-140M-6。

JO2 系列：JO2-21-6，JO2-22-6，JO2-31-6，JO2-32-6，JO2-41-6，JO2-42-6，JO2-51-6，JO2-52-6。

3. 6 极 36 槽单层链式绕组 2 路并联接法（节距：$Y=1-6$）

(1)绕组展开图。U1—U2 绕组展开图和三相绕组展开图分别如图 2-3-3a、b 所示。

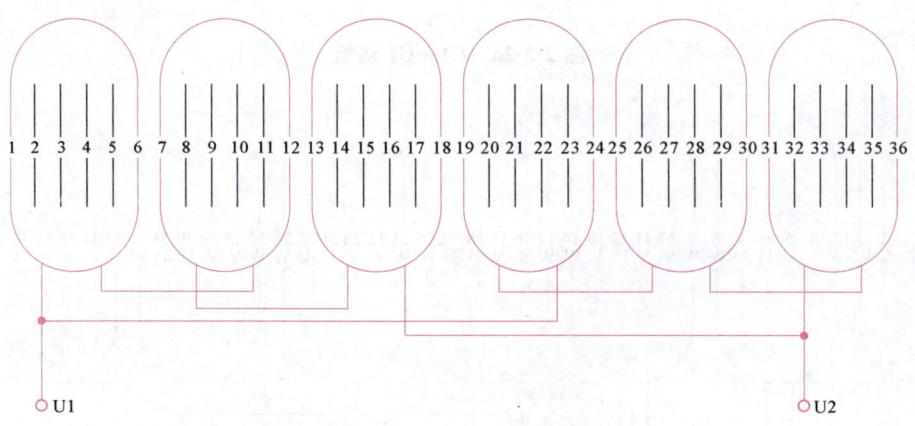

图 2-3-3a　U1—U2 绕组

(2)圆形接线图。详见书中第三章图 3-3-2。

(3)节距：$Y=1-6$。

(4)适用电动机型号。

Y 系列：Y90L-6，Y112M-6。

JO3 系列：JO3L-140S-6，JO3-T160-6TH。

JO4 系列：JO4-21-6。

第三节 6极电动机绕组展开图

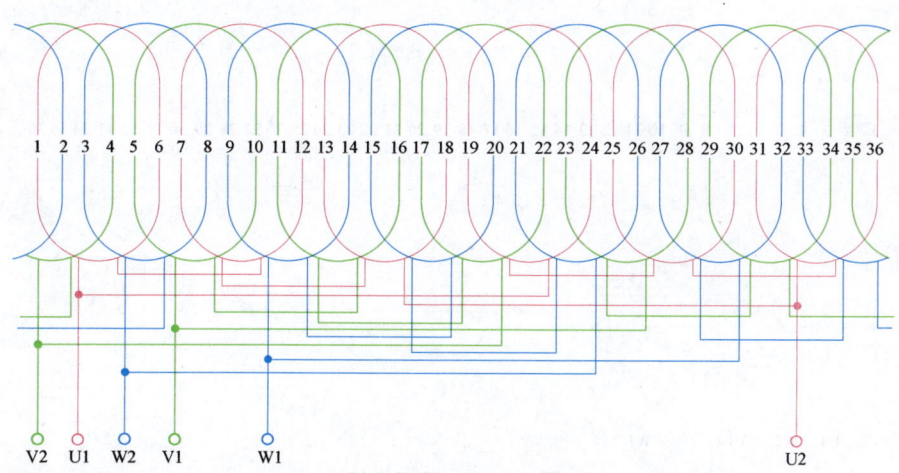

图 2-3-3b 三相绕组

4. 6极36槽单层链式绕组3路接法(节距：$Y=1-6$)

(1)绕组展开图。U1—U2绕组展开图和三相绕组展开图分别如图2-3-4a、b所示。

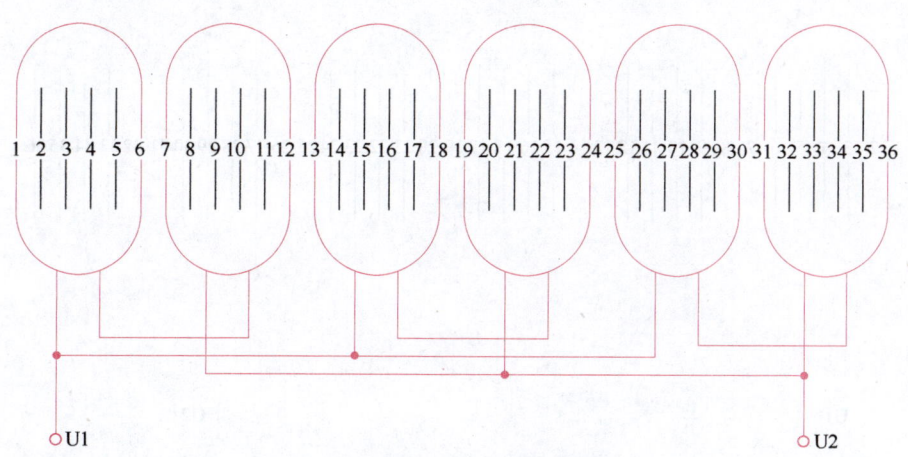

图 2-3-4a U1—U2 绕组

(2)圆形接线图。详见书中第三章图 3-3-3。

(3)节距。$Y=1-6$。

(4)适用电动机型号。YZR225M-6型绕线转子异步电动机的转子绕组。

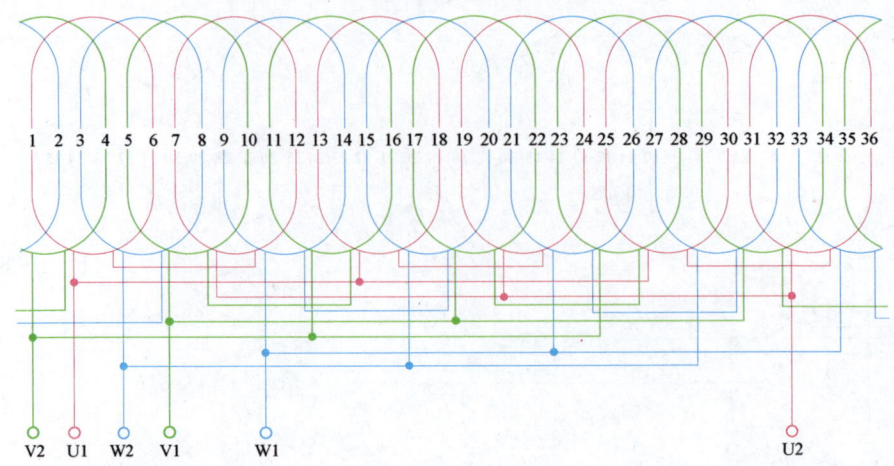

图 2-3-4b 三相绕组

5. 6极36槽单层同心式绕组1路正串接法(节距:$Y=1-8,2-7$)

(1)绕组展开图。U1—U2绕组展开图和三相绕组展开图分别如图2-3-5a、b所示。

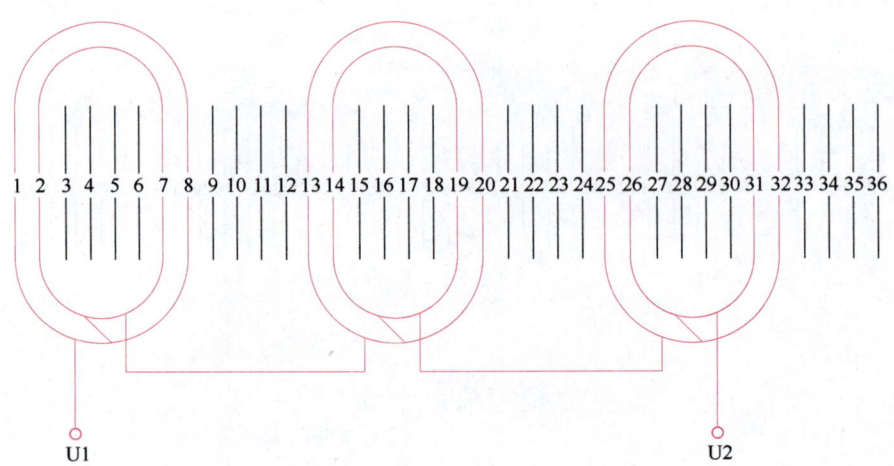

图 2-3-5a U1—U2 绕组

(2)节距。$Y1=1-8, Y2=2-7$。

(3)适用机型。适用于国外绕线式异步电动机的转子绕组。

6. 6极36槽双层叠式绕组1路接法(节距:$Y=1-6$)

(1)绕组展开图。U1—U2绕组展开图和三相绕组展开图分别如图2-3-6a、b所示。

第三节 6极电动机绕组展开图

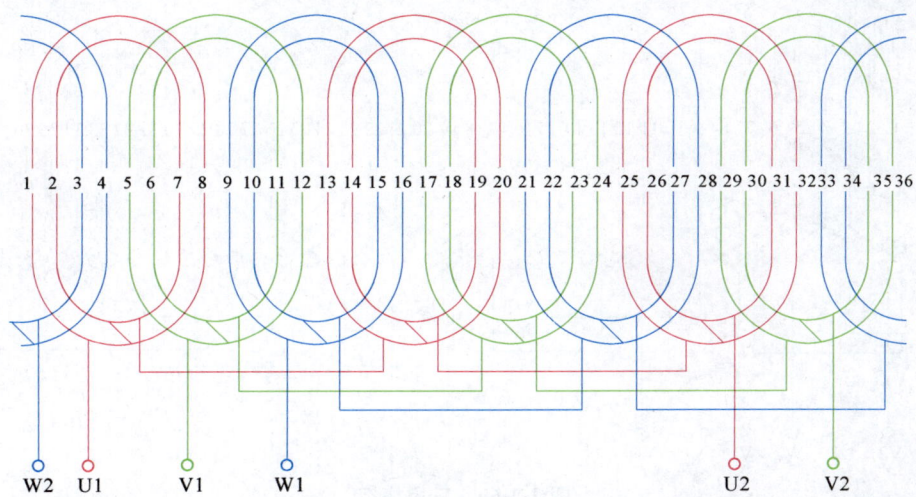

图 2-3-5b 三相绕组

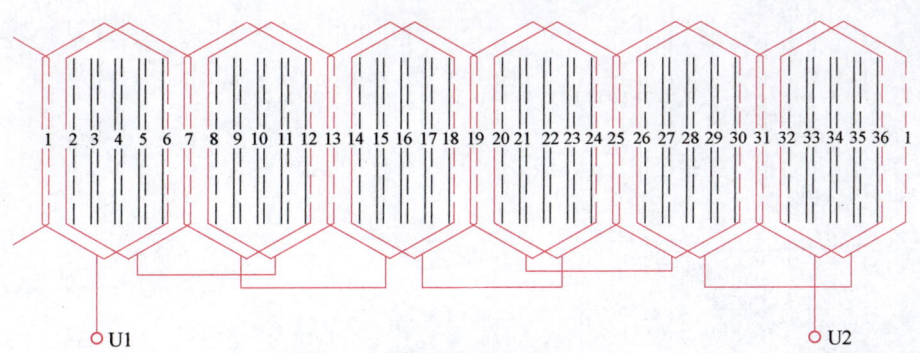

图 2-3-6a U1—U2 绕组

(2)圆形接线图。详见书中第三章图 3-3-1。

(3)节距。$y=5,Y=1-6$。

(4)适用的电动机型号。

YX 系列:YX-132S-6。

YR 系列(转子绕组):YR-132M1-6,YR-200L1-6,YR-225M1-6,YR-225M2-6。

7. 6 极 36 槽双层叠式绕组 2 路并联接法(节距:$Y=1-6$)

(1)绕组展开图。U1—U2 绕组展开图和三相绕组展开图分别如图 2-3-7a、b 所示。

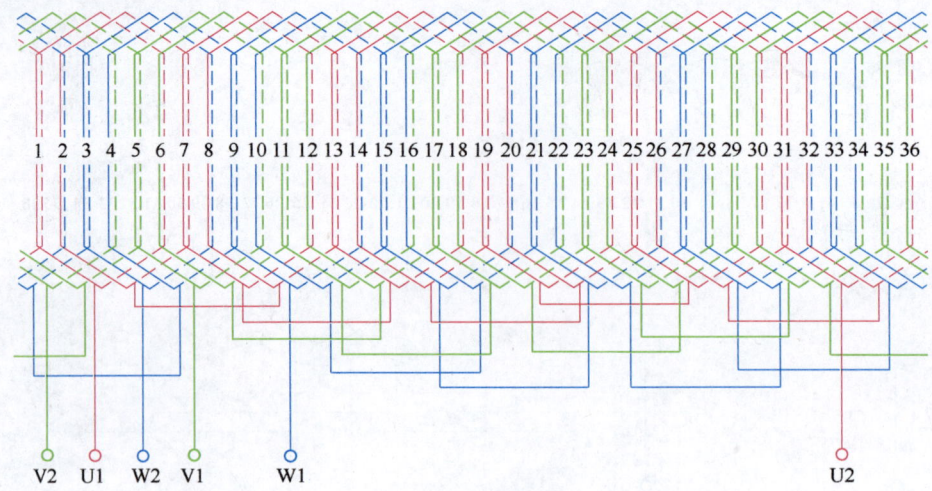

图 2-3-6b 三相绕组

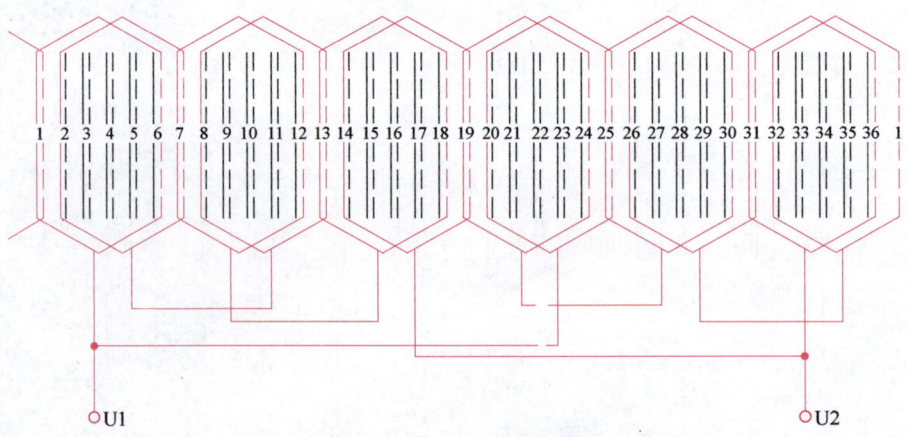

图 2-3-7a U1—U2 绕组

(2)圆形接线图。详见书中第三章图 3-3-2。
(3)节距。y=5,Y=1—6。
(4)适用的电动机型号。
JO3 系列:JO3-160S-6,JO3-160M-6,JO3-1801M-6,JO3-1802M-6,JO3-200M-6。
YR 系列(转子绕组):YR-132M2-6,YR-160M-6,YR-160L-6,YR-180L-6,YR-200L1-6,YR-225M1-6,YR-225M2-6。

8. 6极45槽(分数槽)双层叠式绕组1路接法(节距:Y=1—7)
(1)绕组展开图。U1—U2 绕组展开图和三相绕组展开图分别如图 2-3-

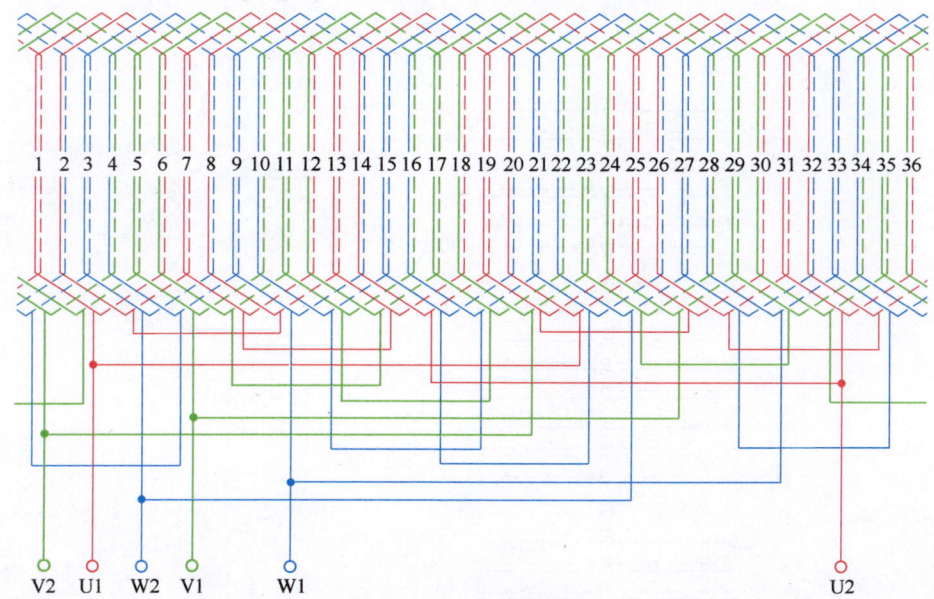

图 2-3-7b 三相绕组

8a、b 所示。

(2)圆形接线图。详见书中第三章图 3-3-1。

(3)节距。$Y=1-7$。

(4)适用电动机型号。JZR2-11-6,JZR-11-6,JZRB-11-6。

9. 6 极 45 槽(分数槽)双层叠式绕组 1 路接法(节距:$Y=1-8$)

(1)绕组展开图。U1—U2 绕组展开图和三相绕组展开图分别如图 2-3-9a、b 所示。

(2)圆形接线图,详见书中第三章图 3-3-1。

(3)节距。$Y=1-8$。

(4)适用电动机型号。YZR-132M1-6。

10. 6 极 48 槽(分数槽)双层叠式绕组 1 路接法(节距:$Y=1-8$)

(1)绕组展开图。U1—U2 绕组展开图和三相绕组展开图分别如图 2-3-10a、b 所示。

(2)圆形接线图。详见书中第三章图 3-3-1。

(3)节距。$Y=1-8$。

(4)适用电动机型号。

YR 系列(定子绕组):YR-132M1-6。

YR 系列(转子绕组):YR-250M1-6,YR-250M2-6,YR-280S-6,YR-280M-6。

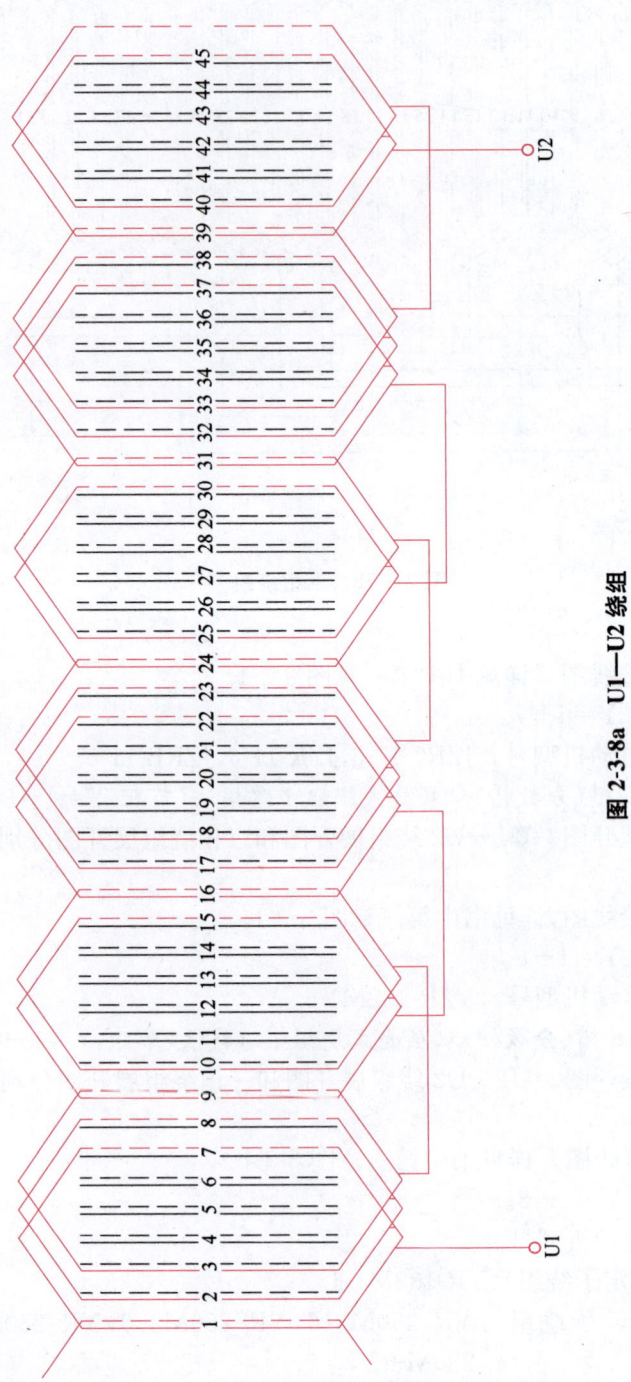

图 2-3-8a U1—U2 绕组

第三节 6极电动机绕组展开图

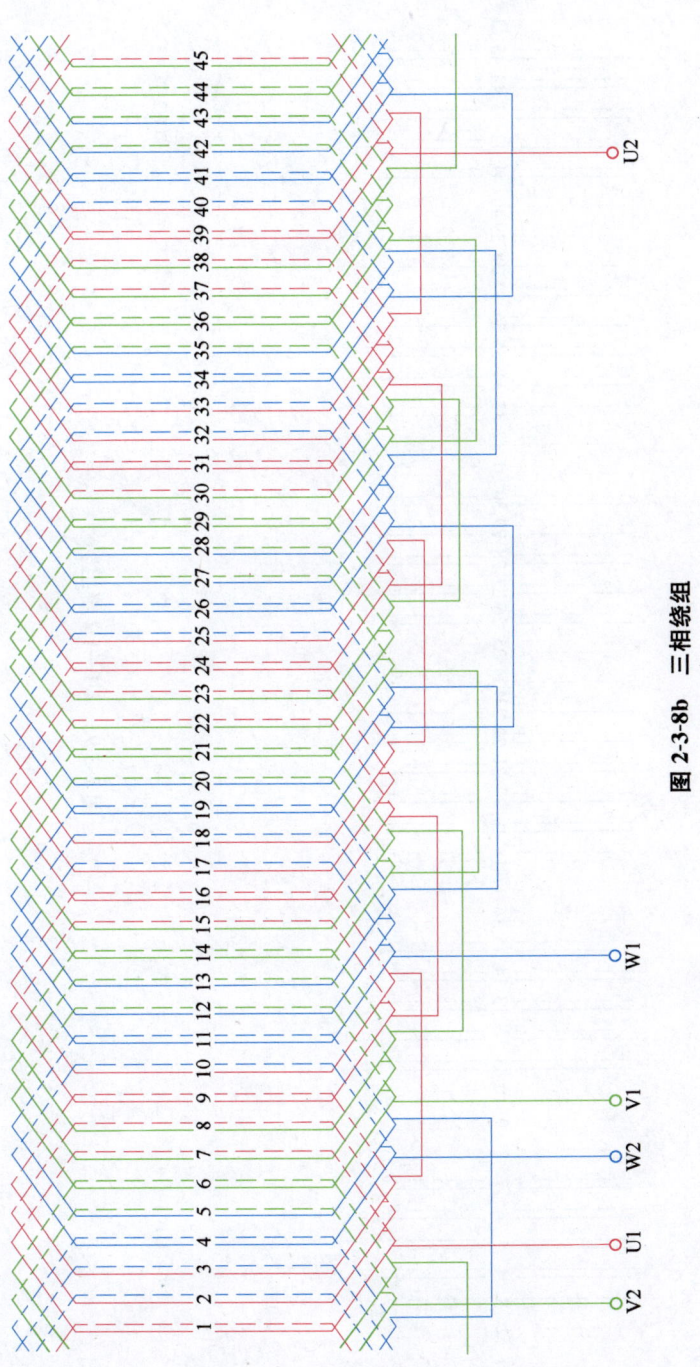

图 2-3-8b 三相绕组

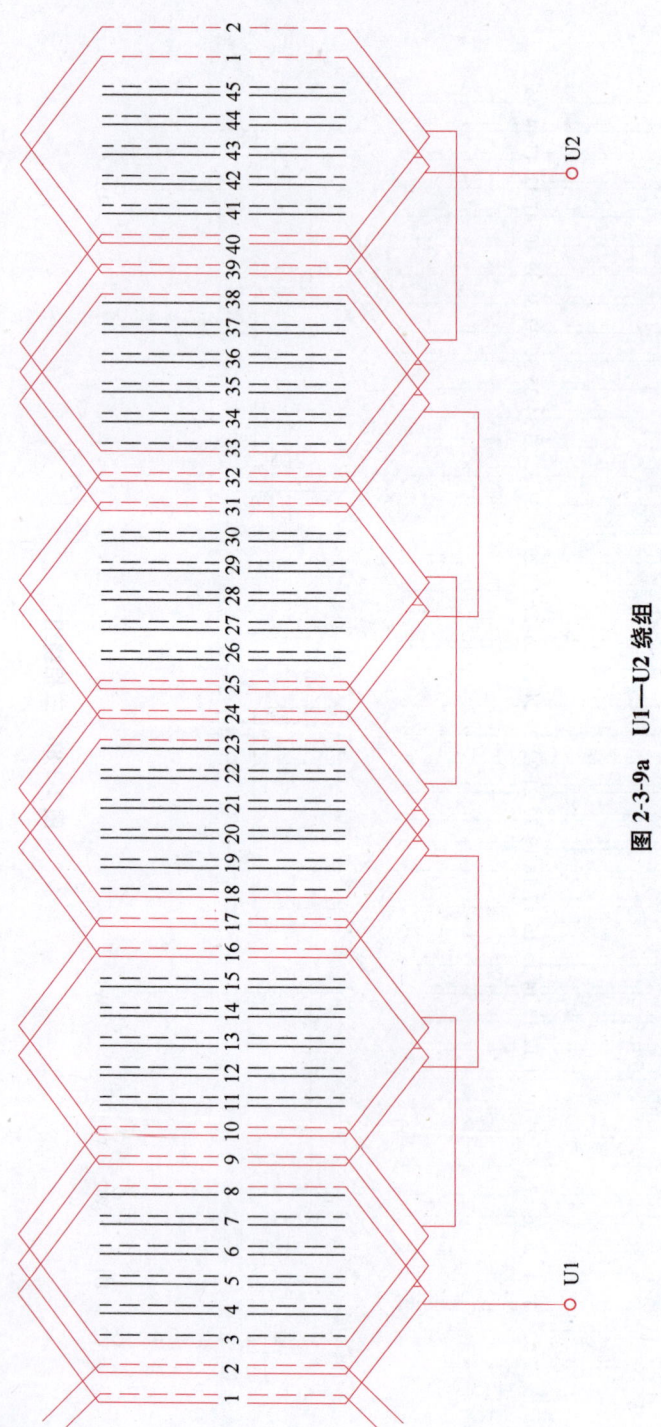

图 2-3-9a　U1—U2 绕组

第三节 6极电动机绕组展开图

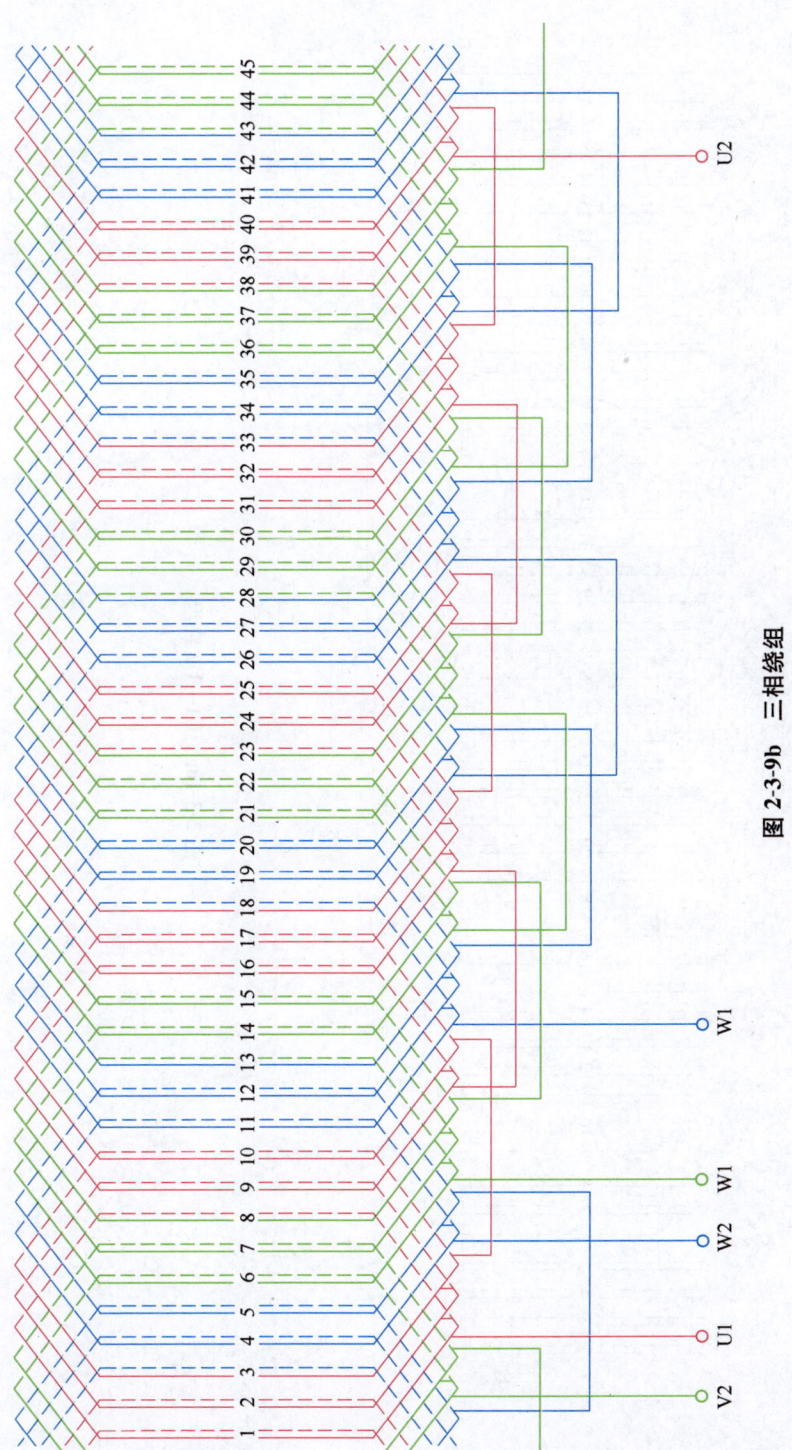

图 2-3-9b 三相绕组

第二章 三相异步电动机定子(或转子)绕组展开图

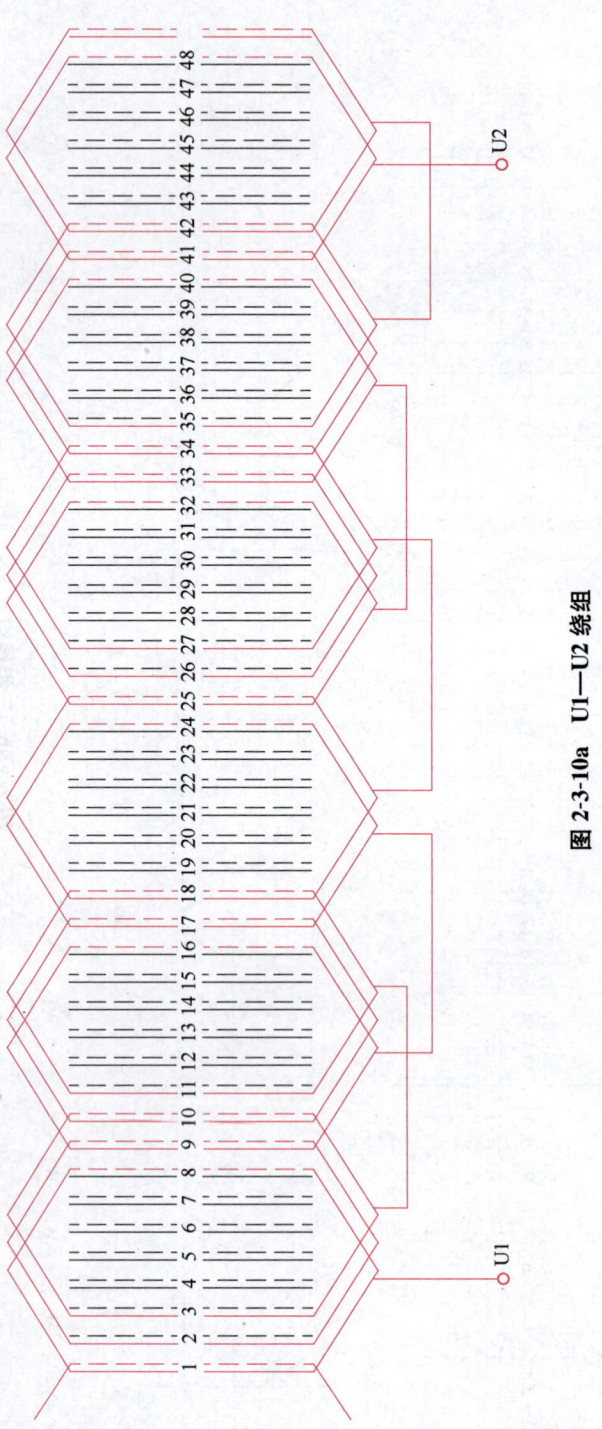

图 2-3-10a U1—U2 绕组

第三节 6极电动机绕组展开图

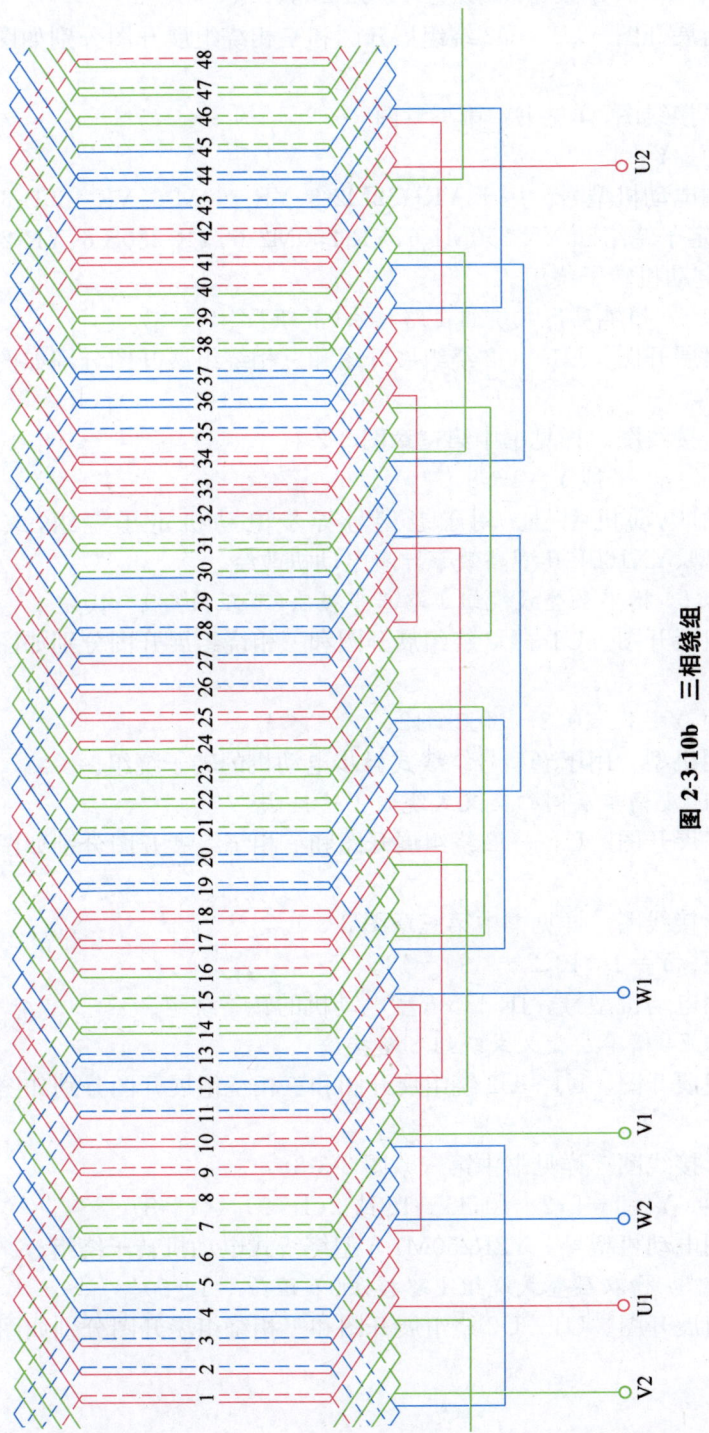

图 2-3-10b 三相绕组

11. 6 极 48 槽(分数槽)双层叠式绕组 2 路接法(节距：$Y=1-8$)

(1)绕组展开图。U1—U2绕组展开图和三相绕组展开图分别如图2-3-11a、b所示。

(2)圆形接线图，详见书中第三章图3-3-2。

(3)节距。$Y=1-8$。

(4)适用电动机型号。用于YR-132M2-6、YR-160M-6、YR-160L-6型绕线式电动机定子绕组和YR-250M1-6、YR-250M2-6、YR-280S-6、YR-280M-6型绕线式电动机转子绕组。

12. 6 极 54 槽单层链式绕组 1 路接法(节距：$Y=1-8$)

(1)绕组展开图。U1—U2绕组展开图和三相绕组展开图分别如图2-3-12a、b所示。

(2)圆形接线图。详见书中第三章图3-3-1。

(3)节距。$y=7$ 或 $Y=1-8$。

(4)适用电动机型号。用于老型号异步电动机定子绕组，或用于YX160M-6型、YX160L-6型高效率异步电动机改绕。

13. 6 极 54 槽单层叠式绕组 1 路正串接法(节距：$Y=1-10$)

(1)绕组展开图。U1—U2绕组展开图和三相绕组展开图分别如图2-3-13a、b所示。

(2)节距：$Y=1-10$、$2-11$、$3-12$。

(3)适用机型。用于老型号绕线式异步电动机的转子绕组。

14. 6 极 54 槽单层同心交叉式绕组 1 路接法

(1)绕组展开图。U1—U2绕组展开图和三相绕组展开图分别如图2-3-14a、b所示。

(2)圆形接线图。详见书中第三章图3-3-1。

(3)节距。$Y=1-10$、$2-9$、$11-18$。

(4)适用电动机型号。JR-115-6型电动机的转子绕组。

15. 6 极 54 槽单层交叉式绕组 3 路接法

(1)绕组展开图。U1—U2绕组展开图和三相绕组展开图分别如图2-3-15a、b所示。

(2)圆形接线图。详见书中第三章图3-3-3。

(3)节距。$Y=1-9, 2-10, 11-18$ 或 $2(1-9), 1(1-8)$

(4)适用电动机型号。YZR250M1-6型绕线式电动机转子绕组。

16. 6 极 54 槽双层叠式绕组 1 路接法(节距：$Y=1-9$)

(1)绕组展开图。U1—U2绕组展开图和三相绕组展开图分别如图2-3-16a、b所示。

第三节 6极电动机绕组展开图

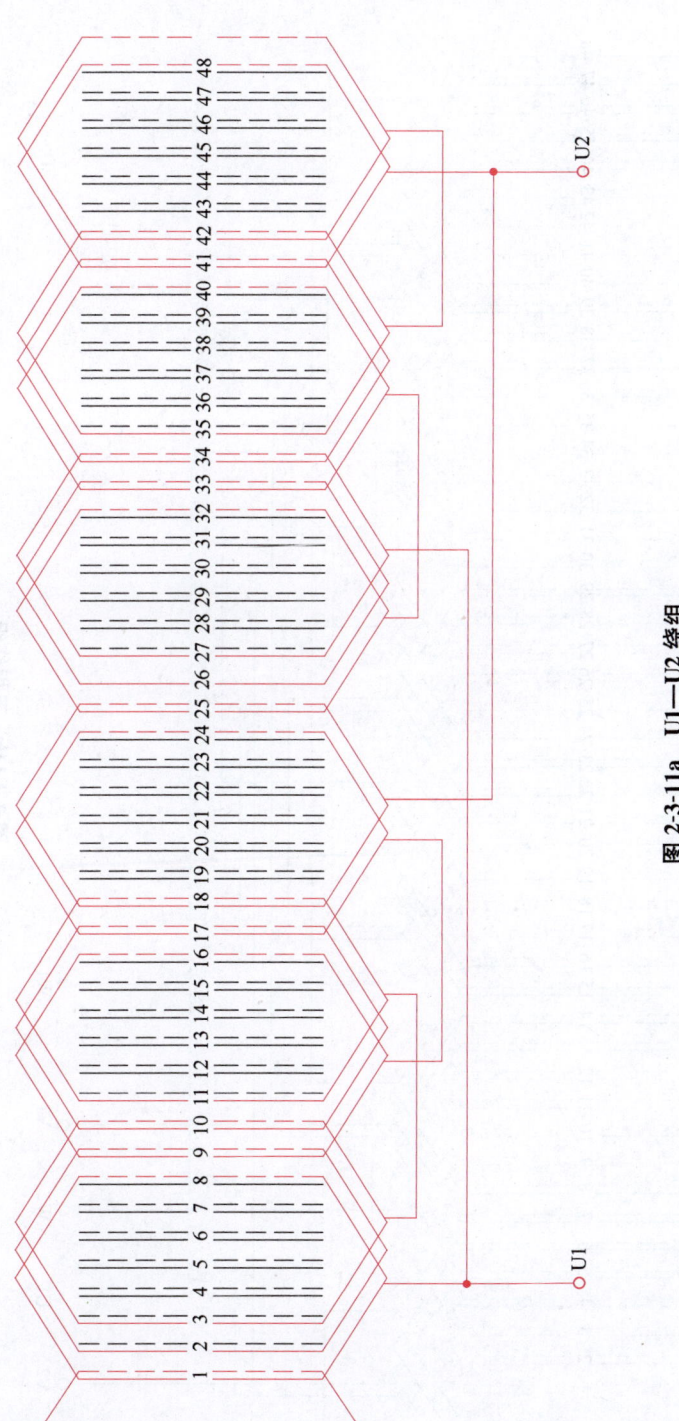

图 2-3-11a U1—U2 绕组

128　第二章　三相异步电动机定子(或转子)绕组展开图

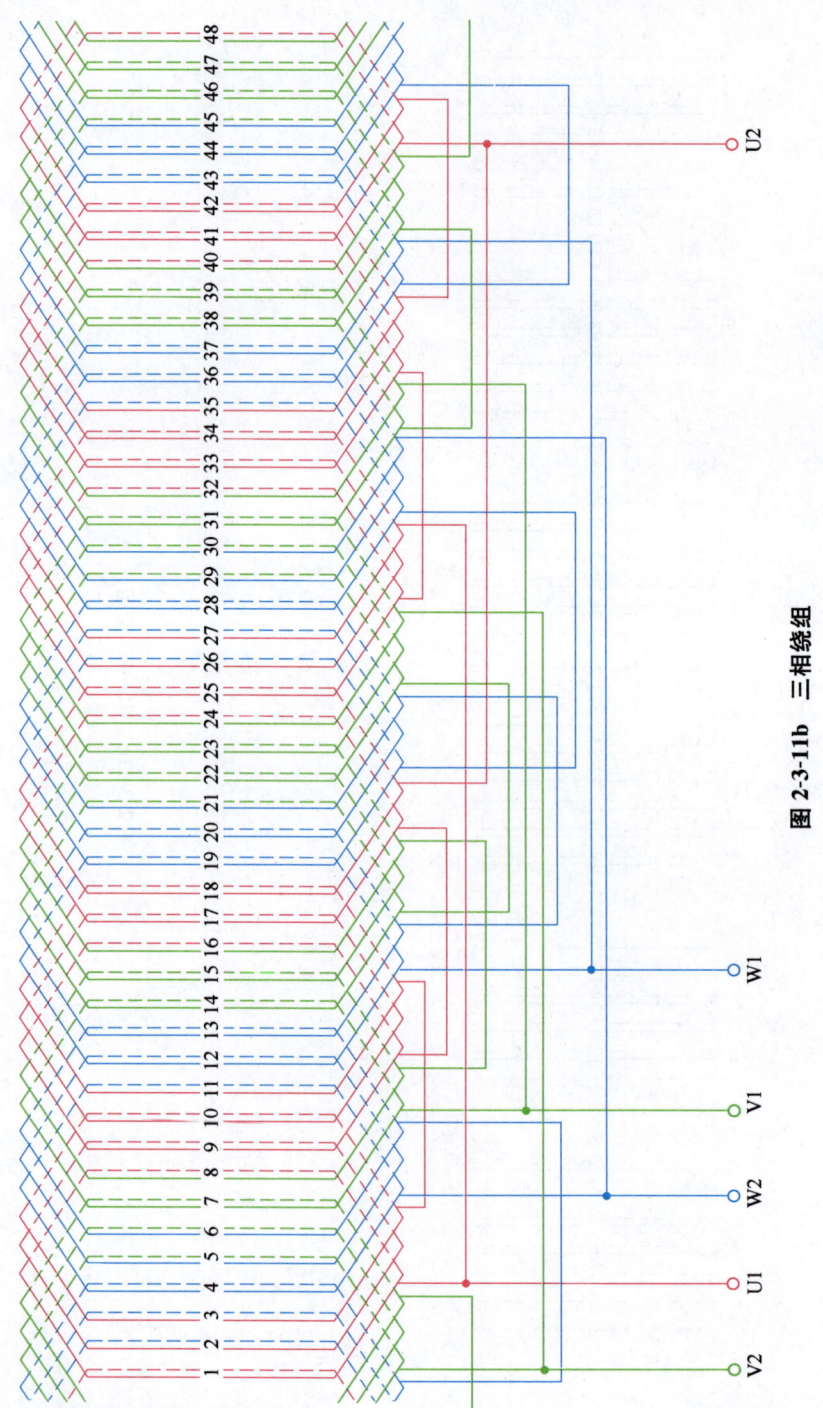

图 2-3-11b　三相绕组

第三节 6极电动机绕组展开图

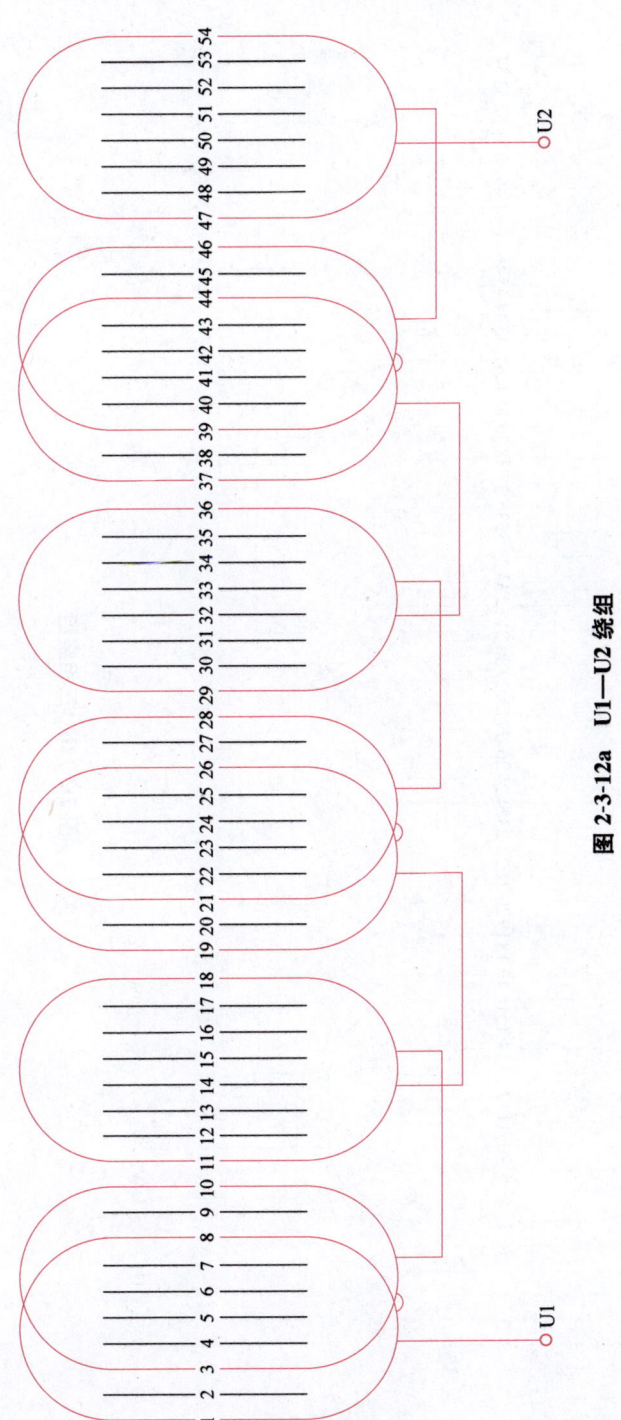

图 2-3-12a U1—U2 绕组

第二章 三相异步电动机定子(或转子)绕组展开图

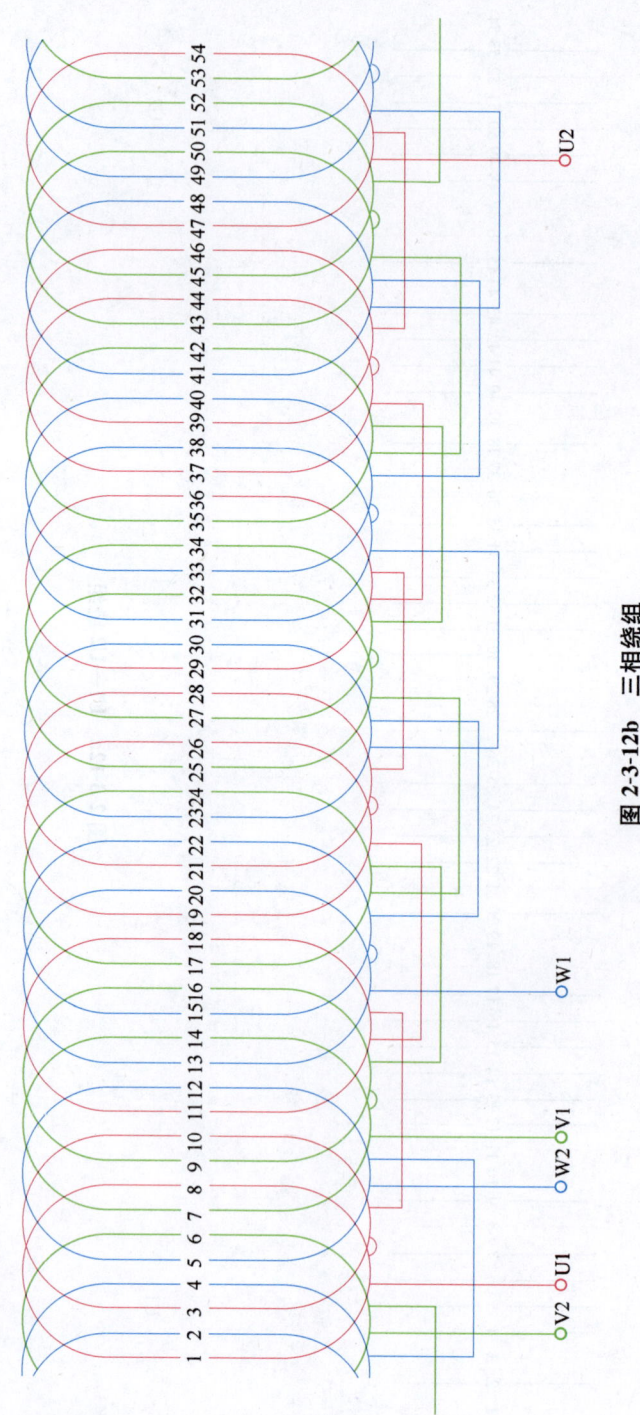

图 2-3-12b 三相绕组

第三节 6极电动机绕组展开图

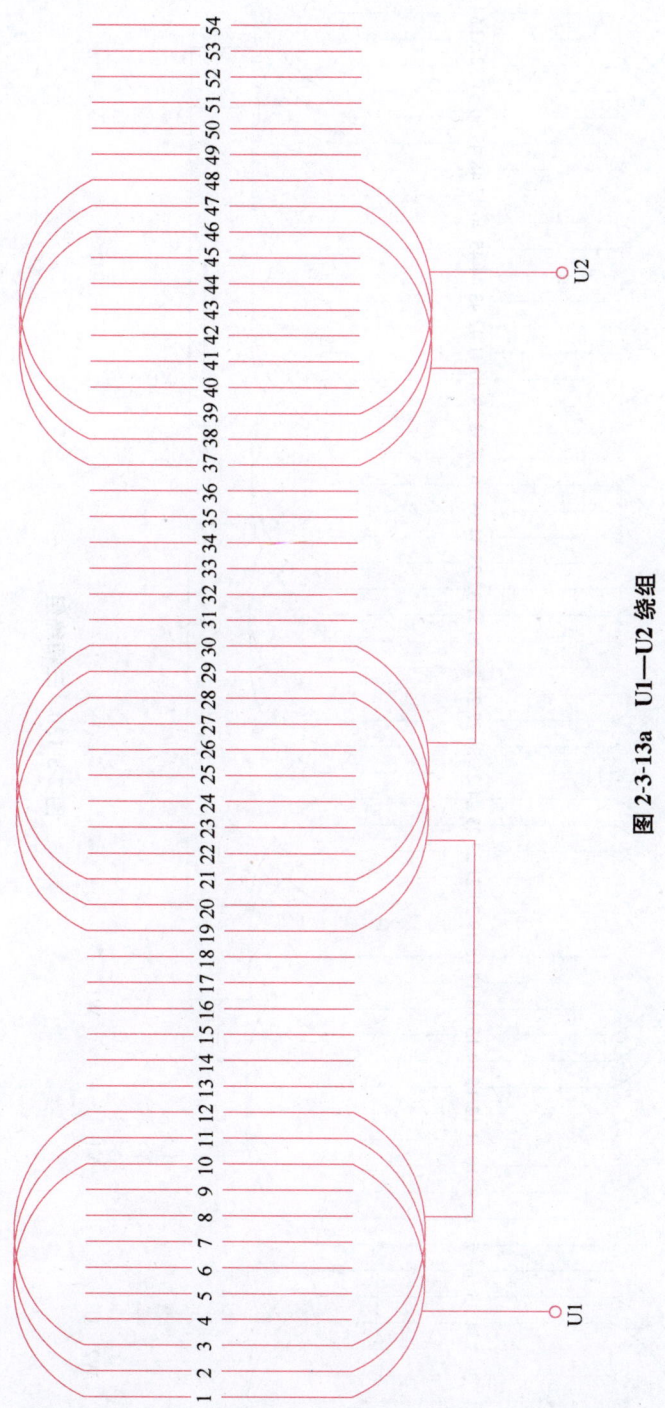

图 2-3-13a U1—U2 绕组

132　第二章　三相异步电动机定子(或转子)绕组展开图

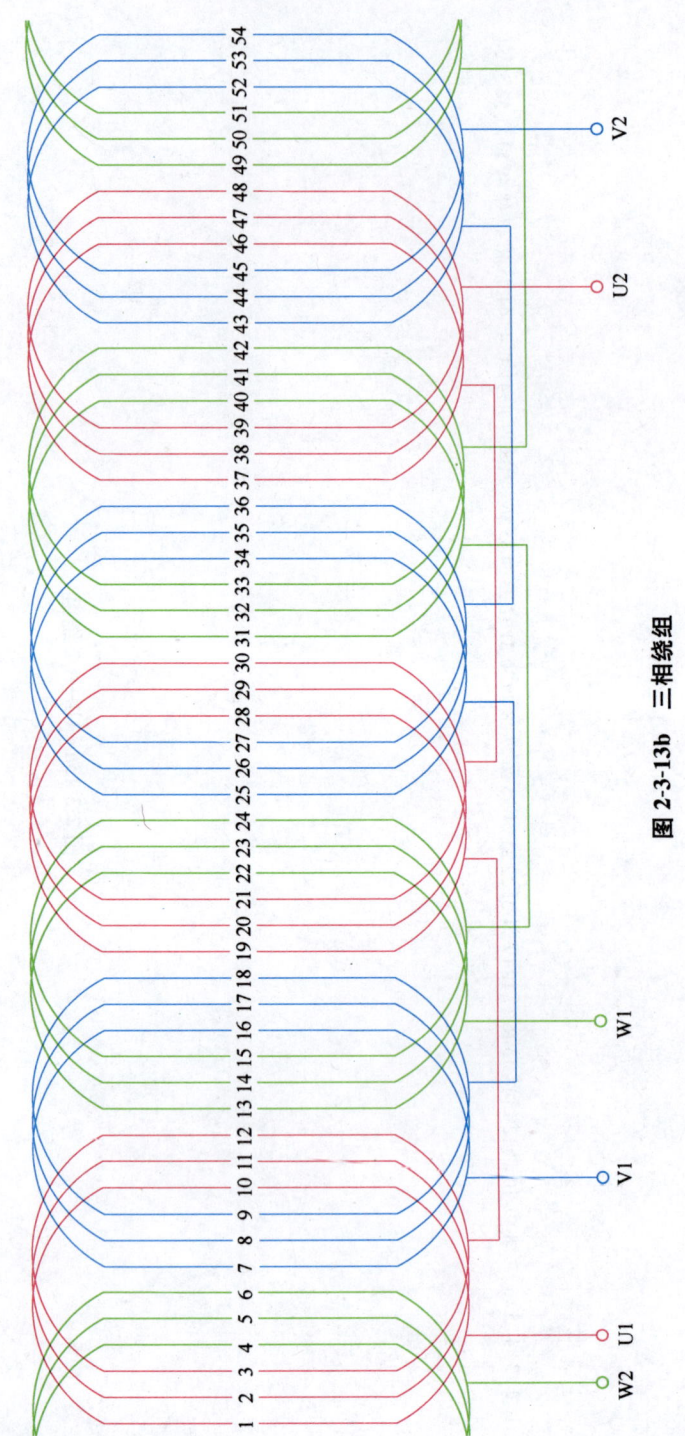

图 2-3-13b　三相绕组

第三节 6极电动机绕组展开图

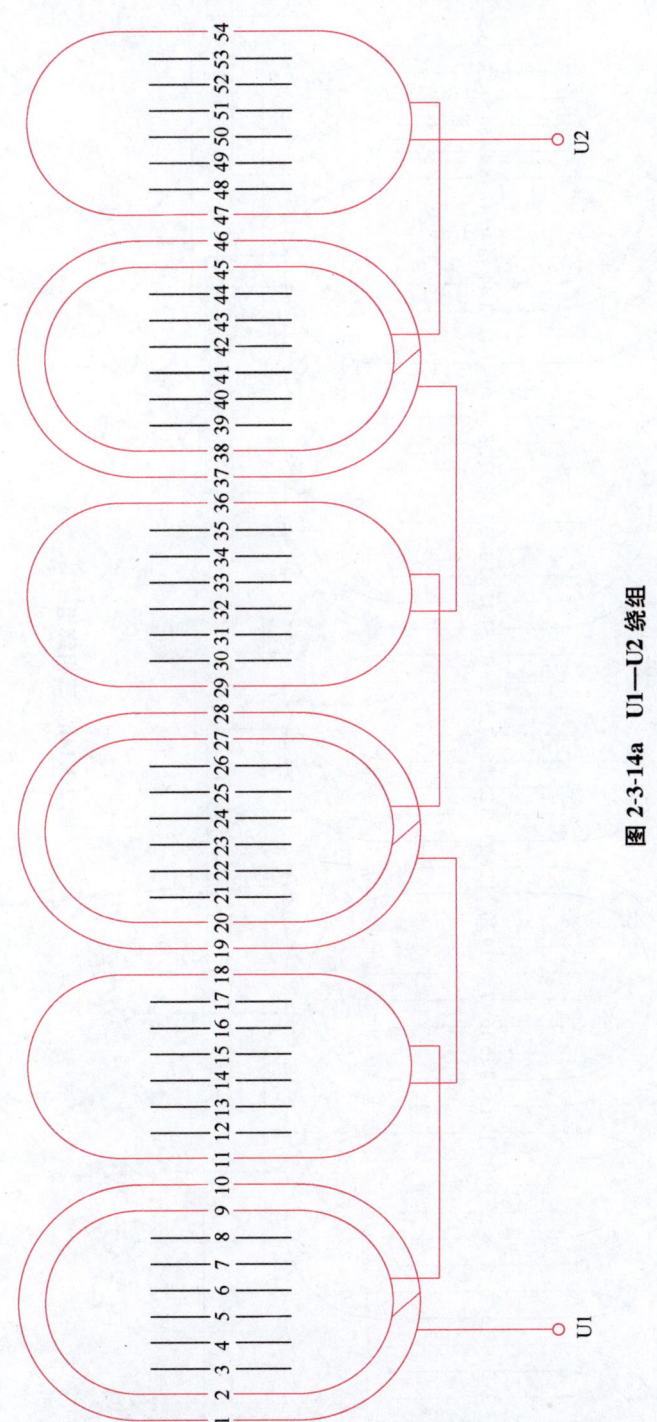

图 2-3-14a U1—U2 绕组

134　第二章　三相异步电动机定子(或转子)绕组展开图

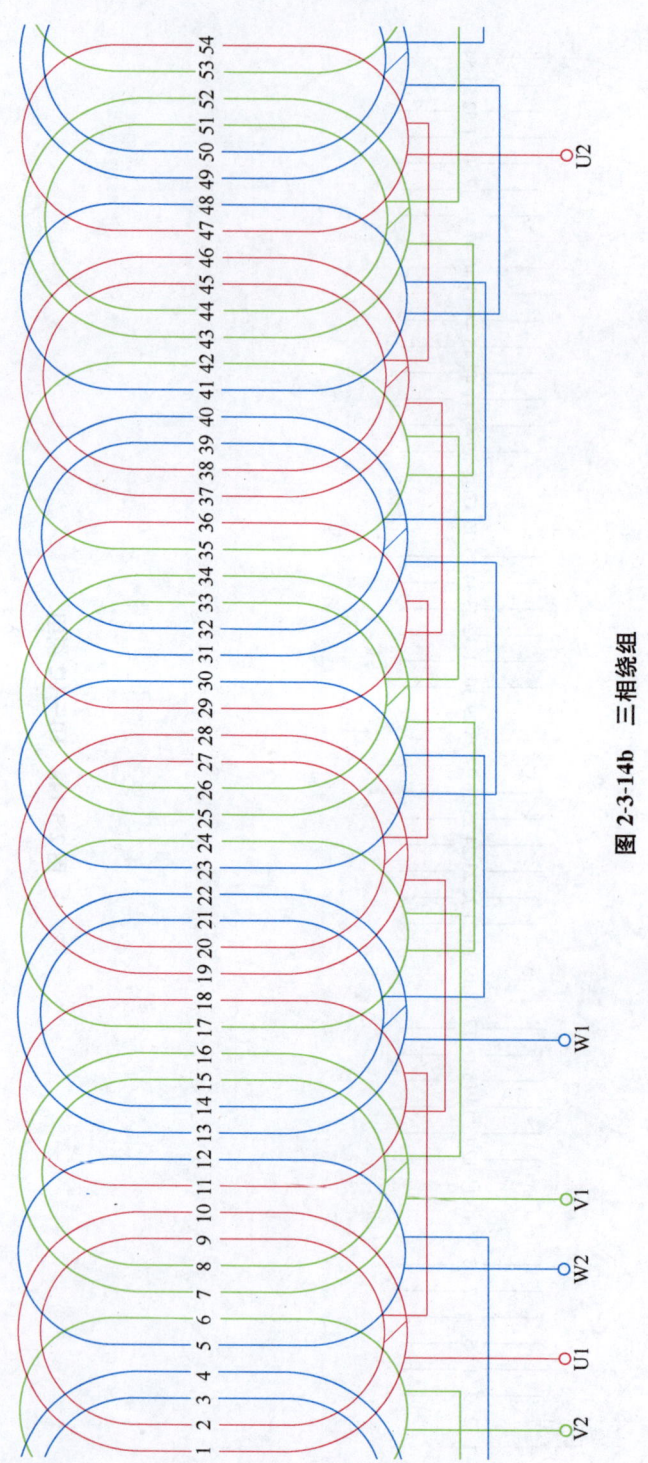

图 2-3-14b　三相绕组

第三节 6极电动机绕组展开图

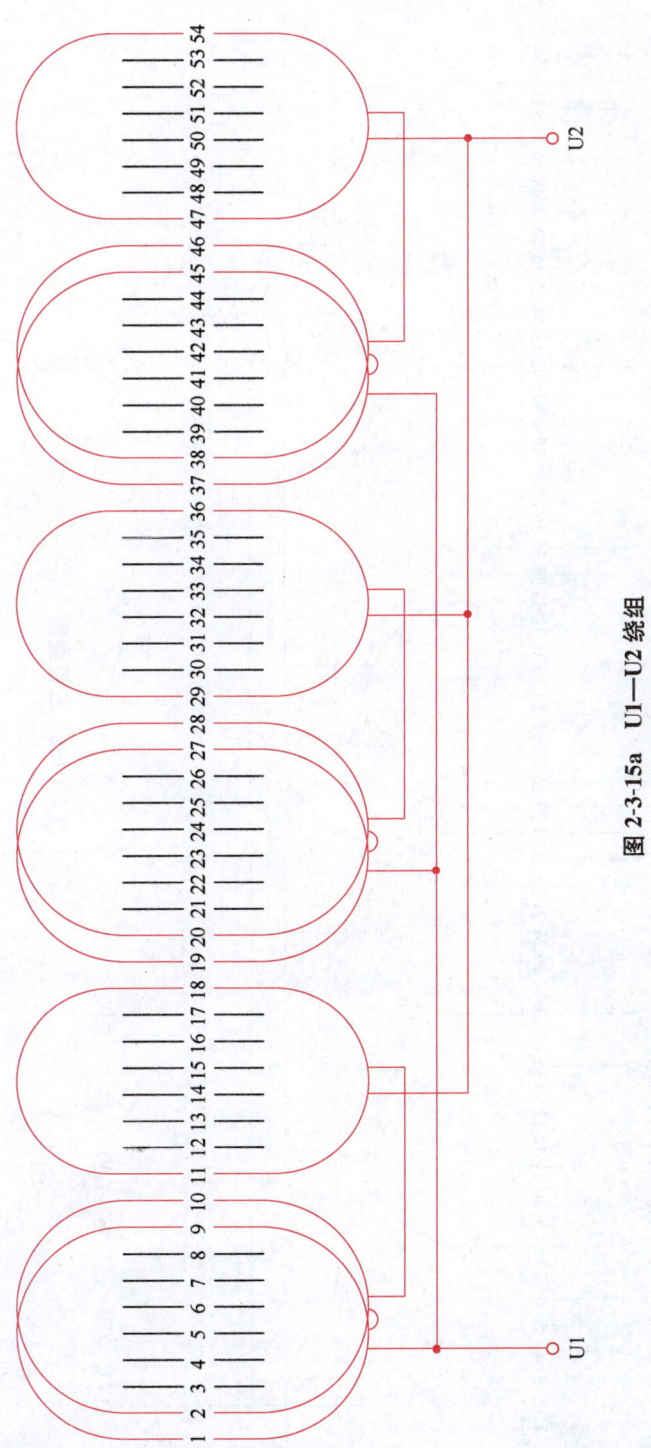

图 2-3-15a U1—U2 绕组

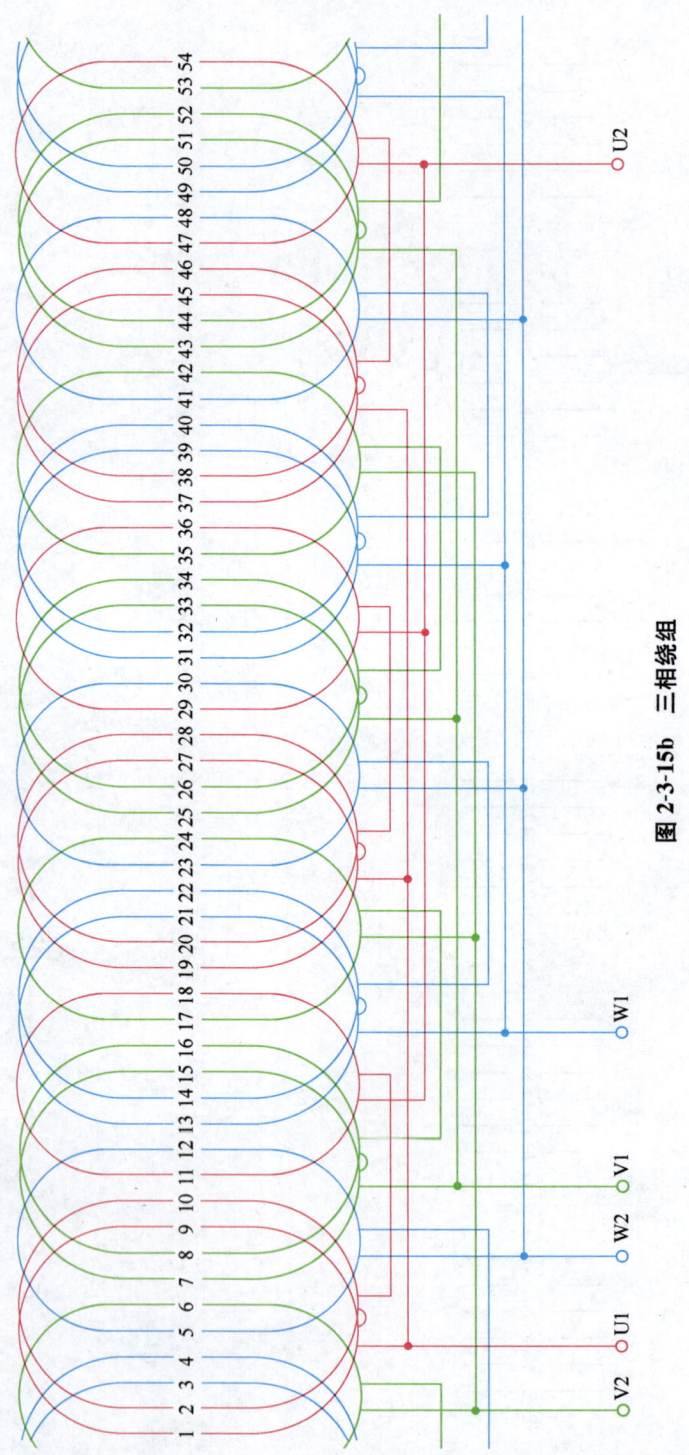

图 2-3-15b 三相绕组

第三节 6极电动机绕组展开图

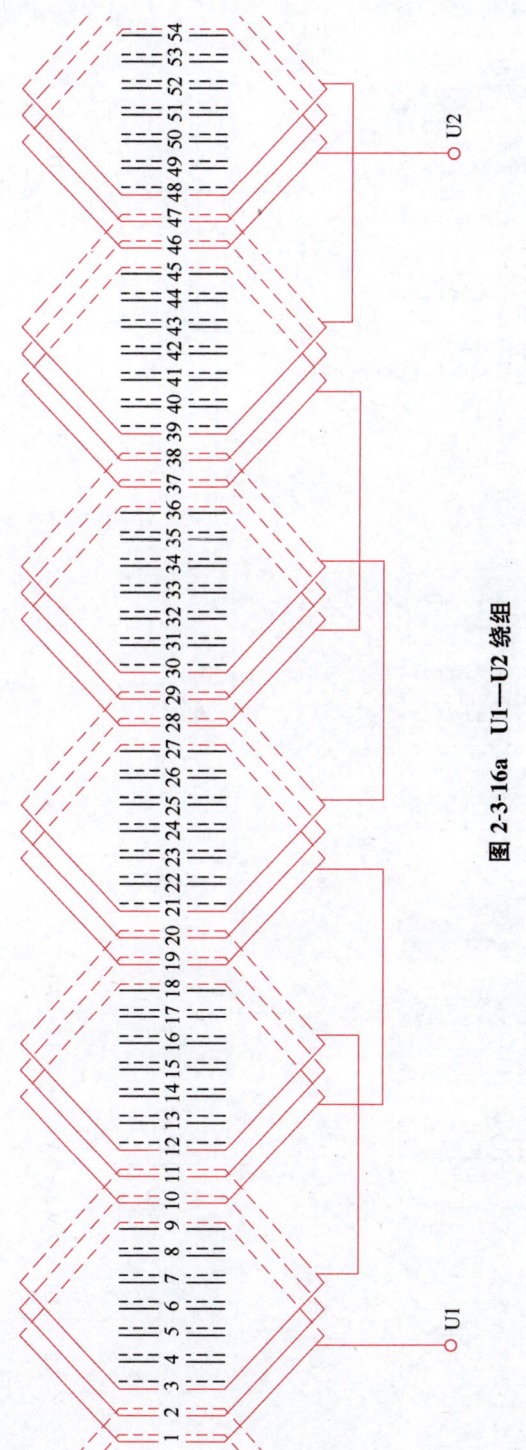

图 2-3-16a U1—U2 绕组

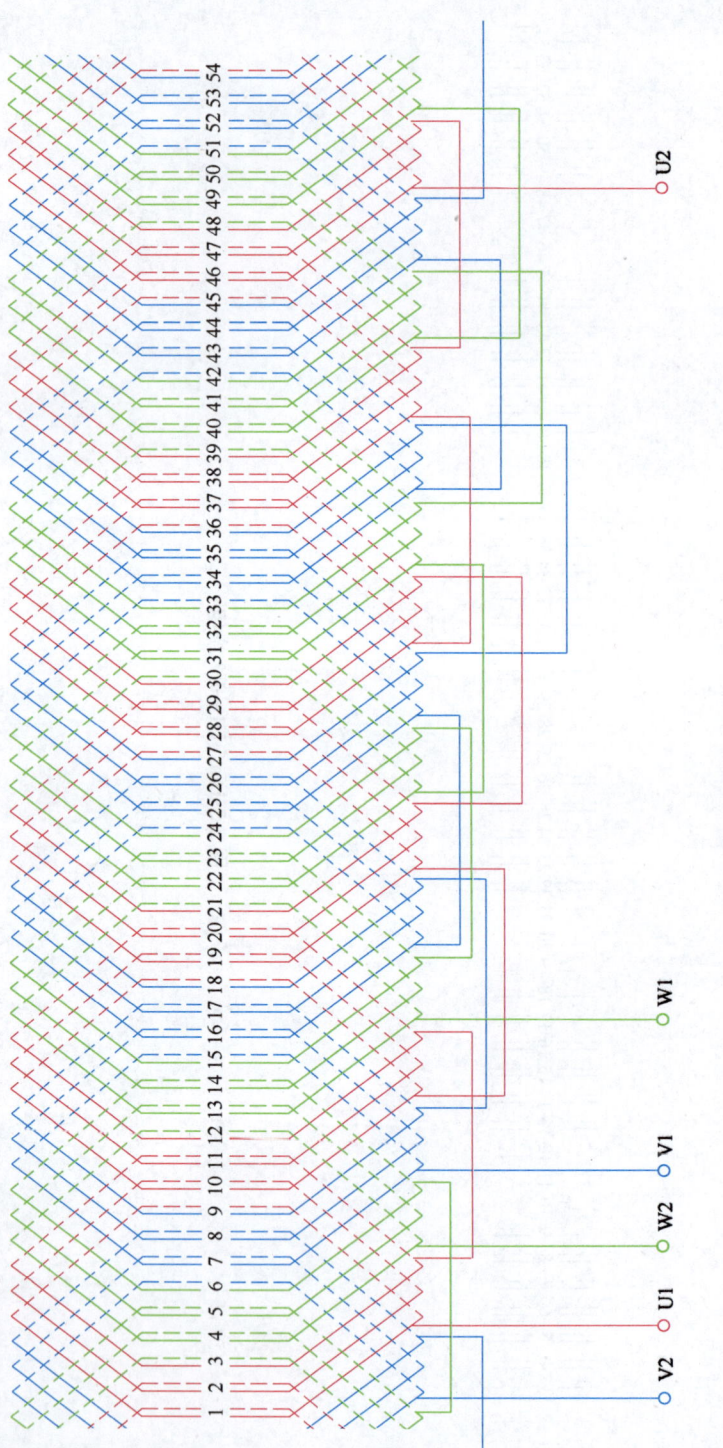

图 2-3-16b 三相绕组

(2)圆形接线图。详见书中第三章图 3-3-1。
(3)节距。$y=8$ 或 $Y=1-9$。
(4)适用电动机型号。
YX 系列:YX-160M-6,YX-160L-6。
JO2 系列:JO2-61-6,JO2-62-6,JO2-71-6,JO4-71-6,JO4-72-6。

17. 6 极 54 槽双层叠式绕组 2 路并联接法(节距:$Y=1-9$)
(1)绕组展开图。U1—U2 绕组展开图和三相绕组展开图分别如图 2-3-17a、b 所示。
(2)圆形接线图。详见书中第三章图 3-3-2。
(3)节距。$Y=1$-9。
(4)适用电动机型号。
Y2 系列:Y2-180L-6,Y2-200L1-6,Y2-200L2-6,Y2-225M-6。
Y2-E 系列:Y2-180L-6E,Y2-200L1-6E,Y2-200L2-6E,Y2-225M-6E。
Y 系列:Y180L-6,Y200L1-6,Y200L2-6,Y225M-6。
YR 系列(定子绕组):YR-180L-6,YR-200L1-6,YR-225M1-6,YR-225M2-6。
JO4 系列:JO4-73-6。
JO2 系列:JO2-72-6。

18. 6 极 54 槽双层叠式绕组 3 路接法(节距:$Y=1-9$)
(1)绕组展开图。U1—U2 绕组展开图和三相绕组展开图分别如图 2-3-18a、b 所示。
(2)圆形接线图。详见书中第三章图 3-3-3。
(3)节距。$y=8$ 或 $Y=1-9$。
(4)适用电动机型号。YX-180L-6,JO3-225-6,JO2L-225-6。

19. 6 极 60 槽(分数槽)双层叠式绕组 1 路接法
(1)绕组展开图。U1—U2 绕组展开图和三相绕组展开图分别如图 2-3-19a、b 所示。
(2)圆形接线图。详见书中第三章图 3-3-1。
(3)节距。$y=9$ 或 $Y=1-10$。

20. 6 极 60 槽(分数槽)双层叠式绕组 2 路接法
(1)绕组展开图。U1—U2 绕组展开图和三相绕组展开图分别如图 2-3-20a、b 所示。
(2)圆形接线图。详见书中第三章图 3-3-2。
(3)节距。$y=9$ 或 $Y=1-10$。

21. 6 极 72 槽双层叠式绕组 3 路接法(节距:$Y=1-11$)
(1)绕组展开图。U1—U2 绕组展开图和三相绕组展开图分别如图 2-3-21a、b 所示。

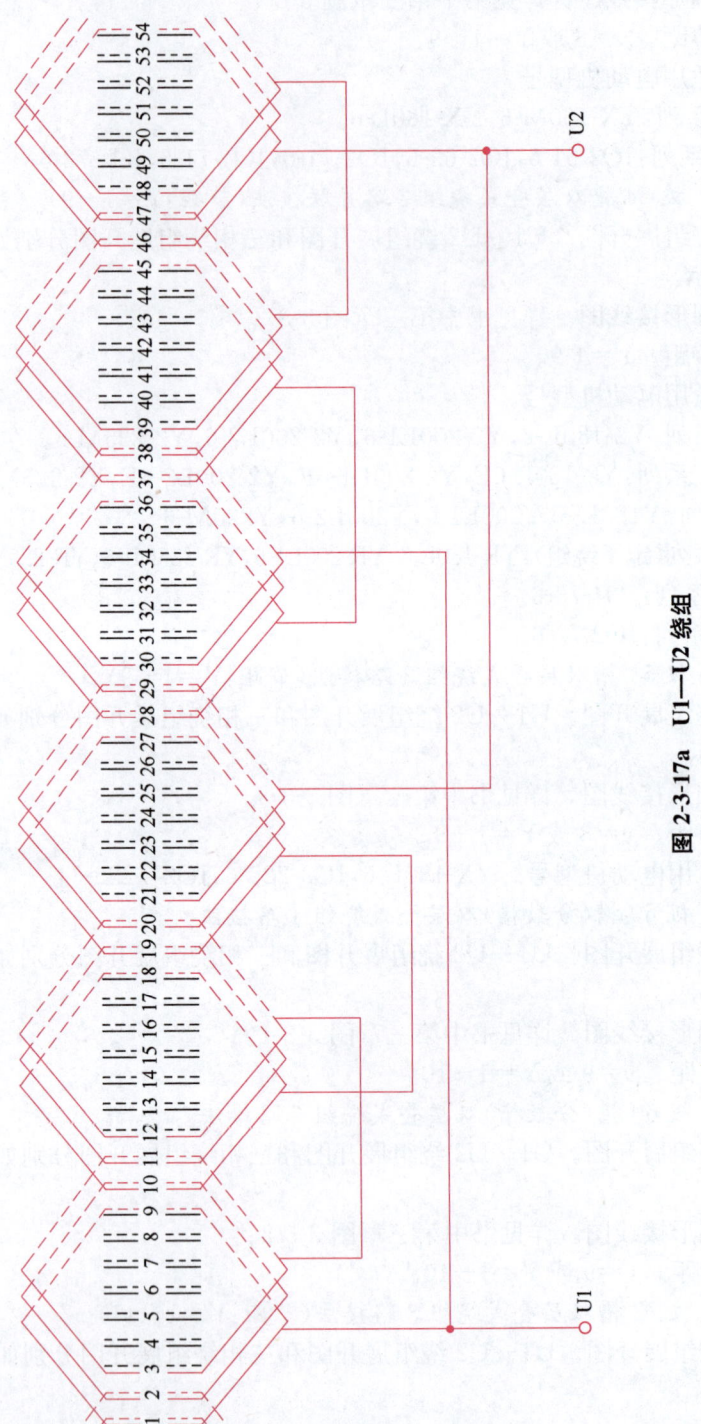

图 2-3-17a U1—U2 绕组

第三节 6极电动机绕组展开图

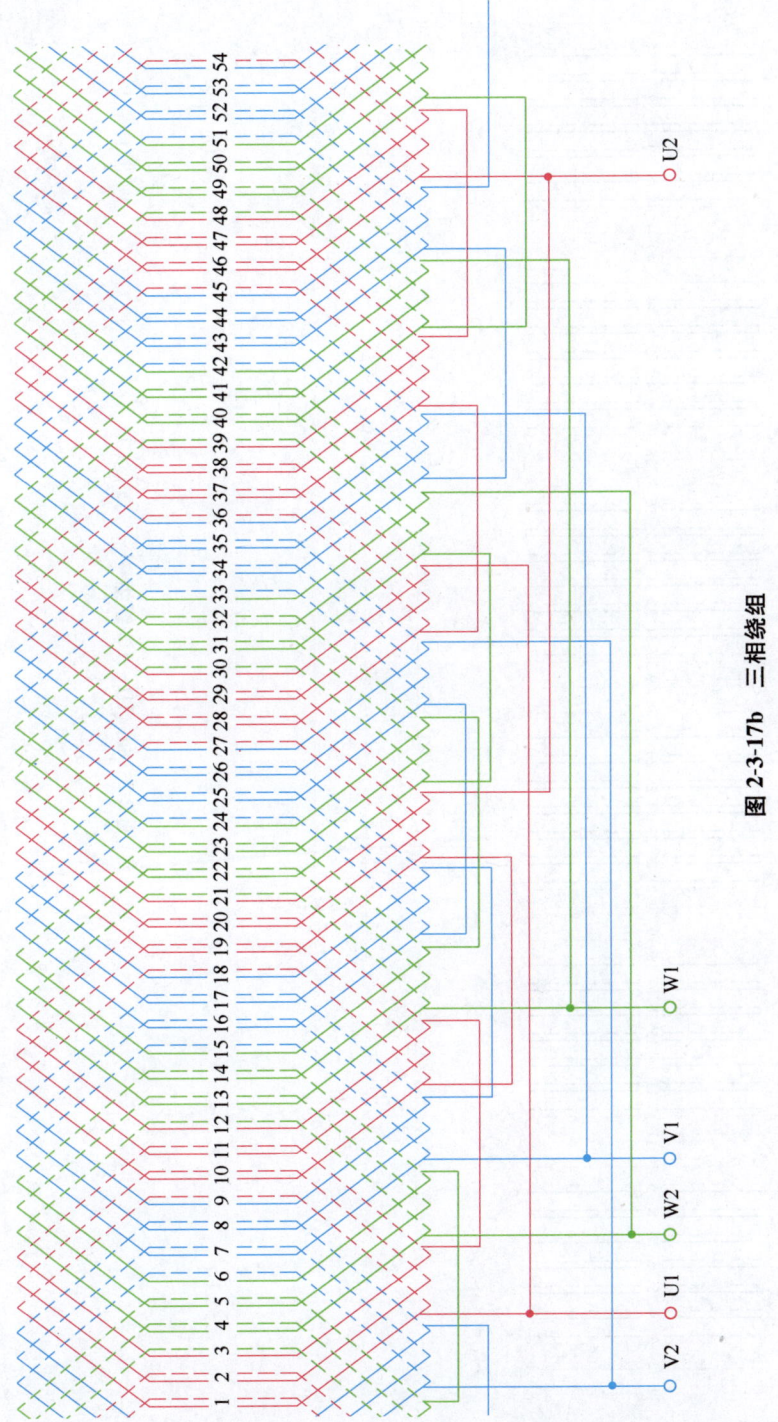

图 2-3-17b 三相绕组

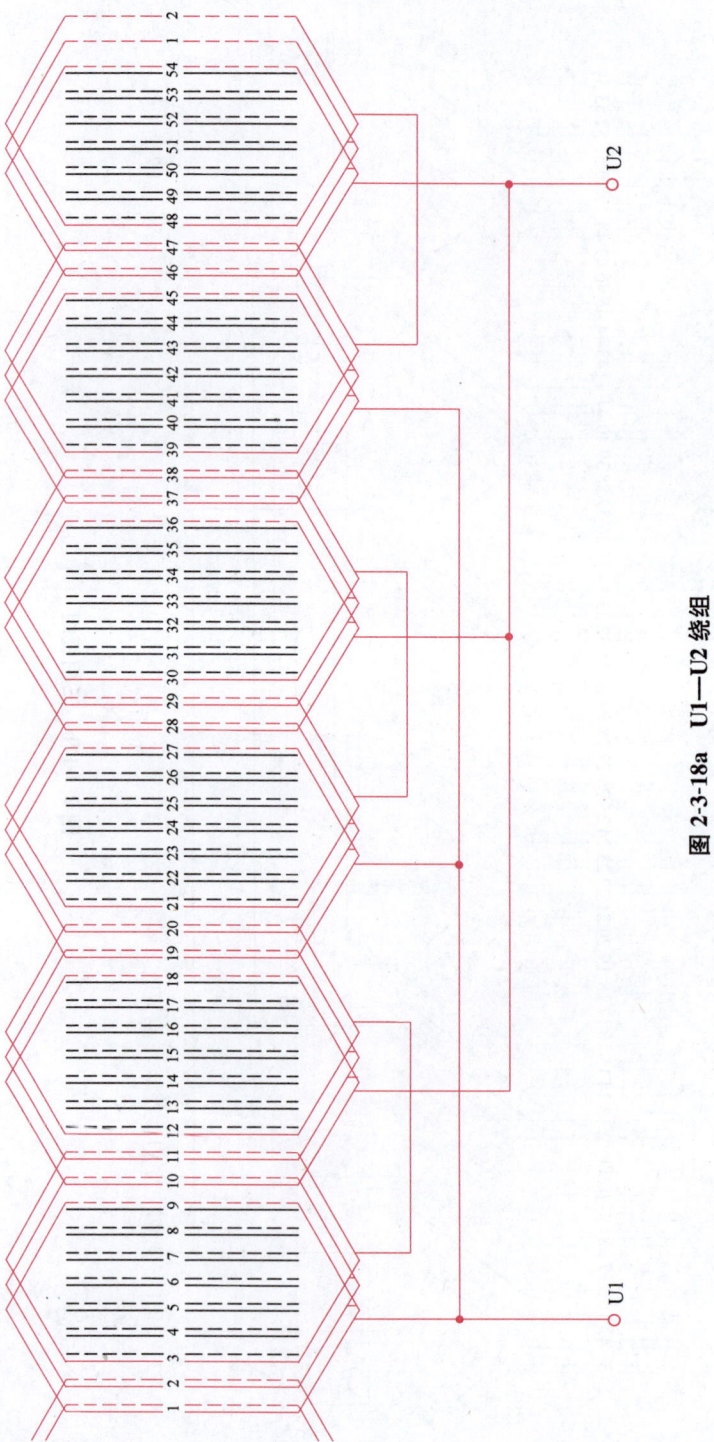

图 2-3-18a U1—U2 绕组

第三节 6极电动机绕组展开图

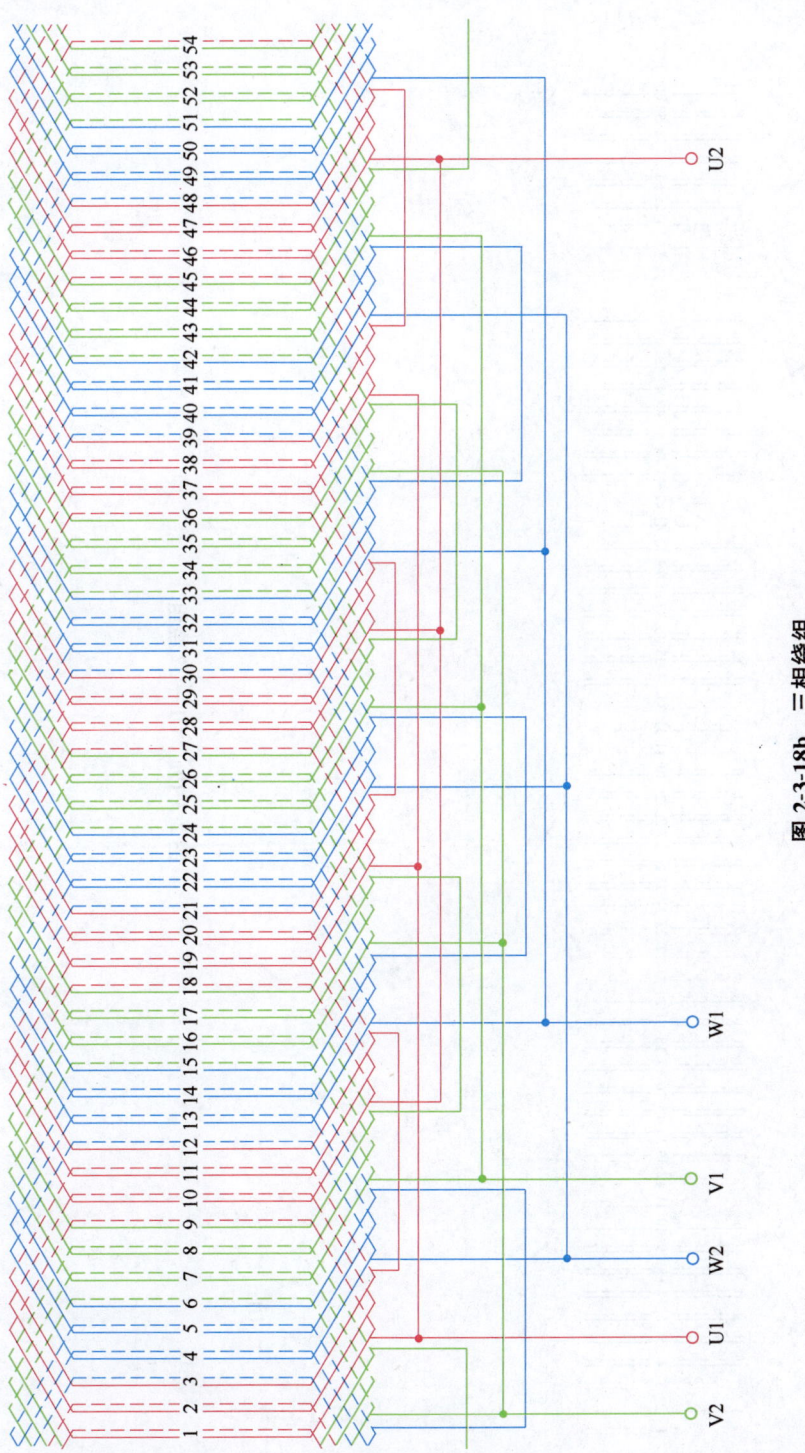

图 2-3-18b 三相绕组

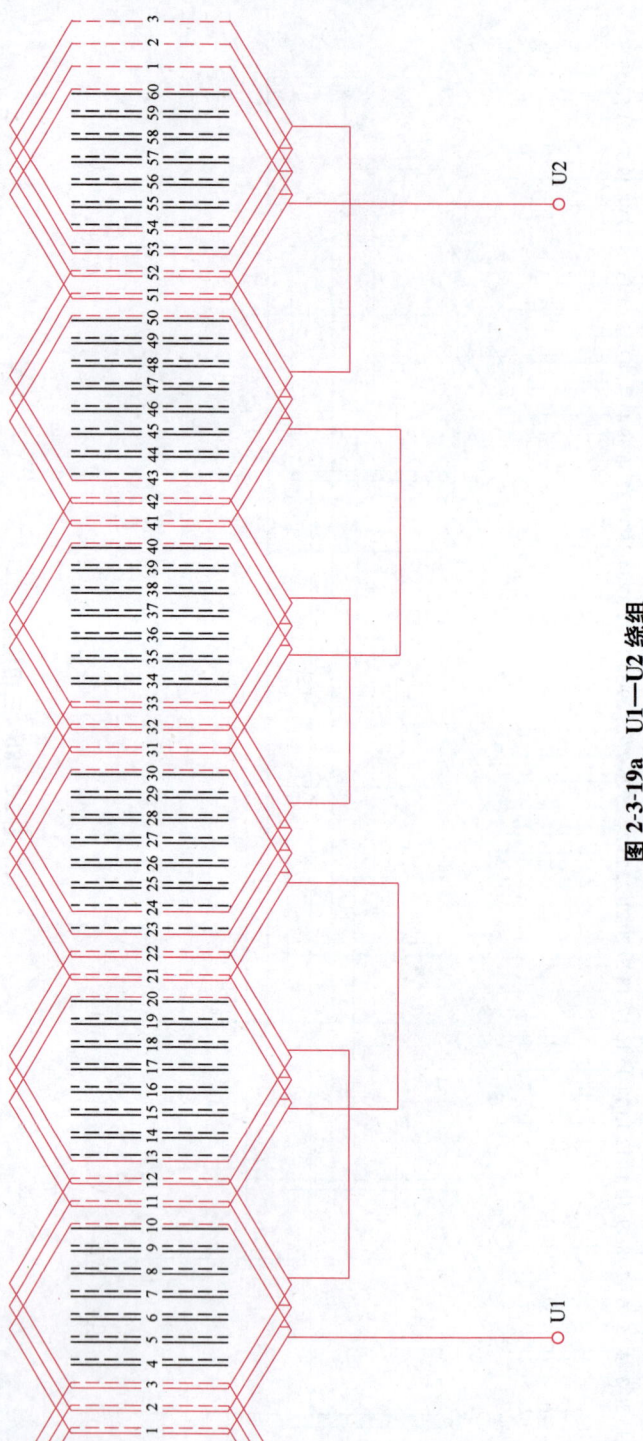

图 2-3-19a U1—U2 绕组

第三节 6极电动机绕组展开图

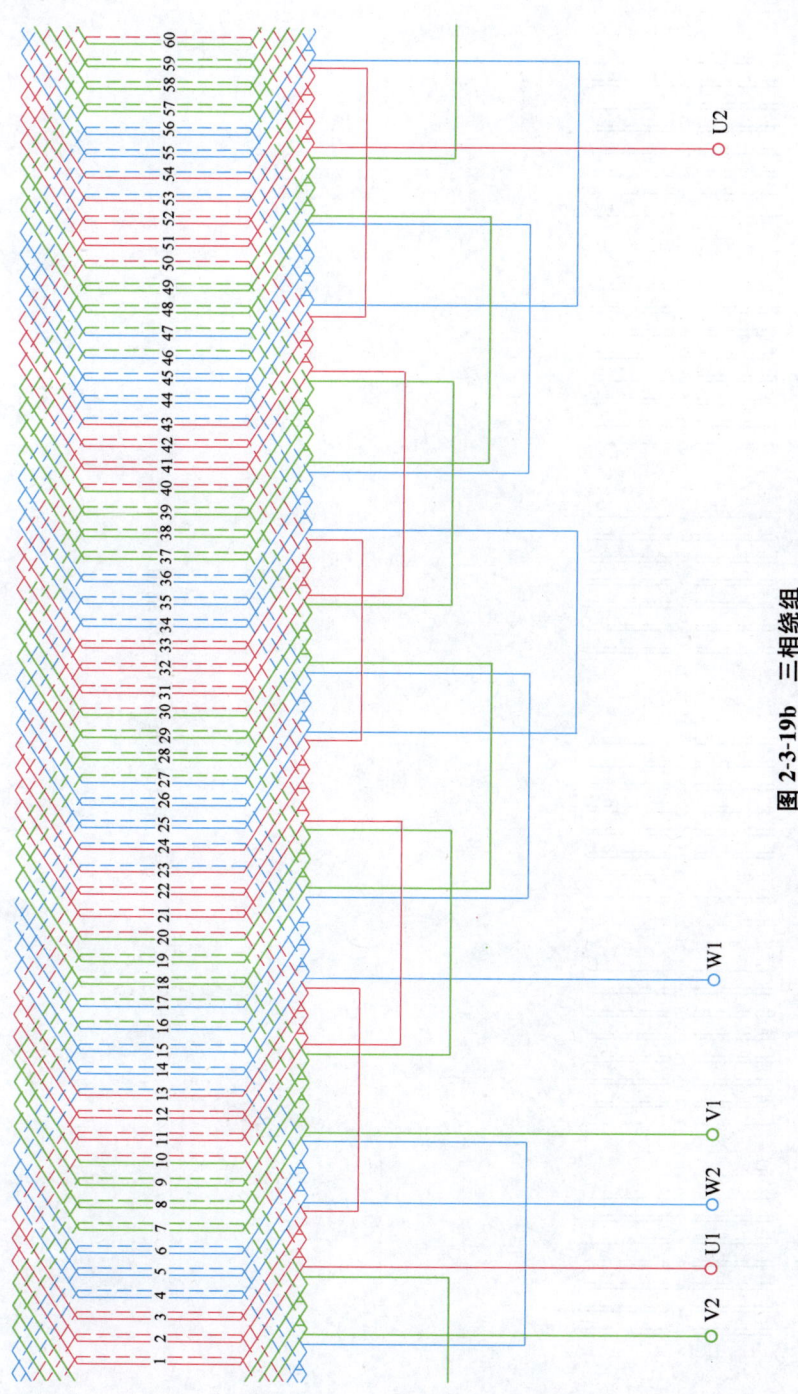

图2-3-19b 三相绕组

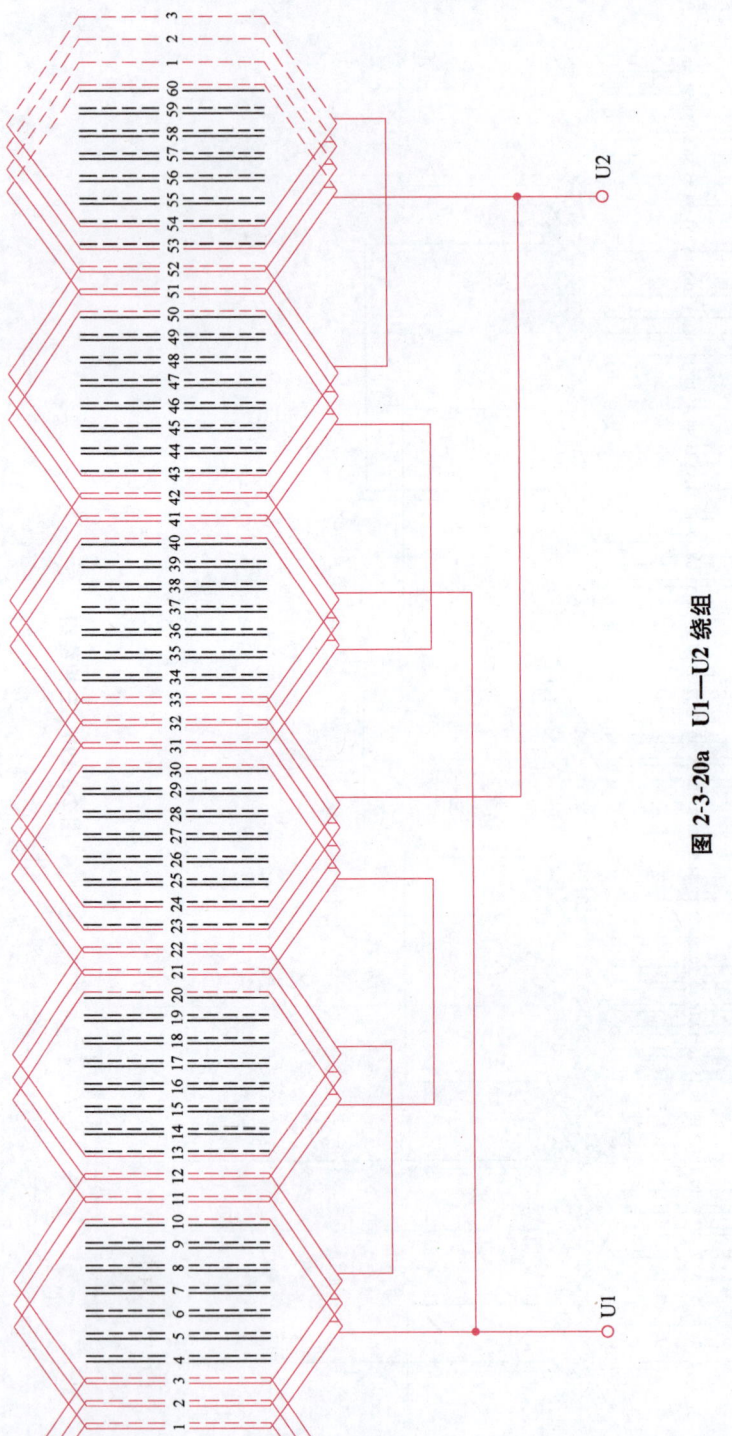

图 2-3-20a U1—U2 绕组

第三节 6极电动机绕组展开图

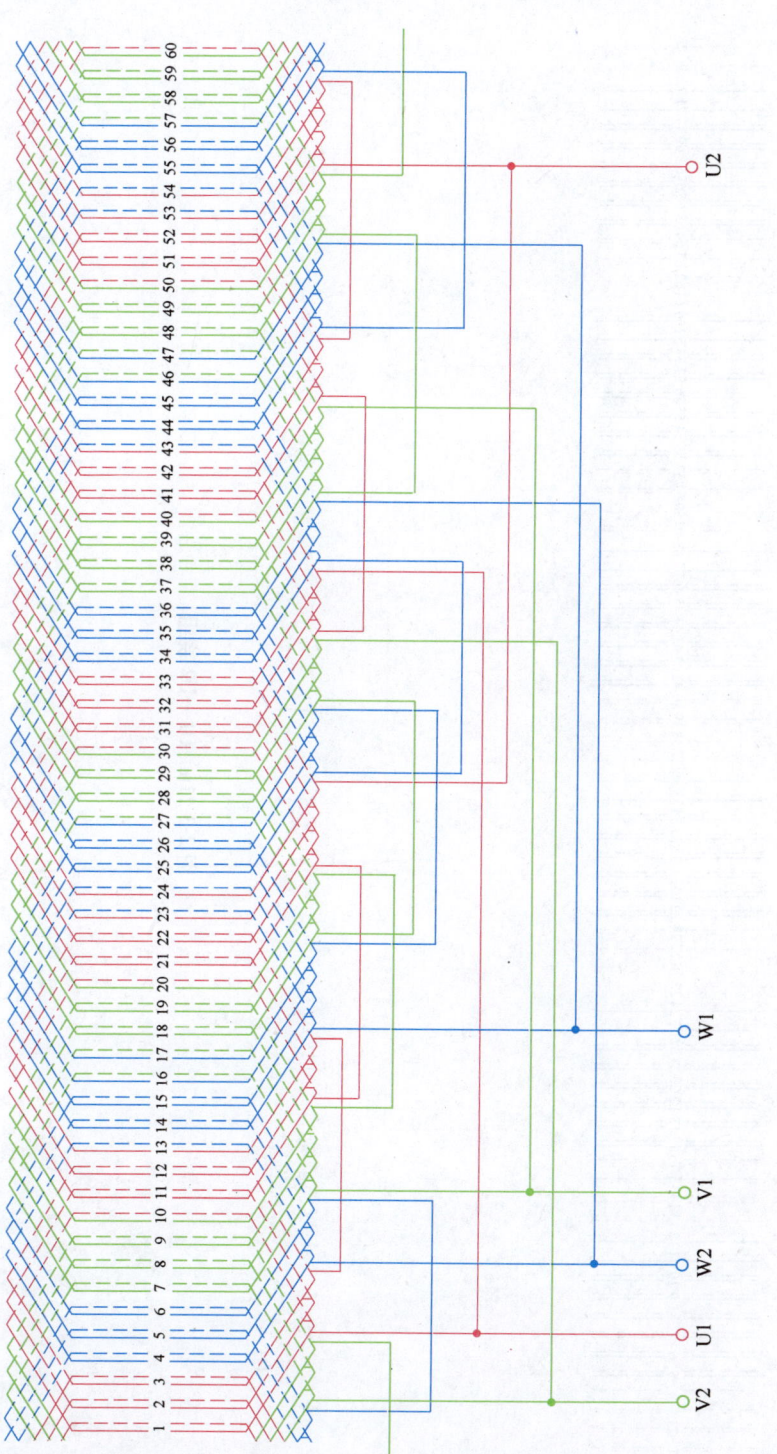

图 2-3-20b 三相绕组

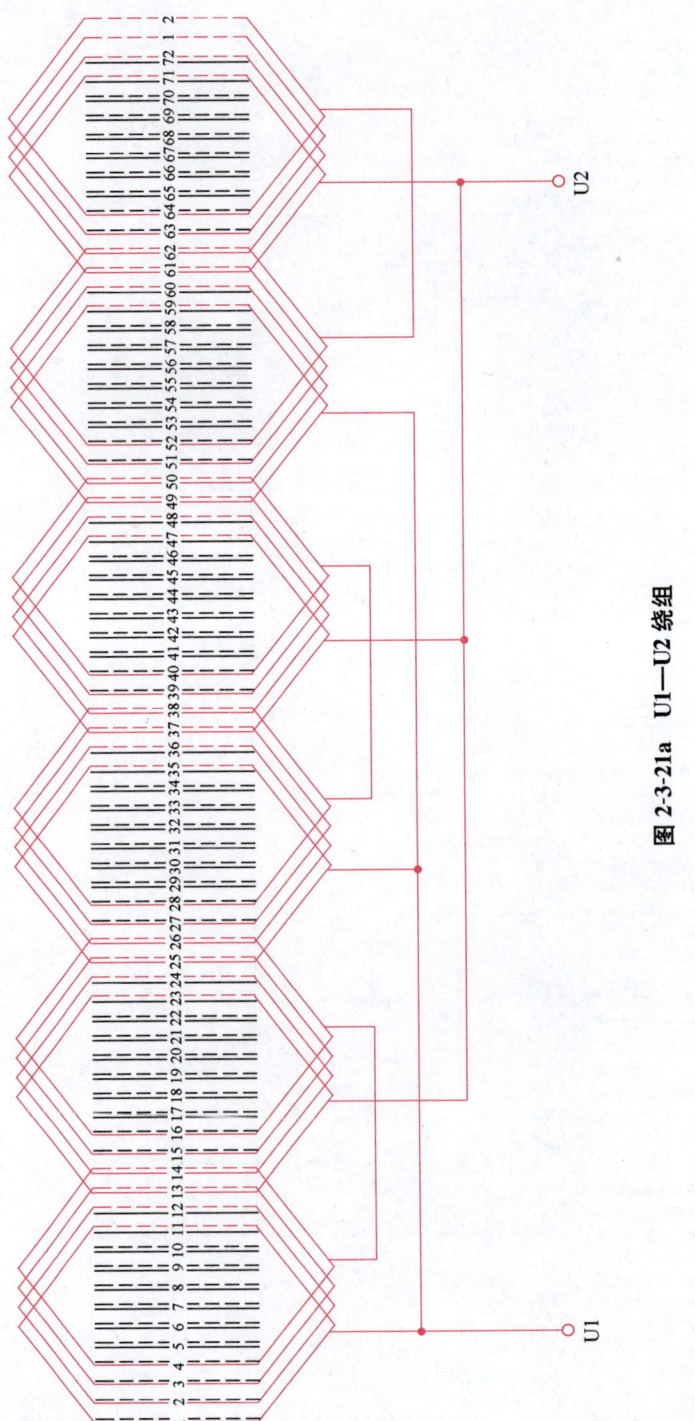

图 2-3-21a U1—U2 绕组

第三节 6极电动机绕组展开图

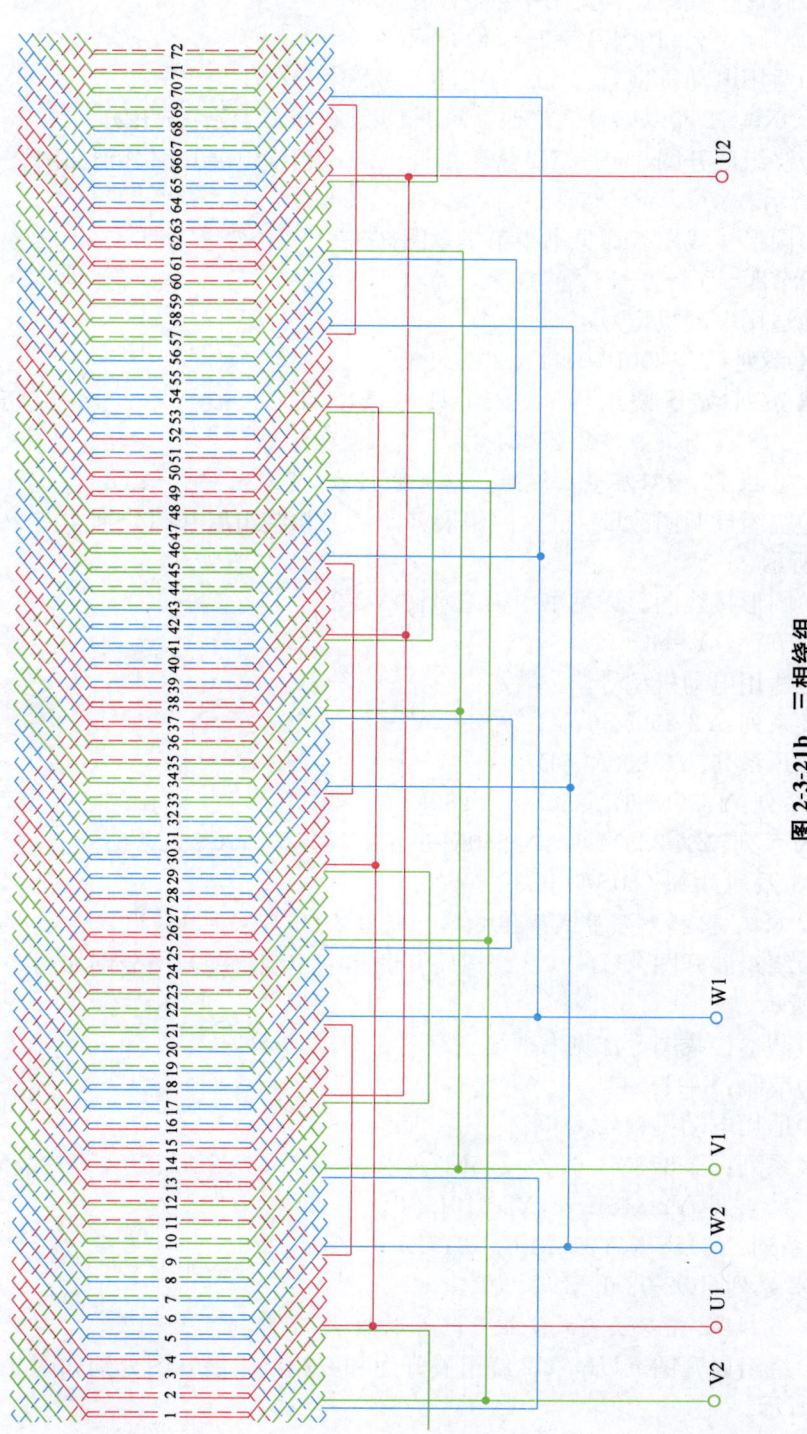

图 2-3-21b 三相绕组

(2)圆形接线图。详见书中第三章图 3-3-3。

(3)节距。$y=10$ 或 $Y=1-11$。

(4)适用电动机型号。JO2-81-6,JO2-82-6,JO2-91-6。

22. 6极72槽双层叠式绕组2路并联接法(节距:$Y=1-12$)

(1)绕组展开图。U1—U2绕组展开图和三相绕组展开图分别如图 2-3-22a、b 所示。

(2)圆形接线图。详见书中第三章图 3-3-2。

(3)节距。$Y=1-12$。

(4)适用电动机型号。

YX 系列:YX-200L1-6,YX-200L2-6。

YR 系列(定子绕组):YR-250M1-6,YR-250M2-6,YR-280S-6,YR-280M-6。

23. 6极72槽双层叠式绕组3路并联接法(节距:$Y=1-12$)

(1)绕组展开图。U1—U2绕组展开图和三相绕组展开图分别如图 2-3-23a、b 所示。

(2)圆形接线图。详见书中第三章图 3-3-3。

(3)节距。$Y=1-12$。

(4)适用电动机型号。

Y2 系列:Y2-250M-6,Y2-280S-6,Y2-280M-6。

Y2-E 系列:Y2-250M-6E。

Y 系列:Y250M-6,Y280S-6,Y280M-6。

YX 系列:YX-225M-6,YX-250M-6,YX-280S-6,YX-280M-6。

JO3 系列:JO3-250S-6,JO3-280S-6。

24. 6极72槽双层叠式绕组6路并联接法(节距:$Y=1-11$)

(1)绕组展开图。U1—U2绕组展开图和三相绕组展开图分别如图 2-3-24a、b 所示。

(2)圆形接线图。详见书中第三章图 3-3-4。

(3)节距:$Y=1-11$。

(4)适用电动机型号。

Y2 系列:Y2-355M1-6,Y2-355M2-6,Y2-355L-6,Y2-315S-6,Y2-315M-6,Y2-315L1-6,Y2-315L2-6。

Y 系列:Y315S-6,Y315M-6,Y315L1-6,Y315L2-6。

JO2 系列:JO2-92-6。

25. 6极72槽双层叠式绕组6路并联接法(节距:$Y=1-12$)

(1)绕组展开图。U1—U2绕组展开图和三相绕组展开图分别如图 2-3-25a、b 所示。

第三节 6极电动机绕组展开图

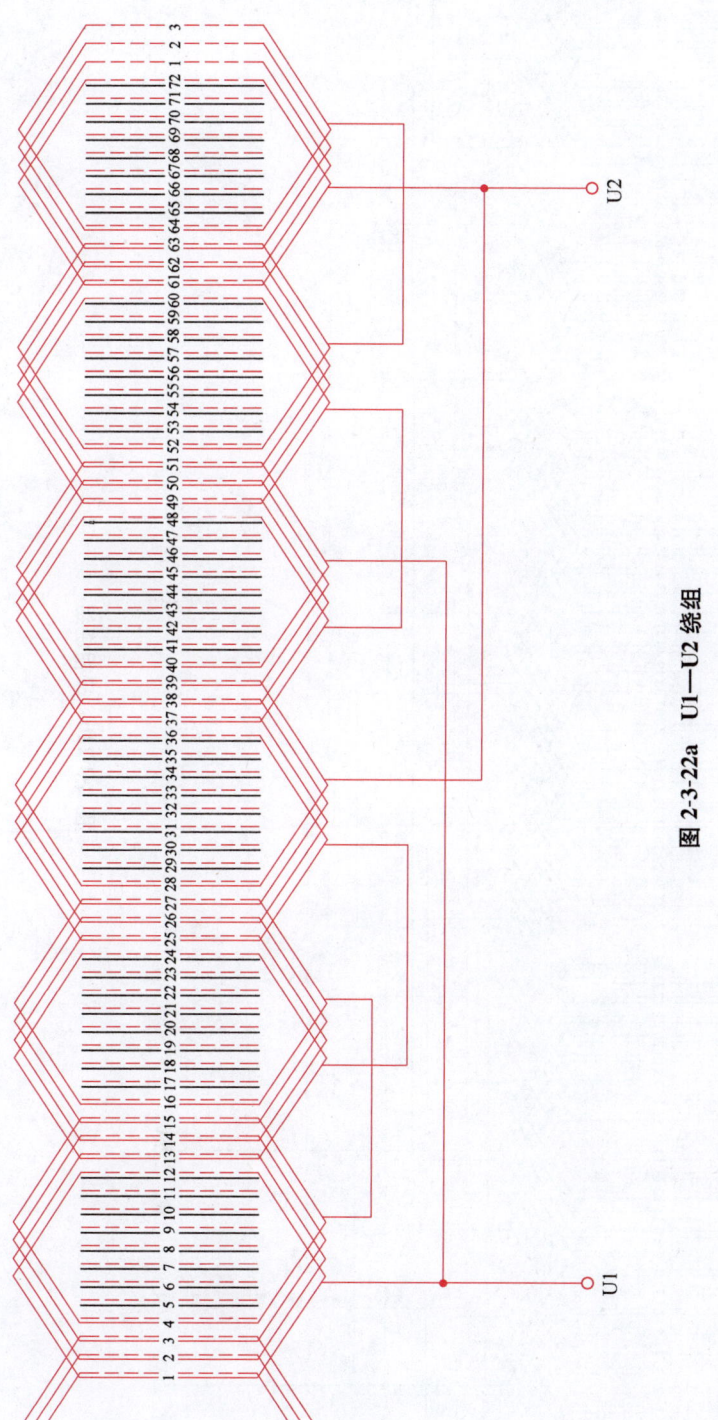

图 2-3-22a U1—U2 绕组

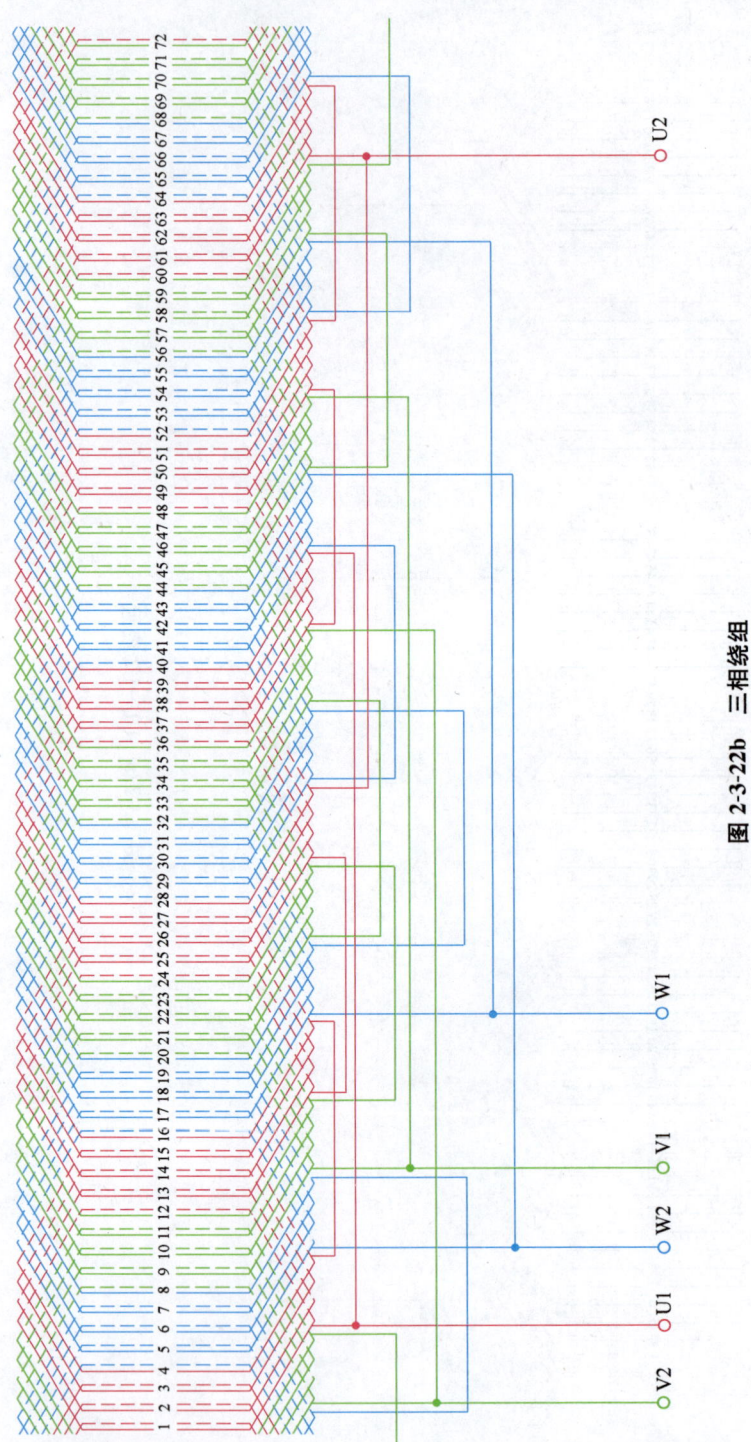

图 2-3-22b 三相绕组

第三节 6极电动机绕组展开图

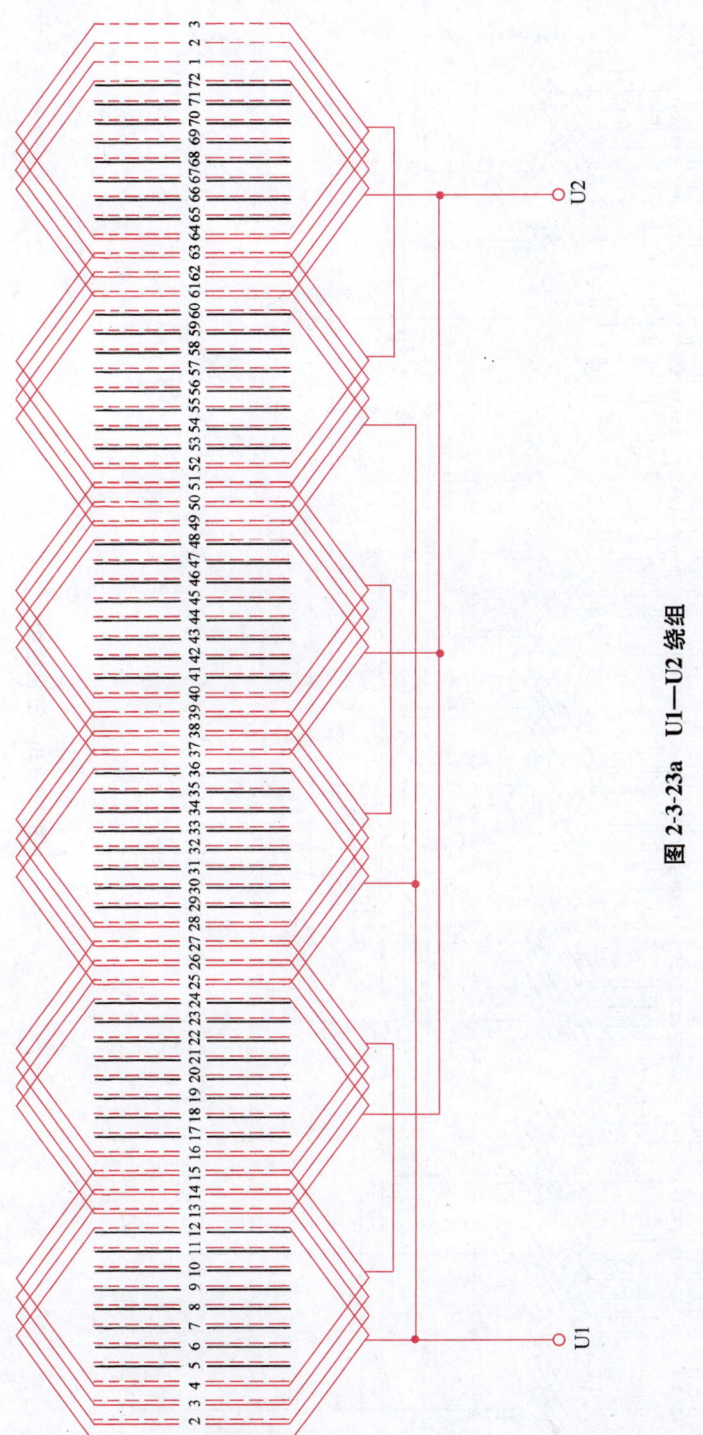

图 2-3-23a U1—U2 绕组

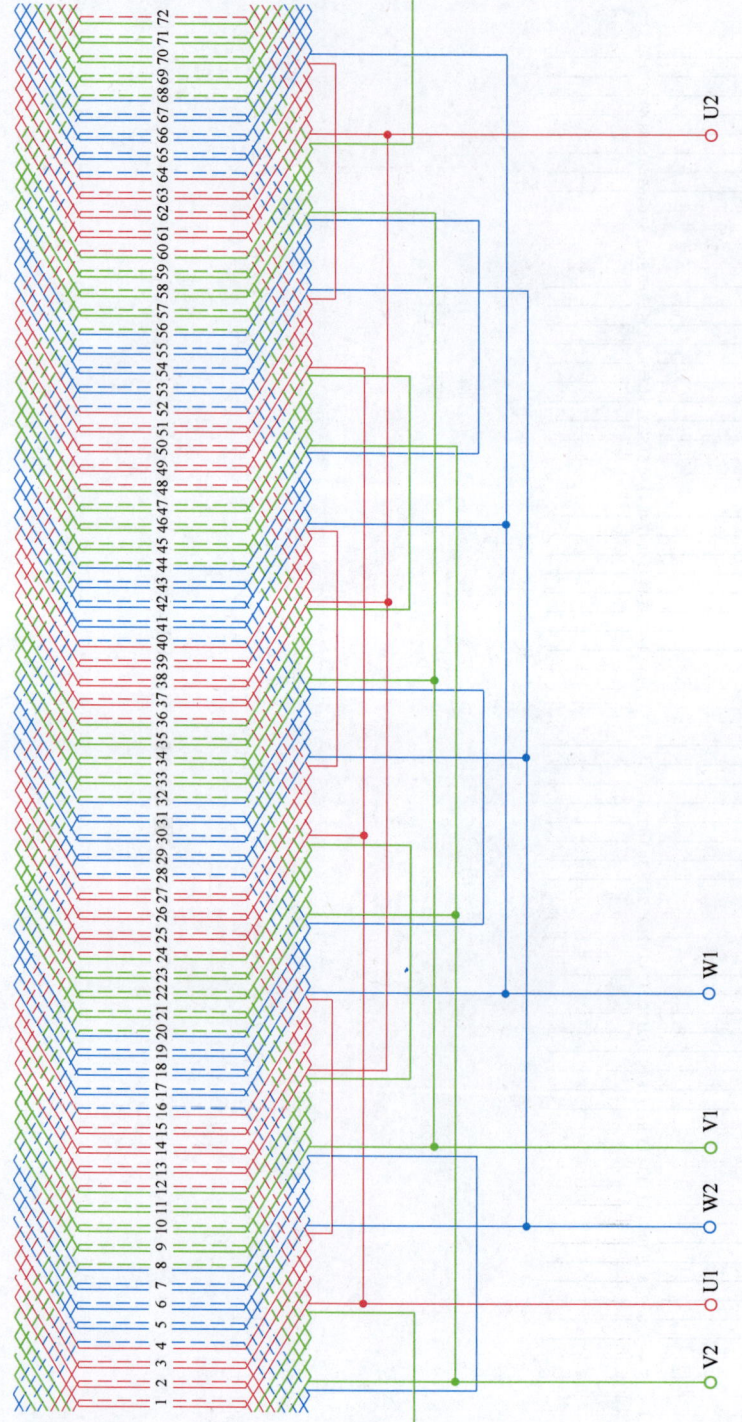

图 2-3-23b 三相绕组

第三节　6极电动机绕组展开图

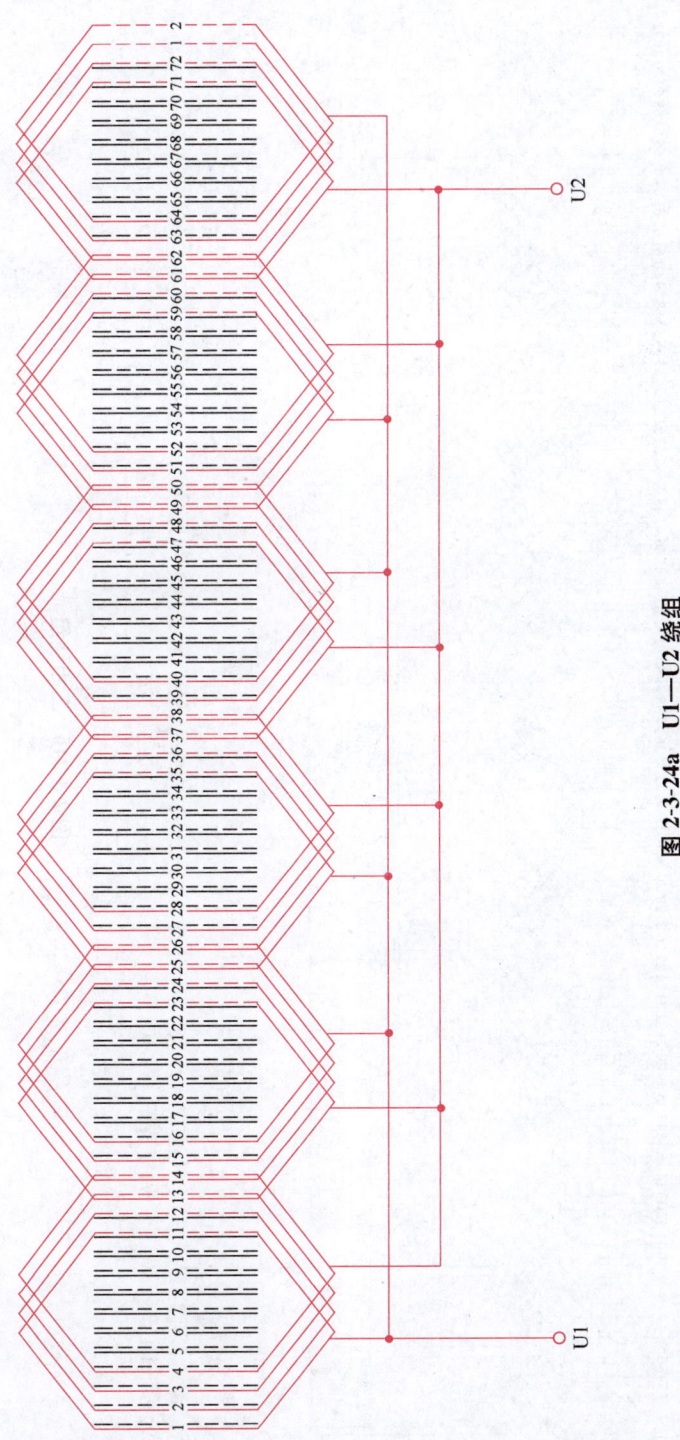

图 2-3-24a　U1—U2 绕组

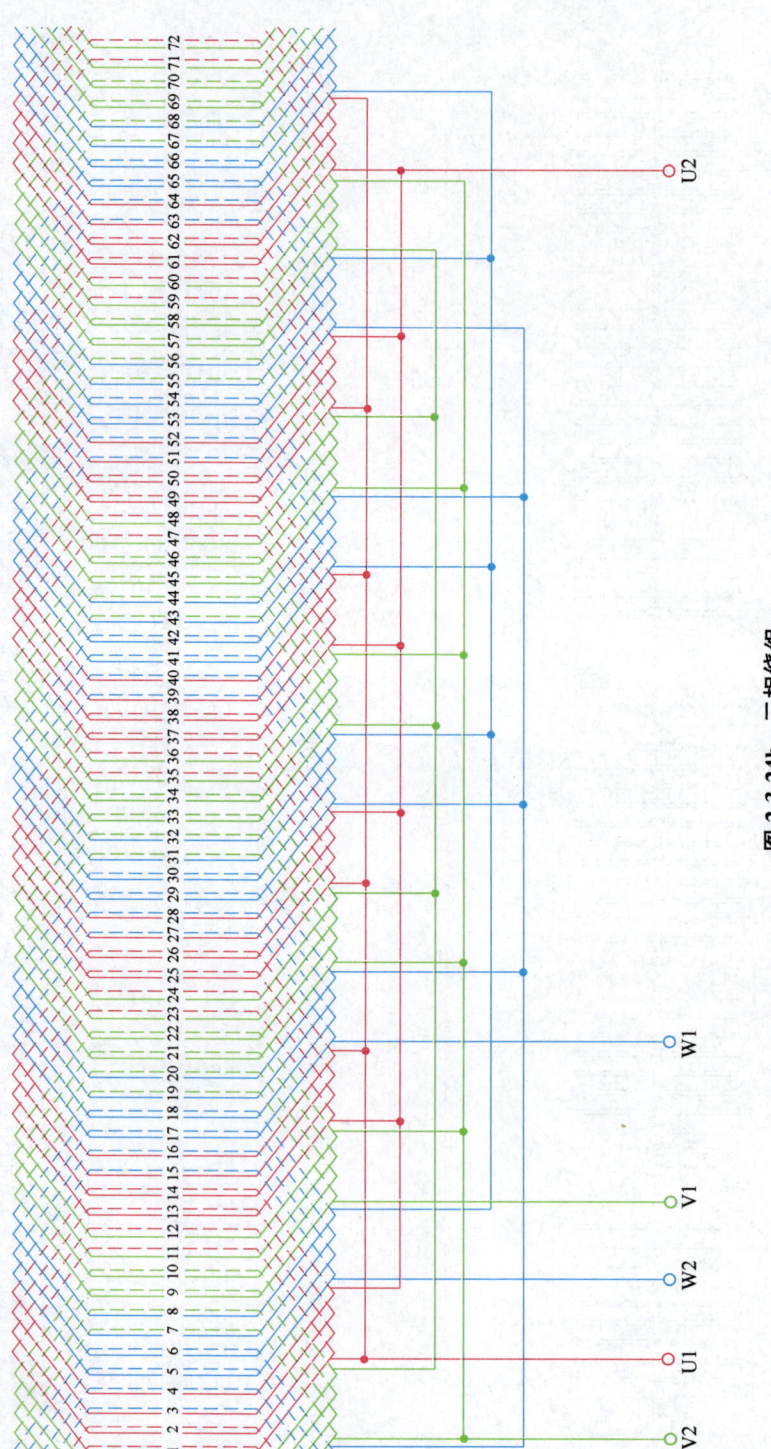

图 2-3-24b 三相绕组

第三节 6极电动机绕组展开图

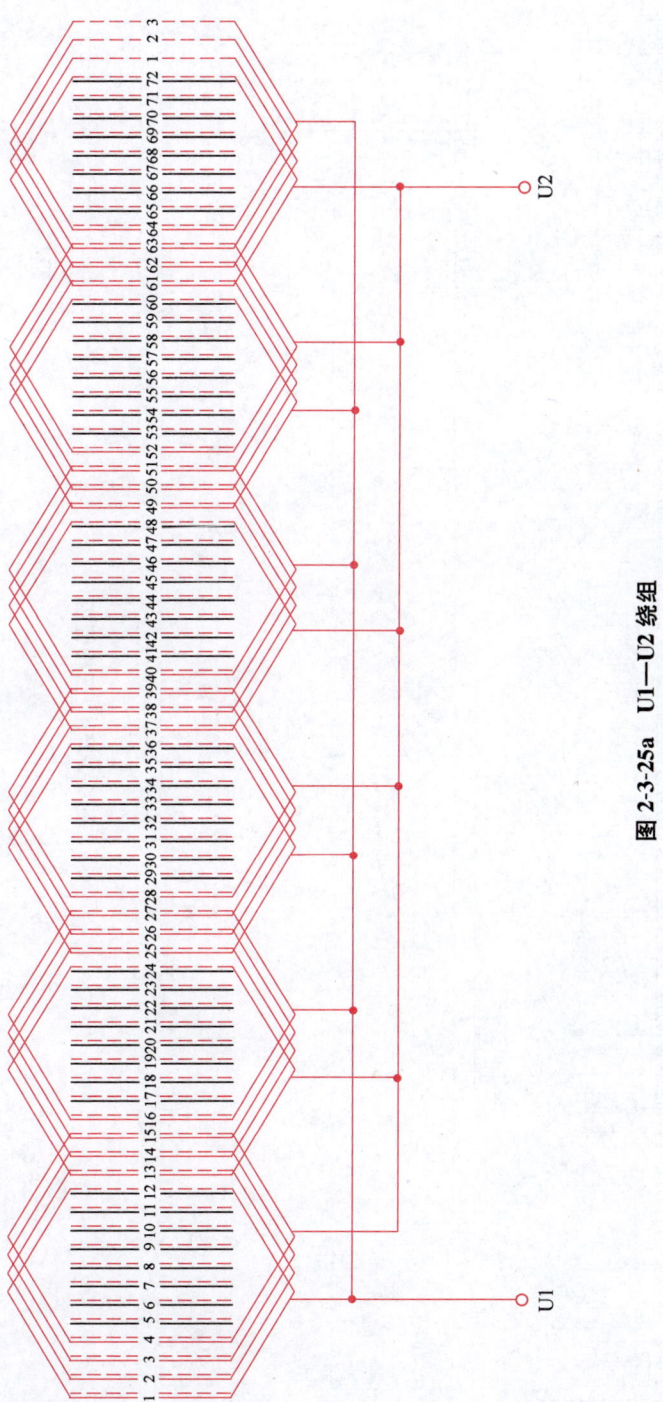

图 2-3-25a U1—U2 绕组

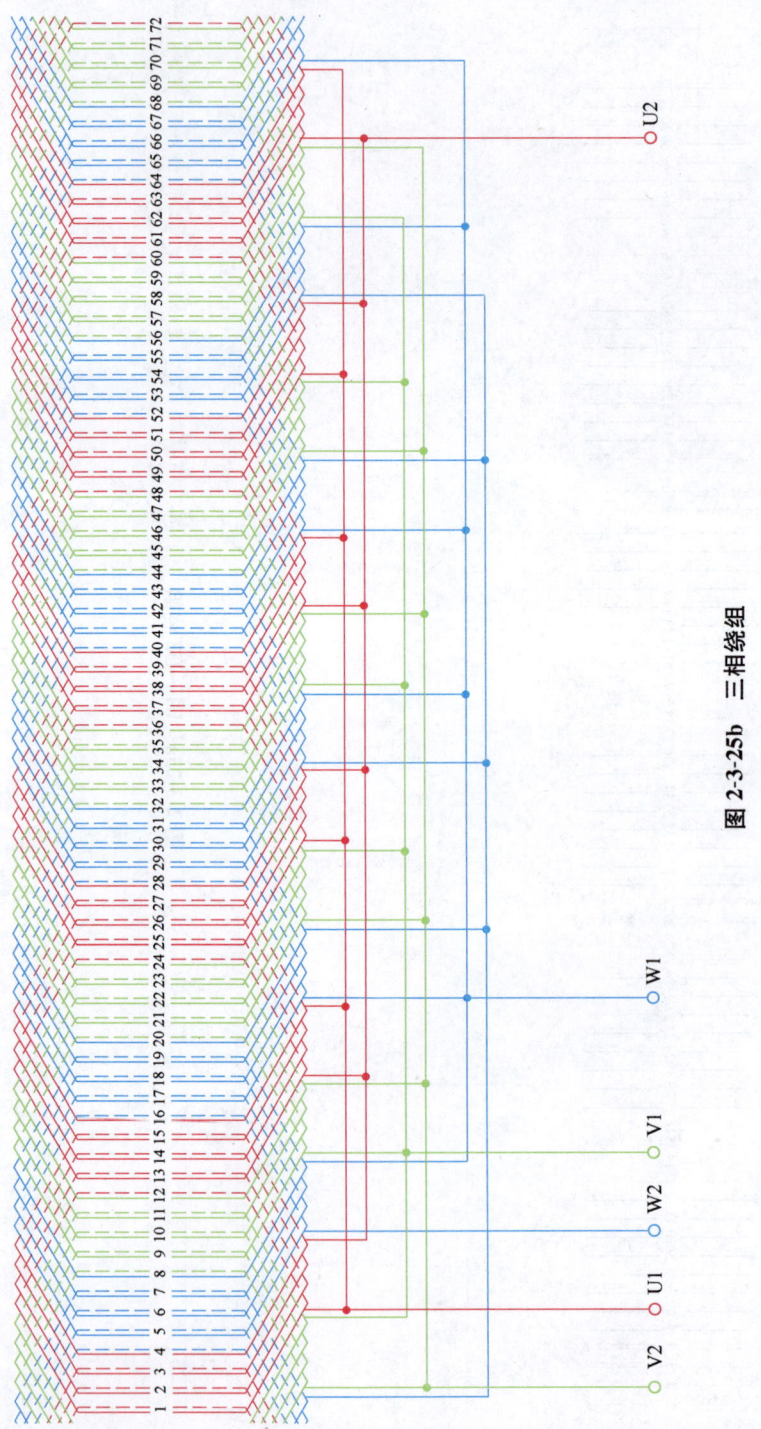

图 2-3-25b 三相绕组

(2)圆形接线图。详见书中第三章图 3-3-4。

(3)节距。$Y=1-12$。

(4)适用电动机型号。Y2-280S-6E,Y2-280M-6E。

第四节 8极电动机绕组展开图

1. 8极36槽单层交叉式绕组1路正串接法

(1)绕组展开图。U1—U2 绕组展开图和三相绕组展开图分别如图 2-4-1a、b 所示。

图 2-4-1a U1—U2 绕组

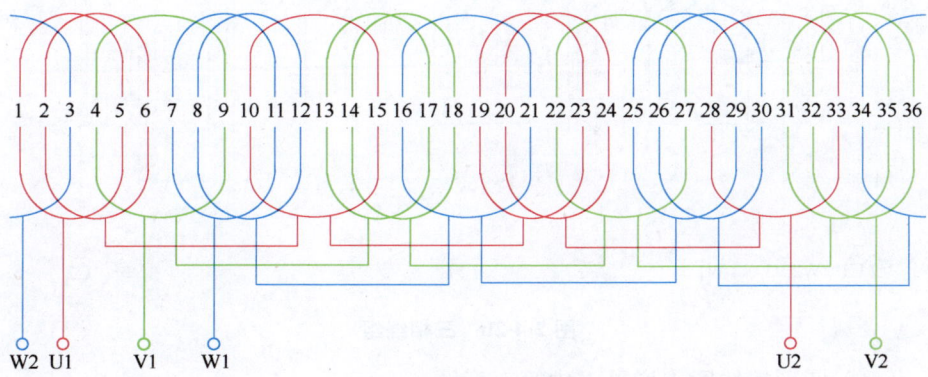

图 2-4-1b 三相绕组

(2)节距。$Y=1-5,2-6,10-15$。

(3)适用电动机型号:JG2-42-8。

2. 8极36槽(分数槽)双层叠式绕组1路接法(节距:$Y=1-5$)

(1)绕组展开图。U1—U2 绕组展开图和三相绕组展开图分别如图 2-4-2a、b 所示。

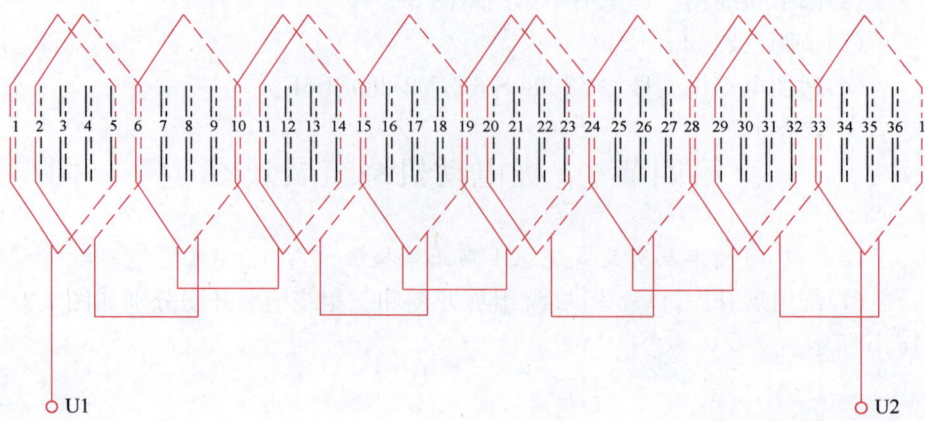

图 2-4-2a U1—U2 绕组

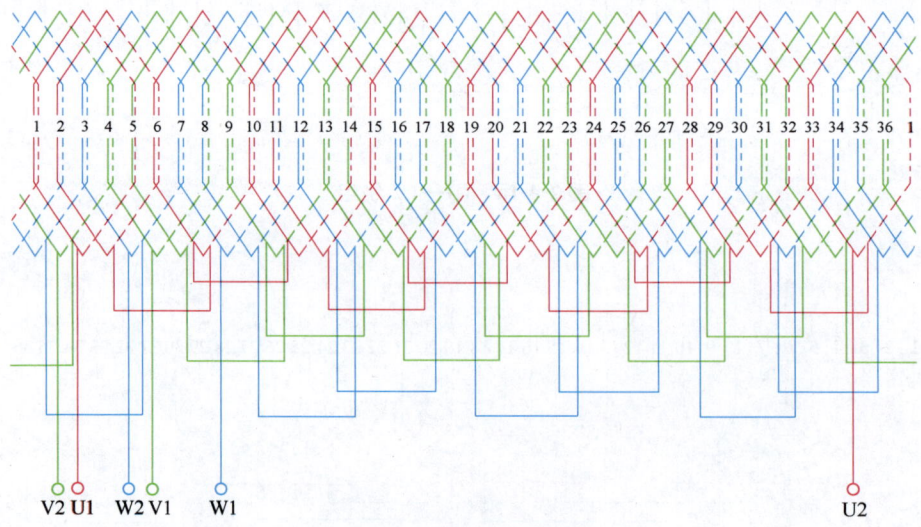

图 2-4-2b 三相绕组

(2)圆形接线图。详见书中第三章图 3-4-1。
(3)节距。$Y=1-5$。
(4)适用电动机型号。
Y2 系列:Y2-801-8,Y2-802-8,Y2-90S-8,Y2-90L-8。
YR 系列(转子绕组):YR-200L1-8,YR-225M1-8,YR-225M2-8。
JO3 系列:JO3-100S-8,JO3-100L-8,JO3T-90S-8。

3. 8极36槽(分数槽)双层叠式绕组2路接法(节距:$Y=1-5$)

(1)绕组展开图。U1—U2绕组展开图和三相绕组展开图分别如图2-4-3a、b所示。

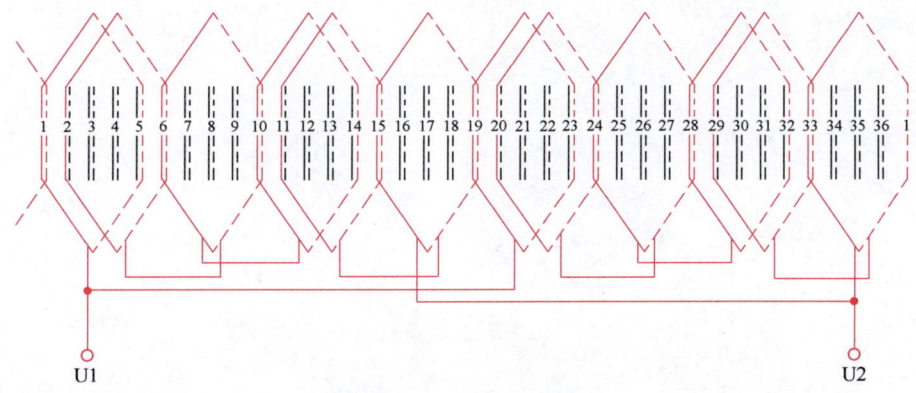

图 2-4-3a　U1—U2 绕组

(2)圆形接线图。详见书中第三章图3-4-2。

(3)节距。$Y=1-5$。

(4)适用电动机型号。用于YR-160M-8，YR-160L-8，YR-180L-8，YR-200L1-8，YR-225M1-8，YR-225M2-8型以及YRZ-160L-8型绕线式电动机转子绕组。

4. 8极45槽(分数槽)双层叠式绕组1路接法(节距:$Y=1-6$)

(1)绕组展开图。U1—U2绕组展开图和三相绕组展开图分别如图2-4-4a、b所示。

(2)圆形接线图。详见书中第三章图3-4-1。

(3)节距。$Y=1-6$。

(4)适用电动机型号。JG2-51-8型三相交流辊道电动机。

5. 8极48槽单层同心式绕组1路正串接法

(1)绕组展开图。U1—U2绕组展开图和三相绕组展开图分别如图2-4-5a、b所示。

(2)节距。$Y1=1-8$；$Y2=2-7$。

(3)适用电动机型号。JZR2-31-8型绕线式异步电动机的转子绕组。

6. 8极48槽单层链式绕组1路接法(节距:$Y=1-6$)

(1)绕组展开图。U1—U2绕组展开图和三相绕组展开图分别如图2-4-6a、b所示。

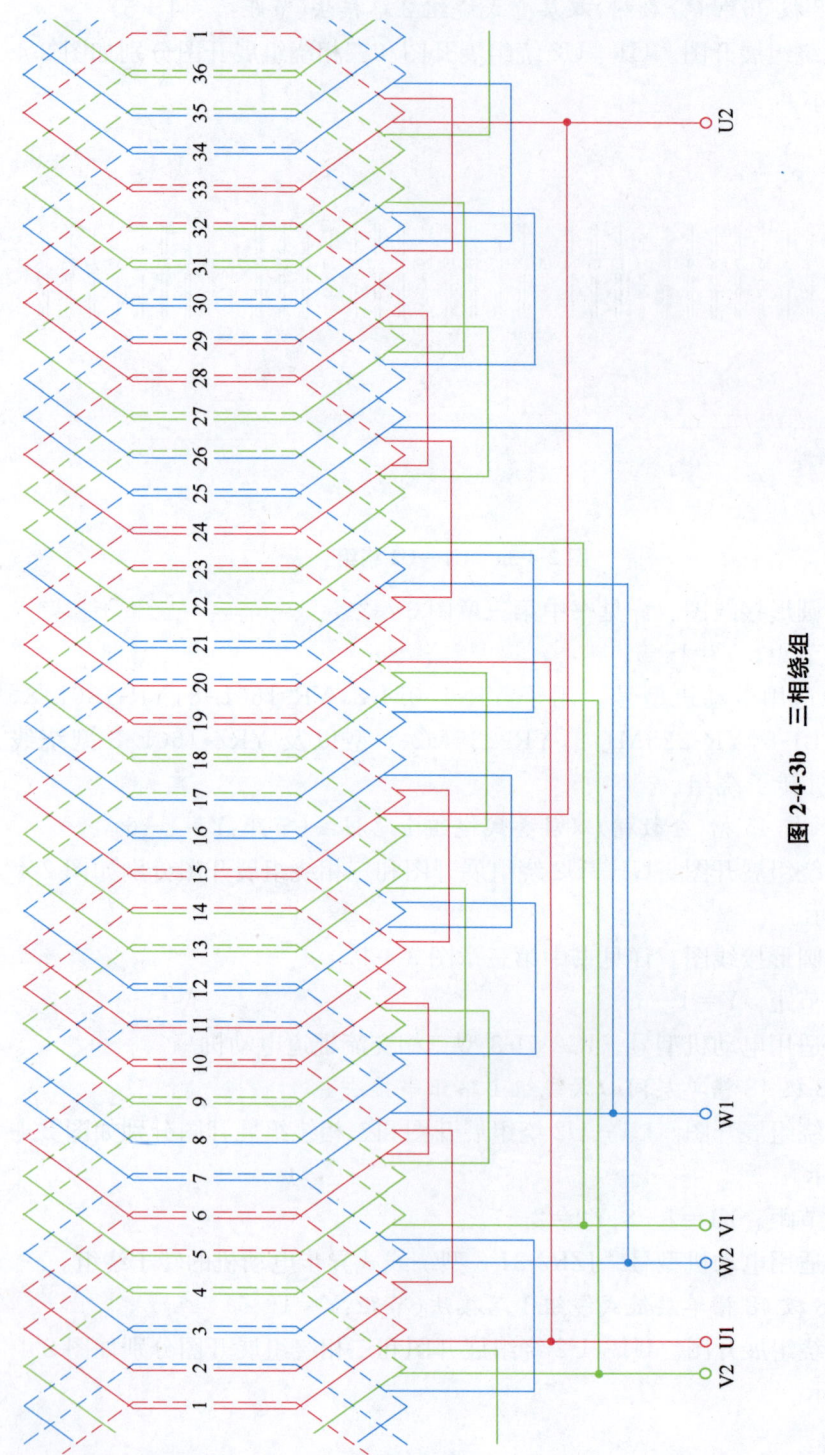

图 2-4-3b 三相绕组

第四节 8极电动机绕组展开图

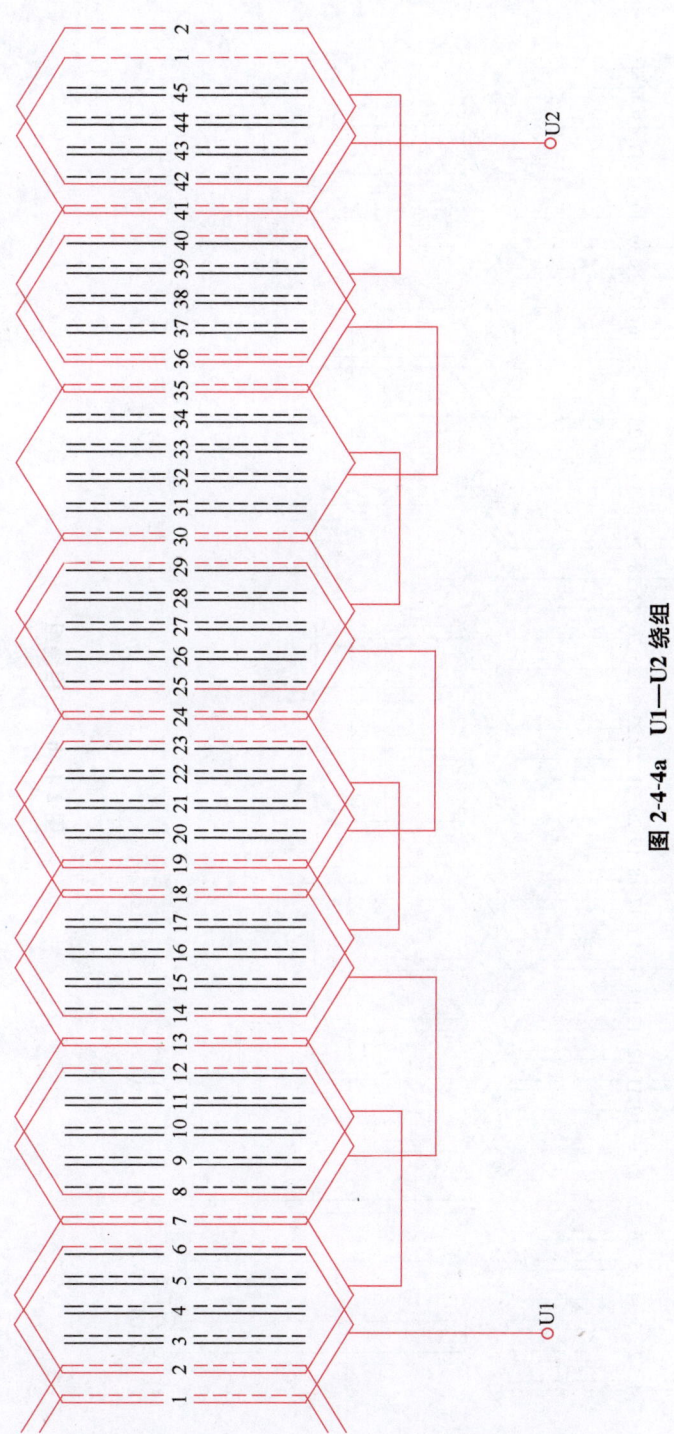

图 2-4-4a U1—U2 绕组

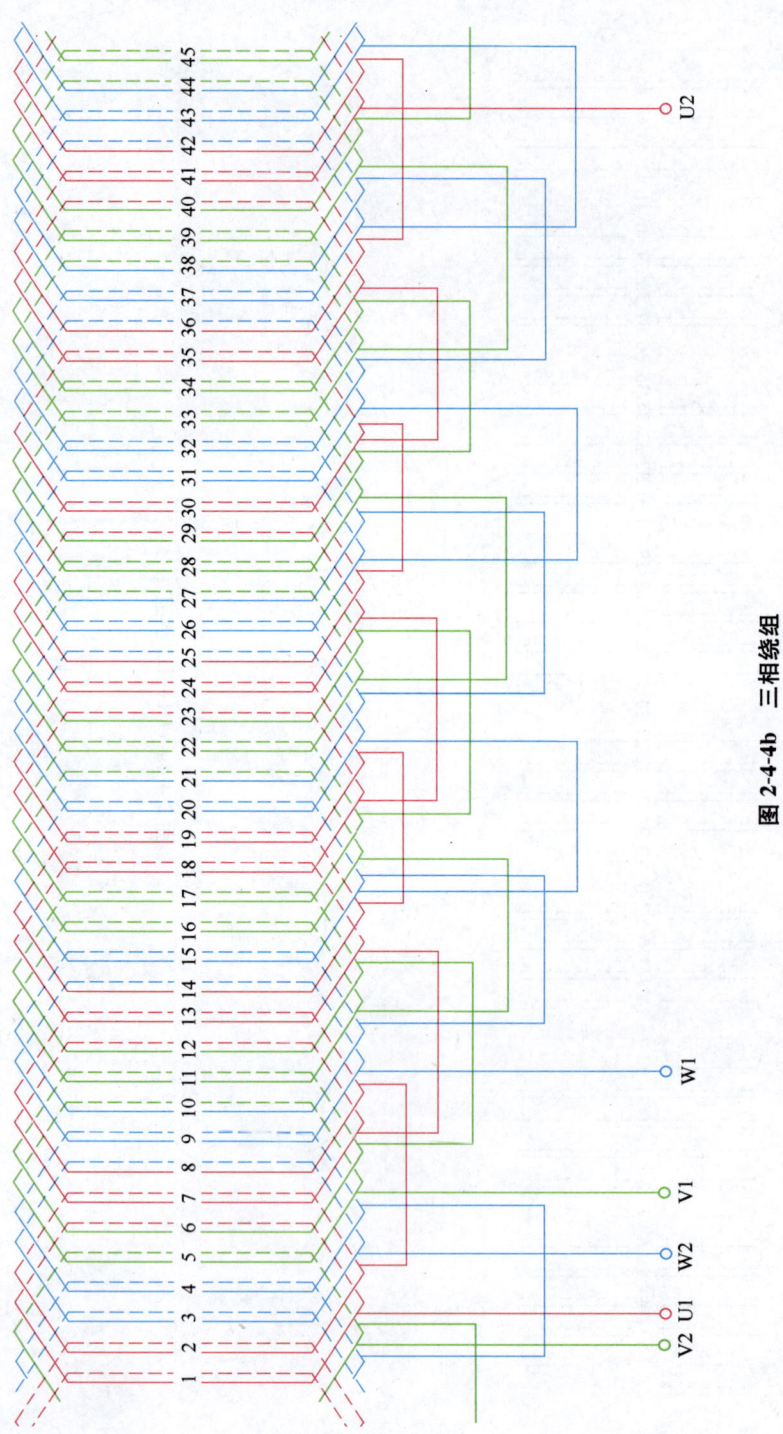

图 2-4-4b 三相绕组

第四节　8极电动机绕组展开图

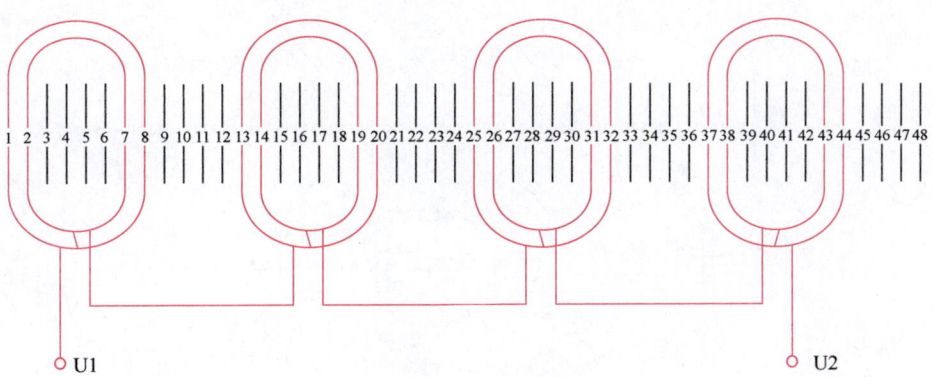

图 2-4-5a　U1—U2 绕组

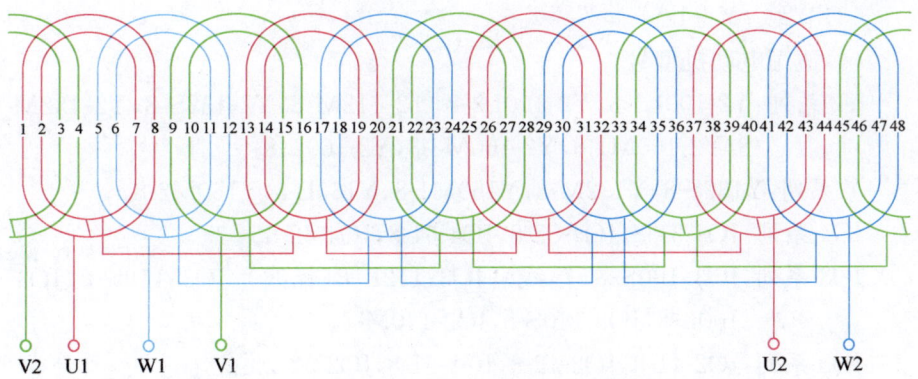

图 2-4-5b　三相绕组

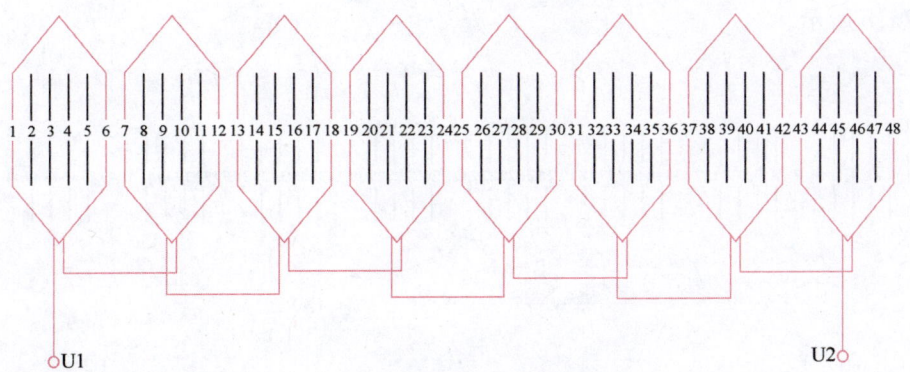

图 2-4-6a　U1—U2 绕组

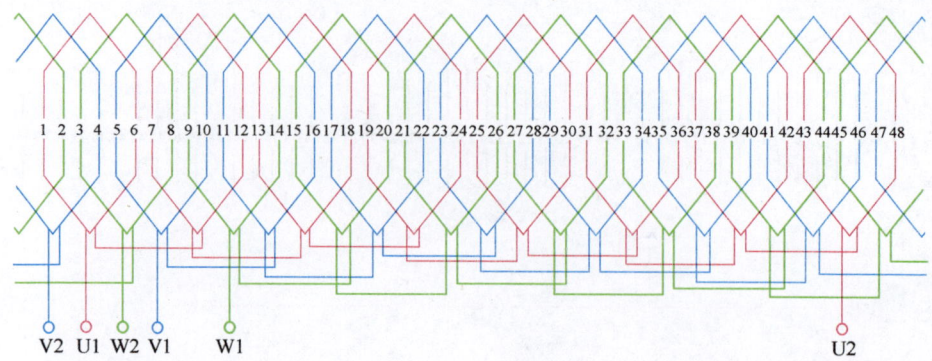

图 2-4-6b 三相绕组

(2)圆形接线图。详见书中第三章图 3-4-1。

(3)节距。$Y=1-6$。

(4)适用电动机型号。

Y2 系列:Y2-100L1-8,Y2-100L2-8,Y2-112M-8,Y2-132S-8,Y2-132M-8,Y2-160M1-8,Y2-160M2-8,Y2-160L-8。

Y 系列:Y132S-8,Y132M-8,Y160M1-8,Y160L-8,Y160M2-8。

JO4 系列:JO4-51-8,JO4-52-8,JO4-61-8,JO4-62-8。

JO3 系列:JO3-100S-8(铝线),JO3-112L-8(铝线),JO3-112S-8,JO3-100L-8,JO3-140S-8,JO3-140M-8。

JO2 系列:JO2-41-8,JO2-42-8,JO2-51-8,JO2-52-8。

7. 8 极 48 槽单层链式绕组 2 路并联接法(节距:$Y=1-6$)

(1)绕组展开图。U1—U2 绕组展开图和三相绕组展开图分别如图 2-4-7a、b 所示。

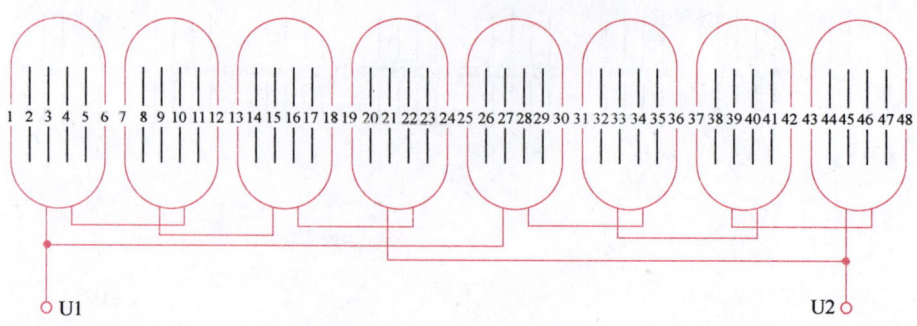

图 2-4-7a U1—U2 绕组

第四节　8极电动机绕组展开图

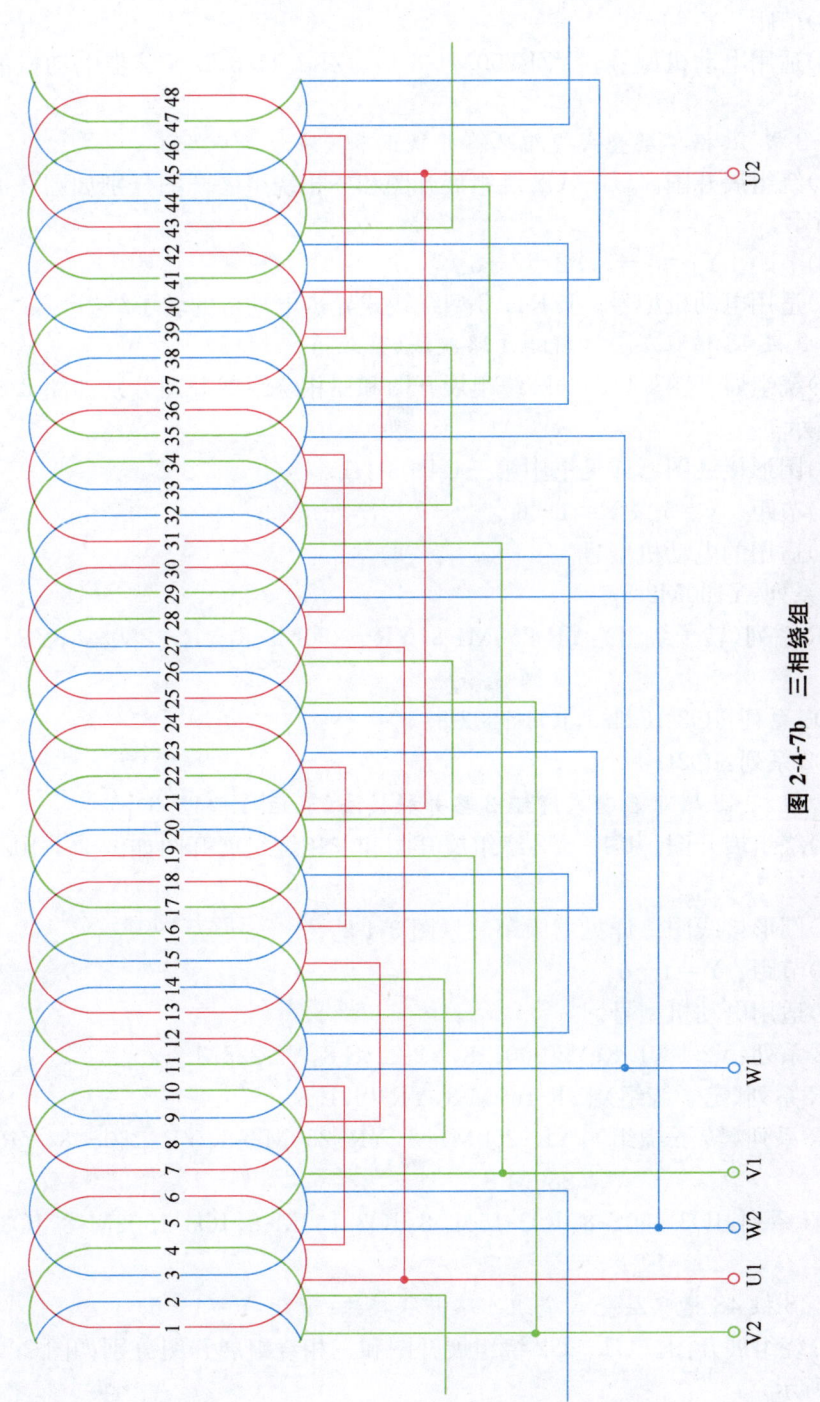

图 2-4-7b　三相绕组

(2)圆形接线图。详见书中第三章图 3-4-2。

(3)节距。$Y=1-6$。

(4)适用电动机型号。YZR250M1-8 型、JZR2-41-8 型等异步电动机的转子绕组。

8. 8 极 48 槽单层叠式绕组 2 路并联正串接法

(1)绕组展开图。U1—U2 绕组展开图和三相绕组展开图分别如图 2-4-8a、b 所示。

(2)节距。$Y1=1-7$；$Y2=2-8$。

(3)适用电动机型号。JZR41-8 型绕线式异步电动机的转子绕组。

9. 8 极 48 槽双层叠式绕组 1 路接法(节距：$Y=1-6$)

(1)绕组展开图。U1—U2 绕组展开图和三相绕组展开图分别如图 2-4-9a、b 所示。

(2)圆形接线图。详见书中第三章图 3-4-1。

(3)节距。$y=5$ 或 $Y=1-6$。

(4)适用的电动机型号。

Y 系列：Y160M2-8。

YR 系列(转子绕组)：YR-250M1-8，YR-250M2-8，YR-280S-8，YR-280M-8。

JO3 系列：JO3-1821-8，JO3-1802-8。

JO2 系列：JO2L-41-8。

10. 8 极 48 槽双层叠式绕组 2 路并联接法(节距：$Y=1-6$)

(1)绕组展开图。U1—U2 绕组展开图和三相绕组展开图如图 2-4-10a、b 所示。

(2)圆形接线图。详见书中第三章图 3-4-2。

(3)节距。$Y=1-6$。

(4)适用电动机型号。

Y2 系列：Y2-180L-8；Y2-200L-8，Y2-225S-8，Y2-225M-8。

YR 系列(定子绕组)：YR-160M-8，YR-160L-8。

YR 系列(转子绕组)：YR-250M1-8，YR-250M2-8，YR-280S-8，YR-280M-8。

JO3 系列：JO3-160S-8，JO3-160L-8，JO3-160M-8，JO3-1802M-8，JO3-200M-8。

11. 8 极 48 槽双层叠式绕组 4 路并联接法(节距：$Y=1-6$)

(1)绕组展开图。U1—U2 绕组展开图和三相绕组展开图分别如图 2-4-11a、b 所示。

第四节 8极电动机绕组展开图

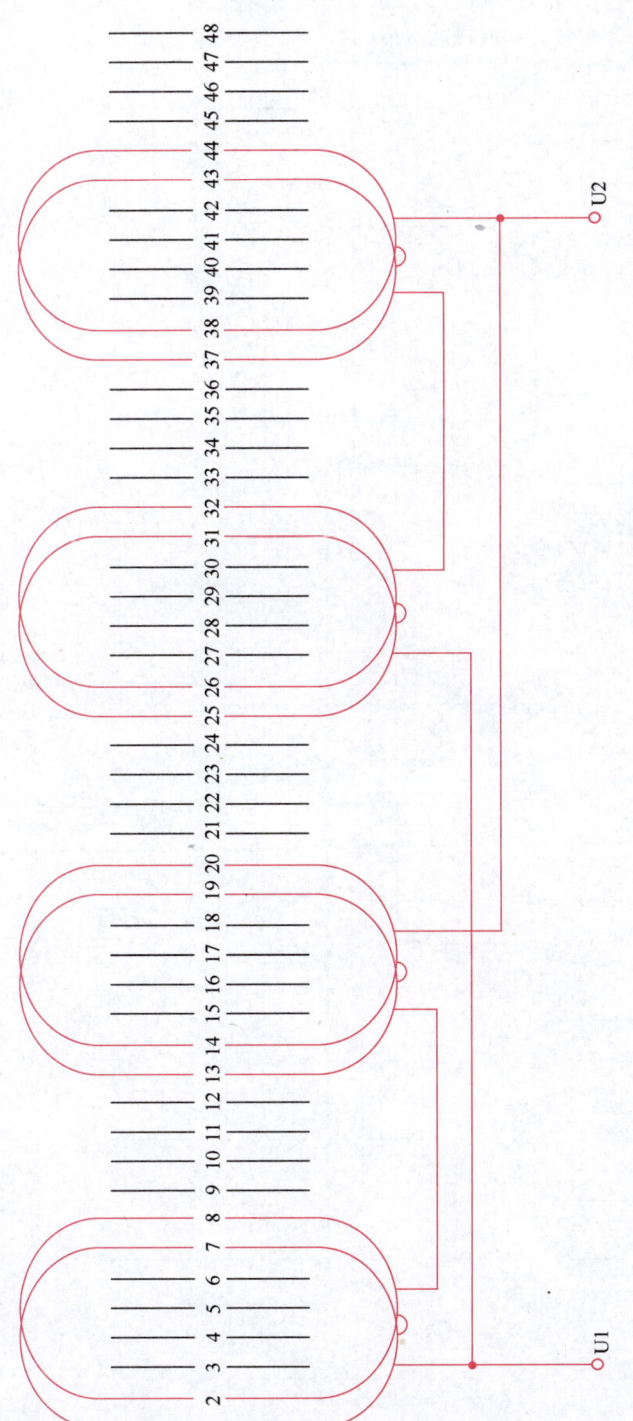

图 2-4-8a U1—U2 绕组

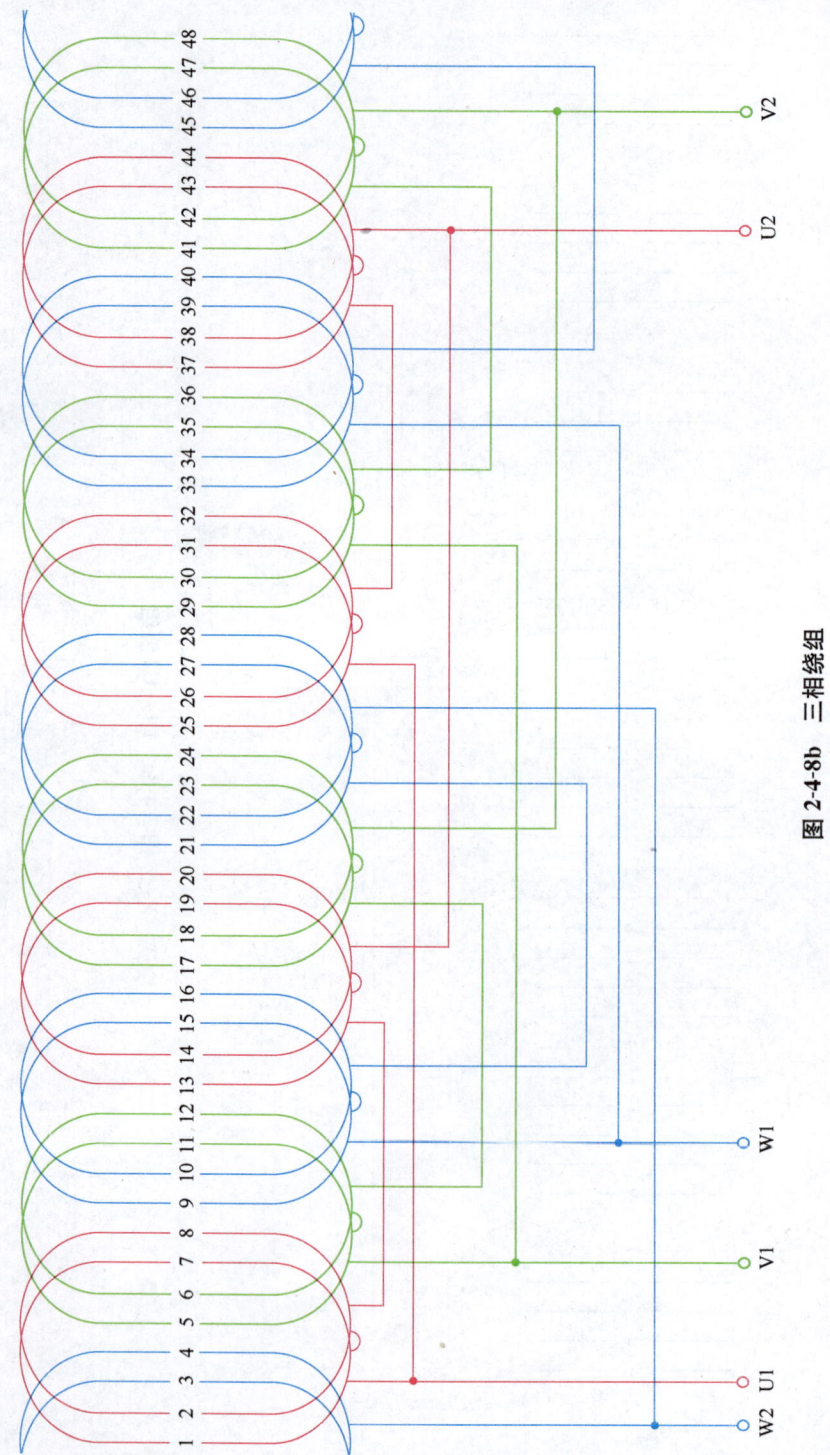

图 2-4-8b 三相绕组

第四节 8极电动机绕组展开图

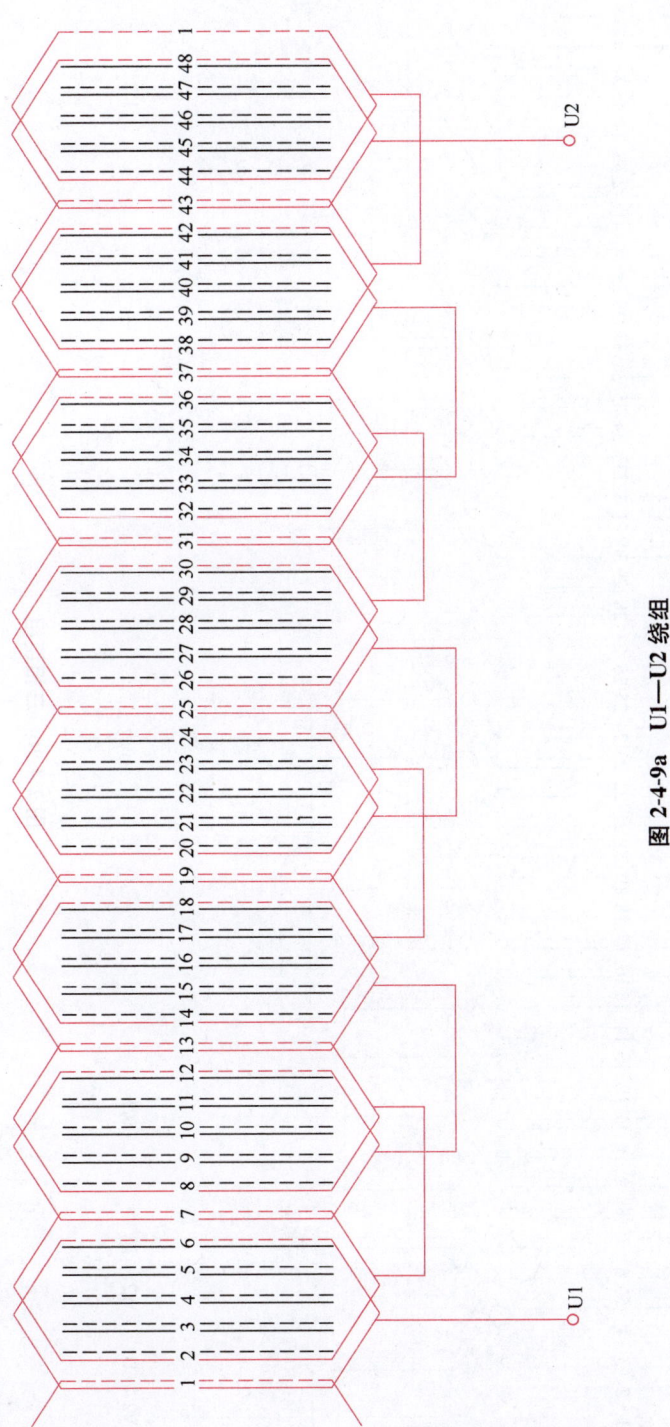

图 2-4-9a U1—U2 绕组

172 第二章 三相异步电动机定子(或转子)绕组展开图

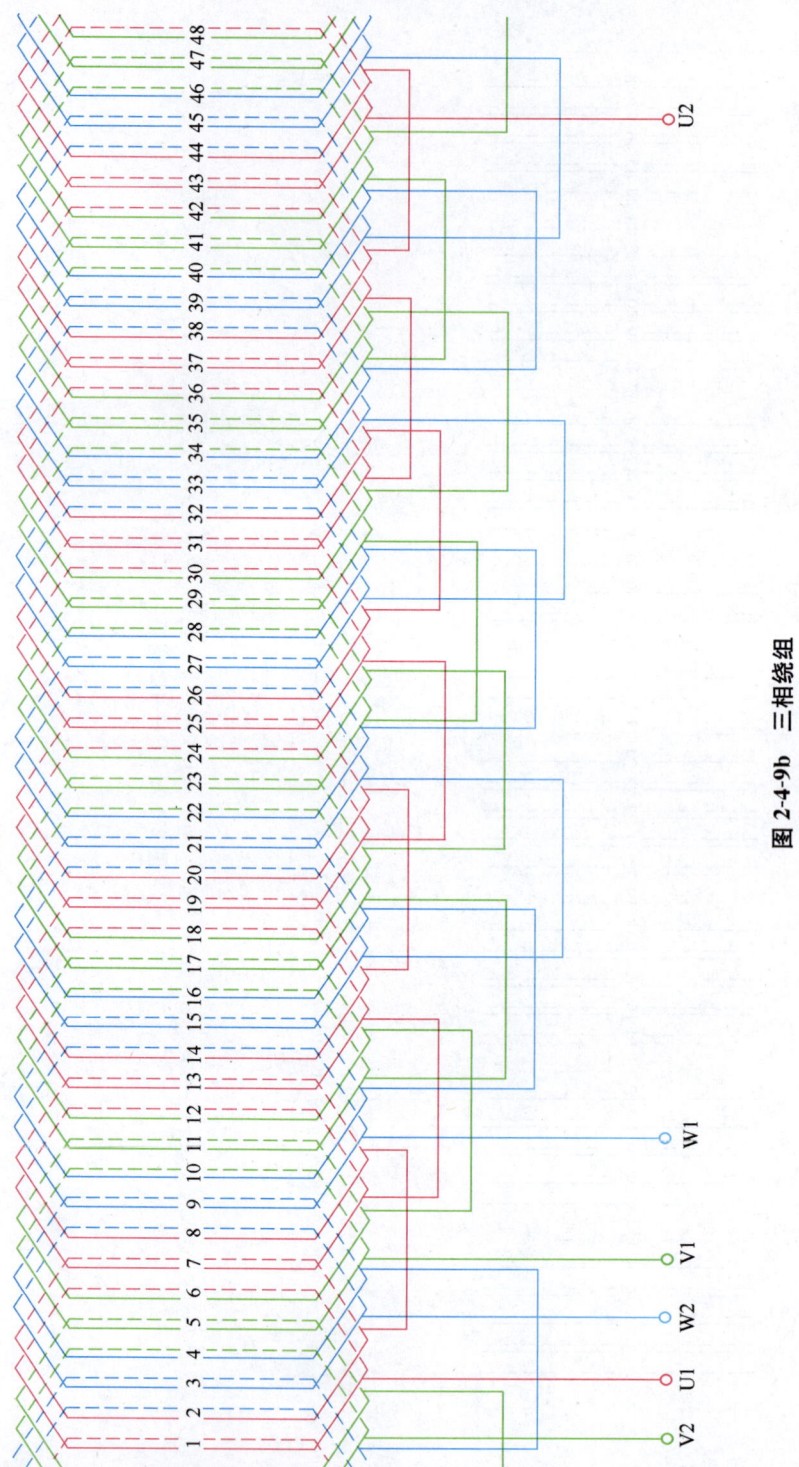

图 2-4-9b 三相绕组

第四节 8极电动机绕组展开图

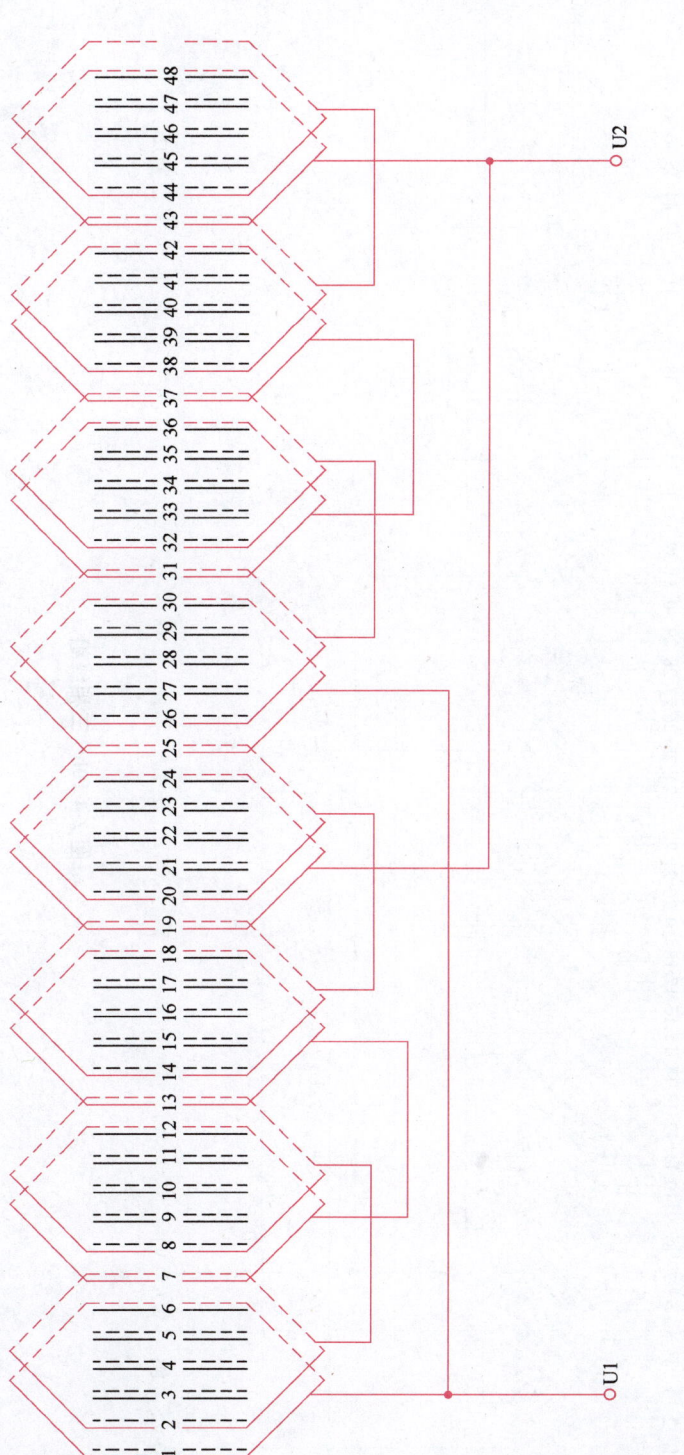

图 2-4-10a U1—U2 绕组

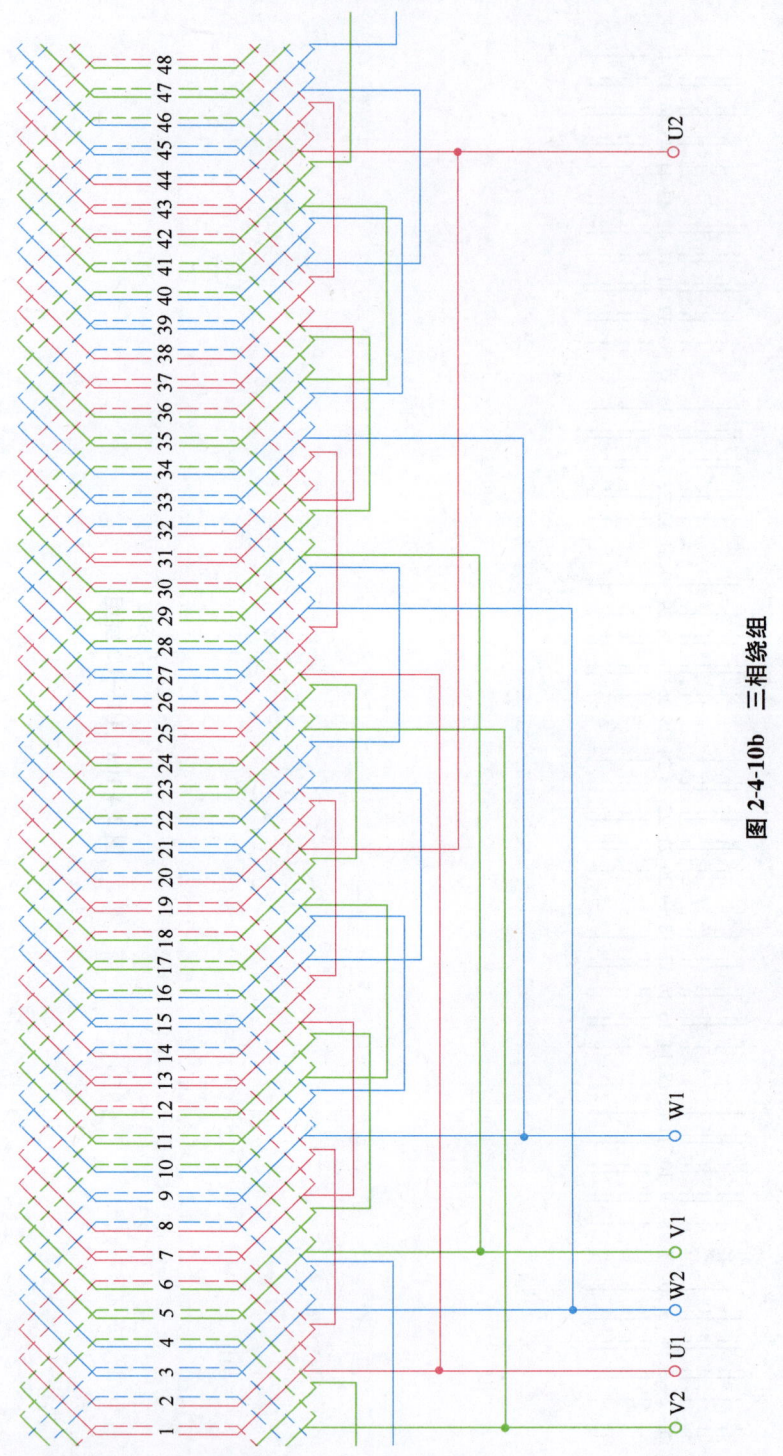

图 2-4-10b 三相绕组

第四节 8极电动机绕组展开图

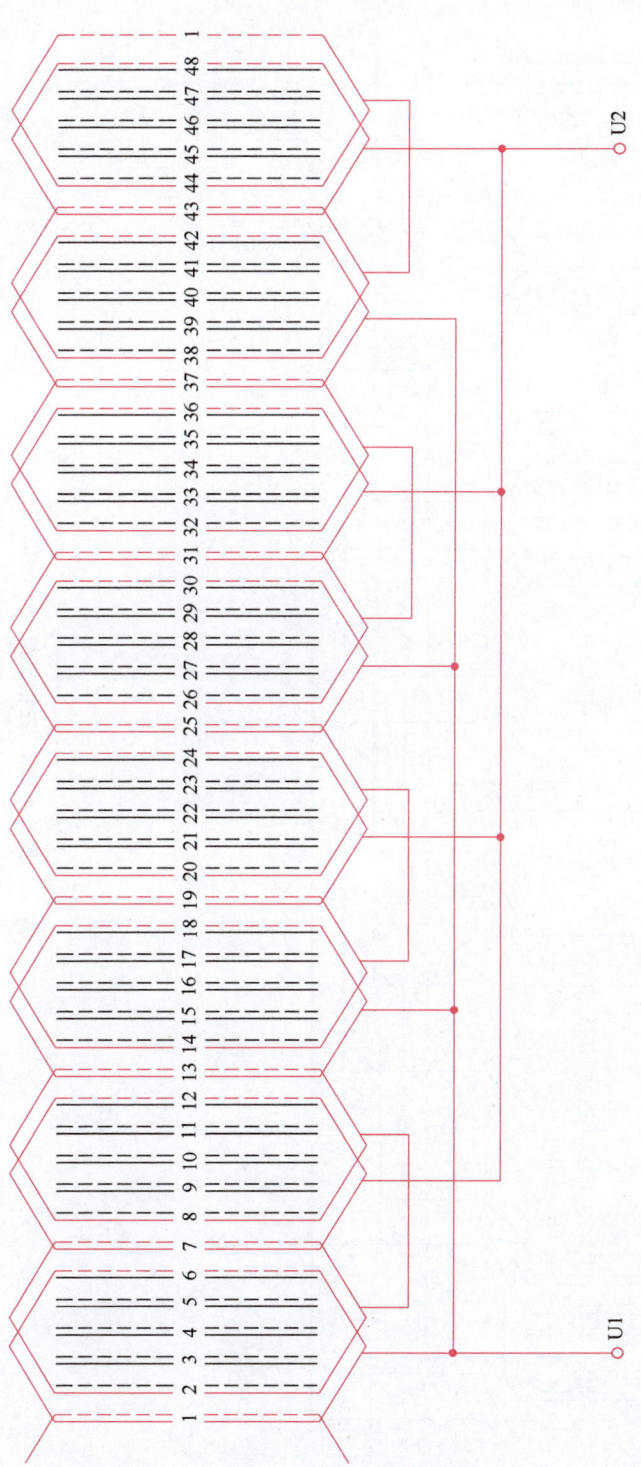

图 2-4-11a U1—U2 绕组

第二章 三相异步电动机定子(或转子)绕组展开图

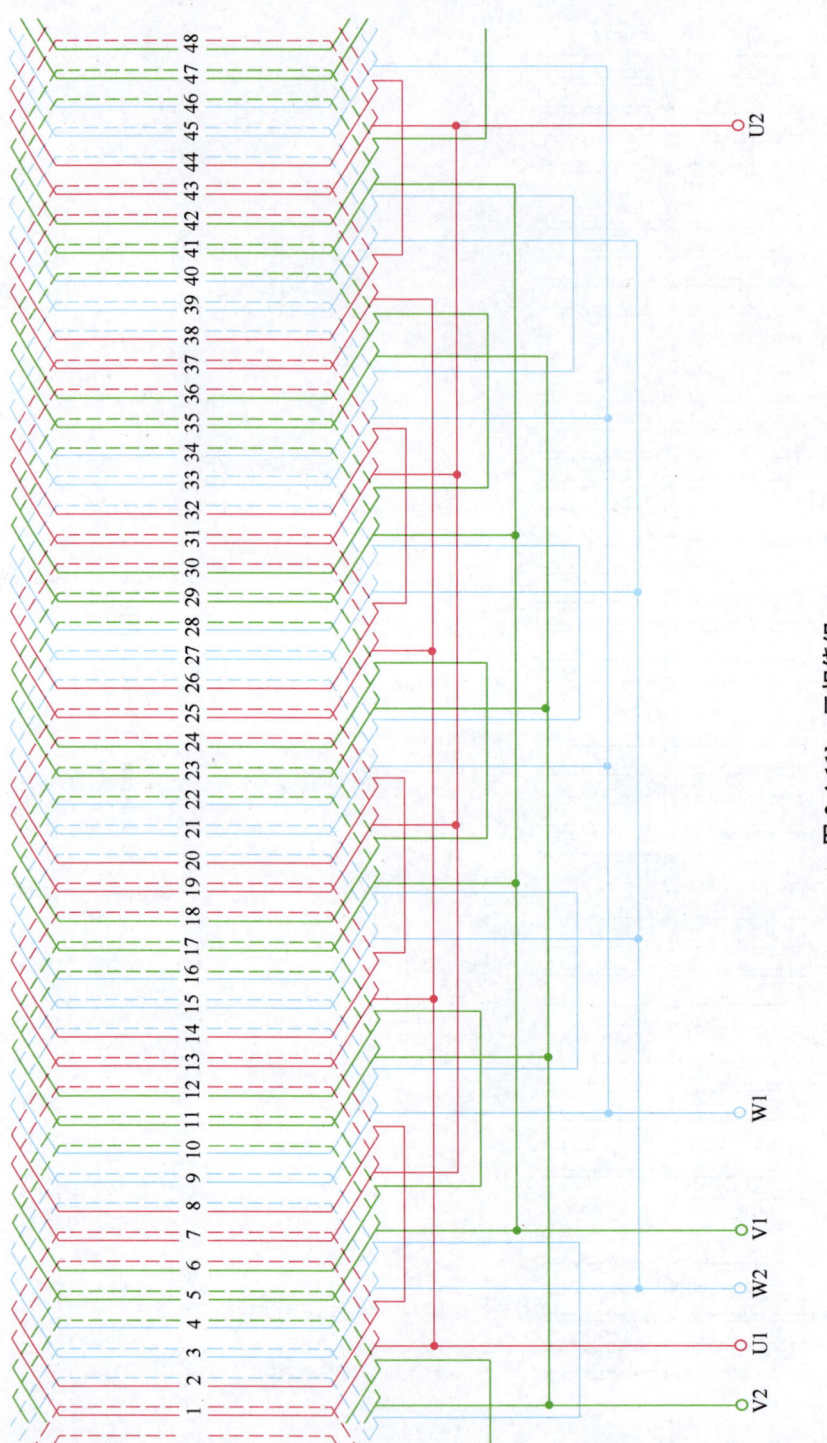

图 2-4-11b 三相绕组

(2)圆形接线图。详见书中第三章图3-4-3。

(3)节距。$Y=1-6$。

12. 8极54槽(分数槽)双层叠式绕组1路接法(节距:$Y=1-6$)

(1)绕组展开图。U1—U2绕组展开图和三相绕组展开图分别如图2-4-12a、b所示。

(2)圆形接线图。详见书中第三章图3-4-1。

(3)节距。$Y=1-6$。

(4)适用电动机型号。JO4-71-8,JO4-72-8,JO4-73-8。

13. 8极54槽(分数槽)双层叠式绕组1路接法(节距:$Y=1-7$)

(1)绕组展开图。U1—U2绕组展开图和三相绕组展开图分别如图2-4-13a、b所示。

(2)圆形接线图。详见书中第三章图3-4-1。

(3)节距。$Y=1-7$。

(4)适用电动机型号。YR-180L-8型绕线式电动机定子绕组。

14. 8极54槽(分数槽)双层叠式绕组2路并联接法(节距:$Y=1-7$)

(1)绕组展开图。U1—U2绕组展开图和三相绕组展开图分别如图2-4-14a、b所示。

(2)圆形接线图。详见书中第三章图3-4-2。

(3)节距。$Y=1-7$。

(4)适用电动机型号。

Y系列:Y180L-8,Y200L-8,Y225S-8,Y225M-8。

YR系列(定子绕组):YR-200L1-8,YR-225M1-8,YR-225M2-8。

JO2系列:JO2-61-8,JO2-62-8,JO2-71-8,JO2-72-8。

15. 8极60槽单层同心式绕组1路正串接法

(1)绕组展开图。U1—U2绕组展开图和三相绕组展开图分别如图2-4-15a、b所示。

(2)节距。$Y=1-10,2-9,3-8,16-25,17-24$。

(3)适用电动机型号。用于绕线式异步电动机的转子绕组,如AK-61/8型转子。

16. 8极60槽单层交叉式绕组2路正串接法

(1)绕组展开图。U1—U2绕组展开图和三相绕组展开图如图2-4-16a、b所示。

(2)节距。$Y1=3(1-8);Y2=2(1-9)$。

(3)适用的电动机型号。JZR51-8型绕线式电动机转子绕组。

第二章 三相异步电动机定子(或转子)绕组展开图

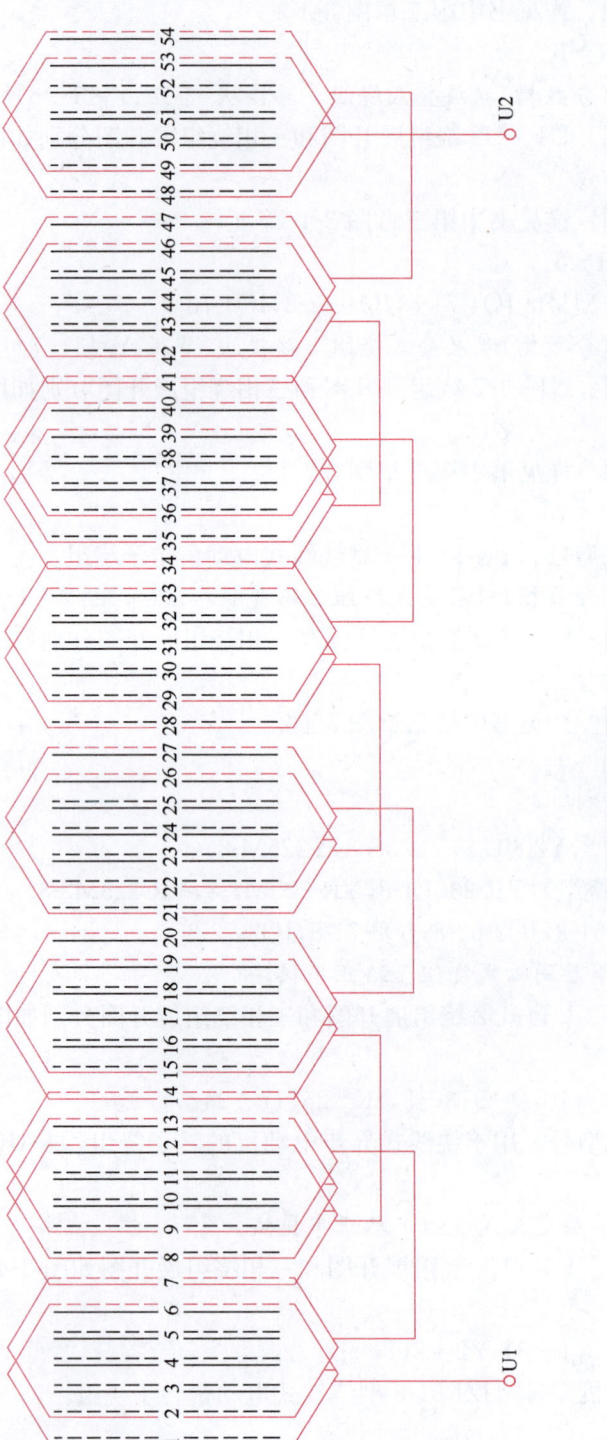

图 2-4-12a U1—U2 绕组

第四节 8极电动机绕组展开图

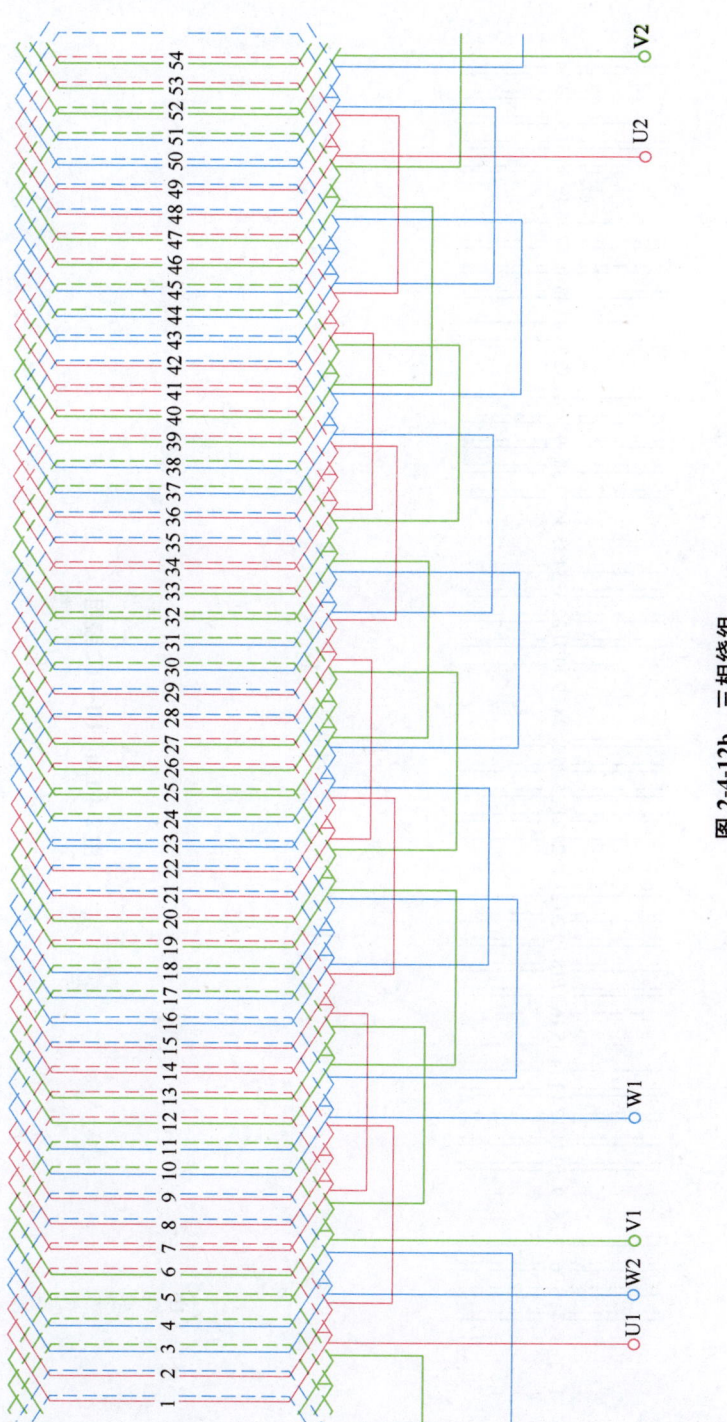

图 2-4-12b 三相绕组

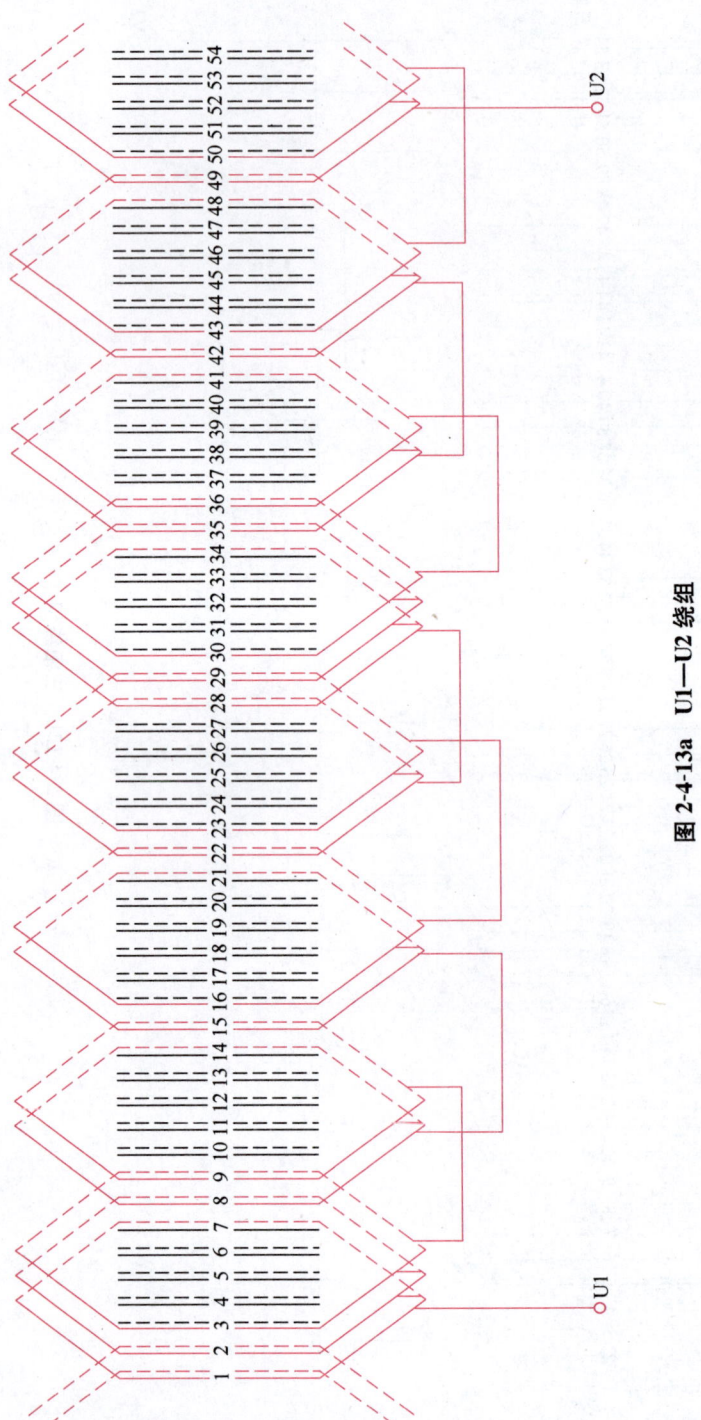

图 2-4-13a　U1—U2 绕组

第四节　8极电动机绕组展开图

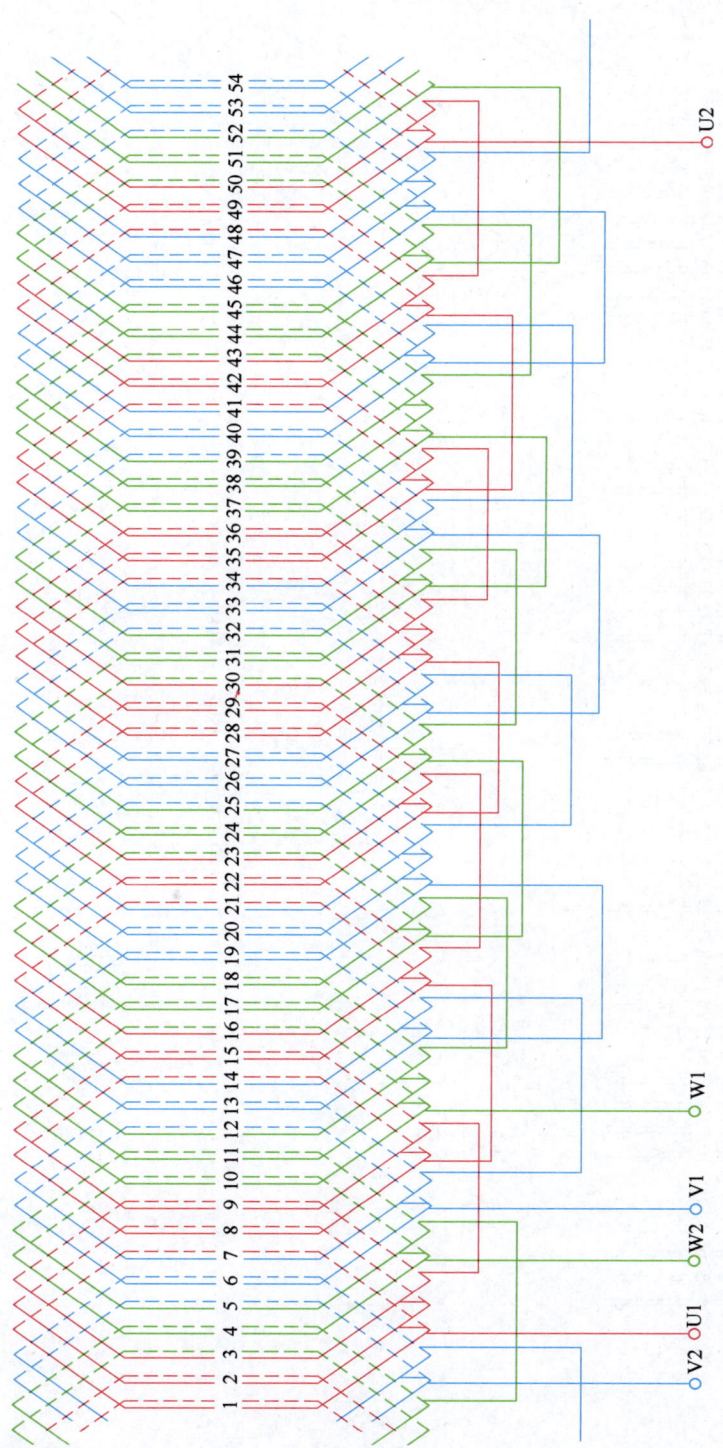

图 2-4-13b　三相绕组

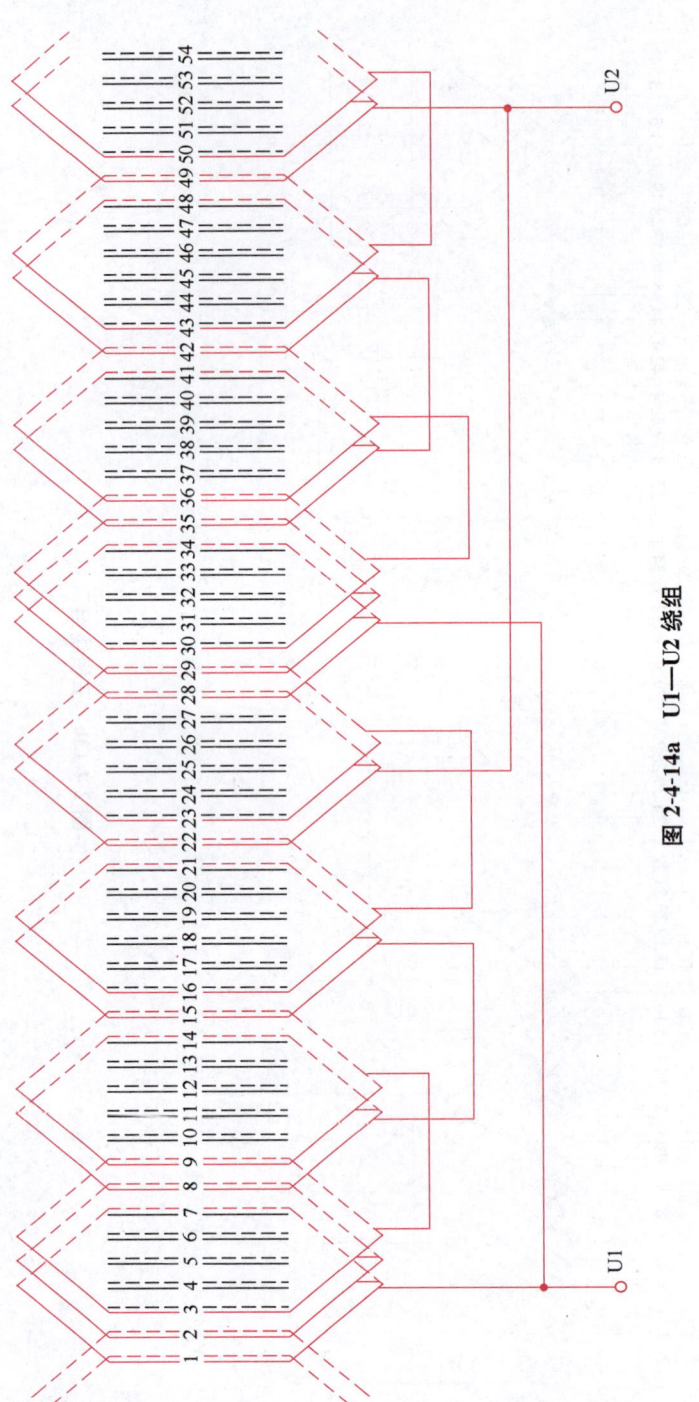

图 2-4-14a　U1—U2 绕组

第四节 8极电动机绕组展开图

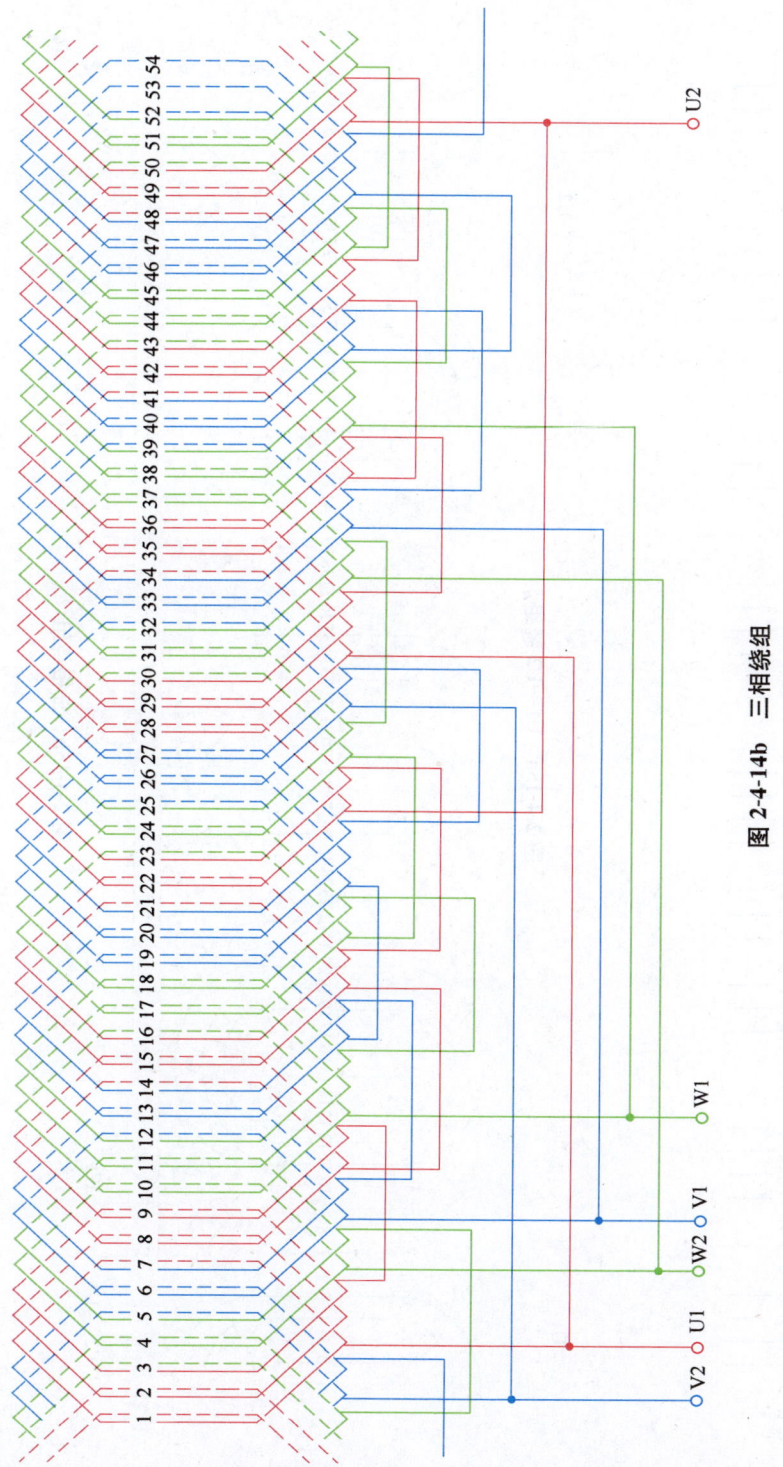

图 2-4-14b 三相绕组

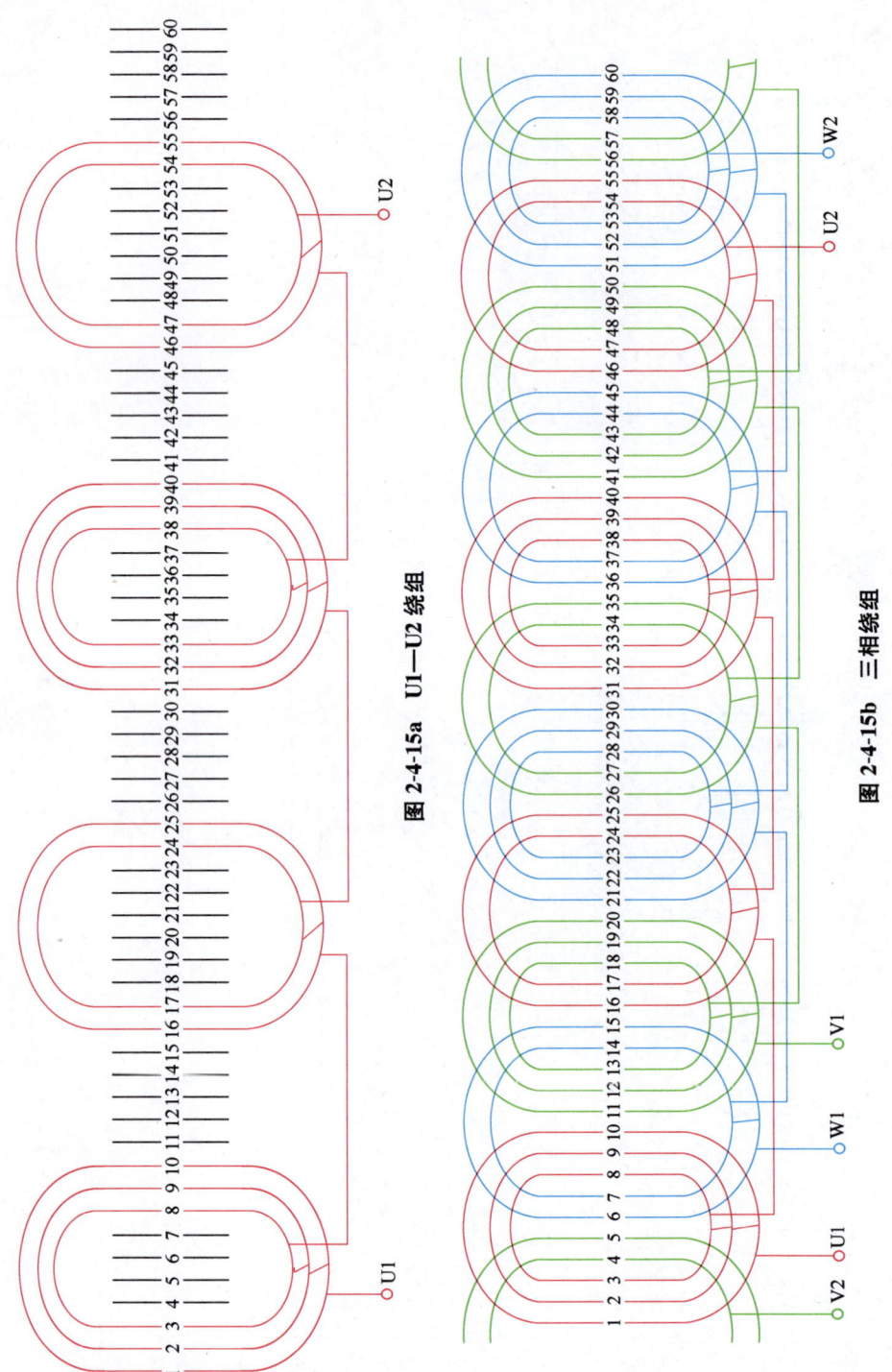

图 2-4-15a U1—U2 绕组

图 2-4-15b 三相绕组

第四节 8极电动机绕组展开图

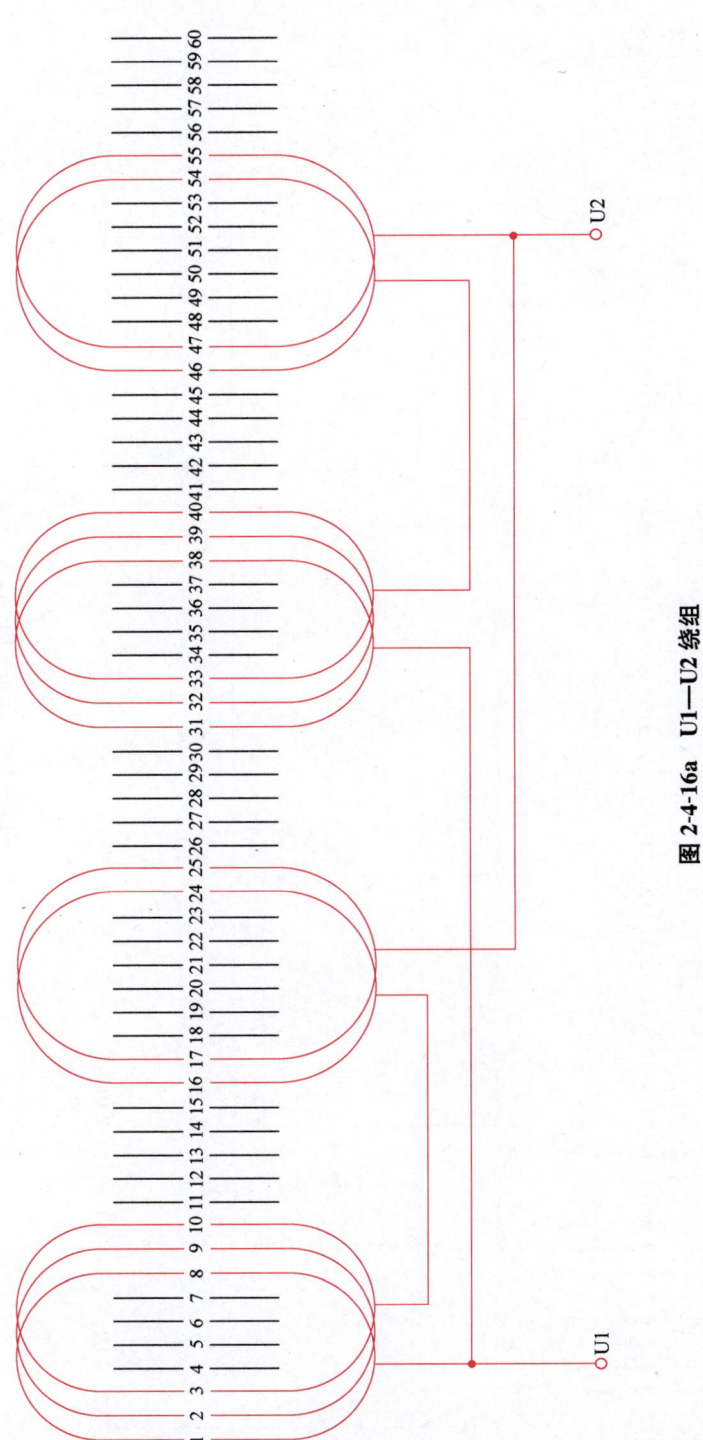

图 2-4-16a U1—U2 绕组

186　第二章　三相异步电动机定子(或转子)绕组展开图

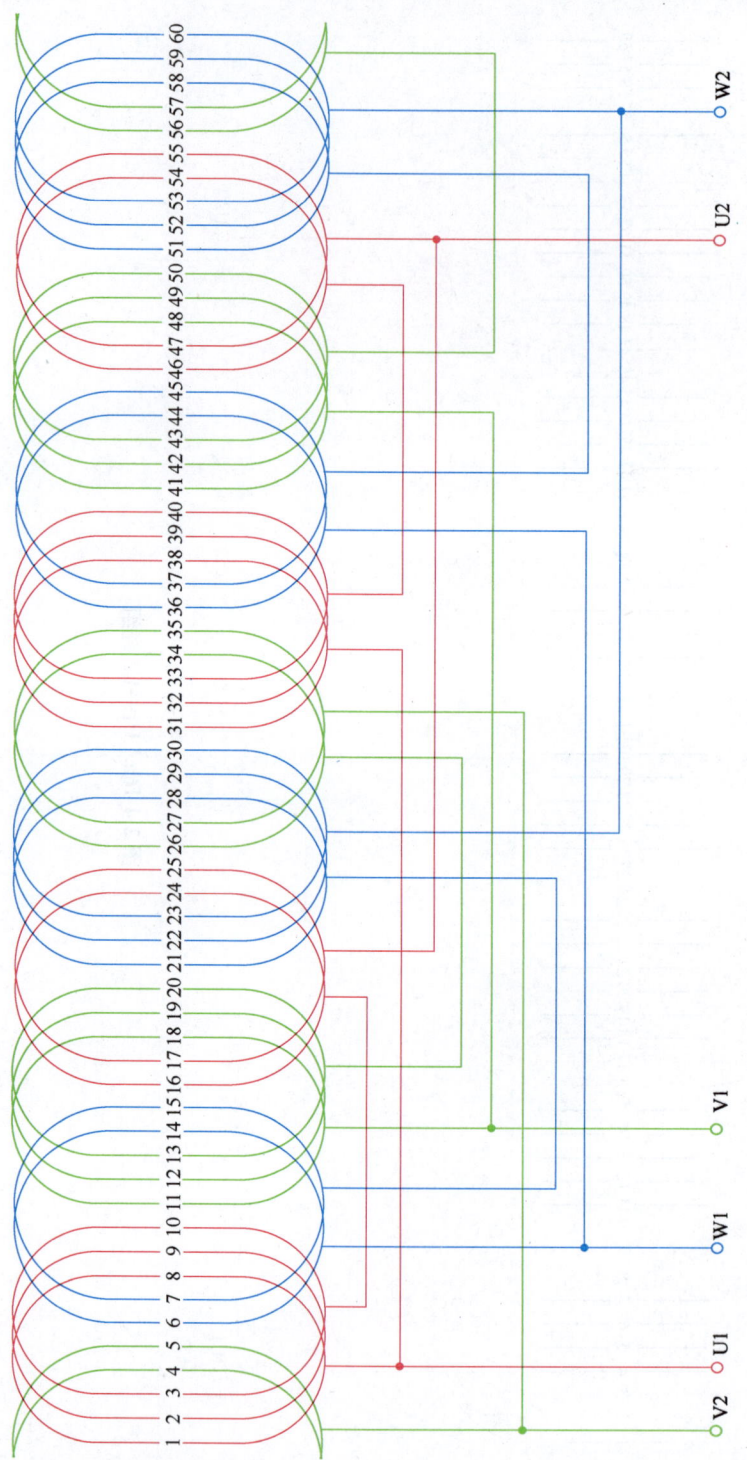

图 2-4-16b　三相绕组

第四节　8极电动机绕组展开图

17. 8极60槽(分数槽)双层叠式绕组2路接法

(1)绕组展开图。U1—U2绕组展开图和三相绕组展开图分别如图2-4-17a、b所示。

(2)圆形接线图。详见书中第三章图3-4-3。

(3)节距。$y=7$ 或 $Y=1-8$。

18. 8极60槽(分数槽)双层叠式绕组4路接法

(1)绕组展开图。U1—U2绕组展开图和三相绕组展开图分别如图2-4-18a、b所示。

(2)圆形接线图。详见书中第三章图3-4-3。

(3)节距。$y=7$ 或 $Y=1-8$。

(4)适用的电动机型号。YZR-250M2-8,JO3-225S-8(铝线)。

19. 8极72槽单层交叉式绕组2路并联接法

(1)绕组展开图。U1—U2绕组展开图和三相绕组展开图分别如图2-4-19a、b所示。

(2)圆形接线图。详见书中第三章图3-4-2。

(3)节距。$Y=1-9,2-10,11-18$ 或 $2(1-9),1(1-8)$。

(4)适用的电动机型号。JZR2-41-8。

20. 8极72槽单层交叉式绕组4路并联接法

(1)绕组展开图。U1—U2绕组展开图和三相绕组展开图分别如图2-4-20a、b所示。

(2)圆形接线图。详见书中第三章图3-4-3。

(3)节距。$Y=1-9,2-10,11-18$ 或 $2(1-9),1(1-8)$。

(4)适用的电动机型号。JZR2-51-8型绕线式电动机转子绕组。

21. 8极72槽双层叠式绕组2路并联接法(节距:$Y=1-9$)

(1)绕组展开图。U1—U2绕组展开图和三相绕组展开图分别如图2-4-21a、b所示。

(2)圆形接线图。详见书中第三章图3-4-2。

(3)节距。$Y=1-9$。

(4)适用电动机型号。

Y2系列:Y2-250M-8。

Y系列:Y250M-8。

JO2系列:JO2-81-8,JO2-82-8。

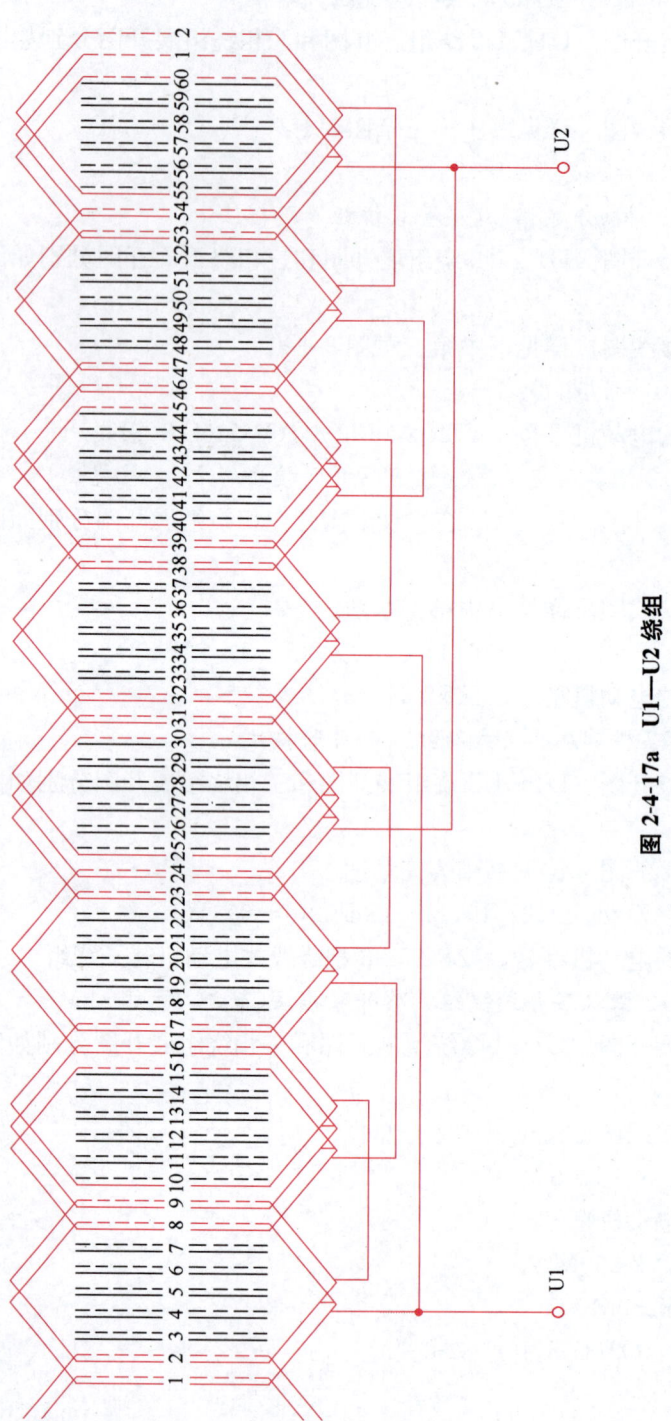

图 2-4-17a U1—U2 绕组

第四节 8极电动机绕组展开图

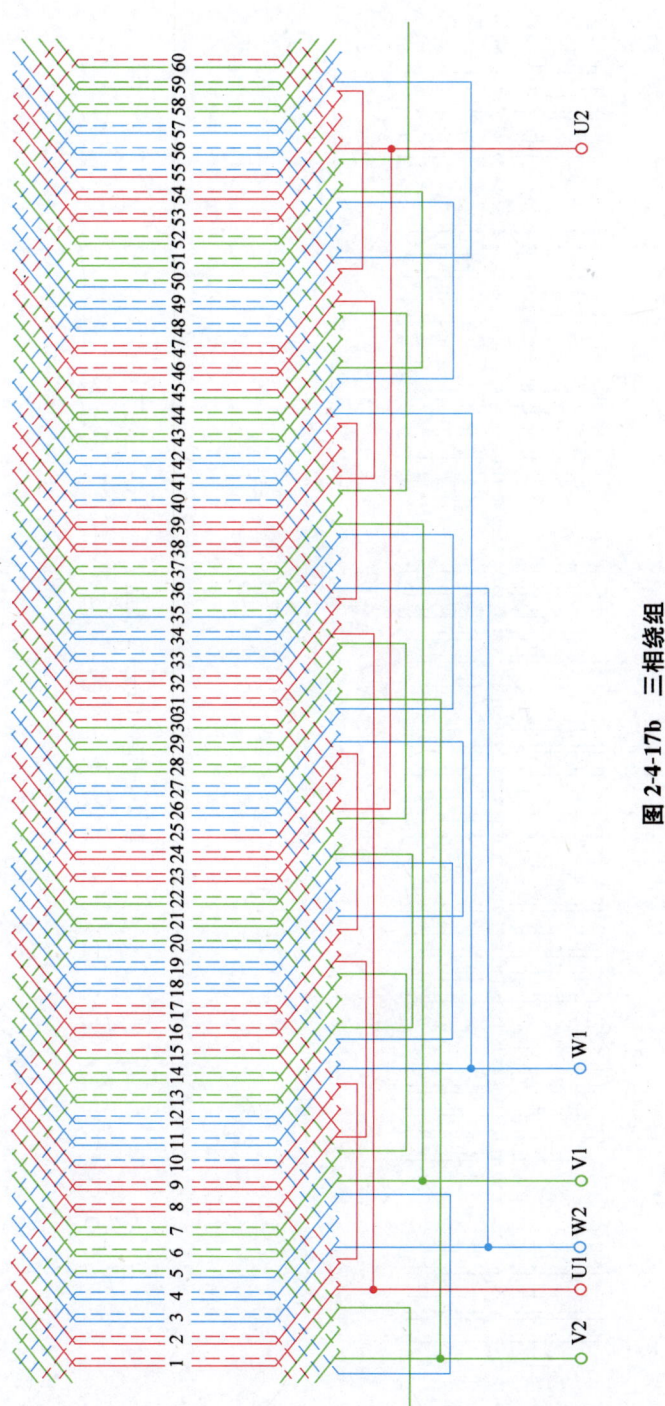

图 2-4-17b 三相绕组

第二章 三相异步电动机定子(或转子)绕组展开图

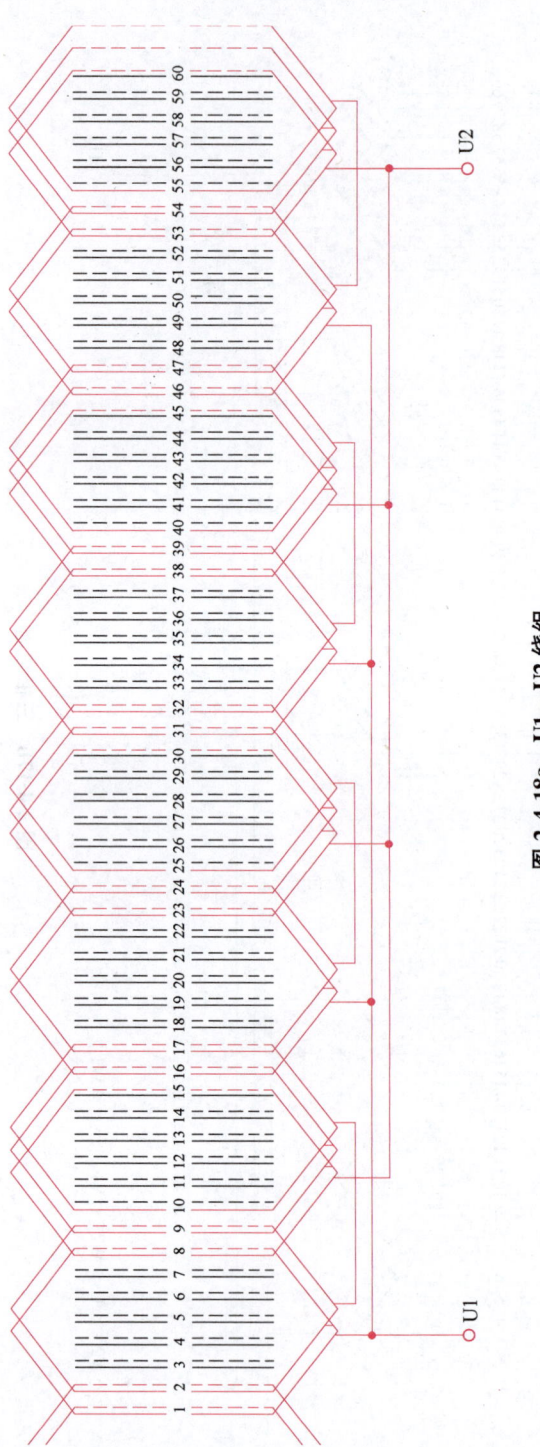

图 2-4-18a U1—U2 绕组

第四节　8极电动机绕组展开图

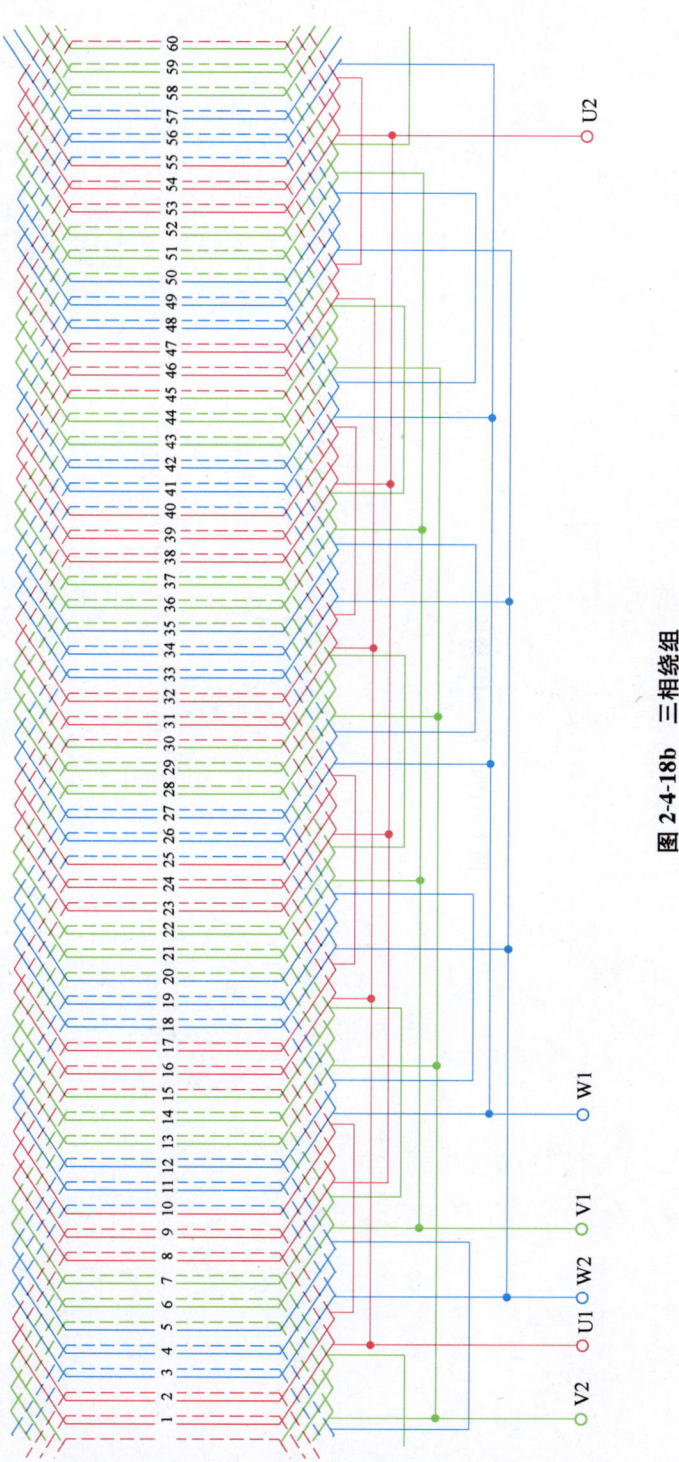

图 2-4-18b　三相绕组

第二章 三相异步电动机定子(或转子)绕组展开图

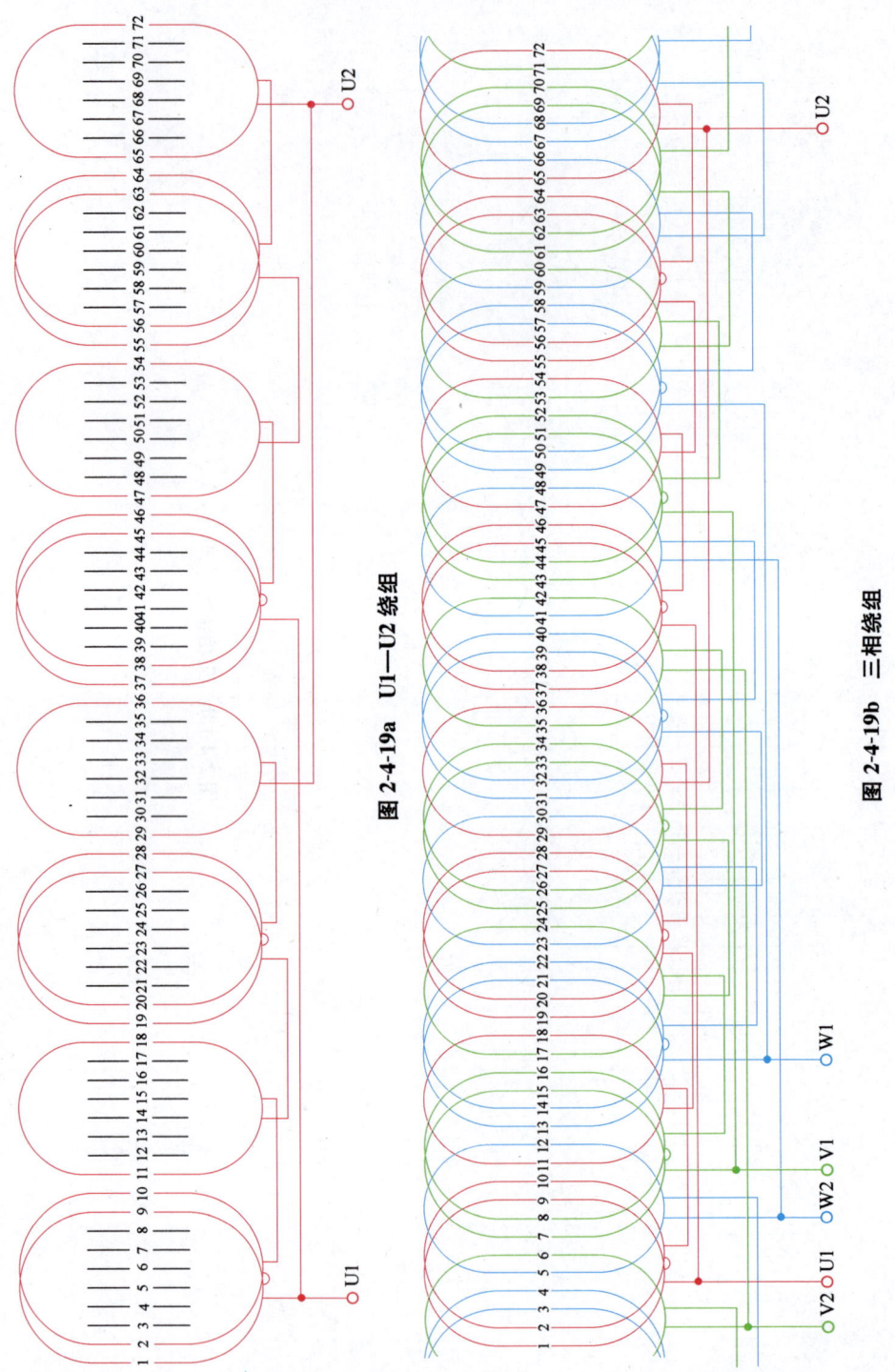

图 2-4-19a U1—U2 绕组

图 2-4-19b 三相绕组

第四节 8极电动机绕组展开图

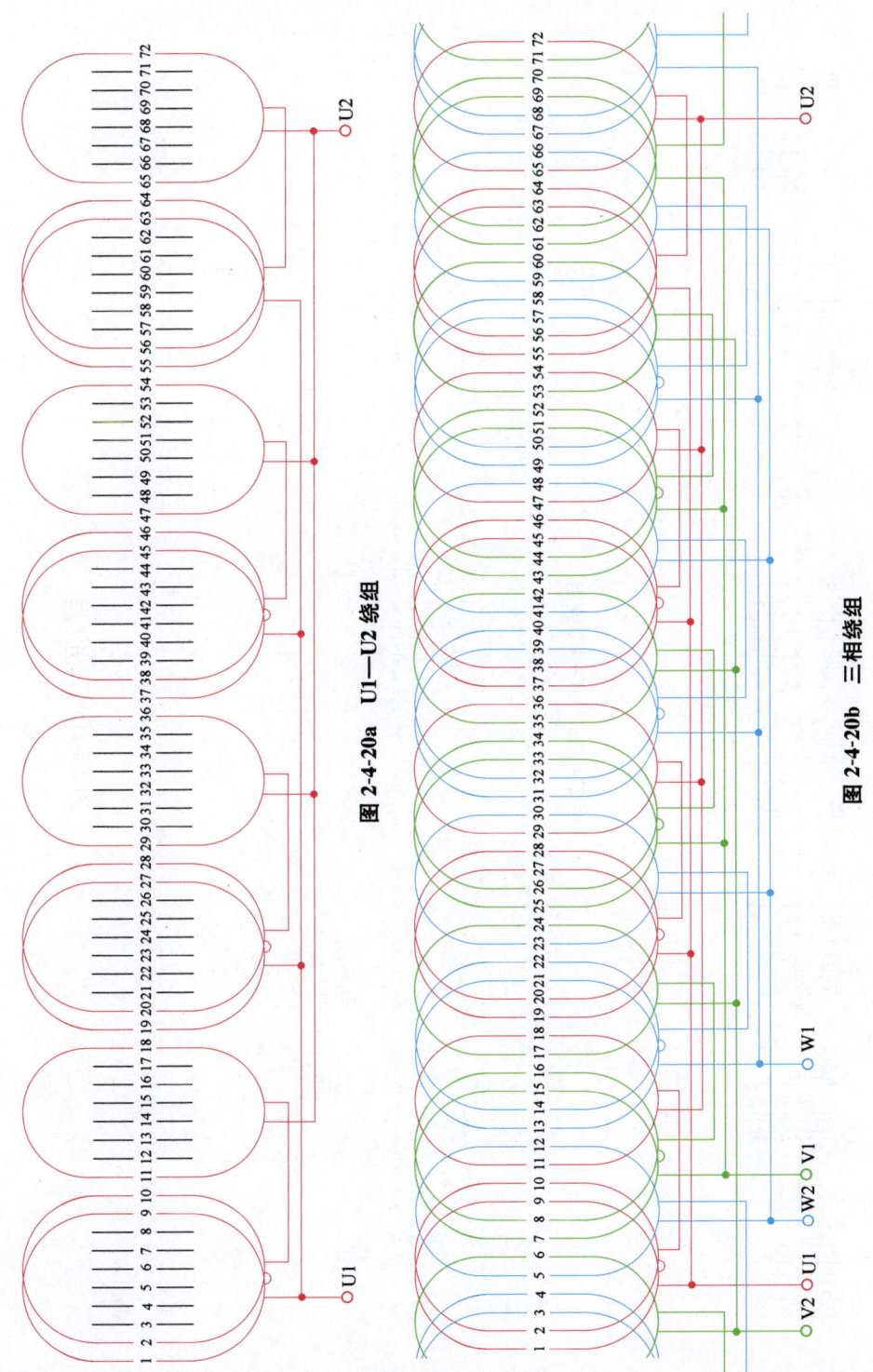

图 2-4-20a U1—U2 绕组

图 2-4-20b 三相绕组

第二章 三相异步电动机定子(或转子)绕组展开图

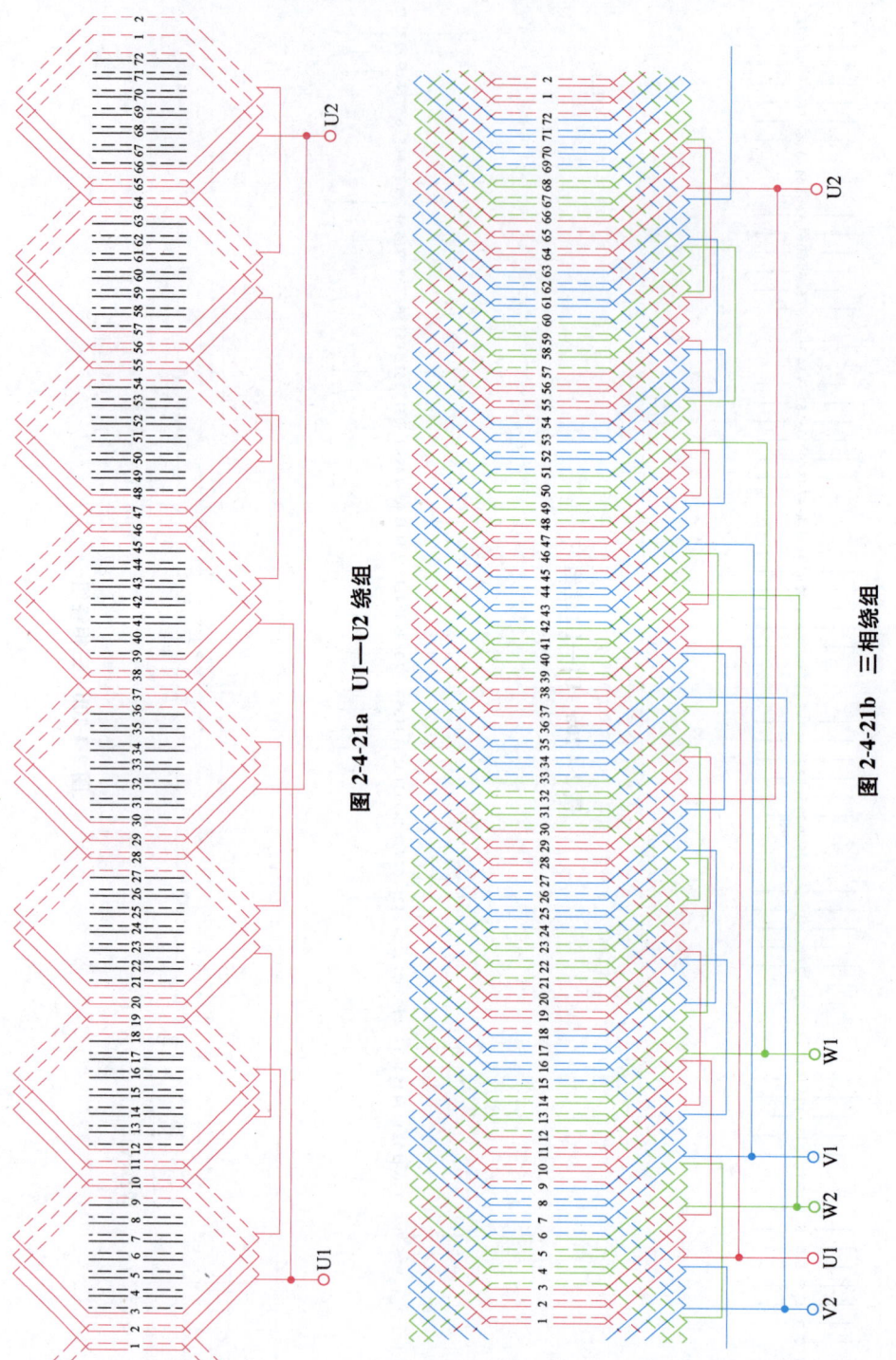

图 2-4-21a U1—U2 绕组

图 2-4-21b 三相绕组

第四节　8极电动机绕组展开图

22. 8极72槽双层叠式绕组4路并联接法（节距：$Y=1-9$）

(1)绕组展开图。U1—U2绕组展开图和三相绕组展开图分别如图2-4-22a、b所示。

(2)圆形接线图。详见书中第三章图3-4-3。

(3)节距。$Y=1-9$。

(4)适用电动机型号。

Y2系列：Y2-280S-8，Y2-280M-8。

Y系列：Y280S-8，Y280M-8。

YR系列（定子绕组）：YR－250M1-8，YR-280S-8，YR-280M-8。

JO2系列：JO2-91-8，JO2-92-8。

JO3系列：JO3-250S-8，JO3-280S-8。

23. 8极72槽双层叠式绕组8路并联接法（节距：$Y=1-9$）

(1)绕组展开图。U1—U2绕组展开图和三相绕组展开图分别如图2-4-23a、b所示。

(2)圆形接线图。详见书中第三章图3-4-4。

(3)节距：$Y=1-9$。

(4)适用电动机型号。

Y2系列：Y2-315S-8，Y2-315M-8，Y2-315L1-8，Y2-315L2-8，Y2-355M1-8，Y2-355M2-8，Y2-355L-8。

Y系列：Y315S-8，Y315M-8，Y315L1-8，Y315L2-8。

YR系列（定子绕组）：YR-250M2-8。

第二章 三相异步电动机定子(或转子)绕组展开图

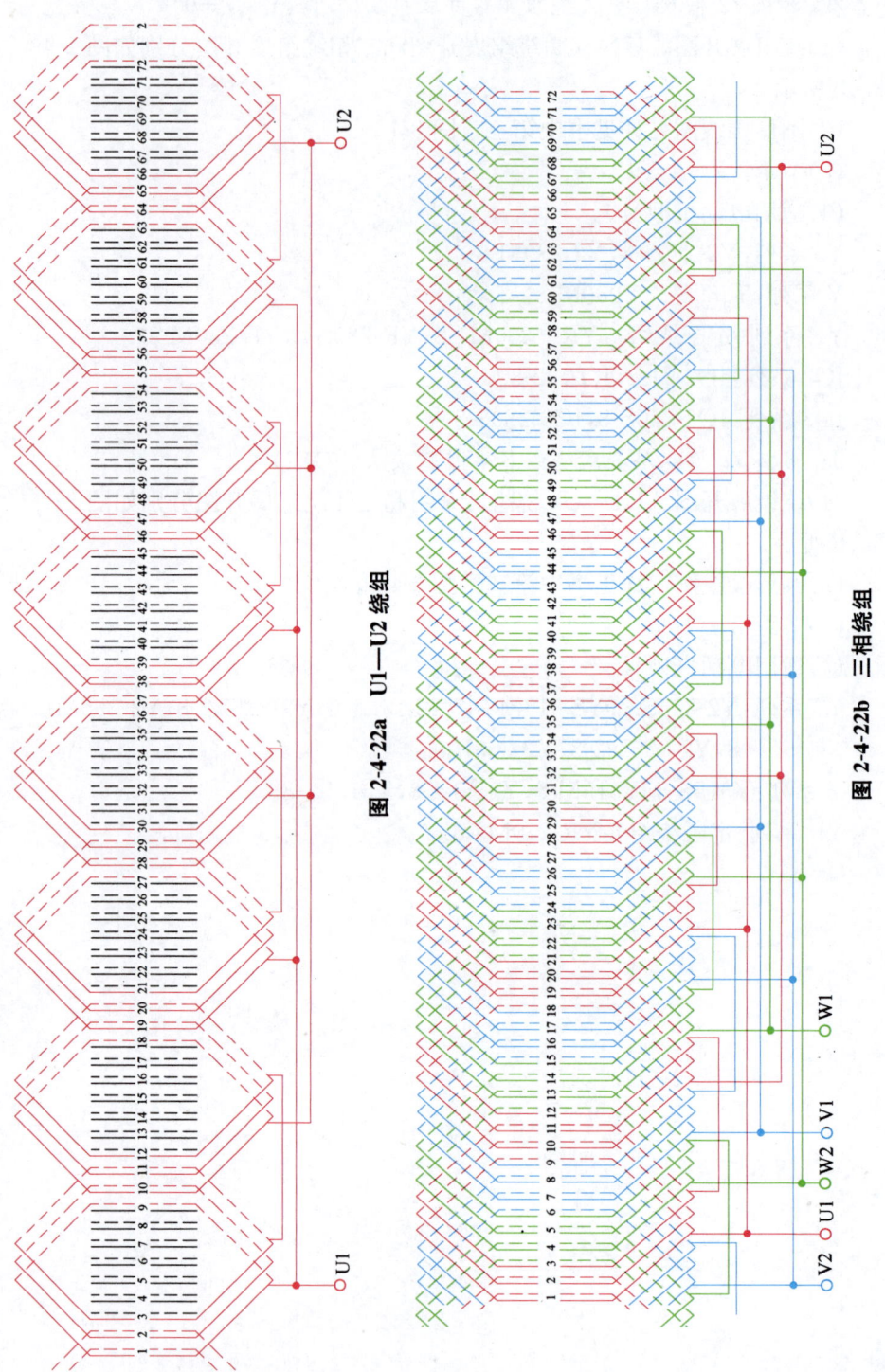

图 2-4-22a U1—U2绕组

图 2-4-22b 三相绕组

第四节 8极电动机绕组展开图

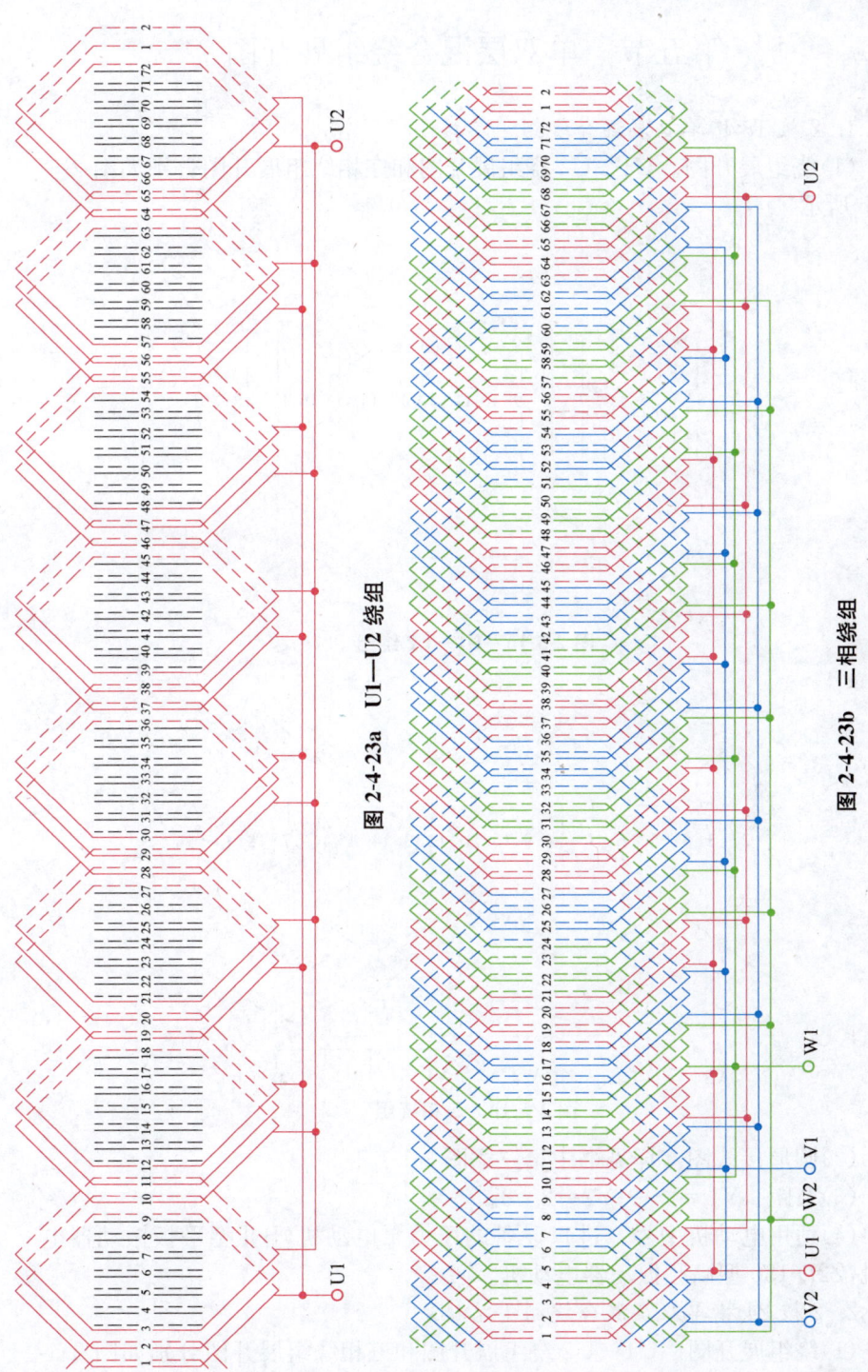

图 2-4-23a U1—U2 绕组

图 2-4-23b 三相绕组

第五节　单双层混合绕组展开图

1. 2极18槽单双层混合绕组1路接法

(1)绕组展开图。U1—U2绕组展开图和三相绕组展开图分别如图2-5-1a、b所示。

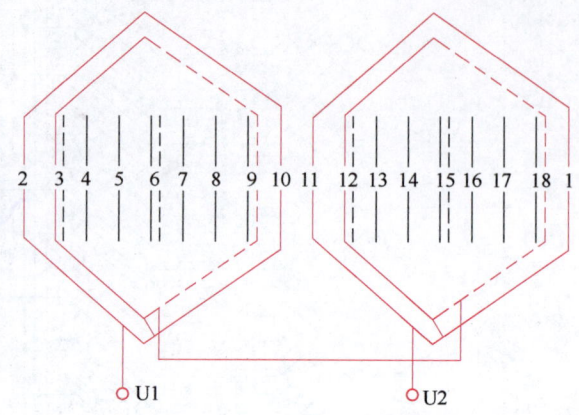

图 2-5-1a　U1—U2 绕组

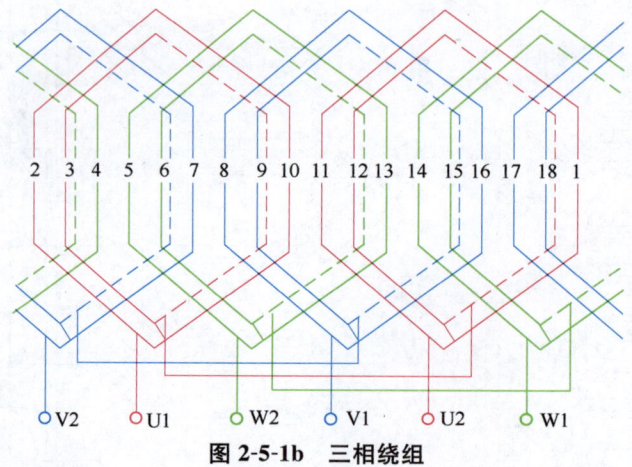

图 2-5-1b　三相绕组

(2)圆形接线图。详见书中第三章图3-1-1。

(3)节距。$Y_1=1-9;Y_2=2-8$。

(4)适用电动机型号。进口设备的压力泵电动机,BⅡ型平板振动器电动机,Z2D-130型高频振动器电动机。

2. 2极24槽单双层混合绕组1路接法

(1)绕组展开图。U1—U2绕组展开图和三相绕组展开图分别如图2-5-

2a、b 所示。

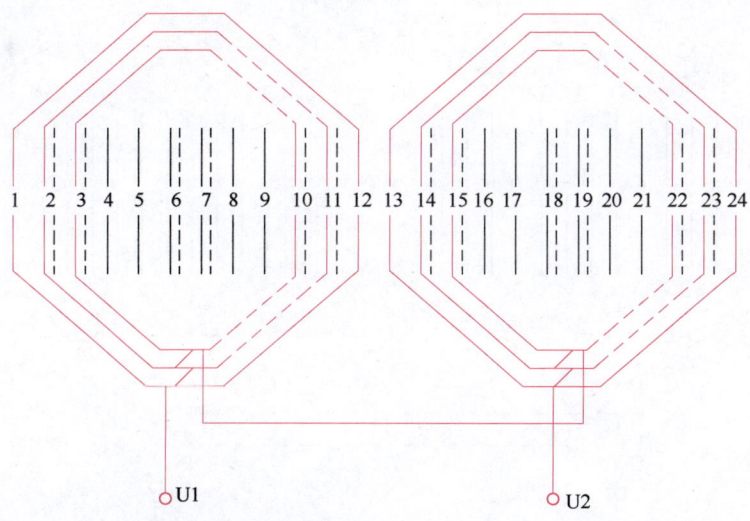

图 2-5-2a　U1—U2 绕组

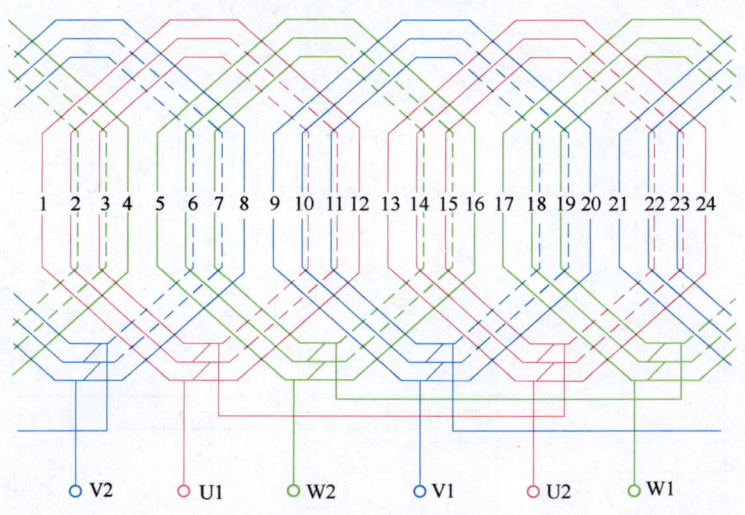

图 2-5-2b　三相绕组

(2)圆形接线图。详见书中第三章图 3-1-1。
(3)节距。$Y_1=1-12$；$Y_2=2-11$；$Y_3=3-10$。
(4)适用电动机型号。JO3-160M2-TH。
3. 2 极 36 槽单双层混合绕组 2 路接法
(1)绕组展开图。U1—U2 绕组展开图和三相绕组展开图分别如图 2-5-

3a、b 所示。

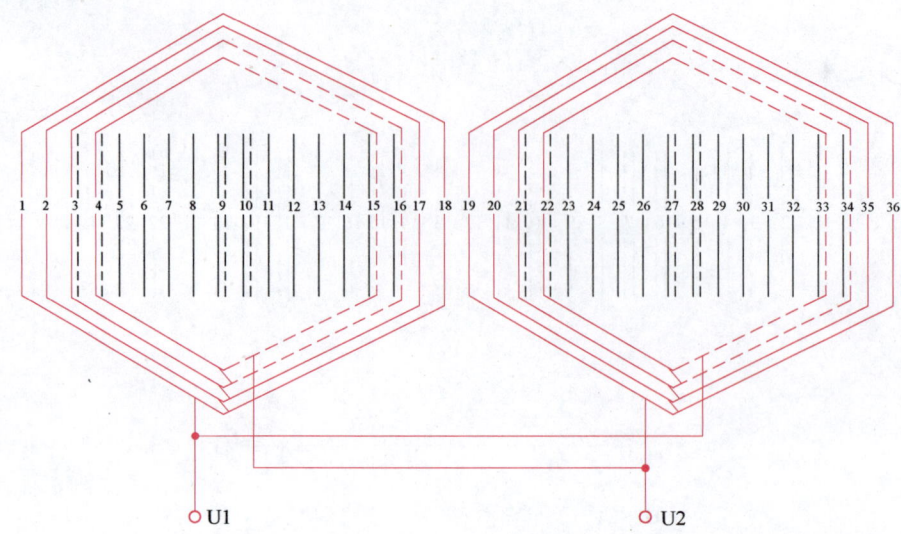

图 2-5-3a　U1—U2 绕组

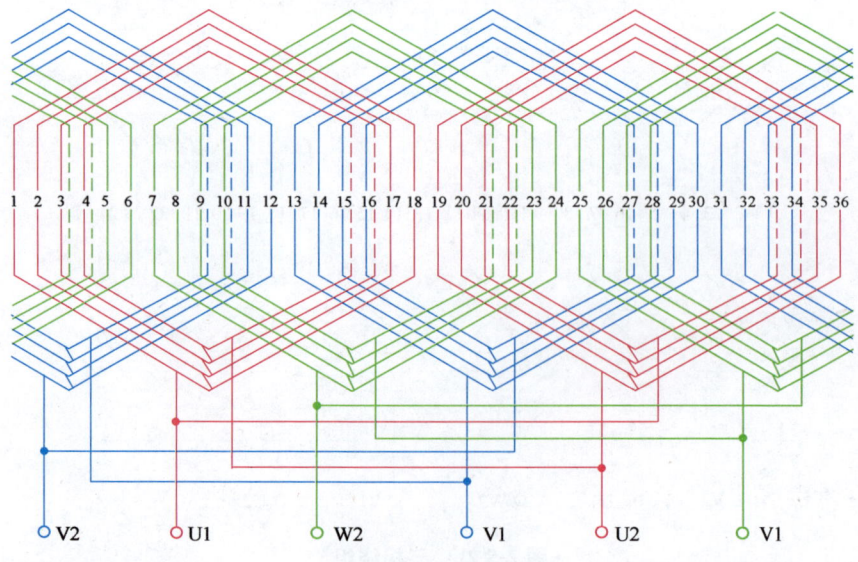

图 2-5-3b　三相绕组

(2)圆形接线图。详见书中第三章图 3-1-2。

(3)节距。$Y_1=1-18$；$Y_2=2-17$；$Y_3=3-16$；$Y_4=4-15$。

(4)适用电动机型号。JO2L-71-2。

4. 2 极 42 槽单双层混合绕组 2 路并联接法

(1)绕组展开图。U1—U2 绕组展开图和三相绕组展开图分别如图 2-5-

4a、b 所示。

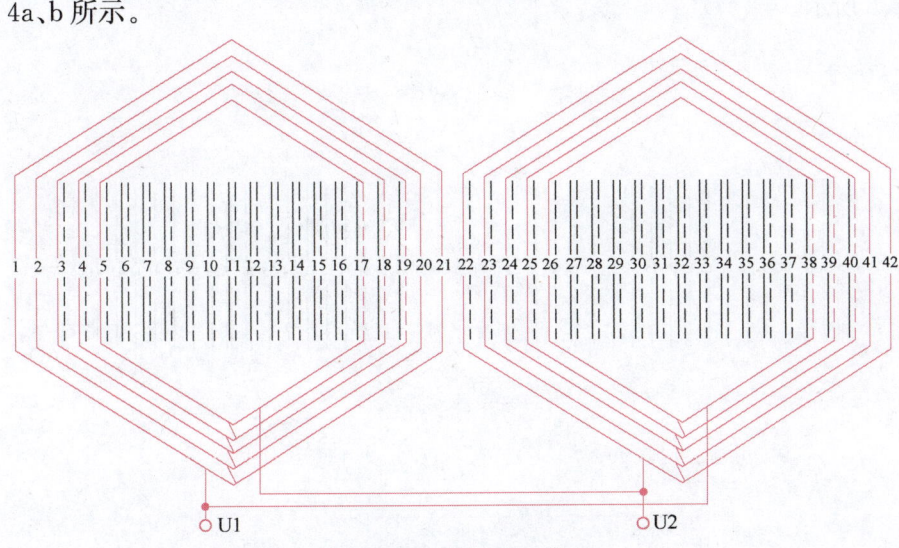

图 2-5-4a U1—U2 绕组

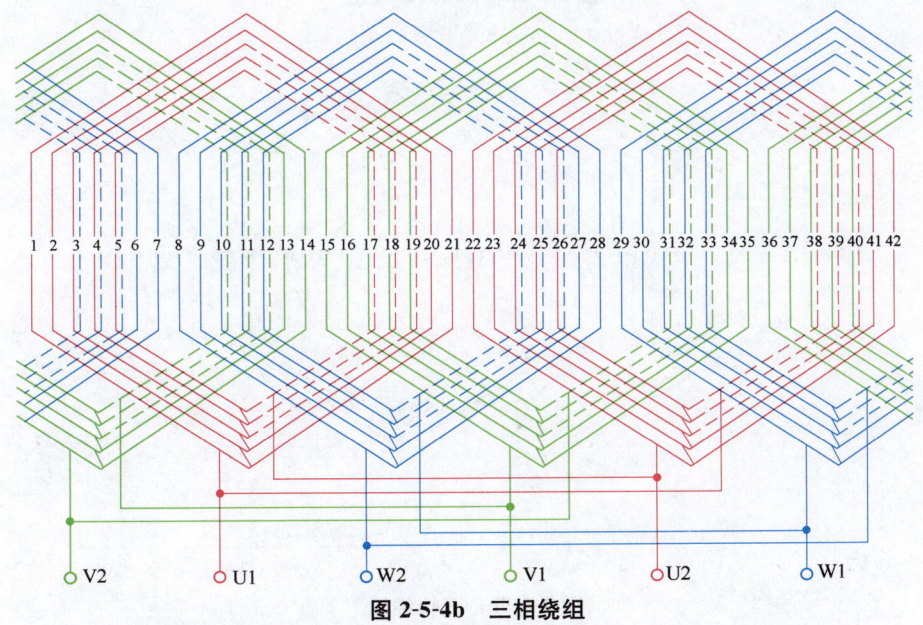

图 2-5-4b 三相绕组

(2)圆形接线图。详见书中第三章图 3-1-2。
(3)节距。$Y1=1-18$;$Y2=2-17$;$Y3=3-16$;$Y4=4-15$。
(4)适用电动机型号。JO2L-93-2。
5. 2 极 48 槽单双层混合绕组 2 路并联接法
(1)绕组展开图。U1—U2 绕组展开图和三相绕组展开图分别如图 2-5-

5a、b 所示。

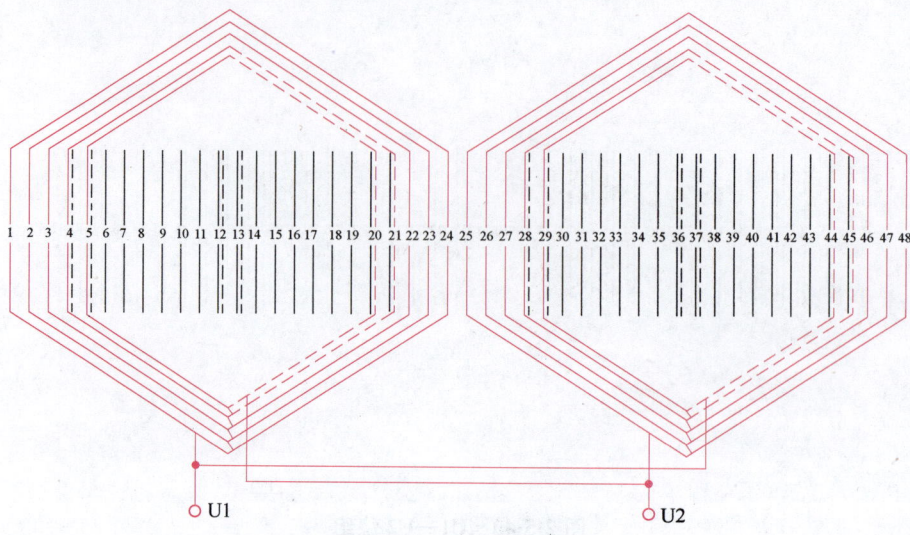

图 2-5-5a　U1—U2 绕组

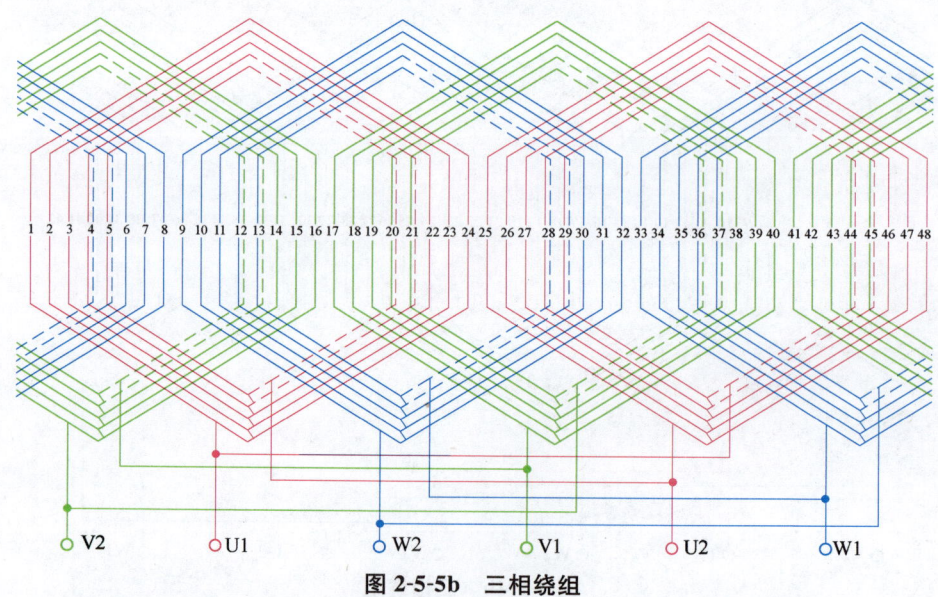

图 2-5-5b　三相绕组

(2)圆形接线图。详见书中第三章图 3-1-2。

(3)节距。$Y1=1-24$；$Y2=2-23$；$Y3=3-22$；$Y4=4-21$；$Y5=5-20$。

(4)适用电动机型号。JO2L-93-2。

6. 4 极 36 槽单双层混合绕组 1 路接法

(1)绕组展开图。U1—U2 绕组展开图和三相绕组展开图分别如图 2-5-

6a、b所示。

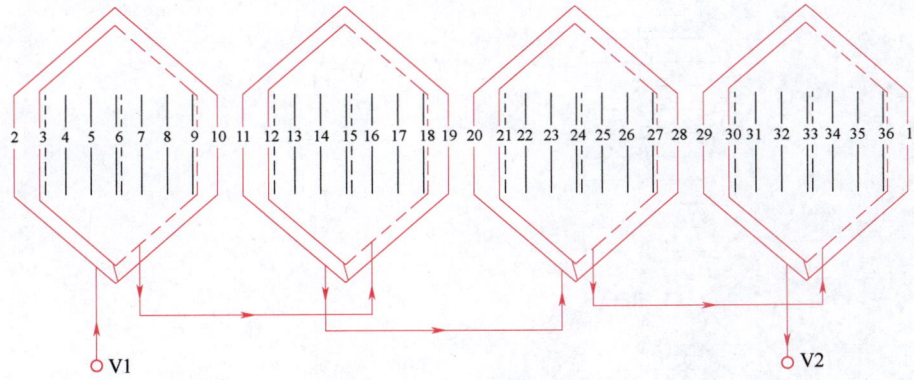

图 2-5-6a U1—U2 绕组

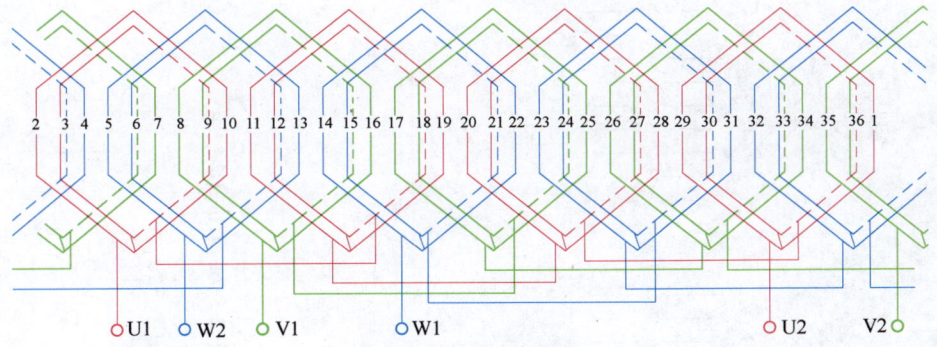

图 2-5-6b 三相绕组

(2)圆形接线图。详见书中第三章图 3-2-1。

(3)节距：$Y_1=1-9$；$Y_2=2-8$。

(4)适用电动机型号。JO3-160S-4；JO2-41-4。

7. 4 极 60 槽单双层混合绕组 4 路并联接法

(1)绕组展开图。U1—U2 绕组展开图和三相绕组展开图分别如图 2-5-7a、b 所示。

(2)圆形接线图。详见书中第三章图 3-2-3。

(3)节距。$Y_1=1-15$；$Y_2=2-14$；$Y_3=3-13$。

(4)适用电动机型号。JO2L-94-4。

8. 8 极 36 槽单双层混合绕组 1 路正串接法

(1)绕组展开图。U1—U2 绕组展开图和三相绕组展开图如图 2-5-8a、b 所示。

(2)节距。$Y_1=1-6$；$Y_2=2-5$。

(3)适用电动机型号。YZR160L-8 型绕线转子绕组。

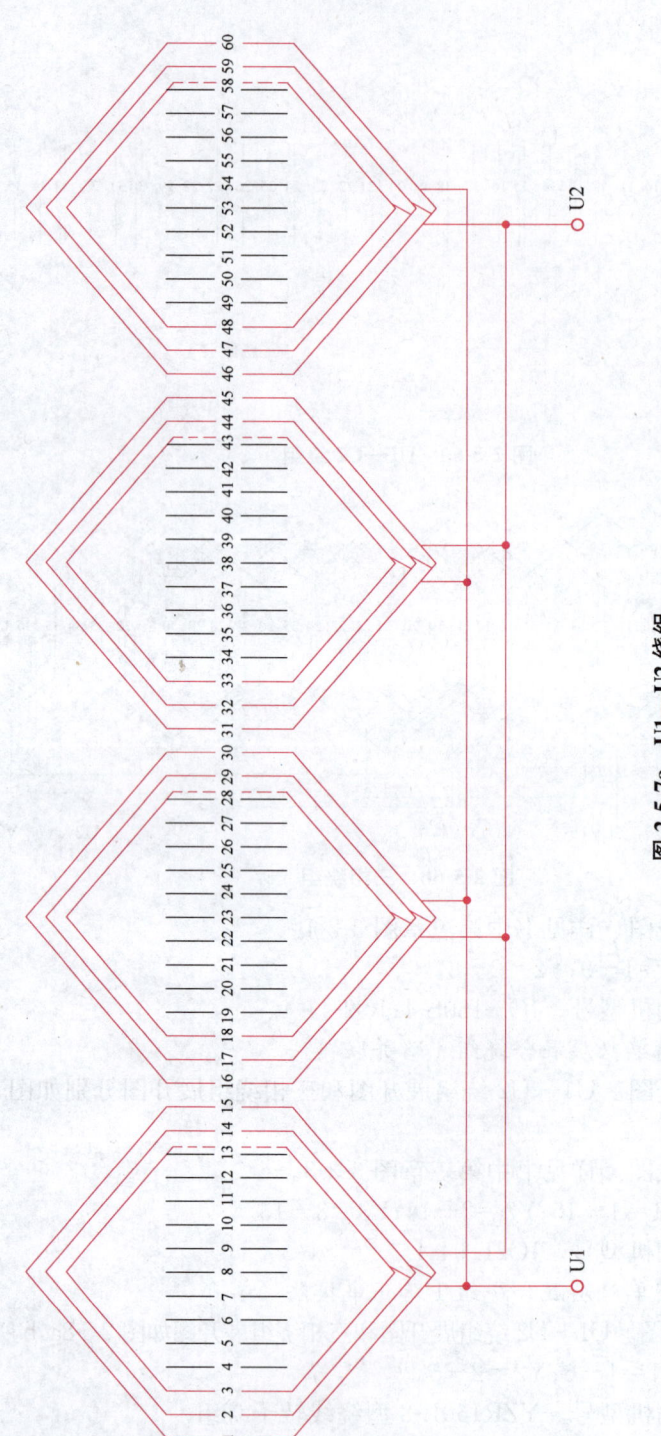

图 2-5-7a U1—U2 绕组

第五节 单、双层混合绕组展开图

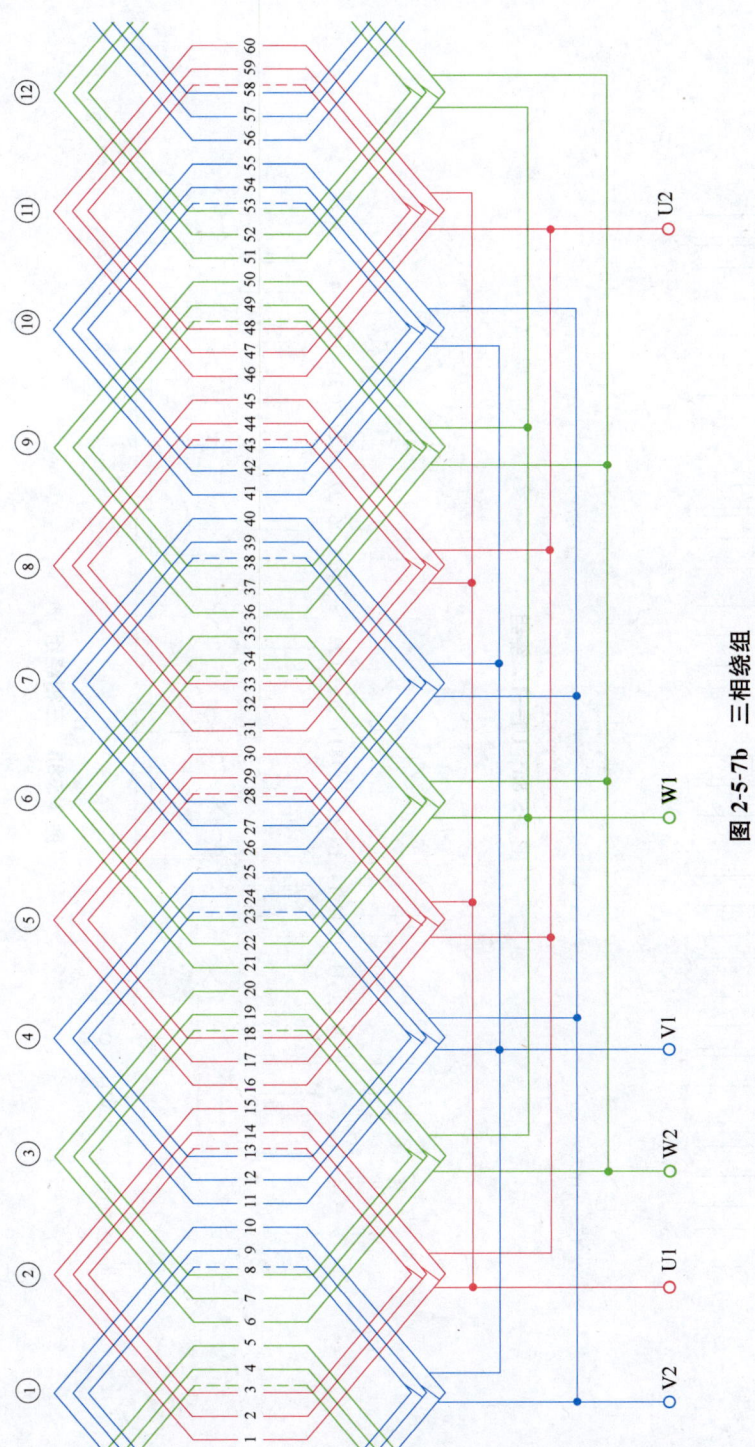

图 2-5-7b 三相绕组

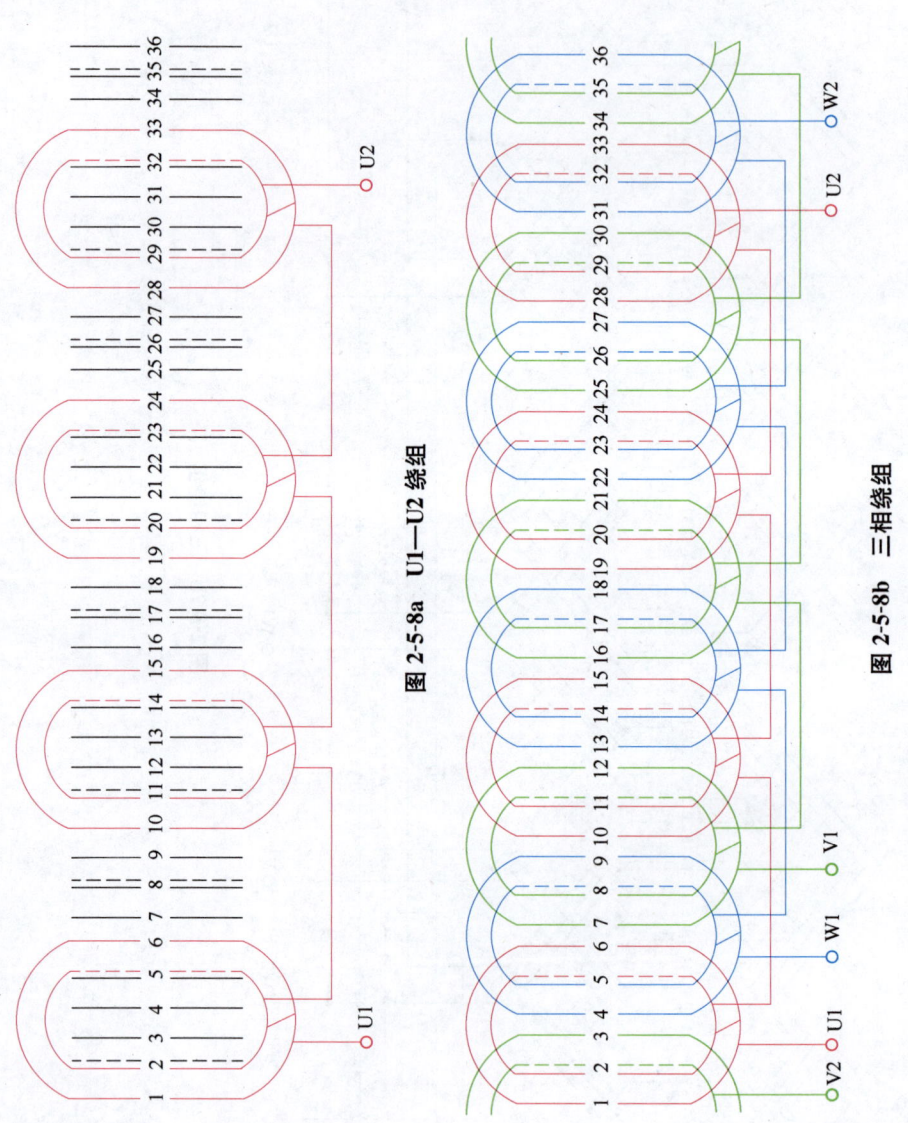

图 2-5-8a U1—U2 绕组　　图 2-5-8b 三相绕组

第三章 三相异步电动机圆形接线图

第一节 2极电动机圆形接线图

1. 三相2极 $a=1$ 圆形接线图

如图 3-1-1 所示。

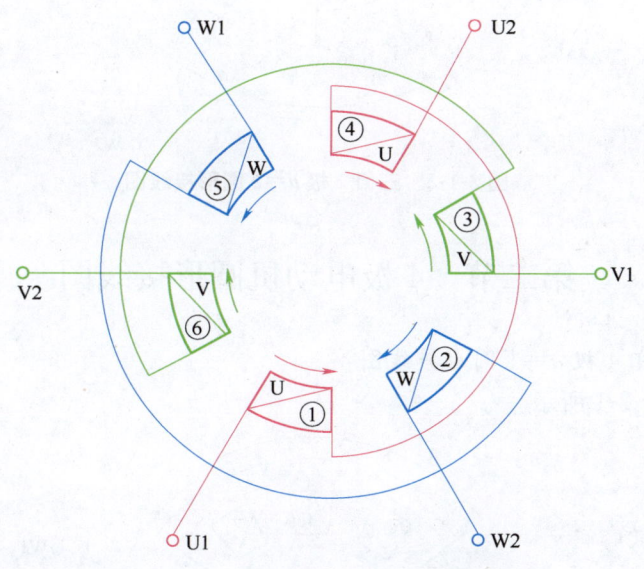

图 3-1-1 三相 2 极 $a=1$ 圆形接线图

2. 三相2极 $a=2$ 圆形接线图

如图 3-1-2 所示。

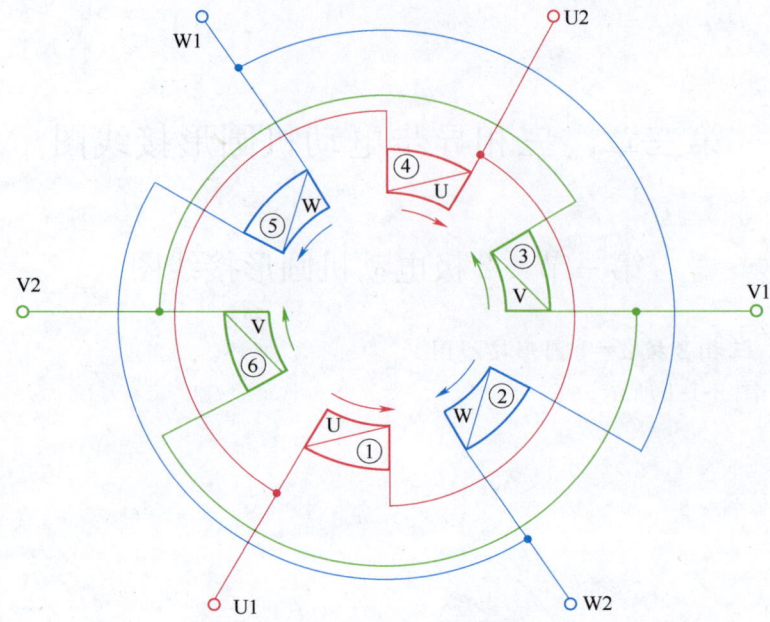

图 3-1-2　三相 2 极 $a=2$ 圆形接线图

第二节　4 极电动机圆形接线图

1. 三相 4 极 $a=1$ 圆形接线图

如图 3-2-1 所示。

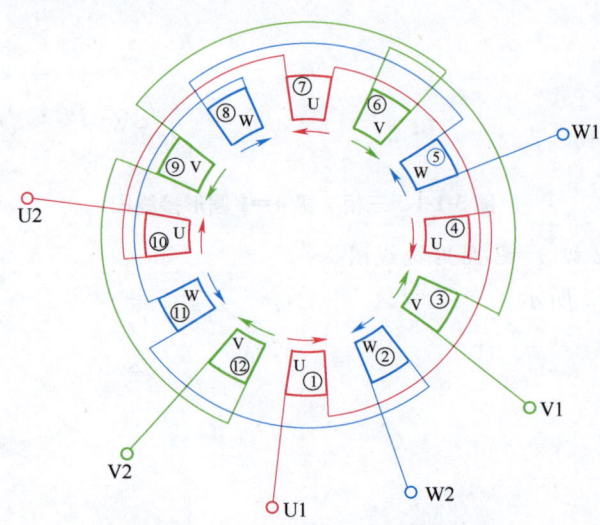

图 3-2-1　三相 4 极 $a=1$ 圆形接线图

2. 三相 4 极 $a=2$ 圆形接线图

两种接法分别如图 3-2-2a、b 所示。

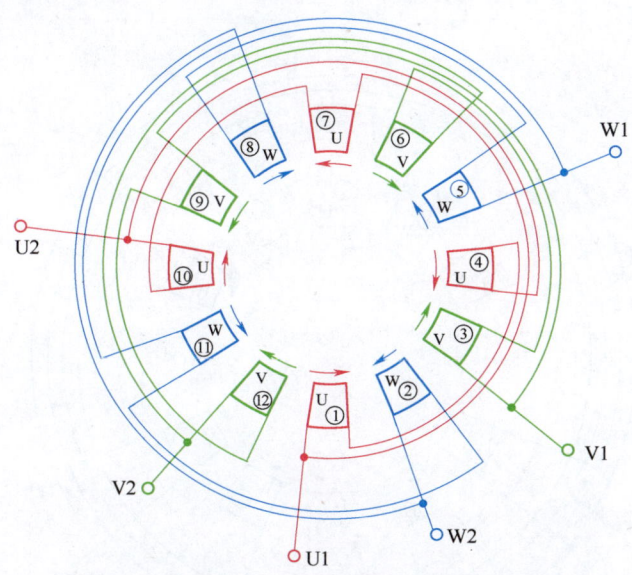

图 3-2-2a 三相 4 极 $a=2$ 圆形接线图（第一种接法）

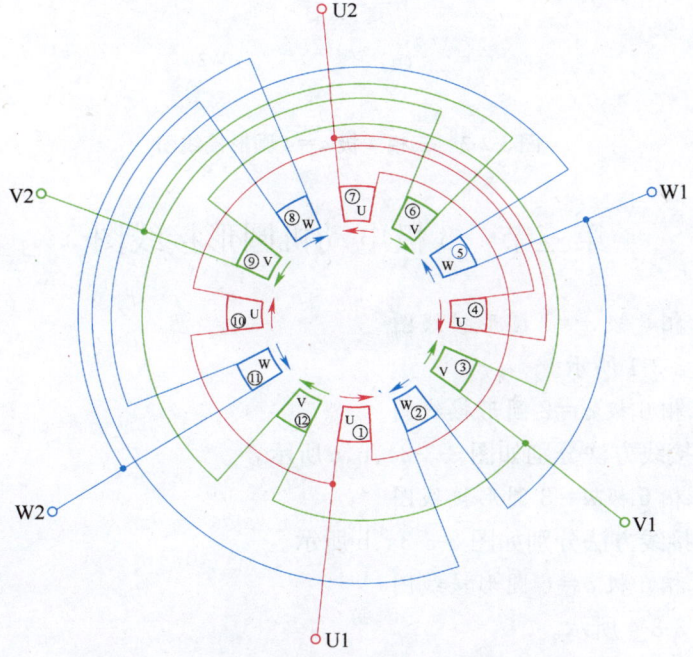

图 3-2-2b 三相 4 极 $a=2$ 圆形接线图（第二种接法）

3. 三相 4 极 $a=4$ 圆形接线图

如图 3-2-3 所示。

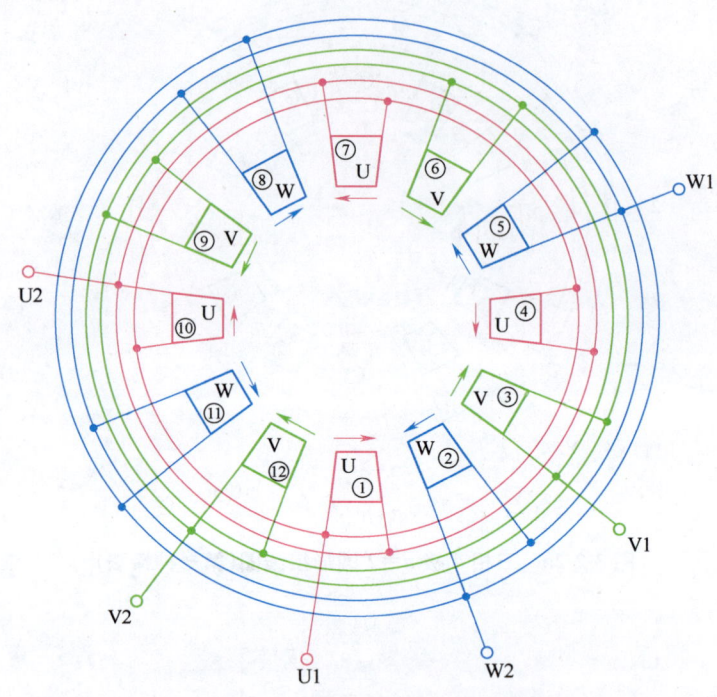

图 3-2-3　三相 4 极 $a=4$ 圆形接线图

第三节　6 极电动机圆形接线图

1. 三相 6 极 $a=1$ 圆形接线图

如图 3-3-1 所示。

2. 三相 6 极 $a=2$ 圆形接线图

三种接线方法分别如图 3-3-2a、b、c 所示。

3. 三相 6 极 $a=3$ 圆形接线图

两种接线方法分别如图 3-3-3a、b 所示。

4. 三相 6 极 $a=6$ 圆形接线图

如图 3-3-4 所示。

第三节 6极电动机圆形接线图

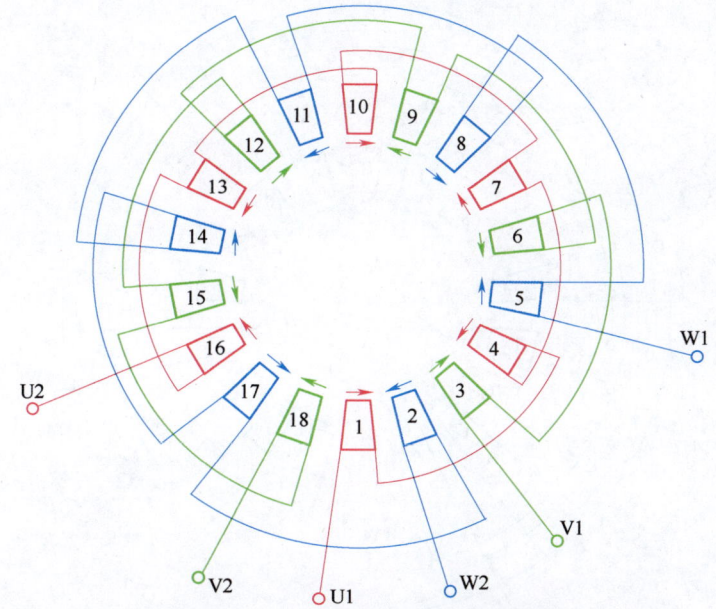

图 3-3-1　三相 6 极 $a=1$ 圆形接线图

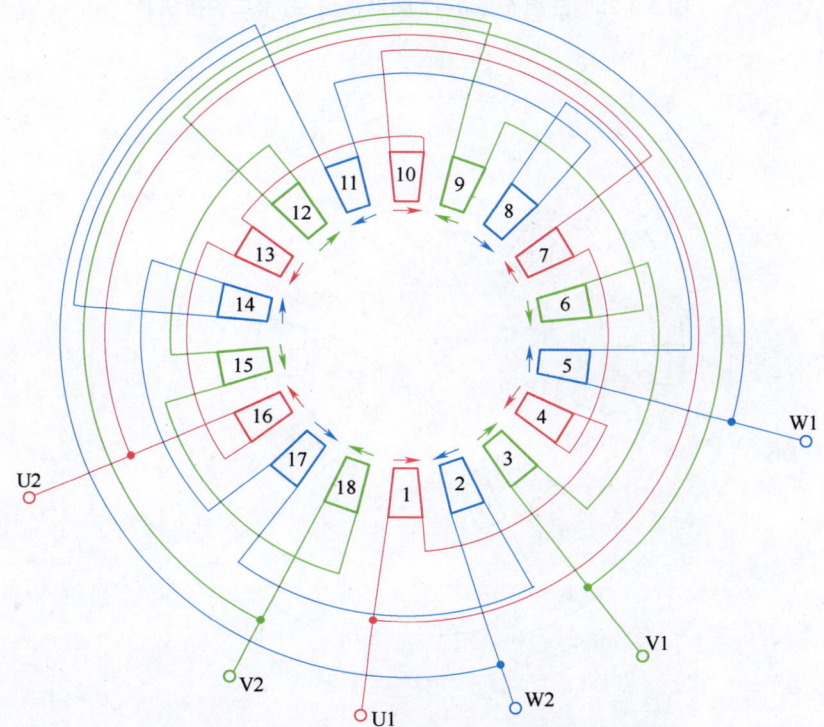

图 3-3-2a　三相 6 极 $a=2$ 圆形接线图（第一种接法）

第三章 三相异步电动机圆形接线图

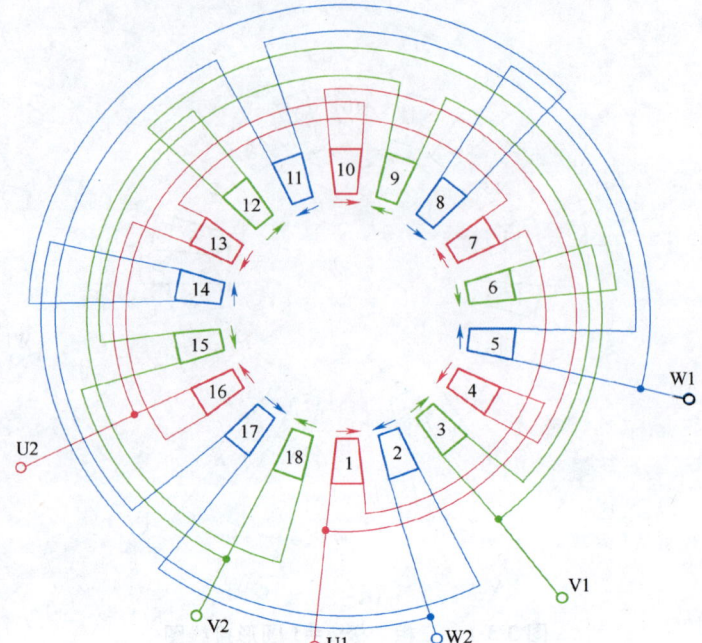

图 3-3-2b 三相 6 极 $a=2$ 圆形接线图(第二种接法)

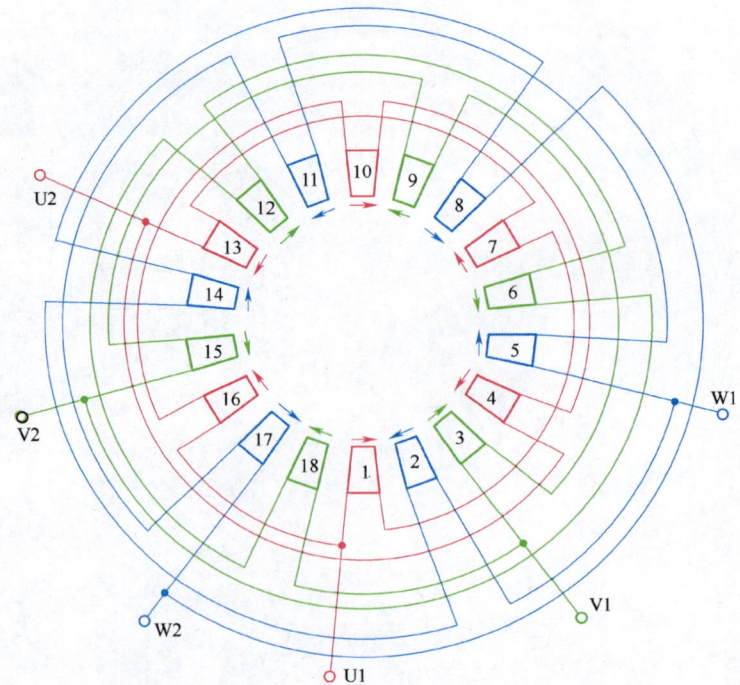

图 3-3-2c 三相 6 极 $a=2$ 圆形接线图(第三种接法)

第三节 6极电动机圆形接线图

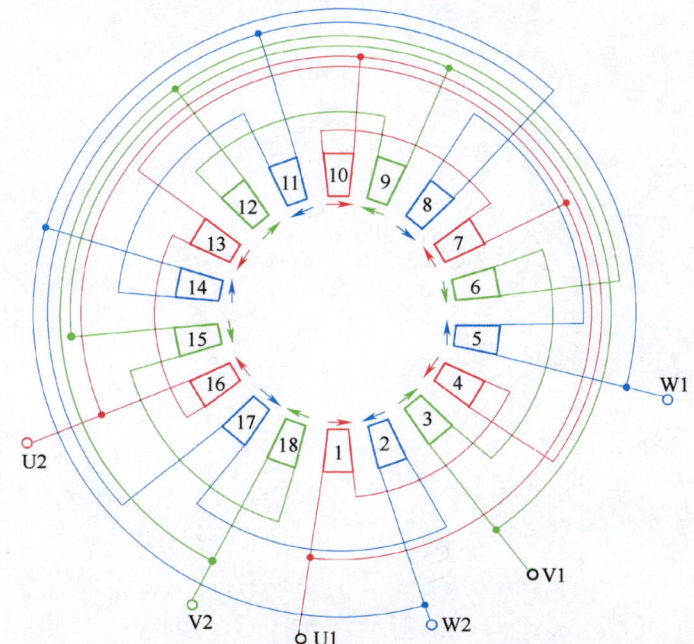

图3-3-3a 三相6极 $a=3$ 圆形接线图（第一种接法）

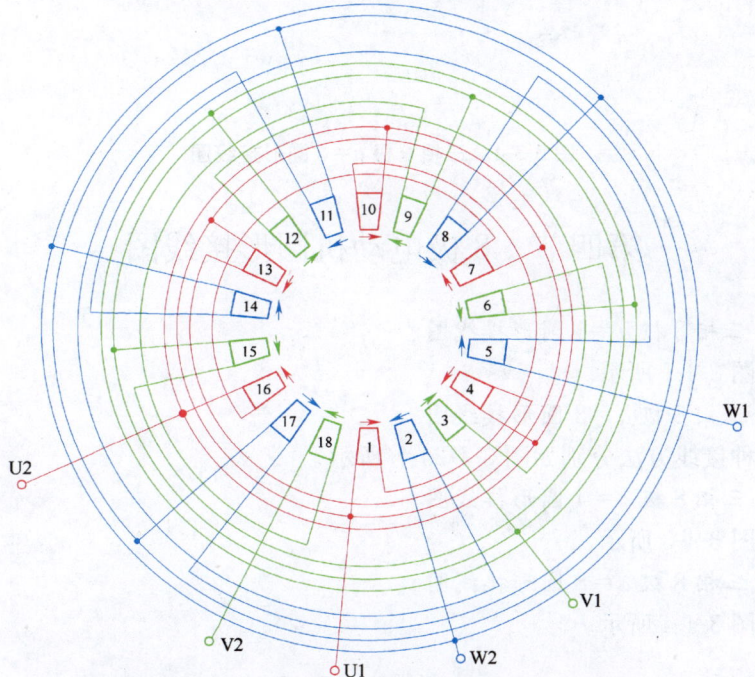

图3-3-3b 三相6极 $a=3$ 圆形接线图（第二种接法）

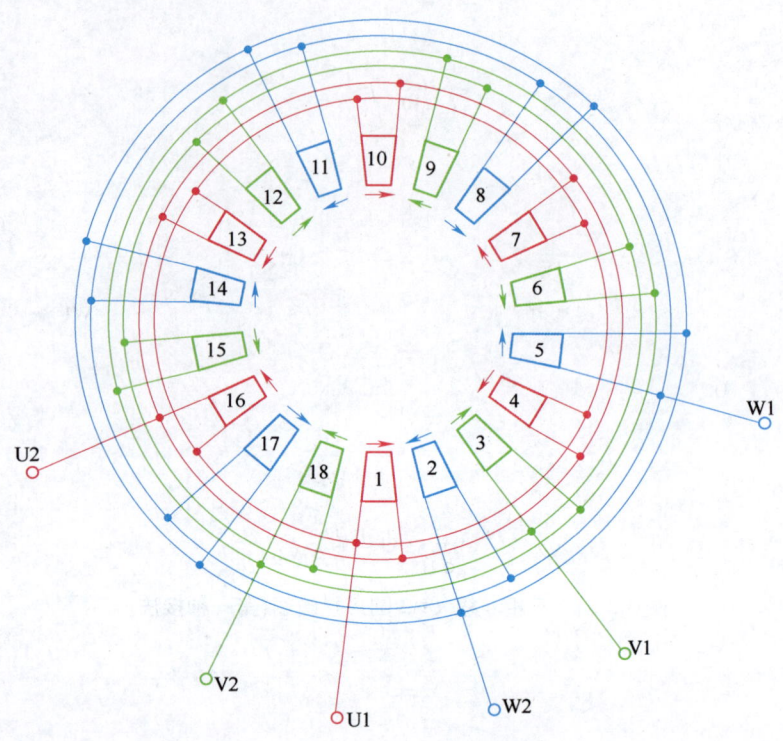

图 3-3-4　三相 6 极 $a=6$ 圆形接线图

第四节　8 极电动机圆形接线图

1. 三相 8 极 $a=1$ 圆形接线图

如图 3-4-1 所示。

2. 三相 8 极 $a=2$ 圆形接线图

两种接线方法分别如图 3-4-2a、b 所示。

3. 三相 8 极 $a=4$ 圆形接线图

如图 3-4-3 所示。

4. 三相 8 极 $a=8$ 圆形接线图

如图 3-4-4 所示。

第四节　8极电动机圆形接线图

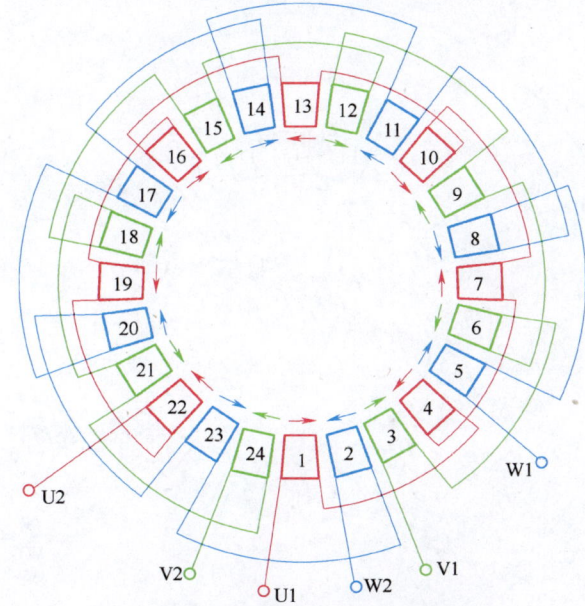

图 3-4-1　三相 8 极 $a=1$ 圆形接线图

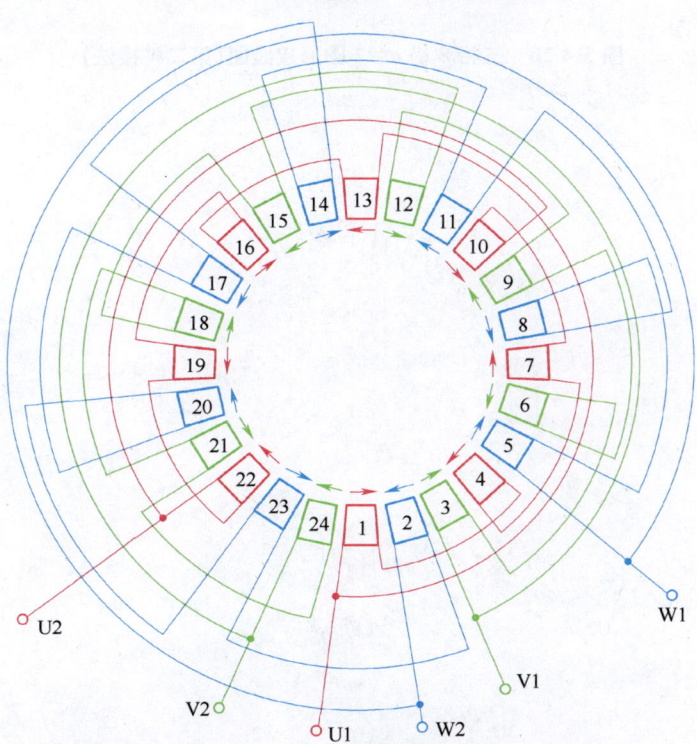

图 3-4-2a　三相 8 极 $a=2$ 圆形接线图（第一种接法）

216 第三章 三相异步电动机圆形接线图

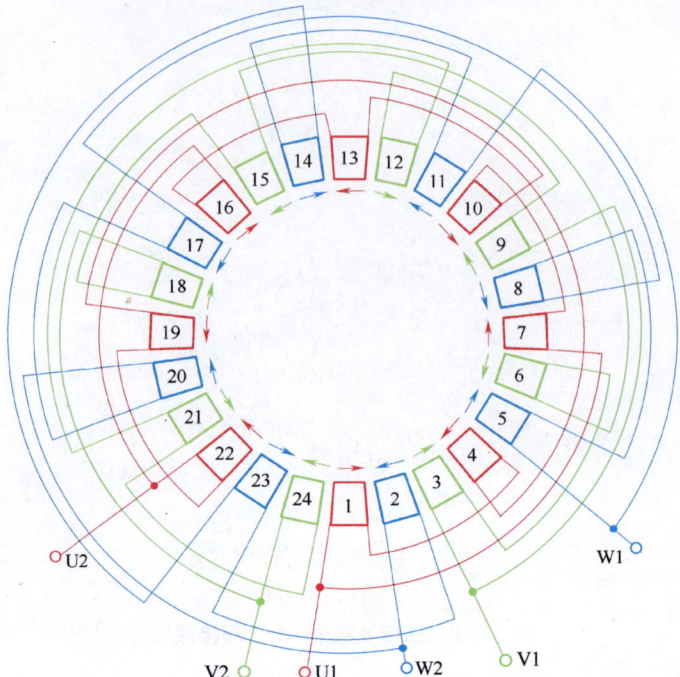

图 3-4-2b 三相 8 极 $a=2$ 圆形接线图（第二种接法）

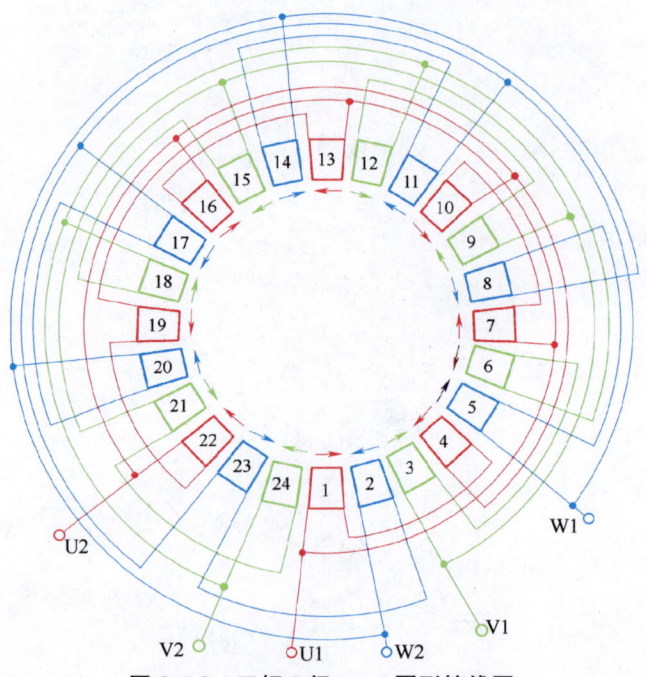

图 3-4-3 三相 8 极 $a=4$ 圆形接线图

第四节 8极电动机圆形接线图

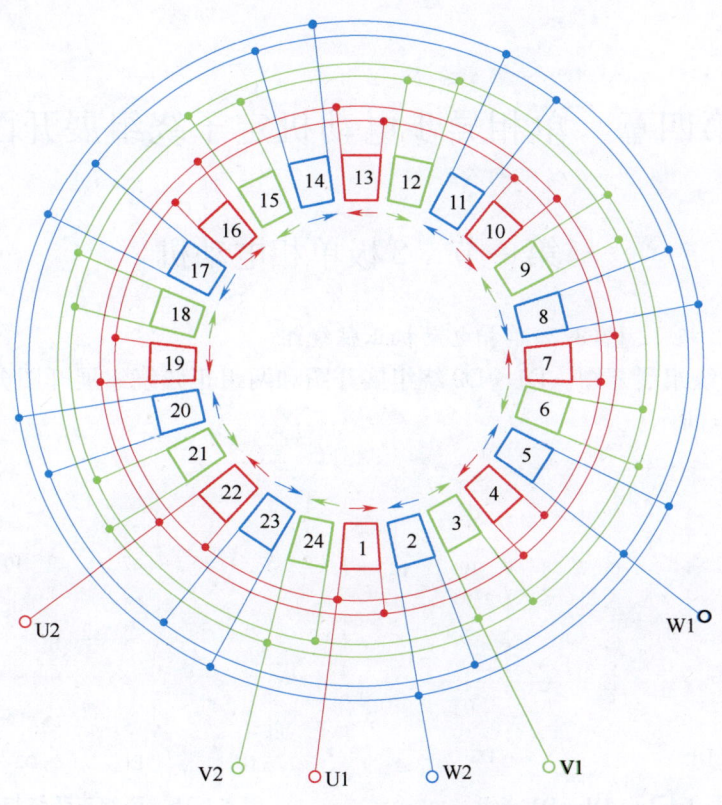

图 3-4-4 三相 8 极 $a=8$ 圆形接线图

第四章 单相异步电动机定子绕组展开图

第一节 2极单相电动机

1. 2极12槽(3/3)单相电动机正弦绕组

(1)绕组展开图。D1—D2绕组展开图和两组正弦绕组展开图分别如图4-1-1a、b所示。

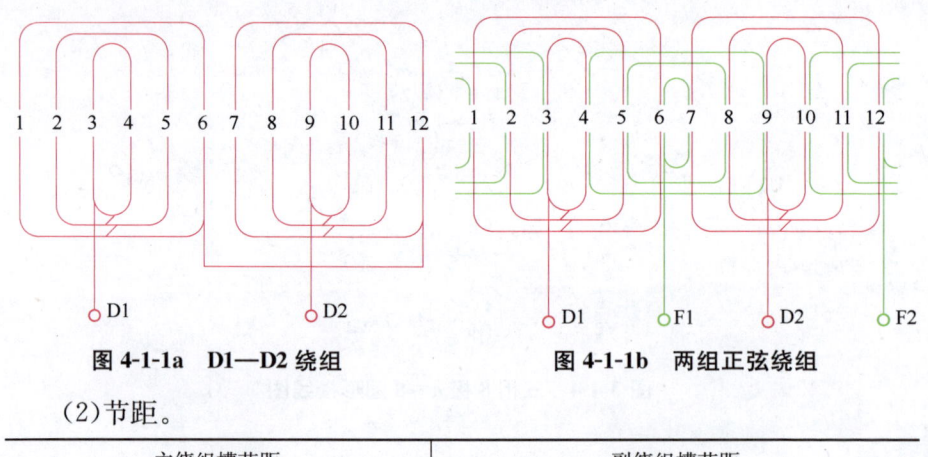

图4-1-1a　D1—D2绕组　　　图4-1-1b　两组正弦绕组

(2)节距。

主绕组槽节距	副绕组槽节距

(3)适用电动机型号。

DO2系列：DO2-4512 8W，DO2-4522 16W，DO2-5012 25W，DO2-5022 40W。

DO系列：DO4522 25W，DO5012 40W，DO5022 60W。

JX系列：JX4512 15W，JX4522 25W，JX5012 40W，JX5022 60W。

2. 2极12槽(3/3)单相电动机正弦绕组2路并联接法

D1—D2绕组展开图和两组正弦绕组展开图分别如图4-1-2a、b所示。

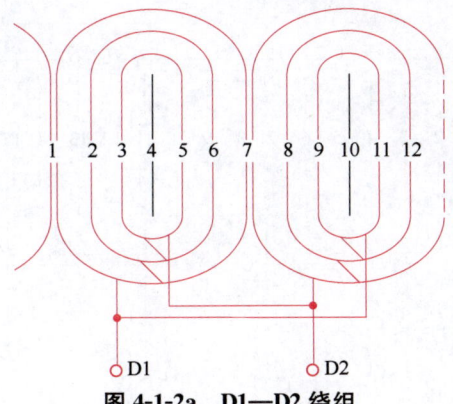

图 4-1-2a　D1—D2 绕组

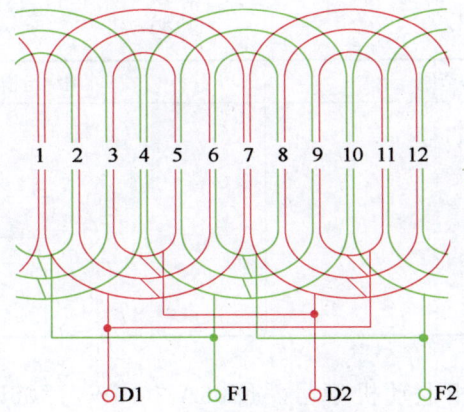

图 4-1-2b　两组正弦绕组

3. 2 极 16 槽(3/3)单相电动机正弦绕组

(1)绕组展开图。D1—D2 绕组展开图和两组正弦绕组展开图分别如图 4-1-3a、b 所示。

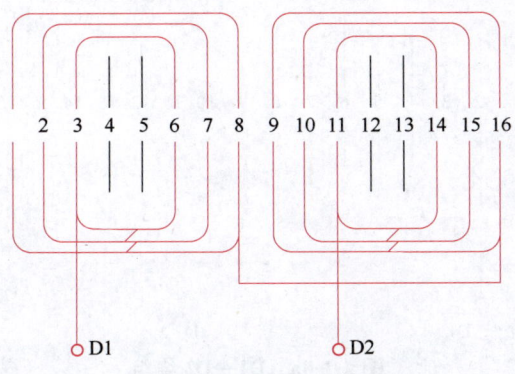

图 4-1-3a　D1—D2 绕组

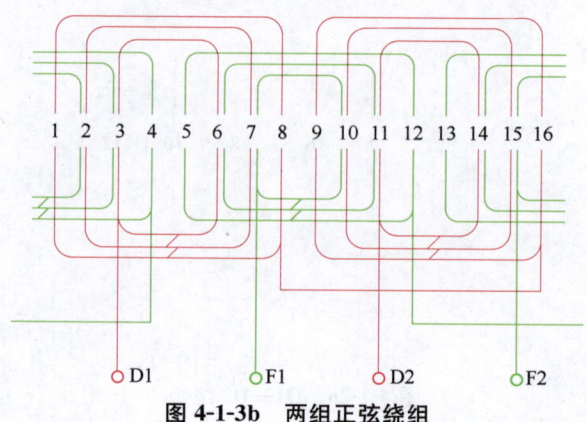

图 4-1-3b　两组正弦绕组

(2)节距。

主绕组槽节距	副绕组槽节距
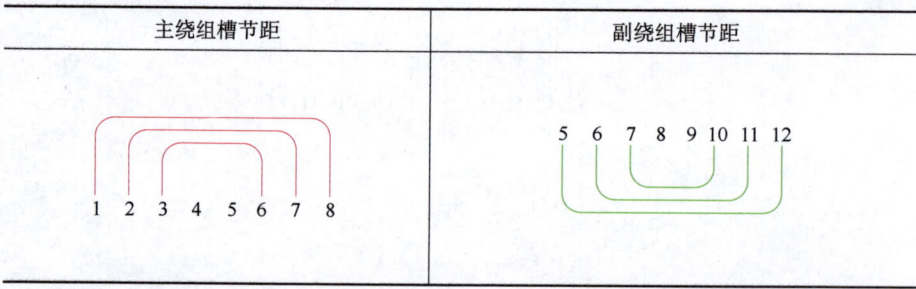	

(3)适用的单相电动机型号。JX06A-2 40W,JX06B-2 25W,JX05A-2 15W,JX05B-2 8W。

4. 2极16槽(2/2)单相电动机正弦绕组展开图

(1)绕组展开图。D1—D2绕组展开图和两组正弦绕组展开图分别如图 4-1-4a、b 所示。

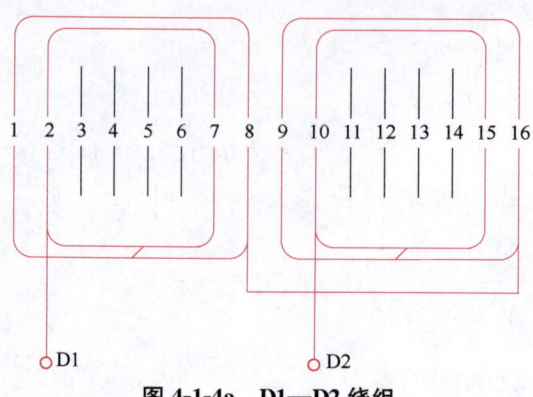

图 4-1-4a　D1—D2 绕组

第一节 2极单相电动机

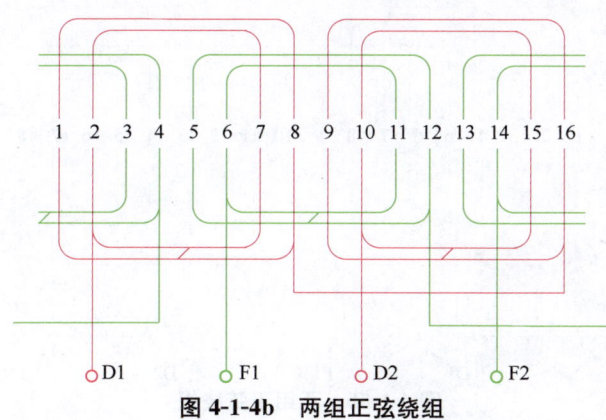

图 4-1-4b 两组正弦绕组

(2)节距。

主绕组槽节距	副绕组槽节距

(3)适用电动机型号。F-16型风扇单相电容电动机。

5.2极18槽(4/4)单相电动机正弦绕组

(1)绕组展开图。D1—D2绕组展开图和两组正弦绕组展开图分别如图4-1-5a、b、所示。

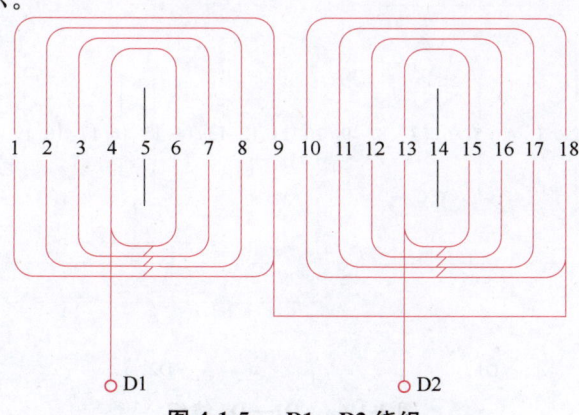

图 4-1-5a D1—D2 绕组

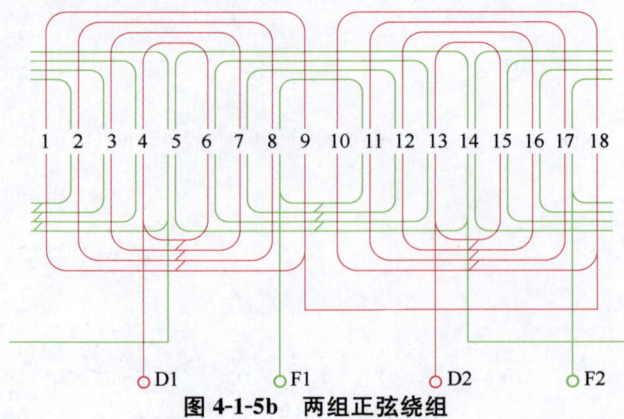

图 4-1-5b 两组正弦绕组

(2)节距。

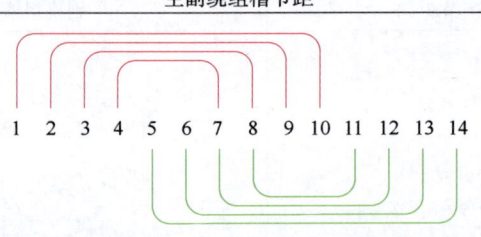

主副绕组槽节距

(3)适用电动机型号。JZ08B-2 90W,JZ08A-2 120W;CFPP-1-120 型砂轮机配套电动机。

6. 2 极 20 槽(4/4)单相电动机正弦绕组

(1)绕组展开图。D1—D2 绕组展开图和两组正弦绕组展开图分别如图 4-1-6a、b 所示。

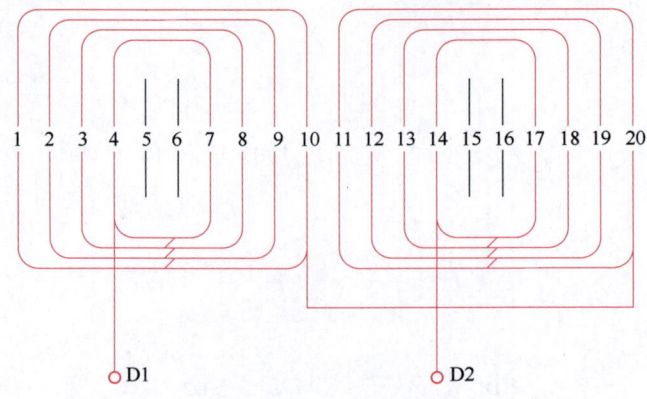

图 4-1-6a D1—D2 绕组

第一节　2极单相电动机

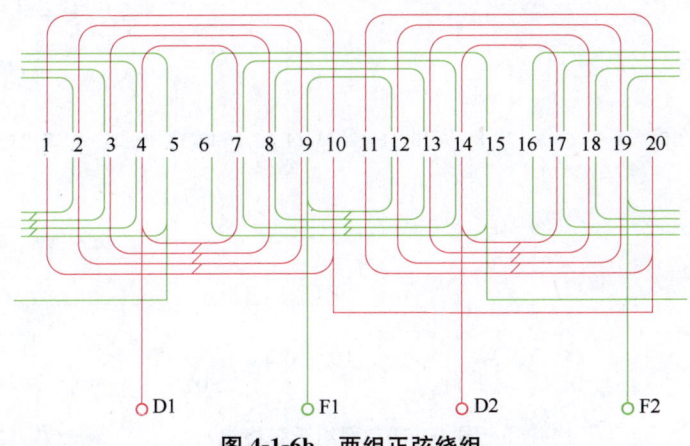

图 4-1-6b　两组正弦绕组

(2)节距。

主绕组槽节距	副绕组槽节距
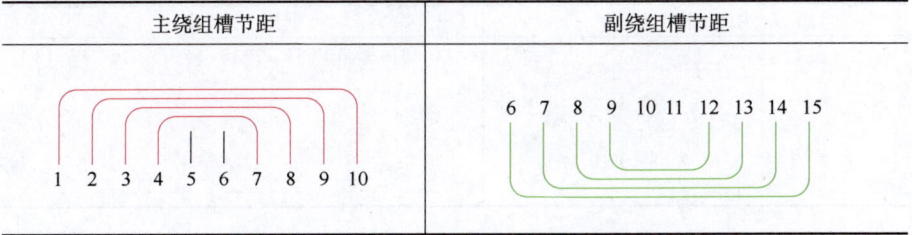	

(3)适用电动机型号。适用于120W 2极电容运转式单相电动机。

7. 2极24槽(4/2)单相电动机正弦绕组

(1)绕组展开图。D1—D2绕组展开图和两组正弦绕组展开图分别如图4-1-7a、b所示。

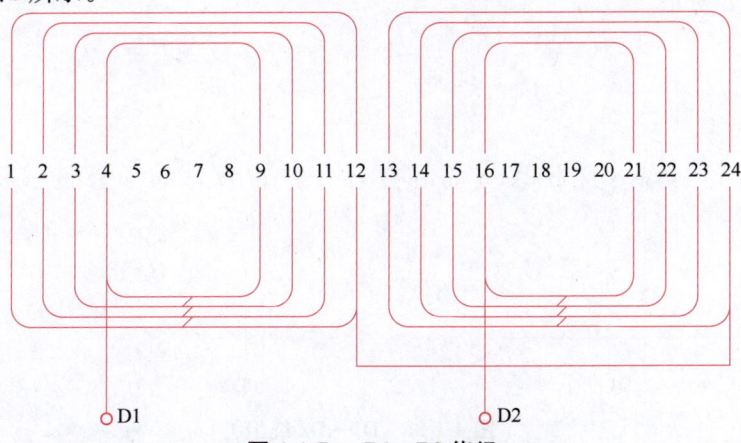

图 4-1-7a　D1—D2绕组

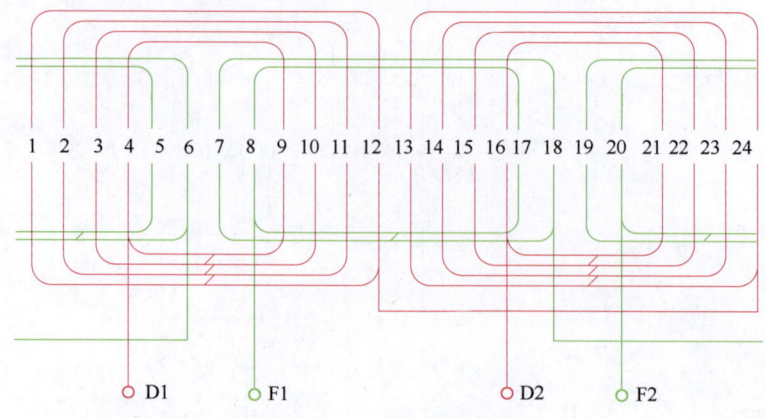

图 4-1-7b 两组正弦绕组

(2)节距。

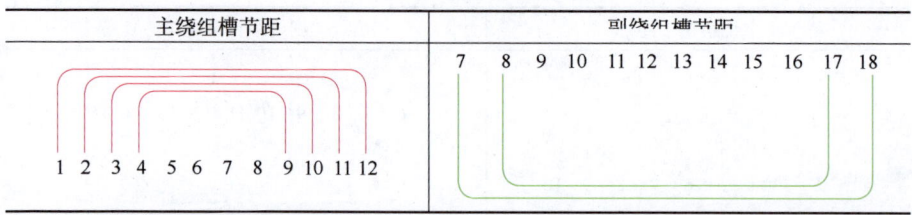

(3)适用电动机型号。YYWB71-2-2 型 650W 电容运转式单相电动机和 370W 2 极电容运转式单相电动机。

8. 2 极 24 槽(4/4)单相电动机正弦绕组

(1)绕组展开图。D1—D2 绕组展开图和两组正弦绕组展开图分别如图 4-1-8a、b 所示。

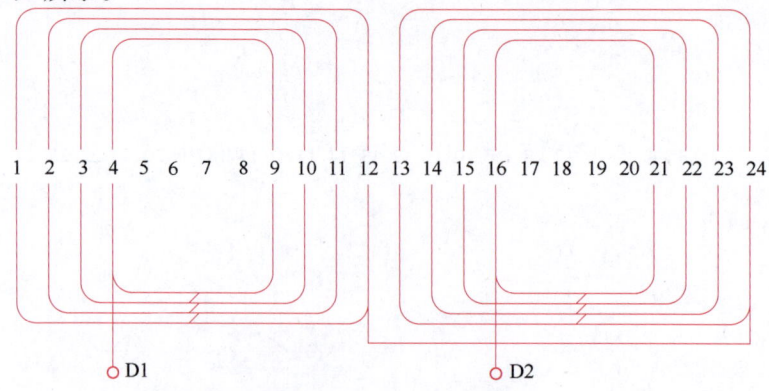

图 4-1-8a　D1—D2 绕组

第一节 2极单相电动机

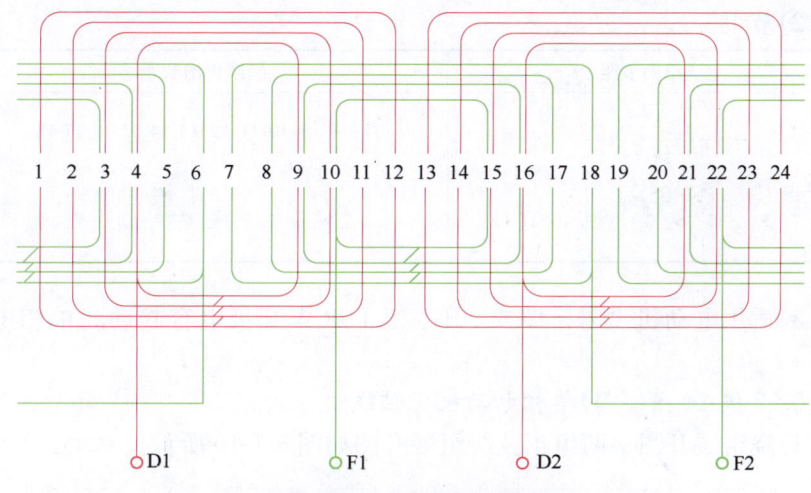

图 4-1-8b 两组正弦绕组

(2)节距。

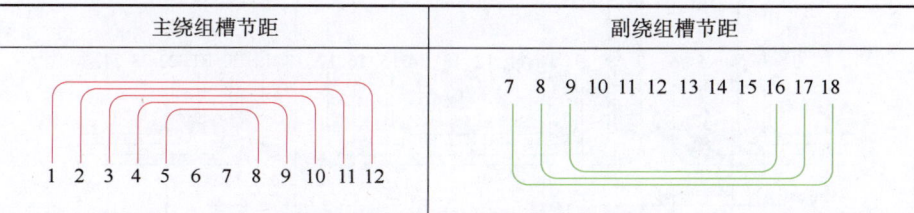

(3)适用电动机型号。JZR 型 120W 2 极电容运转式单相电动机。

9. 2 极 24 槽(5/3)单相电动机正弦绕组

(1)绕组展开图。两组正弦绕组展开图如图 4-1-9 所示。

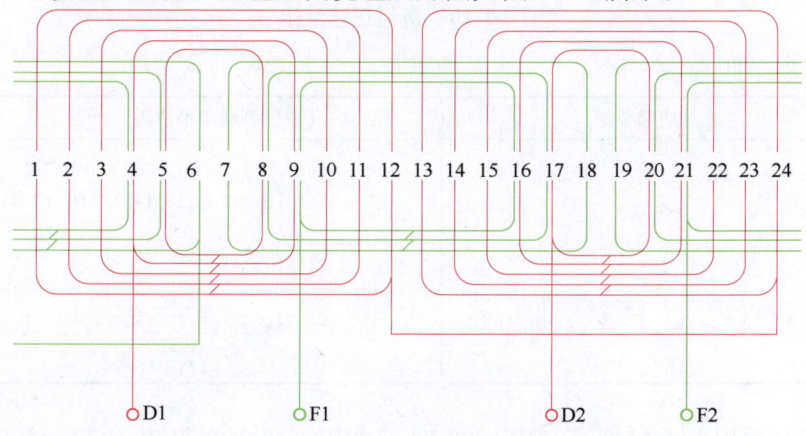

图 4-1-9 两组正弦绕组

(2)节距。

主绕组槽节距	副绕组槽节距
1 2 3 4 5 6 7 8 9 10 11 12	7 8 9 10 11 12 13 14 15 16 17 18

(3)适用电动机型号。CO2-90L2 型 1100W 2 极电容起动式单相电动机。

10. 2 极 24 槽(5/4)单相电动机正弦绕组

(1)绕组展开图。两组正弦绕组展开图如图 4-1-10 所示。

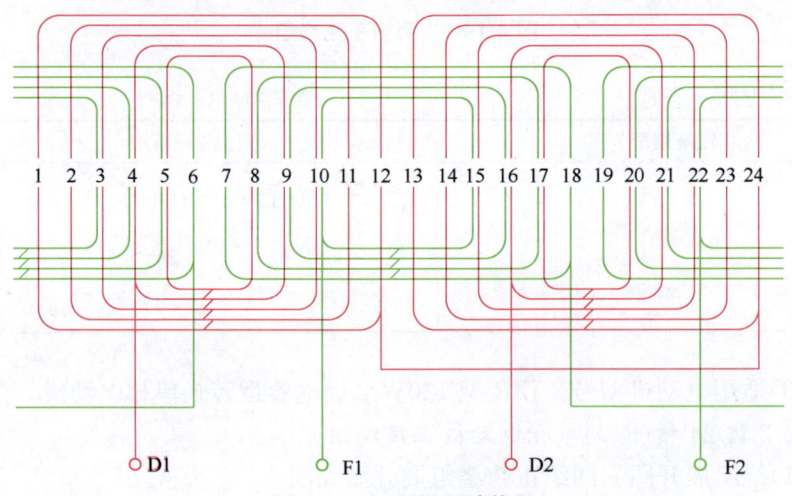

图 4-1-10 两组正弦绕组

(2)节距。

主绕组槽节距	副绕组槽节距
1 2 3 4 5 6 7 8 9 10 11 12	7 8 9 10 11 12 13 14 15 16 17 18

(3)适用电动机型号。YL-902 型 1100W 2 极电容起动、电容运转式单

相电动机；YC90L-2 型 1500W 2 极电容起动式单相电动机；550W 2 极电容起动式单相电动机；750W 2 极电容起动式单相电动机；550W 2 极电阻起动式单相电动机；750W 2 极电阻起动式单相电动机。

11. 2 极 24 槽(5/5)单相电动机正弦绕组

(1)绕组展开图。D1—D2 绕组展开图和两组正弦绕组展开图分别如图 4-1-11a、b 所示。

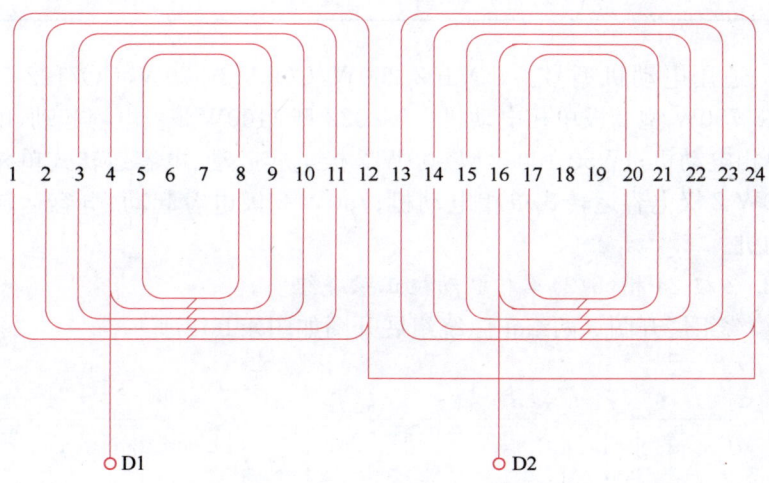

图 4-1-11a　D1—D2 绕组

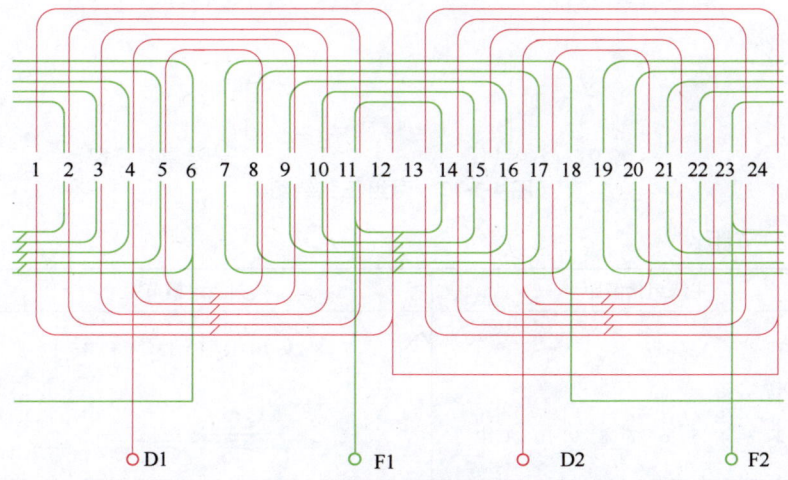

图 4-1-11b　两组正弦绕组

(2)节距。

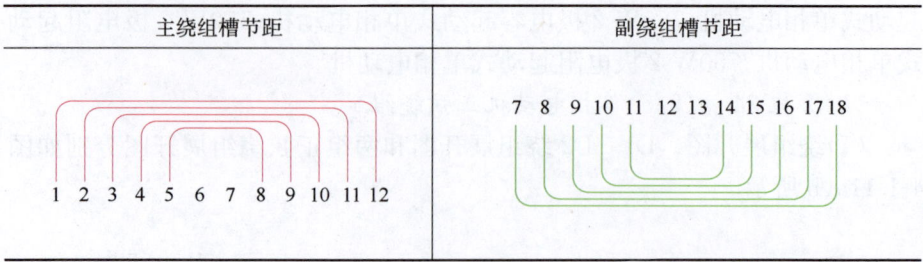

(3)适用电动机型号。CO7102 250W,CO7112 370W,CO7122 550W,CO8012 750W 型 2 极单相电动机 YL-8022 型 1100W 2 极电容起动、电容运转式单相电动机;JW50-100-1 型 600W 2 极电容起动、电容运转式单相电动机;750W 2 极电容运转式单相电动机;750W 2 极电容起动、电容运转式单相电动机。

12. 2 极 24 槽(6/3)单相电动机正弦绕组

(1)绕组展开图。两组正弦绕组展开图如图 4-1-12 所示。

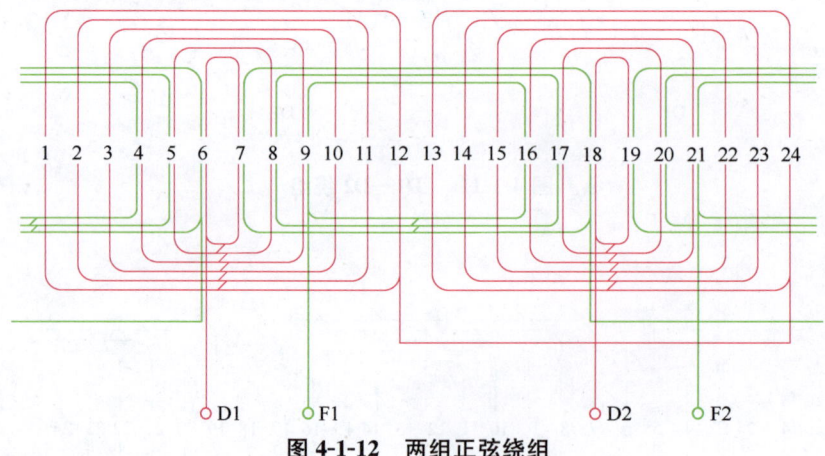

图 4-1-12 两组正弦绕组

(2)节距。

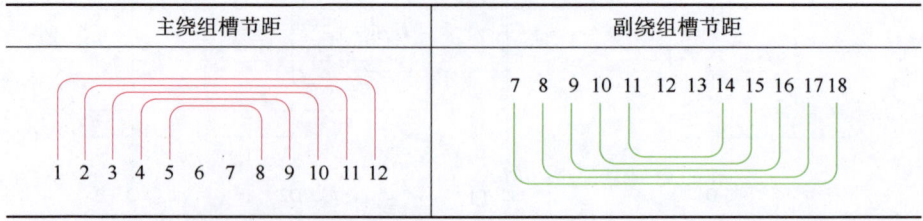

(3)适用电动机型号。550W 2 极电容起动式单相电动机。

13. 2极24槽(6/4)单相电动机正弦绕组

(1)绕组展开图。D1—D2主绕组展开图和两组正弦绕组展开图分别如图4-1-13a、b所示。

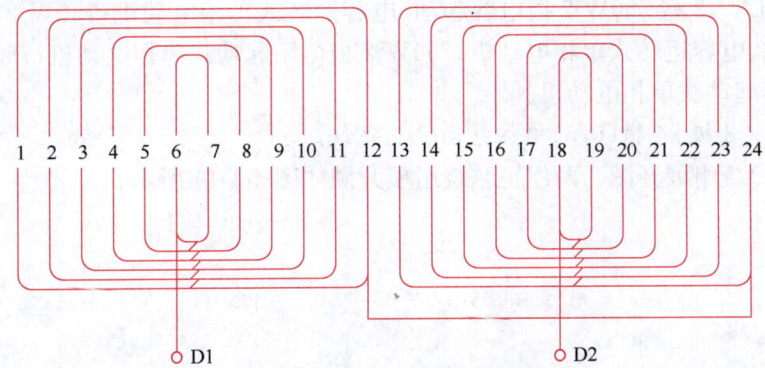

图 4-1-13a　D1—D2 主绕组

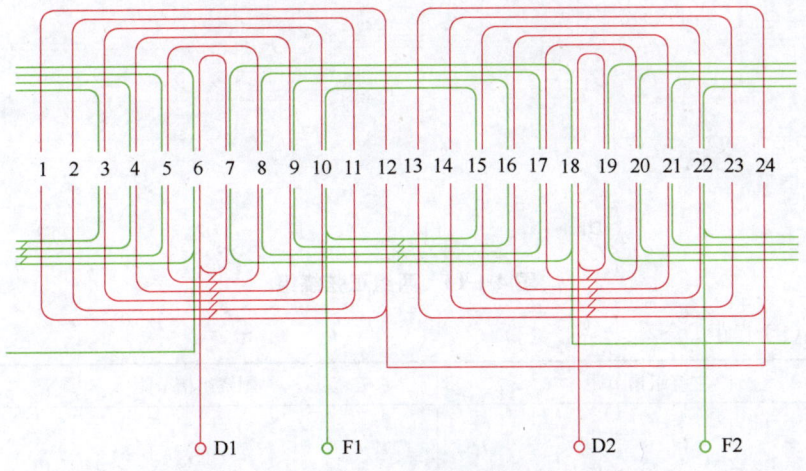

图 4-1-13b　两组正弦绕组

(2)节距。

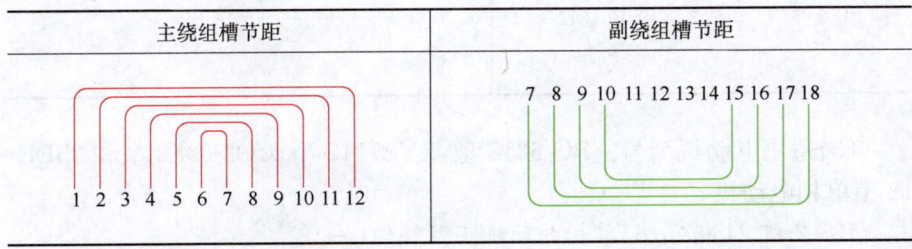

(3)适用电动机型号。

YC 系列：YC7112,YC7122,YC8012,YC8022,YC90S2。

CO2 系列：CO2-7112,CO2-7122,CO2-8012,CO2-8022,CO2-9012,CO2-90S2。

YL8012 型 750W 2 极电容起动、电容运转式单相电动机；750W 2 极电容起动、电容运转式单相电动机；750W 2 极电阻起动式单相电动机；750W 2 极电容起动式单相电动机。

14. 2 极 24 槽(6/5)单相电动机正弦绕组

(1)绕组展开图。两组正弦绕组展开图如图 4-1-14 所示。

图 4-1-14　两组正弦绕组

(2)节距。

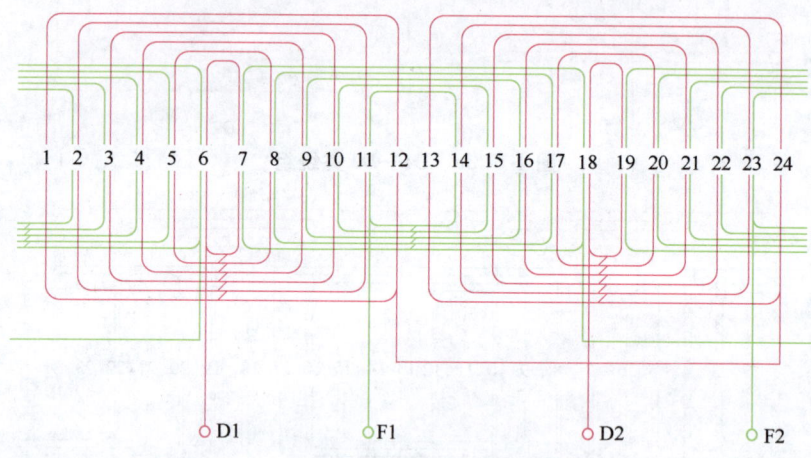

主绕组槽节距	副绕组槽节距

(3)适用电动机型号。BO-6312 型，ZYB7112 型，CO2-90S2 型和 25DB-18 型单相电动机。

15. 2 极 24 槽(6/6)单相电动机正弦绕组(一)

(1)绕组展开图。两组正弦绕组展开图如图 4-1-15 所示。

第一节 2极单相电动机

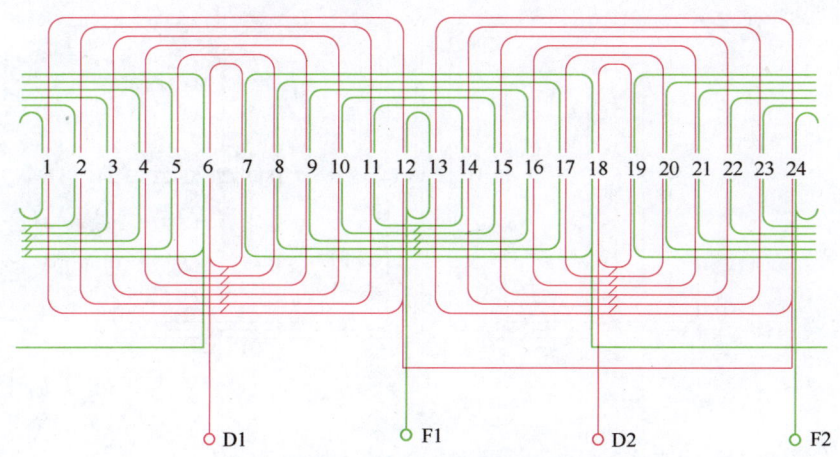

图 4-1-15 两组正弦绕组

(2)节距。

主绕组槽节距	副绕组槽节距
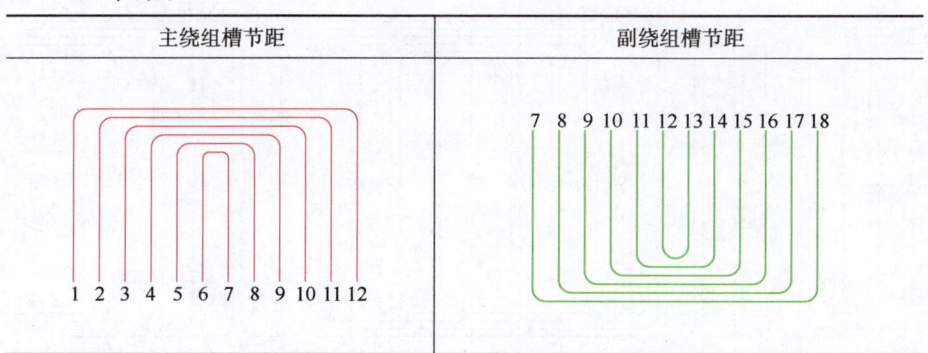	

(3)适用电动机型号。

YU 系列：YU6312 90W，YU6322 120W，YU7112 180W，YU7122 250W，YU8012 370W。

BO2 系列：BO2-6312 90W，BO2-6322 120W，BO2-7112 180W，BO2-7122 250W，BO2-8012 370W。

YL-9052 型 1100W 2 极电容起动、电容运转式单相电动机；YL-9032 型 1500W2 极电容起动、电容运转式单相电动机；550W 2 极电阻起动式单相电动机。750W 2 极电容运转式单相电动机。

16. 2极24槽(6/6)单相电动机正弦绕组(二)

(1)绕组展开图。D1—D2 主绕组展开图和两组正弦绕组展开图分别如图 4-1-16a、b 所示。

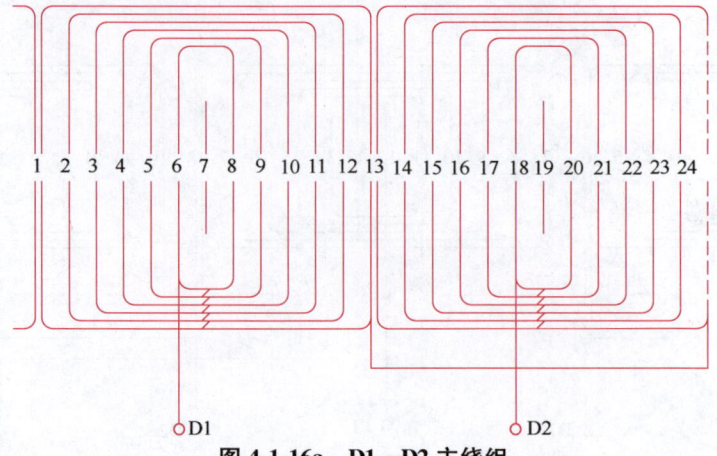

图 4-1-16a D1—D2 主绕组

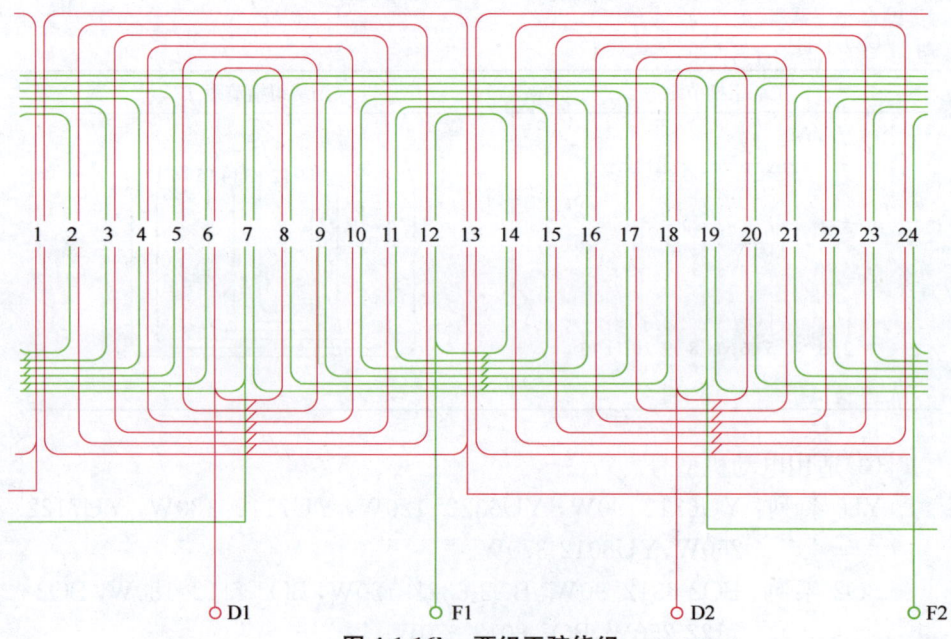

图 4-1-16b 两组正弦绕组

(2)节距。

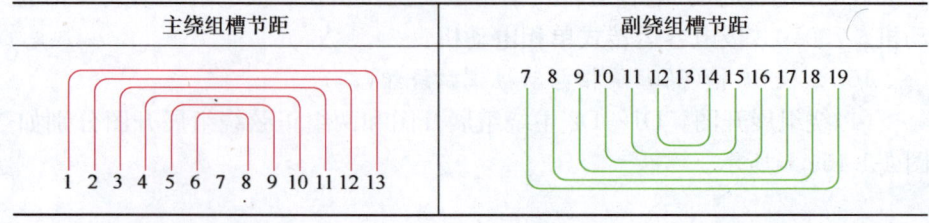

(3)适用电动机型号。YZB-550型单相异步电动机和BB/M-1单相电动机。

17. 2极24槽(电容运转)单相电动机绕组

(1)绕组展开图。D1—D2主绕组展开图和两组正弦绕组展开图分别如图4-1-17a、b所示。

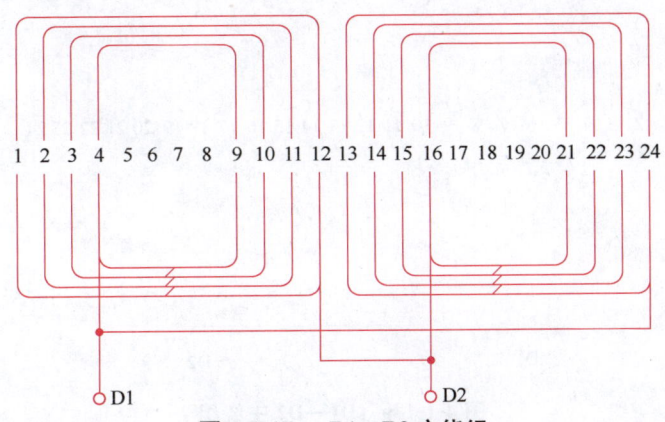

图4-1-17a　D1—D2主绕组

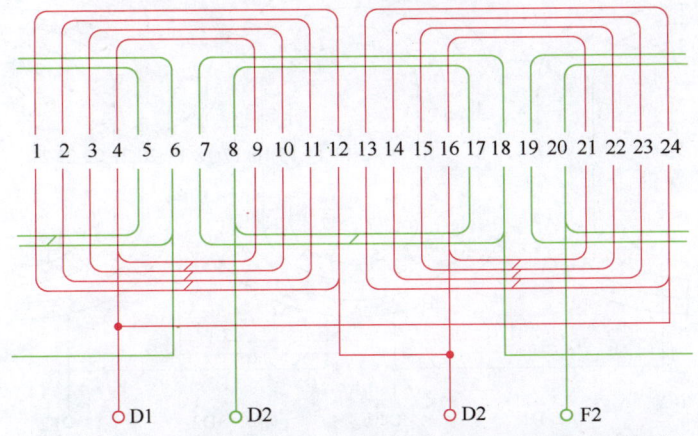

图4-1-17b　两组正弦绕组(主绕组2路并联;副绕组1路串联)

(2)节距。

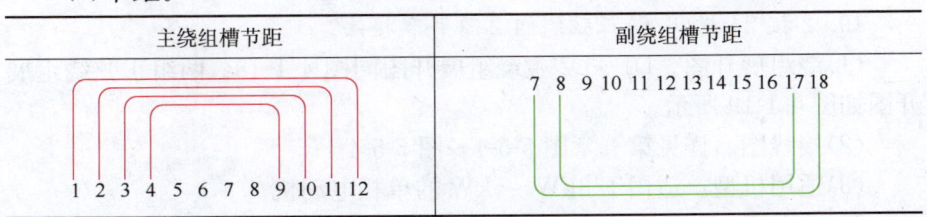

(3)适用电动机型号。1500W 2极电容运转式单相电动机。

18. 2极24槽(6/4)正弦绕组2路并联接法

(1)绕组展开图。D1—D2主绕组展开图和两组正弦绕组展开图分别如图4-1-18a、b所示。

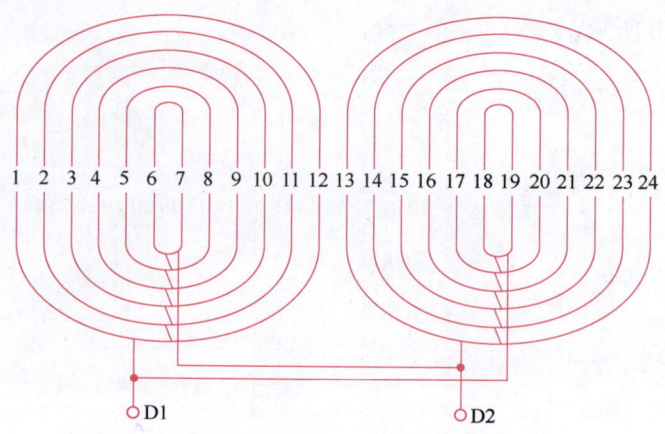

图 4-1-18a　D1—D2 主绕组

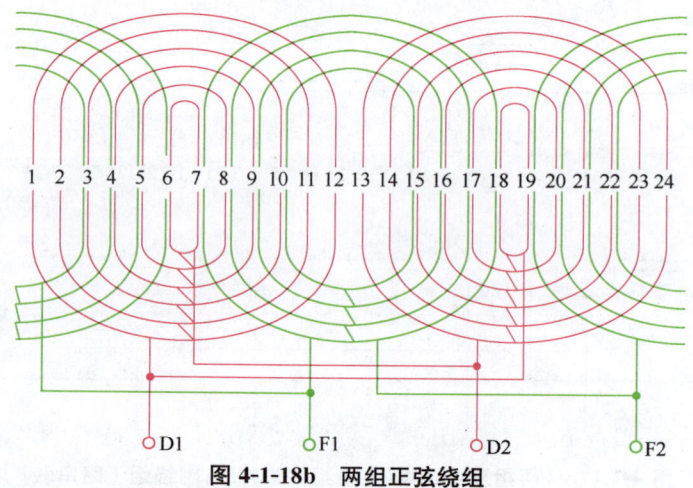

图 4-1-18b　两组正弦绕组

(2)接线图。详见第五章图5-5-1～图5-5-4。

19. 2极24槽(6/6)正弦绕组2路并联接法

(1)绕组展开图。D1—D2主绕组展开图同图4-1-18a,两组正弦绕组展开图如图4-1-19所示。

(2)接线图。详见第五章图5-5-1～图5-5-4。

(3)适用机型。适用于3kW～5kW的单相电动机。

20. 2极24槽(5/5)正弦绕组2路并联接法

绕组展开图。D1—D2主绕组展开图与两组正弦绕组展开图分别如图

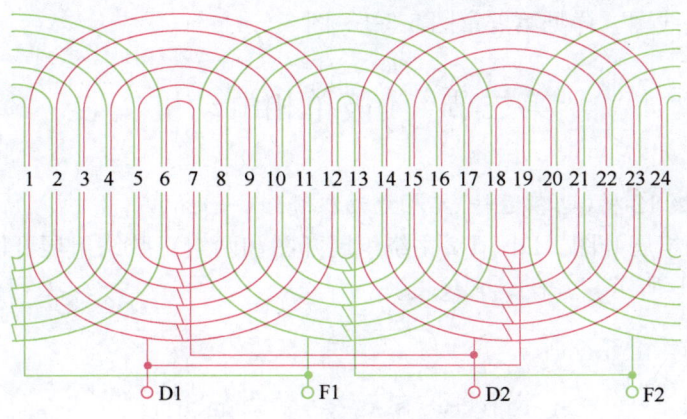

图 4-1-19 两组正弦绕组(6/6)

4-1-20a、b 所示。

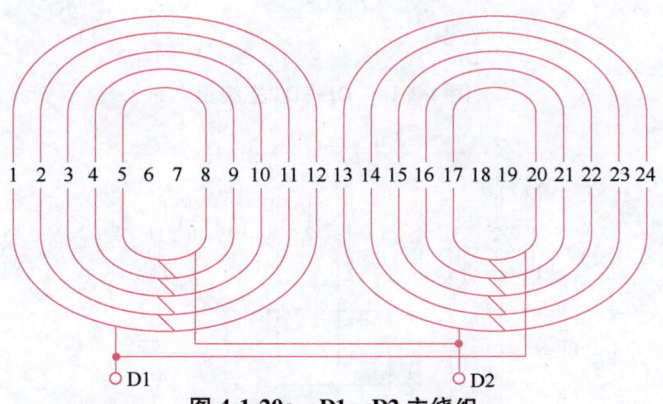

图 4-1-20a D1—D2 主绕组

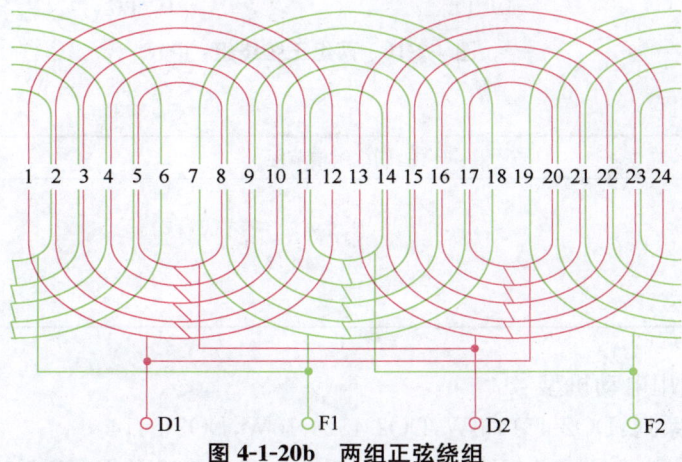

图 4-1-20b 两组正弦绕组

(2)接线图。详见第五章图 5-5-1～图 5-5-4。

第二节　4极单相电动机

1. 4 极 12 槽(电容运转)单相电动机绕组(一)

(1)绕组展开图。D1—D2 主绕组展开图和两组正弦绕组展开图分别如图 4-2-1a、b 所示。

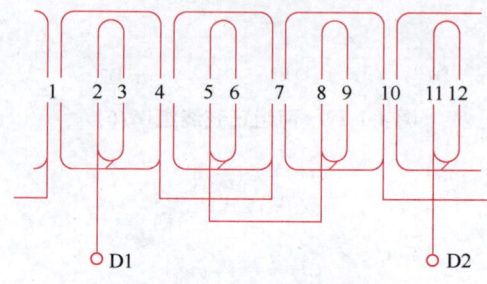

图 4-2-1a　D1—D2 主绕组

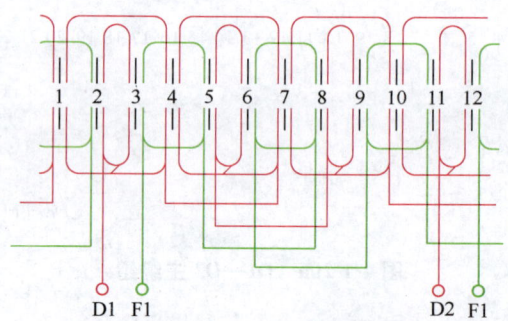

图 4-2-1b　两组正弦绕组

(2)节距。

主、副绕组槽节距
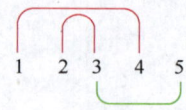

(3)适用电动机型号。

DO2 系列:DO2-4514 6W,DO2-4524 10W,DO2-5014。

DO 系列:DO4514 8W,DO4524 15W,DO5014 25W,DO5024 40W。

JX 系列:JX4514 8W,JX4524 15W,JX5014 25W,JX5024 40W。

2. 4极12槽(电容运转)单相电动机绕组(二)

(1)绕组展开图。两组正弦绕组展开图如图 4-2-2 所示。

(2)节距。

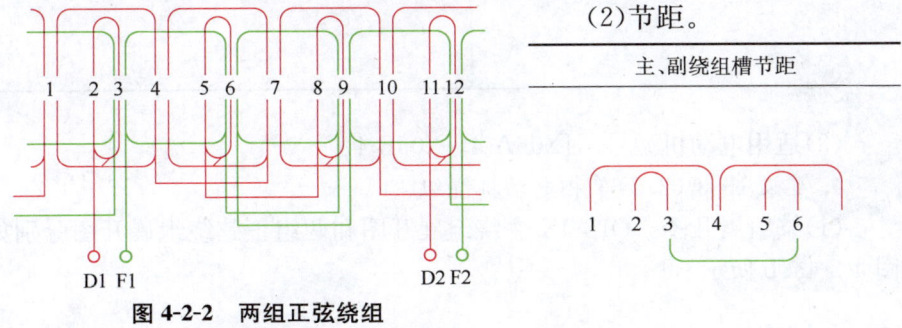

图 4-2-2　两组正弦绕组

(3)适用电动机型号。DO2-5014 16W,DO2-5024 25W。

3. 4极16槽(1/1)单相电动机定子绕组

(1)绕组展开图。D1—D2 主绕组展开图和两组绕组展开图分别如图 4-2-3a、b 所示。

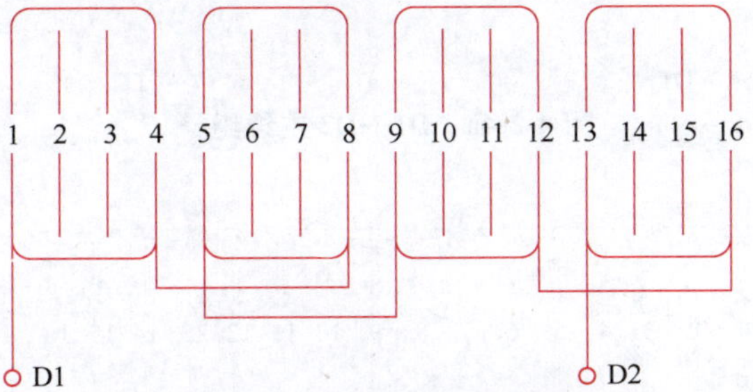

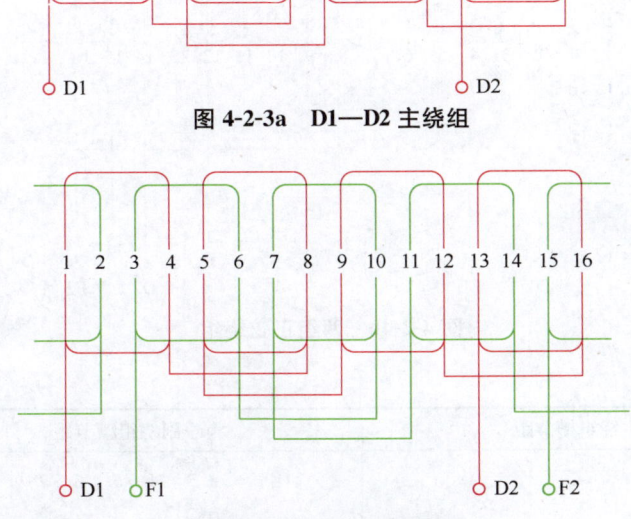

图 4-2-3a　D1—D2 主绕组

图 4-2-3b　两组正弦绕组

(2)节距。

主绕组槽节距	副绕组槽节距
1 2 3 4	3 4 5 6

(3)适用电动机型号。JX06A-4,JX06B-4。

4. 4极16槽(2/2)单相电动机绕组

(1)绕组展开图。D1—D2 主绕组展开图和两组正弦绕组展开图分别如图 4-2-4a、b 所示。

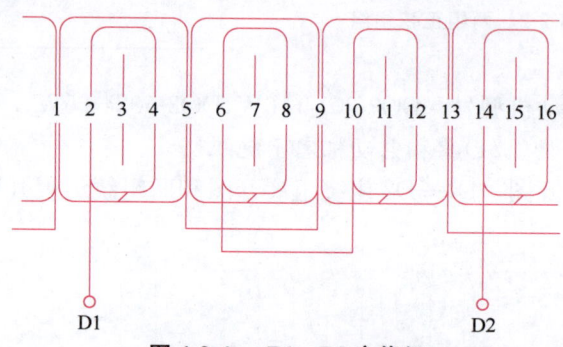

图 4-2-4a　D1—D2 主绕组

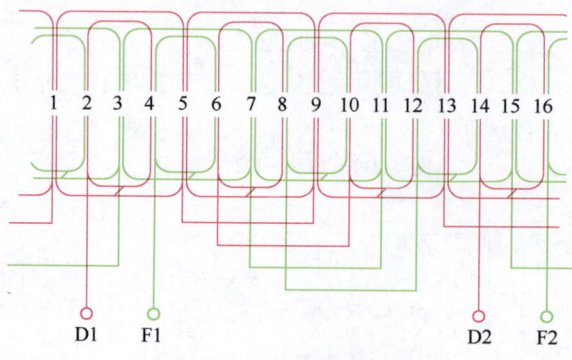

图 4-2-4b　两组正弦绕组

(2)节距。

主绕组槽节距	副绕组槽节距
1 2 3 4 5	3 4 5 6 7

(4)适用电动机型号。JX05A-4,JX05B-4。

5. 4极24槽(2/1)单相电动机正弦绕组

(1)绕组展开图。D1—D2主绕组展开图和两组正弦绕组展开图分别如图 4-2-5a、b 所示。

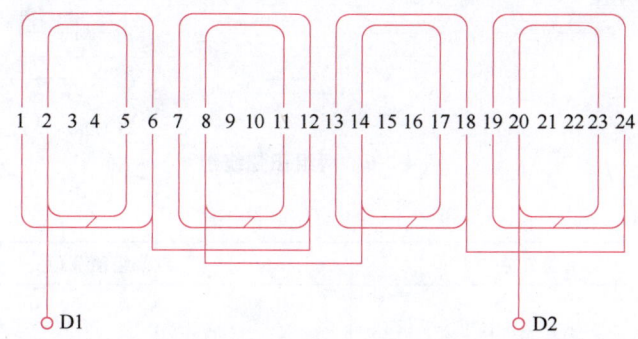

图 4-2-5a　D1—D2 主绕组

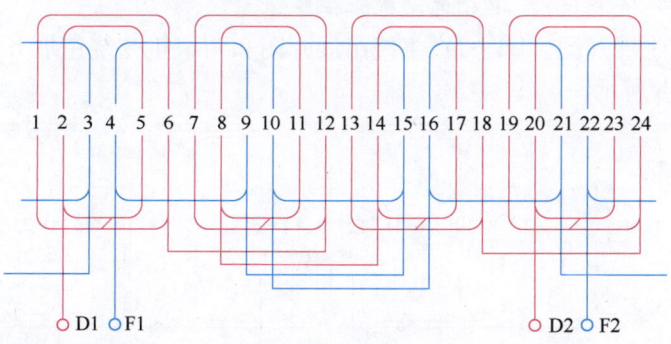

图 4-2-5b　两组正弦绕组

(2)节距。

主绕组槽节距	副绕组槽节距
1 2 3 4 5 6	4 5 6 7 8 9

6. 4极24槽(2/2)单相电动机正弦绕组

(1)绕组展开图。两组正弦绕组展开图如图 4-2-6 所示。

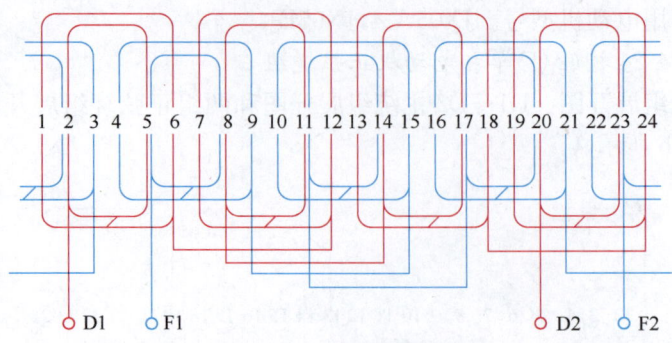

图 4-2-6　两组正弦绕组

(2) 节距。

主绕组槽节距	副绕组槽节距
1 2 3 4 5 6	4 5 6 7 8 9

7. 4 极 24 槽(3/2)单相电动机正弦绕组

(1) 绕组展开图。D1—D2 主绕组展开图和两组正弦绕组展开图分别如图 4-2-7a、b 所示。

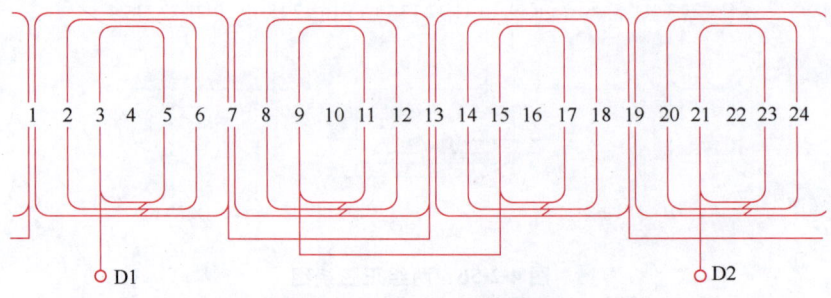

图 4-2-7a　D1—D2 主绕组

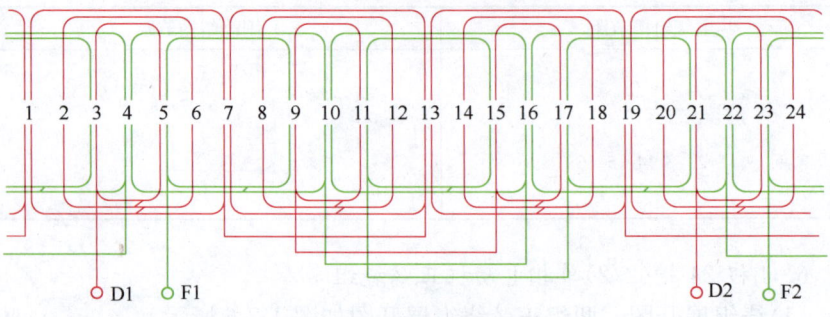

图 4-2-7b　两组正弦绕组

(2)节距。

主绕组槽节距	副绕组槽节距
1 2 3 4 5 6	4 5 6 7 8 9

(3)适用电动机型号。
YC系列:YC7114,YC7124,YC8014,YC8024,YC90S4。
CO_2系列:CO2-7114,CO2-7124,CO2-8014,CO2-8024,CO2-90S4。

8. 4极24槽(3/3)单相电动机正弦绕组1路接法
(1)绕组展开图。两组正弦绕组展开图4-2-8所示。

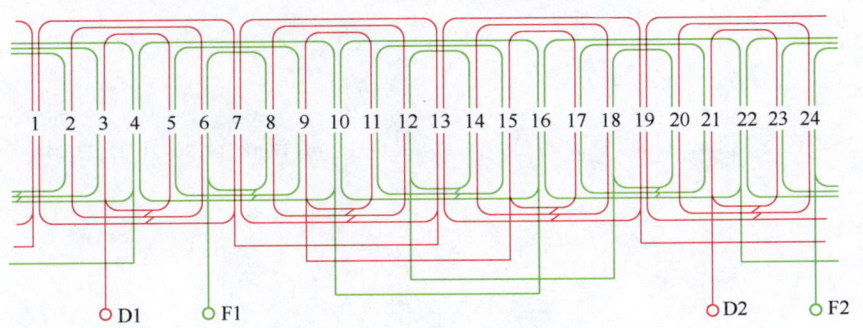

图4-2-8 两组正弦绕组

(2)节距。

主绕组槽节距	副绕组槽节距
1 2 3 4 5 6 7	4 5 6 7 8 9 10

(3)适用电动机型。
①电阻起动单相电动机:
YU系列:YU6314 60W,YU6324 90W,YU7114 120W,
　　　　YU7124 180W,YU8014 250W,YU8024 370W。
BO2系列:BO2-6314 60W,BO2-6324 90W,BO2-7114 120W,
　　　　BO2-7124 180W,BO2-8014 250W,BO2-8024 370W。
②电容起动单相电动机:
CO系列:CO7104,CO7114,CO7124。
JY系列:JY7114,JY7124。

③电阻起动 JZ 系列单相电动机：
JZ09A-4(180W)，JZ09B-4(120W)。
④电容运转 DO2 系列单相电动机：
DO2-6314，DO2-6324，DO2-7114。
⑤电容运转 DO 系列单相电动机：
DO5614，DO5624。
⑥电容运转 JX 系列单相电动机：
JX5614，JX5624。

9. 4 极 24 槽(3/3)单相电动机正弦绕组 2 路并联接法

(1)绕组展开图。D1—D2 主绕组展开图和两组正弦绕组展开图分别如图 4-2-9a、b 所示。

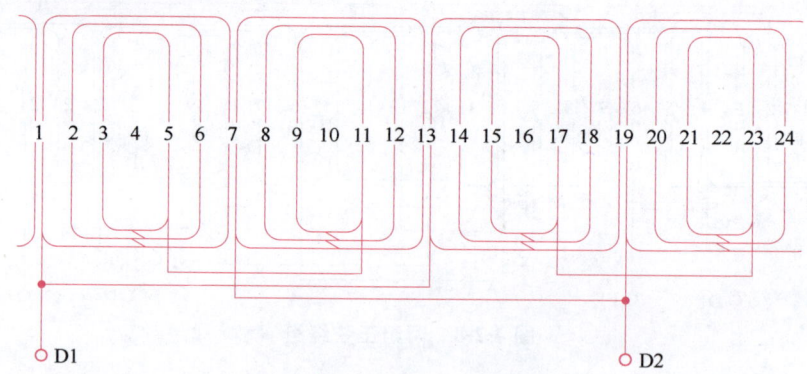

图 4-2-9a D1—D2 主绕组

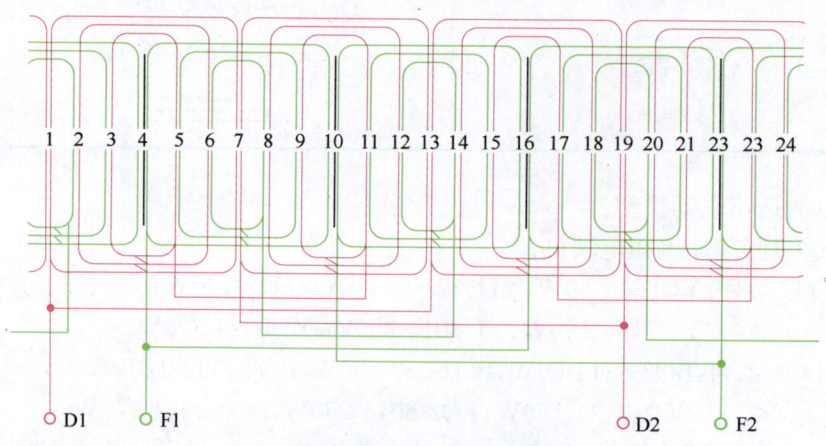

图 4-2-9b 两组正弦绕组

(2)节距。

第二节 4极单相电动机

主绕组槽节距	副绕组槽节距
1 2 3 4 5 6 7	4 5 6 7 8 9 10

10. 4极24槽(3/3)单相电动机正弦绕组4路并联接法

(1)绕组展开图。D1—D2绕组展开图和两组正弦绕组展开图分别如图4-2-10a、b所示。

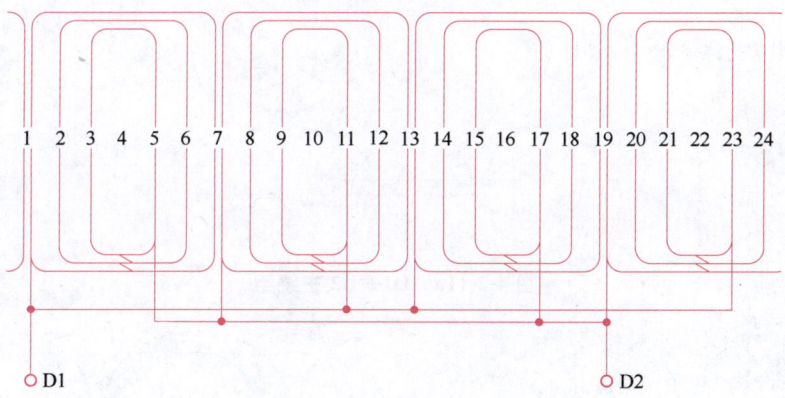

图4-2-10a　D1—D2主绕组

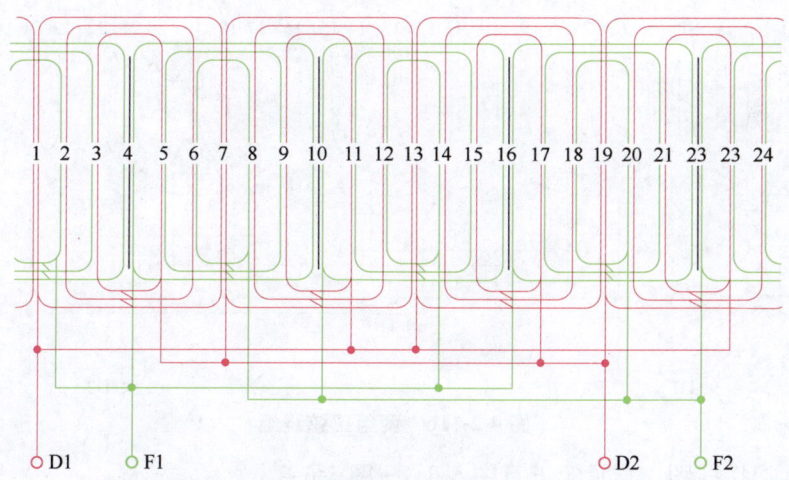

图4-2-10b　两组正弦绕组

(2)接线图。详见第五章图 5-6-3~图 5-6-6。

11. 4 极 24 槽(3/2)单相电动机绕组 2 路并联接法

(1)绕组展开图。D1—D2 主绕组展开图和两组正弦绕组展开图分别如图 4-2-11a、b 所示。

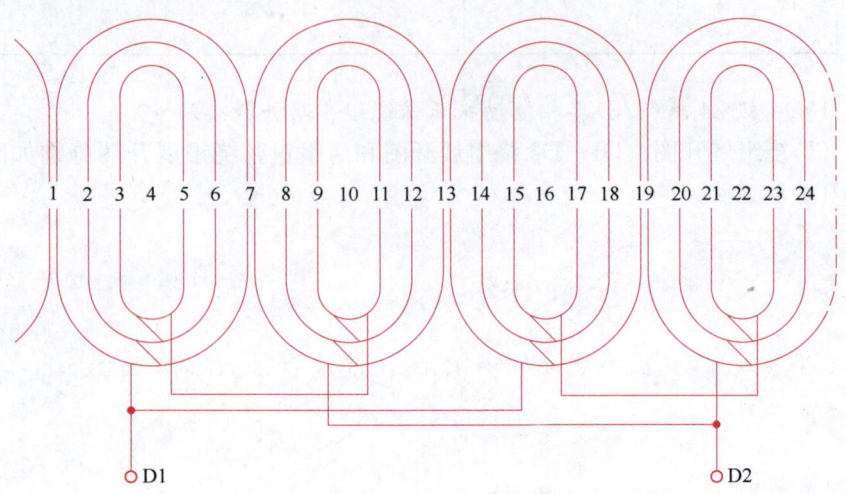

图 4-2-11a　D1—D2 主绕组

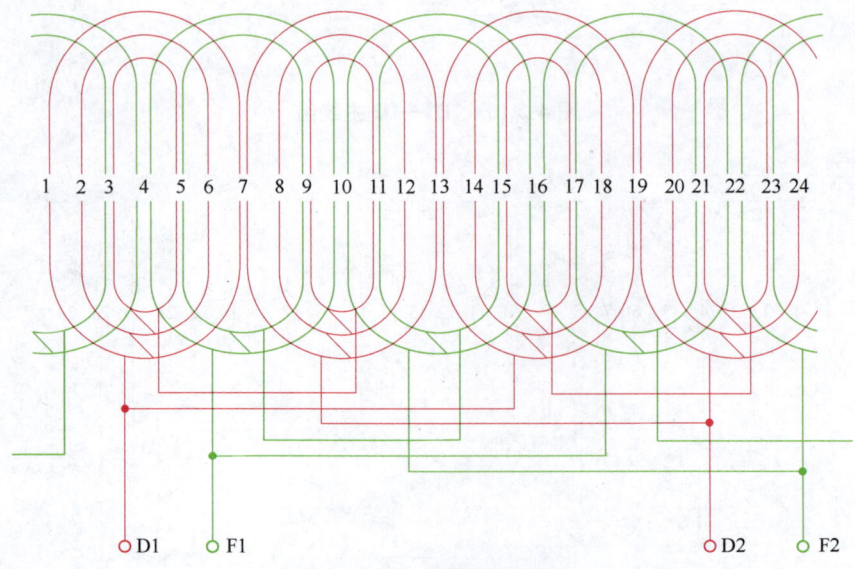

图 4-2-11b　两组正弦绕组

(2)接线图。详见第五章图 5-6-3~图 5-6-6。

12. 4 极 24 槽(3/2)单相电动机正弦绕组 4 路并联接法

(1)绕组展开图。D1—D2 绕组展开图和两组正弦绕组展开图分别如图

4-2-12a、b 所示。

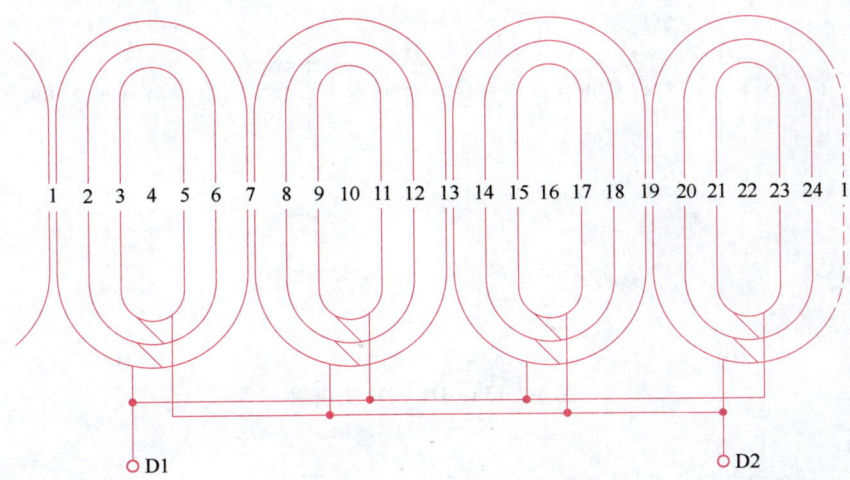

图 4-2-12a　D1—D2 主绕组

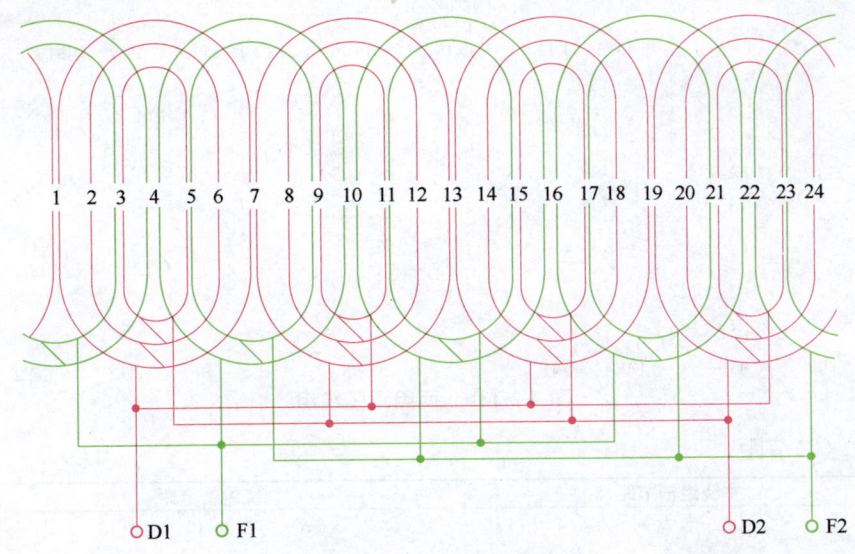

图 4-2-12b　两组正弦绕组

(2)接线图。详见第五章图 5-6-3～图 5-6-6。

13. 4 极 32 槽(4/3)单相电动机正弦绕组

(1)绕组展开图。D1—D2 主绕组展开图和两组正弦展开图分别如图 4-2-13a、b 所示。

第四章 单相异步电动机定子绕组展开图

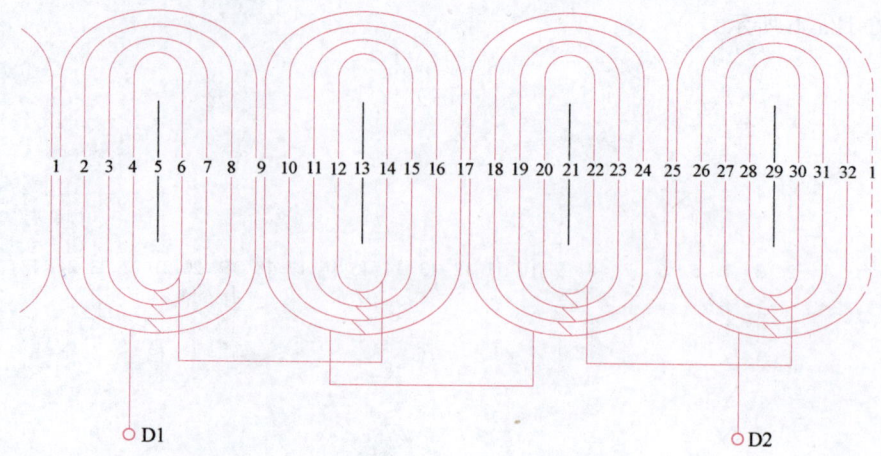

图 4-2-13a D1—D2 主绕组

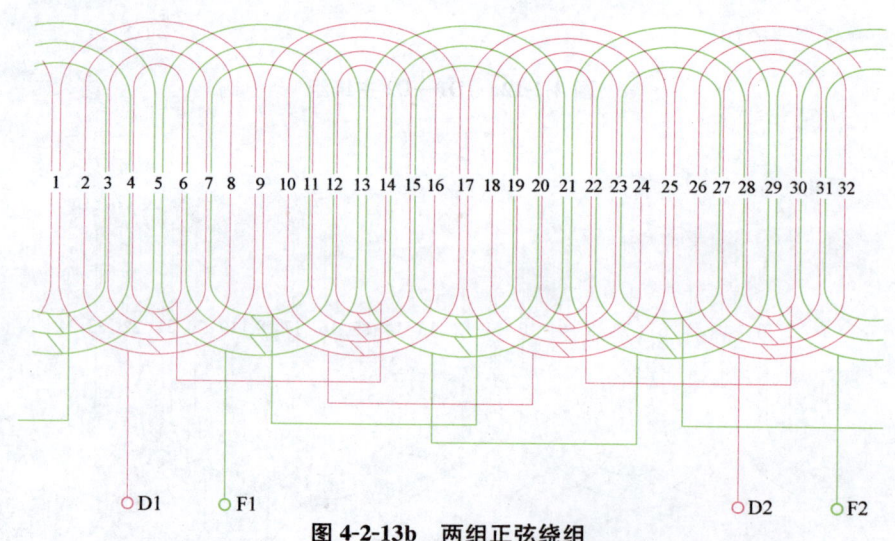

图 4-2-13b 两组正弦绕组

(2) 节距。

主绕组槽节距	副绕组槽节距
1 2 3 4 5 6 7 8 9	5 6 7 8 9 10 11 12 13

(3) 适用机型。适用于电冰箱压缩机用单相电动机,如 LD-5801 型等。

14. 4 极 32 槽(3/3)单相电动机正弦绕组

(1) 绕组展开图。D1—D2 主绕组展开图和两组正弦绕组展开图分别如

图 4-2-14a、b 所示。

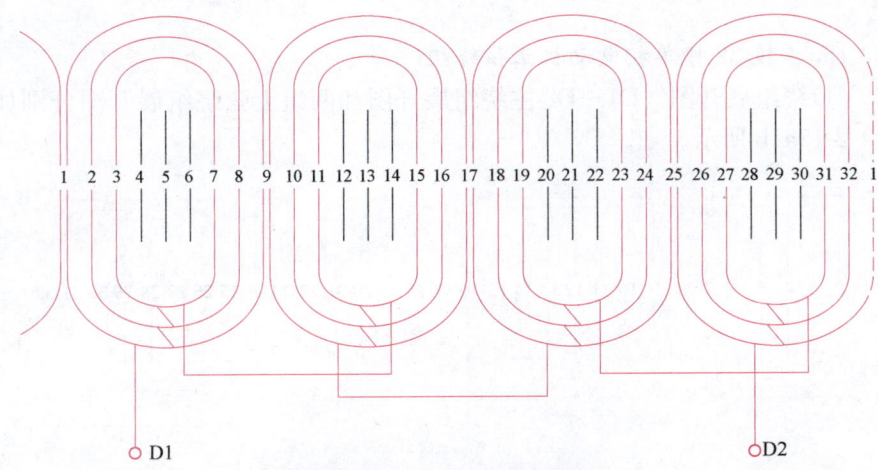

图 4-2-14a　D1—D2 主绕组

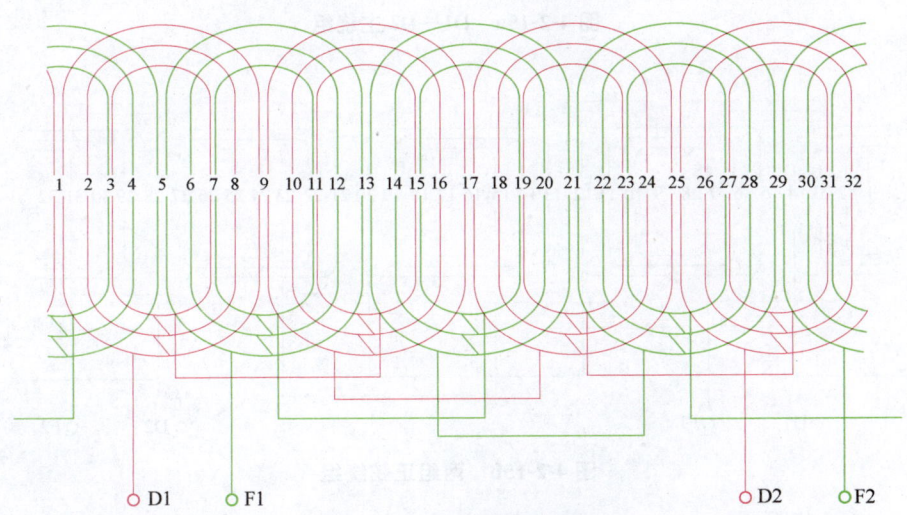

图 4-2-14b　两组正弦绕组

（2）节距。

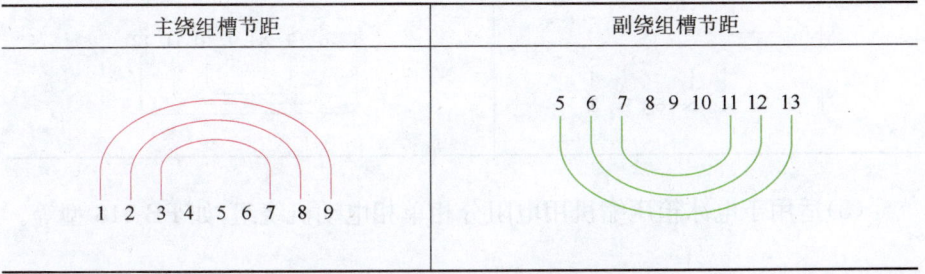

主绕组槽节距	副绕组槽节距

(3) 适用于电冰箱压缩机用单相电动机绕组,如 5608-1 型分相电动机等。

15. 4 极 32 槽单相电动机正弦绕组(一)

(1) 绕组展开图。D1—D2 主绕组展开图和两组上弦绕组展开图分别如图 4-2-15a、b 所示。

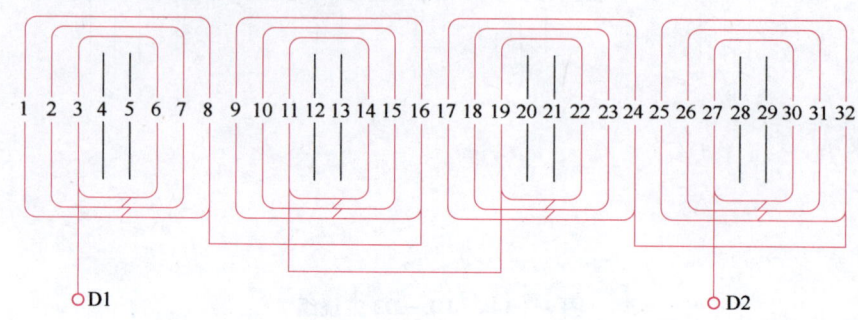

图 4-2-15a　D1—D2 主绕组

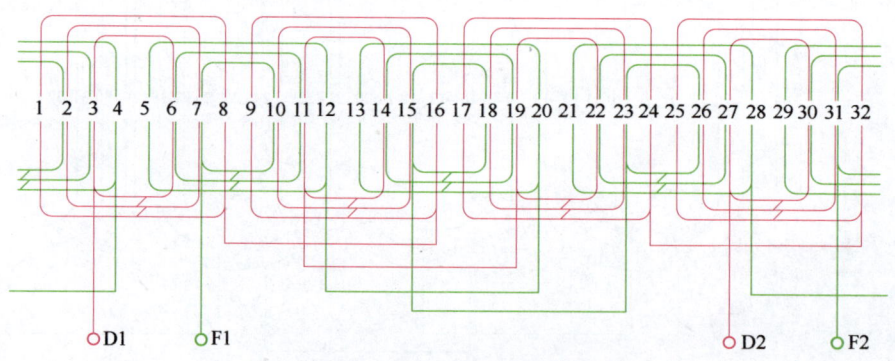

图 4-2-15b　两组正弦绕组

(2) 节距。

主绕组槽节距	副绕组槽节距
1 2 3 4 5 6 7 8	5 6 7 8 9 10 11 12

(3) 适用于电冰箱压缩机用电阻分相单相电动机绕组,如 FB-518 型等。

16. 4极32槽单相电动机正弦绕组(二)

(1)绕组展开图。两组正弦绕组展开图如图4-2-16所示。

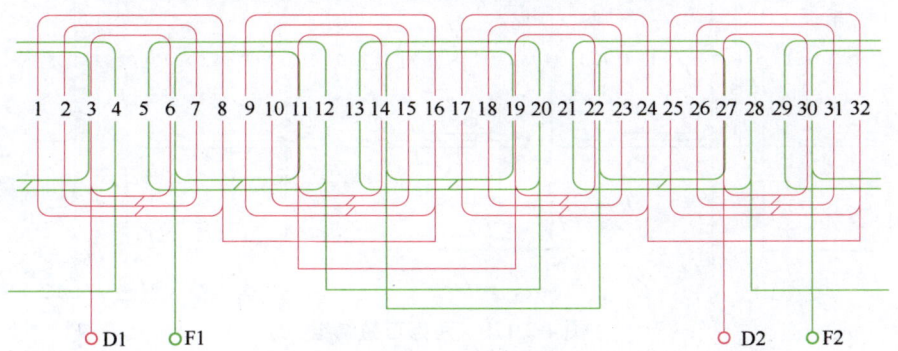

图4-2-16　两组正弦绕组

(2)节距。

主绕组槽节距	副绕组槽节距
1—8, 2—7, 3—6, 4—5	5—12, 6—11, 7—10, 8—9

(3)适用于电冰箱压缩机用单相电动机绕组,如FB-515型等。

17. 4极36槽(4/3)单相电动机正弦绕组

(1)绕组展开图。D1—D2主绕组展开图和两组正弦绕组展开图分别如图4-2-17a、b所示。

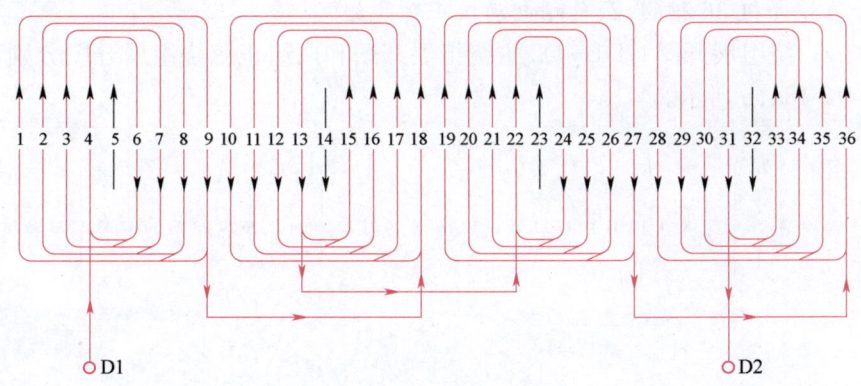

图4-2-17a　D1—D2主绕组

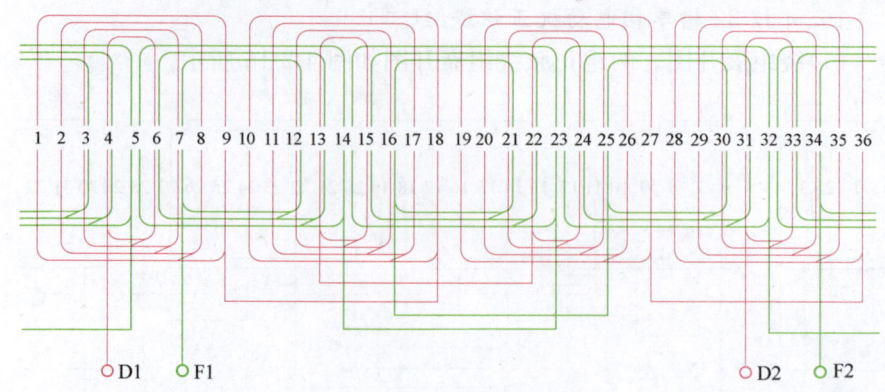

图 4-2-17b 两组正弦绕组

(2)节距。

主绕组槽节距	副绕组槽节距
1 2 3 4 5 6 7 8 9	5 6 7 8 9 10 11 12 13 14

(3)适用电动机型号。

CO2 系列：CO2-9014,CO2-9024,CO2-90S4,CO2-90L4。

CO 系列：CO80L4。

4 极 36 槽电阻起动式单相电动机正弦绕组；4 极 36 槽双值电容式单相电动机正弦绕组。

18. 4 极 36 槽(4/2)单相电动机正弦绕组

(1)绕组展开图。D1—D2 主绕组展开图和两组正弦绕组展开图分别如图 4-2-18a、b 所示。

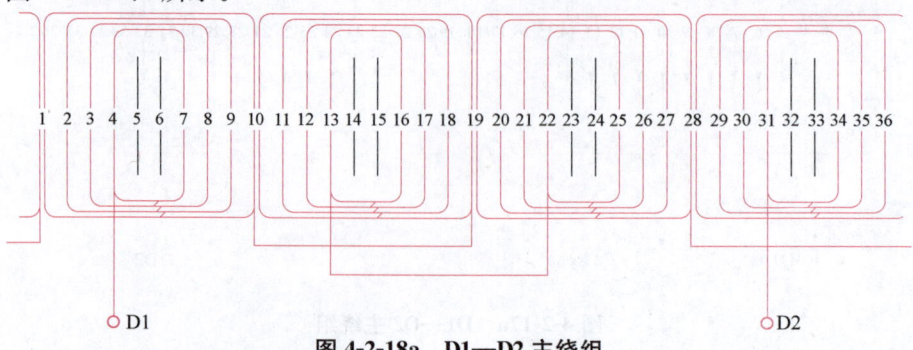

图 4-2-18a　D1—D2 主绕组

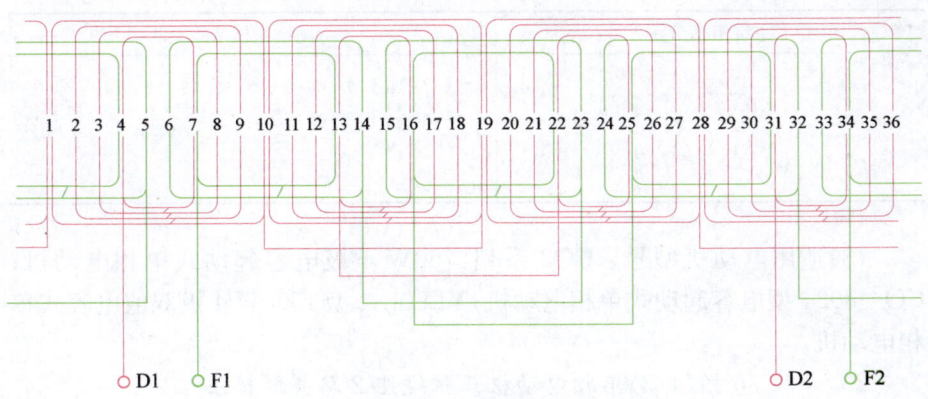

图 4-2-18b 两组正弦绕组

(2)节距。

主绕组槽节距	副绕组槽节距
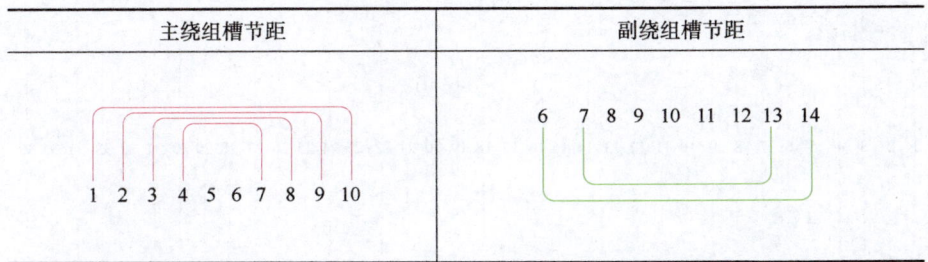	

(3)适用电动机型号。CO-8014 型单相异步电动机等。

19. 4 极 36 槽(4/3)单相电动机正弦绕组

(1)绕组展开图。两组正弦绕组展开图如图 4-2-19 所示。

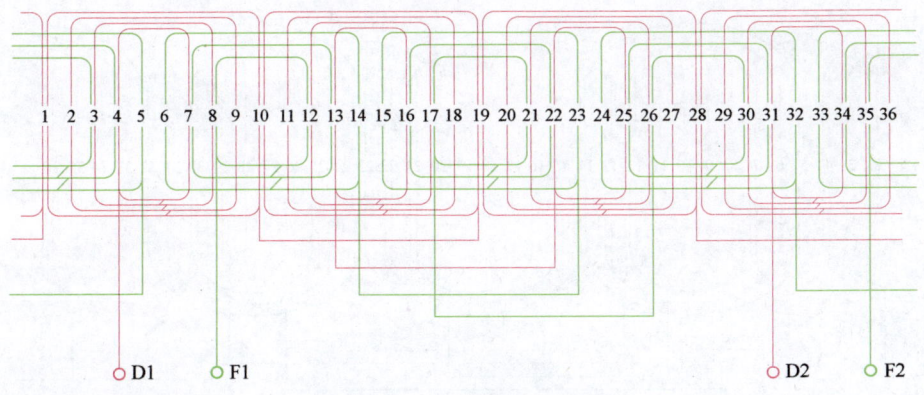

图 4-2-19 两组正弦绕组

(2)节距。

主绕组槽节距	副绕组槽节距
1 2 3 4 5 6 7 8 9 10	6 7 8 9 10 11 12 13 14

(3)适用电动机型号。CO2 系列:750W 4 极电容起动式单相电动机;CO—8024 型电容起动式单相电动机;YL90L-4 型 1500W 4 极双值电容式单相电动机。

20. 4 极 36 槽(4/3)单相电动机正弦绕组 2 路并联接法

(1)绕组展开图。D1—D2 主绕组展开图和两组正弦绕组展开图分别如图 4-2-20a、b 所示。

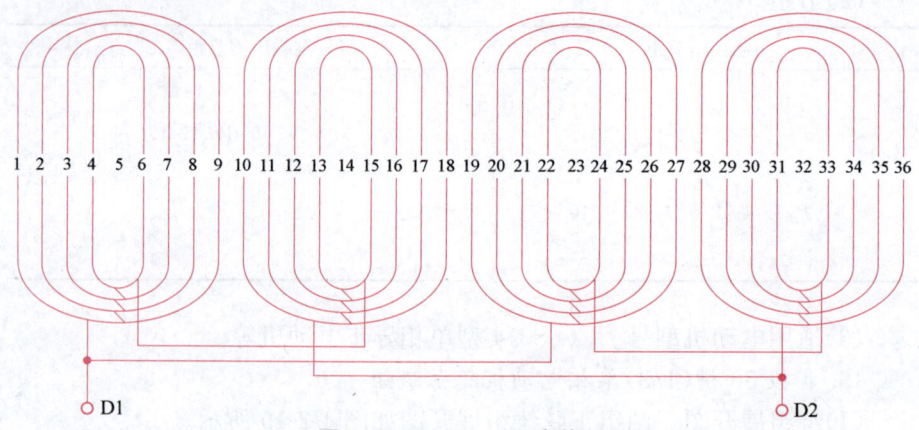

图 4-2-20a　D1—D2 主绕组

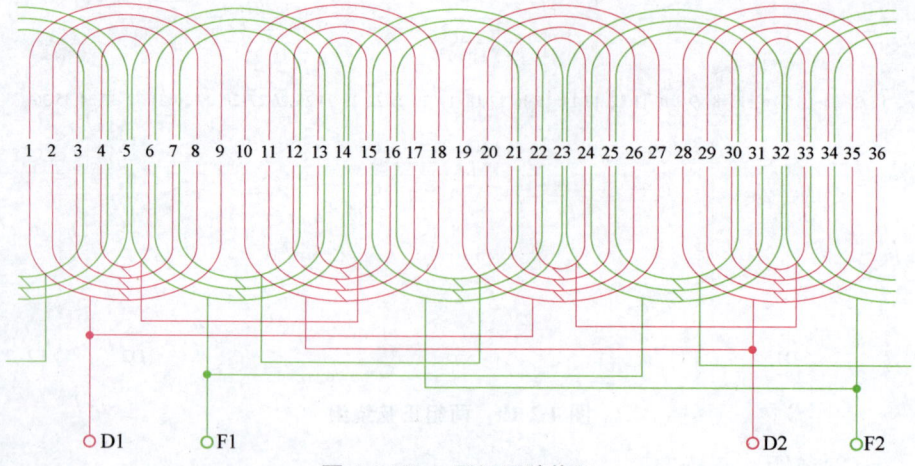

图 4-2-20b　两组正弦绕组

(2)接线图。详见第五章图 5-6-3～图 5-6-6。

21. 4 极 36 槽(4/3)单相电动机正弦绕组 4 路并联接法

(1)绕组展开图。D1—D2 主绕组展开图和两组正弦绕组展开图分别如图 4-2-21a、b 所示。

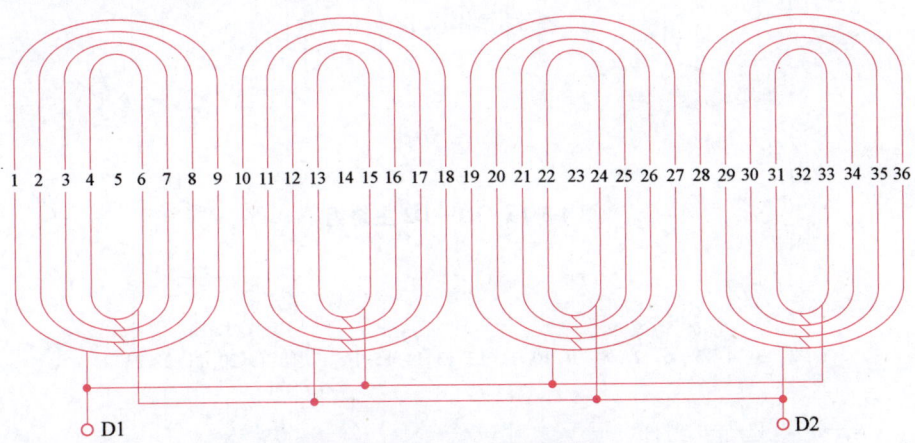

图 4-2-21a　D1—D2 主绕组

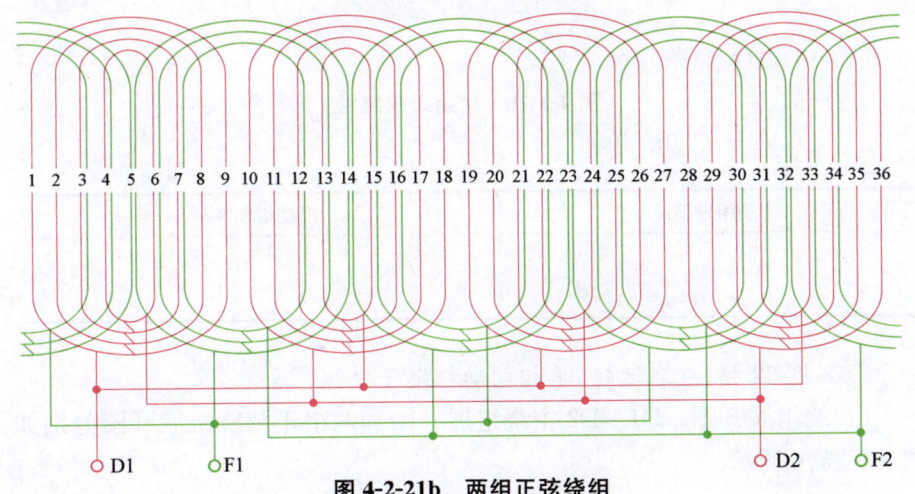

图 4-2-21b　两组正弦绕组

(2)接线图。详见第五章图 5-6-3～图 5-6-6。

第三节　6 极和 8 极单相电动机

1. 6 极 24 槽(电容运转)单相电动机定子绕组

(1)绕组展开图。D1—D2 主绕组展开图和两组正弦绕组展开图分别如

图 4-3-1a、b 所示。

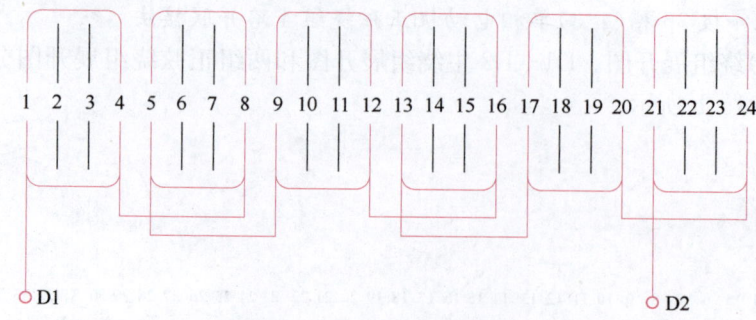

图 4-3-1a　D1—D2 主绕组

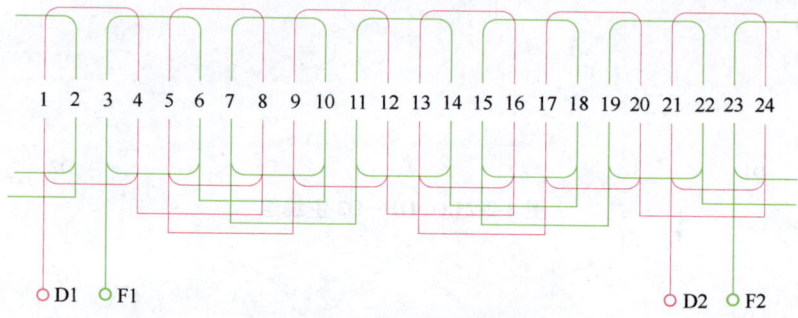

图 4-3-1b　两组正弦绕组

(2)节距。

主绕组槽节距	副绕组槽节距
1　2　3　4	3　4　5　6

2. 8 极 32 槽(电容运转)单相电动机定子绕组

(1)绕组展开图。D1—D2 主绕组展开图和两组正弦绕组展开图分别如图 4-3-2a、b 所示。

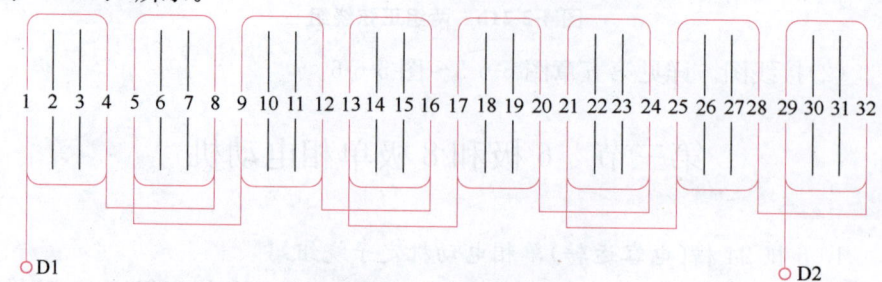

图 4-4-1a　D1—D2 主绕组

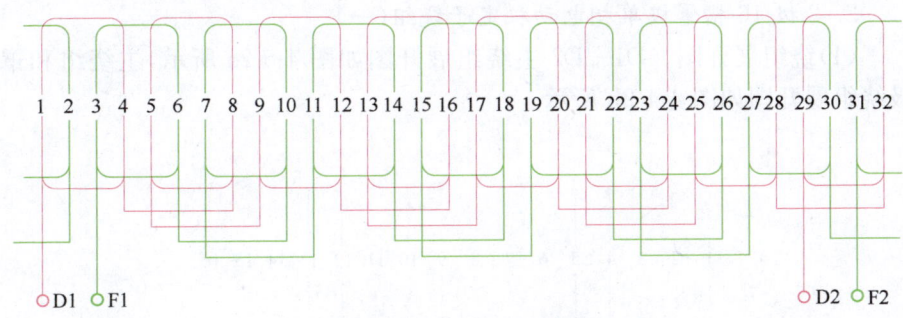

图 4-4-1b 两组正弦绕组

(2) 节距。

主绕组槽节距	副绕组槽节距
1 2 3 4	3 4 5 6

第四节 罩极单相电动机

1. 2极12槽罩极单相电动机定子绕组

(1) 绕组展开图。D1—D2 主绕组展开图如图 4-4-1a 所示,主绕组和罩极绕组展开图如图 4-4-1b 所示。

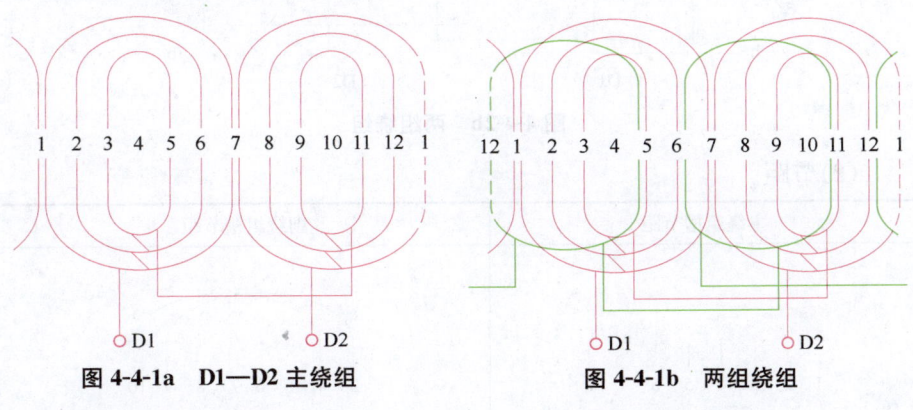

图 4-4-1a D1—D2 主绕组　　图 4-4-1b 两组绕组

(2) 节距。

主绕组槽节距	罩极绕组槽节距
1 2 3 4 5 6 7	6 7 8 9 10 11

2. 2极16槽罩极单相电动机定子绕组(一)

(1)绕组展开图。D1—D2 主绕组展开图如图 4-5-2a 所示，主绕组和罩极绕组展开图如图 4-4-2b 所示。

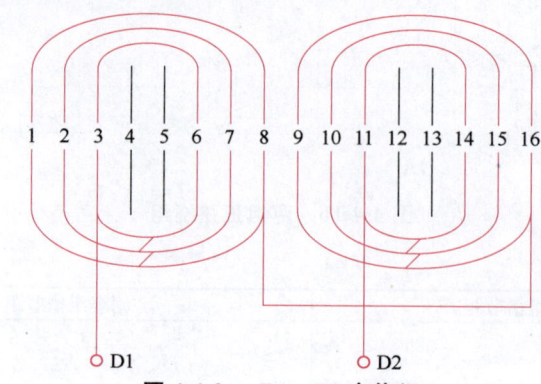

图 4-4-2a　D1—D2 主绕组

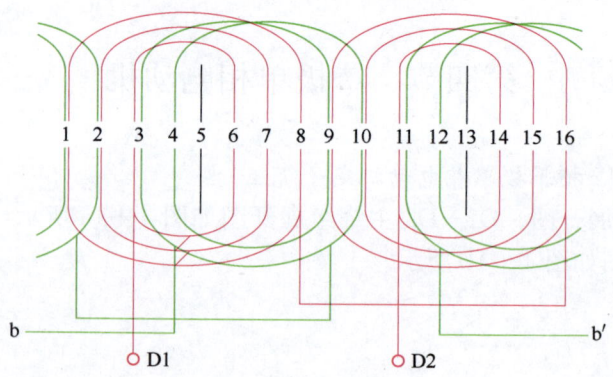

图 4-4-2b　两组绕组

(2)节距。

主绕组槽节距	副绕组槽节距
1 2 3 4 5 6 7 8	3 4 5 6 7 8 9 10

3. 2极16槽罩极单相电动机定子绕组(二)

(1)绕组展开图。D1—D2 主绕组和罩极绕组展开图如图 4-4-3 所示。

第四节 罩极单相电动机

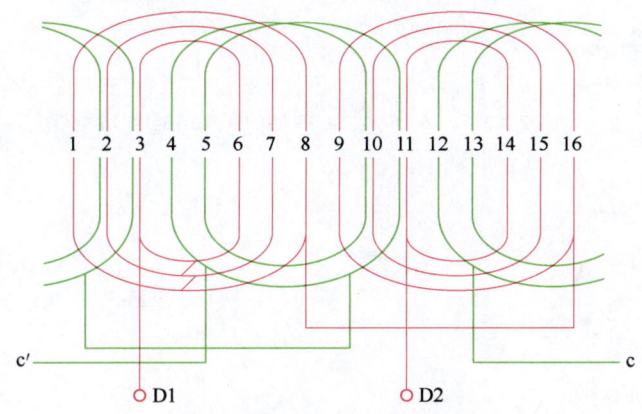

图 4-4-3　主绕组和罩极绕组

(2)节距。

主绕组槽节距	副绕组槽节距
1 2 3 4 5 6 7 8	4 5 6 7 8 9 10 11

4. 2极16槽罩极单相电动机定子绕组(三)

(1)绕组展开图。D1—D2主绕组展开图如图4-4-4a所示,D1—D2主绕组和d-d′罩极绕组展开图如图4-4-4b所示。

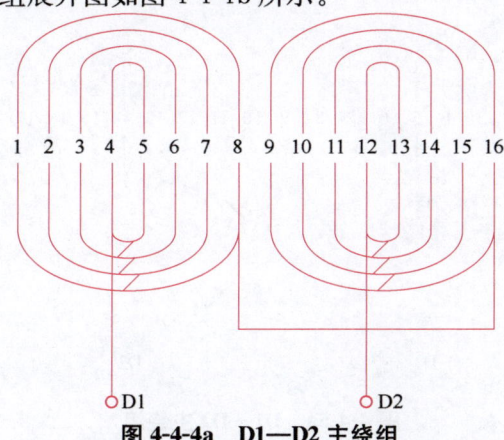

图 4-4-4a　D1—D2 主绕组

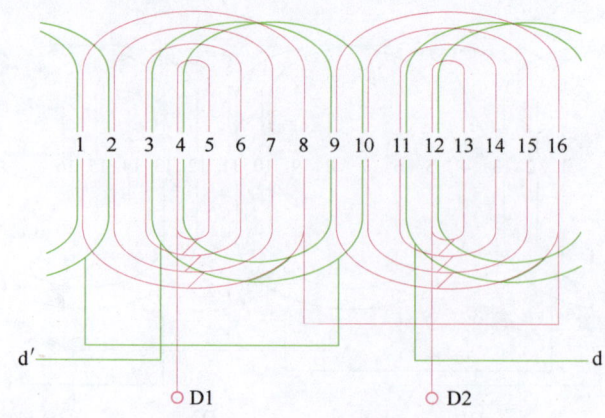

图 4-5-4b 主绕组和罩极绕组

(2) 节距。

主绕组槽节距	罩级绕组槽节距
1 2 3 4 5 6 7 8	3 4 5 6 7 8 9 10

5. 2极18槽(4/2)罩极单相电动机定子绕组

(1) 绕组主开图。D1—D2主绕组展开图如图 4-4-5a 所示,D1—D2 主绕组和罩极绕组展开图如图 4-4-5b 所示。

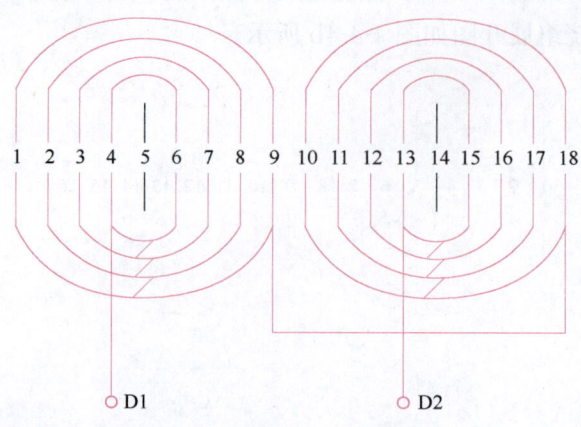

图 4-4-5a D1—D2 主绕组

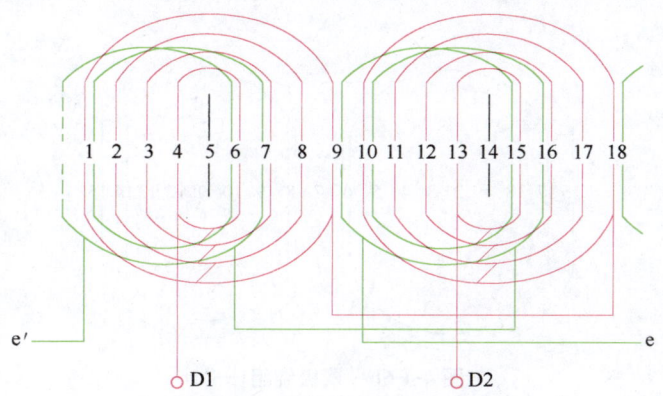

图 4-4-5b　主绕组和罩极绕组

(2)节距

主绕组槽节距	罩极绕组槽节距
1 2 3 4 5 6 7 8 9	9 10 11 12 13 14 15 16

6. 2极18槽罩极单相电动机定子绕组

绕组展开图：D1—D2主绕组展开图如图4-4-6a所示，罩极绕组两种展开图分别如图4-4-6b、c所示。

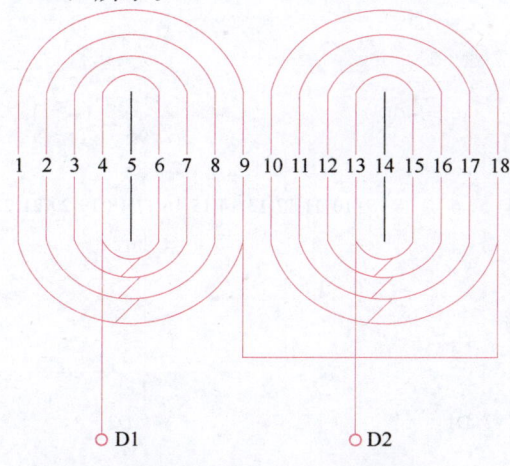

图 4-4-6a　D1—D2 主绕组

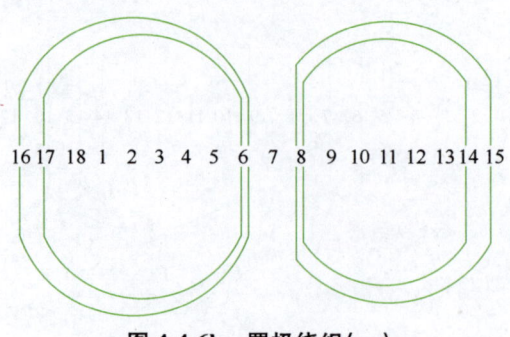

图 4-4-6b　罩极绕组(一)

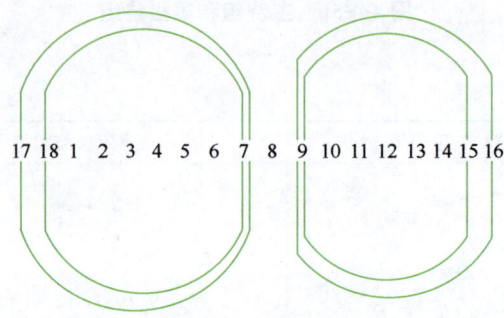

图 4-4-6c　罩极绕组(二)

7. 2 极 24 槽(5/2)罩极单相电动机定子绕组

(1)绕组展开图。D1—D2 主绕组展开图如图 4-4-7a 所示，主绕组和罩极绕组展开图如图 4-4-7b 所示。

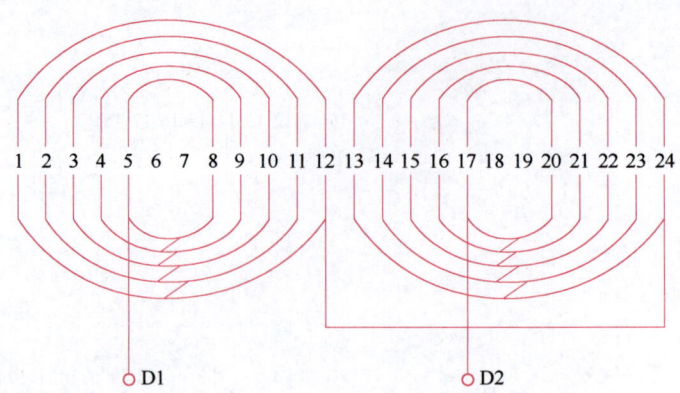

图 4-4-7a　D1—D2 主绕组

第四节 罩极单相电动机

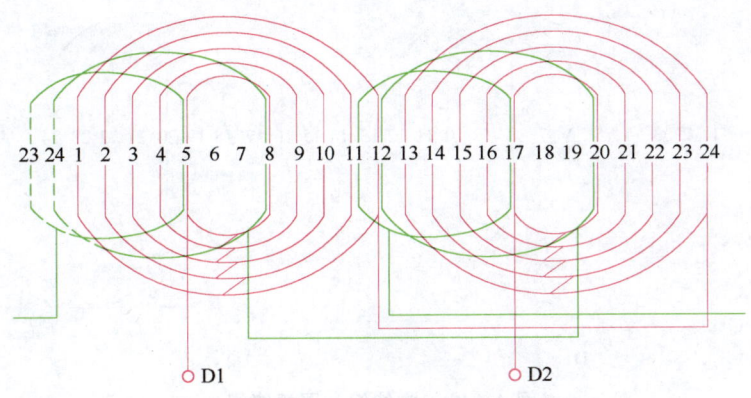

图 4-4-7b 主绕组和罩极绕组

(2)节距。

主绕组槽节距	罩极绕组槽节距
1 2 3 4 5 6 7 8 9 10 11 12	11 12 13 14 15 16 17 18 19 20

8. 2极24槽(4/3)罩极单相电动机定子绕组

(1)绕组展开图。D1—D2 主绕组展开图如图 4-4-8a 所示,D1—D2 主绕组与罩极绕组展开图如图 4-4-8b 所示。

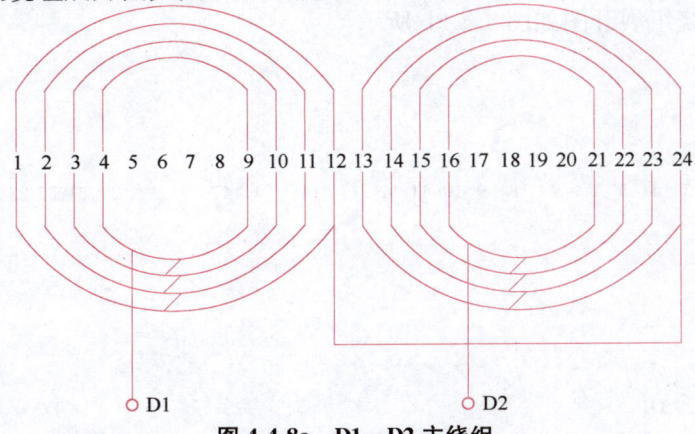

图 4-4-8a D1—D2 主绕组

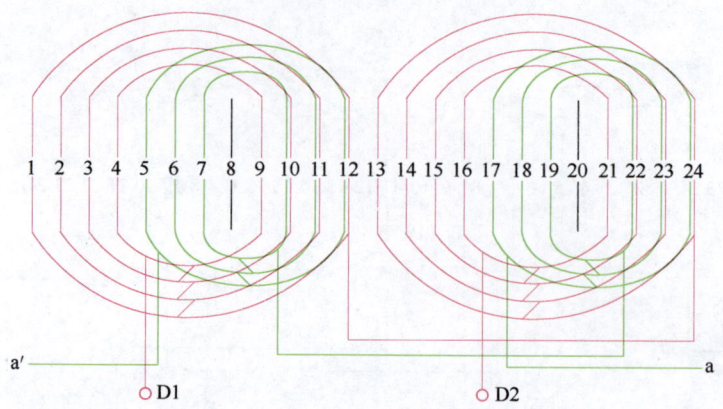

图 4-4-8b 主绕组和罩极绕组

(2)节距。

主绕组槽节距	罩极绕组槽节距
1 2 3 4 5 6 7 8 9 10 11 12	5 6 7 8 9 10 11 12

(3)适用电型。适用于鼓风机配套单相电动机。

9. 4极24槽(3/2)罩极单相电动机定子绕组

(1)绕组展开图。D1—D2 主绕组展开图如图 4-4-9a 所示，D1—D2 主绕组与罩极绕组展开图如图 4-4-9b 所示。

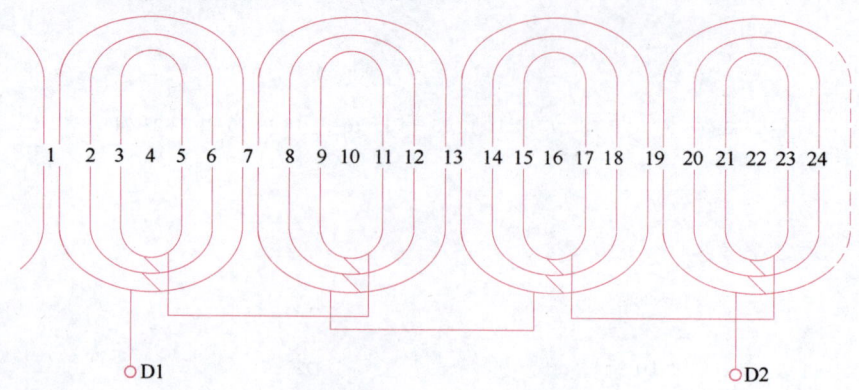

图 4-4-9a D1—D2 主绕组

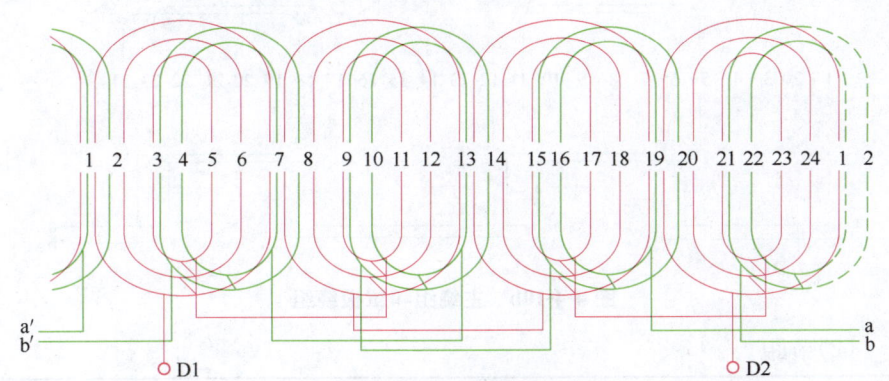

图 4-4-9b 主绕组和罩极绕组

(2)节距。

主绕组槽节距	罩极绕组槽节距
1 2 3 4 5 6 7	3 4 5 6 7 8

(3)适用机型。适用于鼓风机配套单相电动机。

10. 4 极 24 槽(2/2)罩极单相电动机定子绕组

(1)绕组展开图。D1—D2 主绕组展开图如图 4-4-10a 所示,D1—D2 主绕组和罩极绕组展开图如图 4-4-10b 所示。

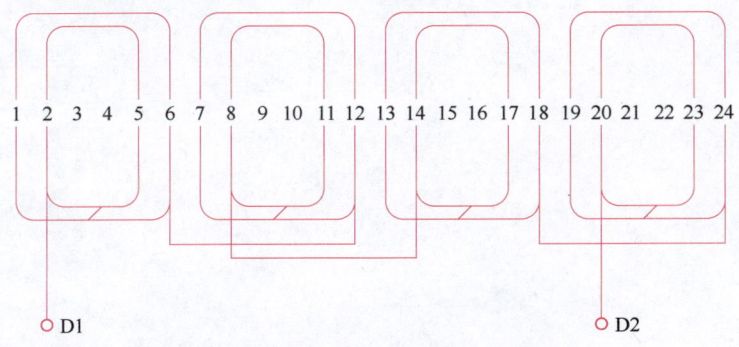

图 4-4-10a D1—D2 主绕组

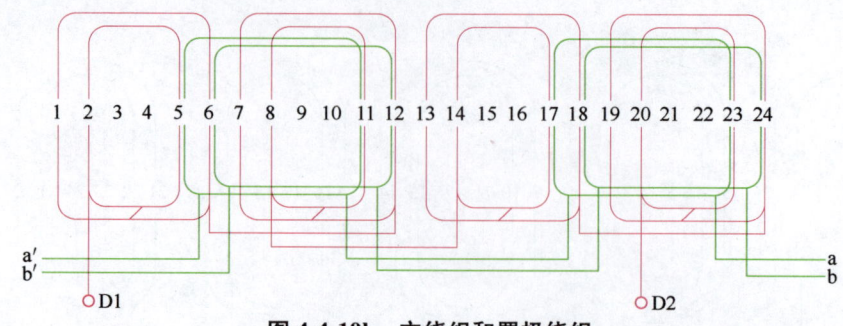

图 4-4-10b 主绕组和罩极绕组

(2)节距。

主绕组槽节距	罩极绕组槽节距
1 2 3 4 5 6	5 6 7 8 9 10 11 12

(3)适用机型。适用于通风机配套单相电动机。

第五章　单相异步电动机定子绕组接线图

1. 电阻分相单相电动机定子绕组接线图

(1)接线原理图。电阻分相单相电动机接线原理图分别如图 5-1a、b 所示。

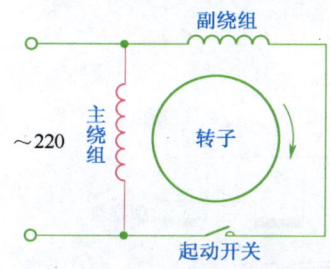
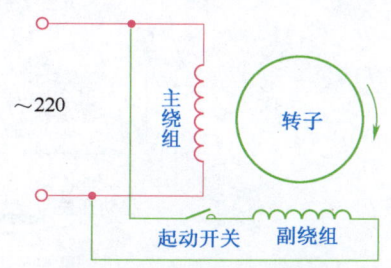

图 5-1a　电阻分相单相电动机
　　　　接线原理图(接法 1)
副绕组和主绕组的轴线在空间应相差 90°。

图 5-1b　电阻分相单相动机
　　　　接线原理图(接法 2)
副绕组和主绕组的轴线在空间应相差 90°

(2)简明绕组接线图。

①2 极接线图。正向旋转接法如图 5-2 所示,反向旋转接法如图 5-3 所示。

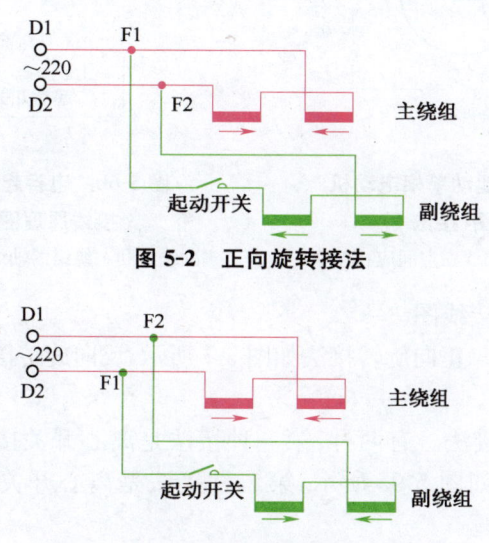

图 5-2　正向旋转接法

图 5-3　反向旋转接法

② 4 极接线图。正向旋转接法如图 5-4 所示,反向旋转接法如图 5-5 所示。

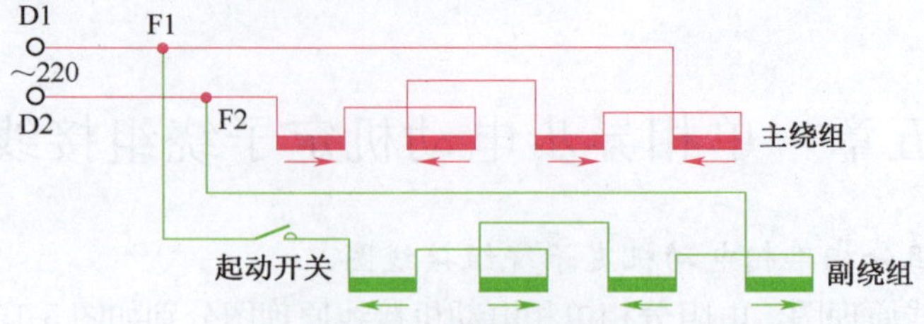

图 5-4　正向旋转接法

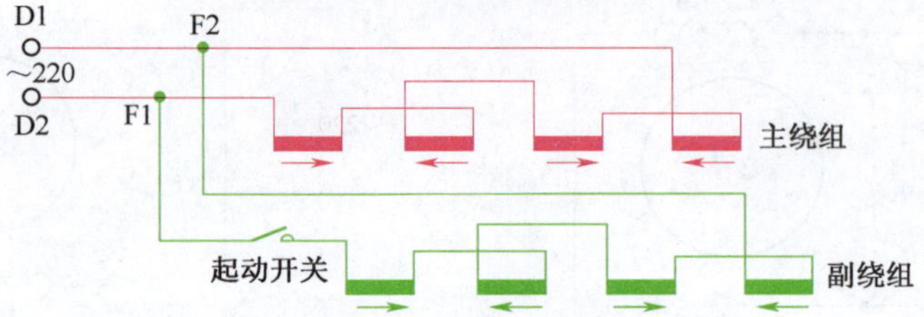

图 5-5　反向旋转接法

2. 电容起动单相电动机定子绕组接线图

(1) 接线原理图。电容起动单相电动机接线原理图分别如图 5-6a、b 所示。

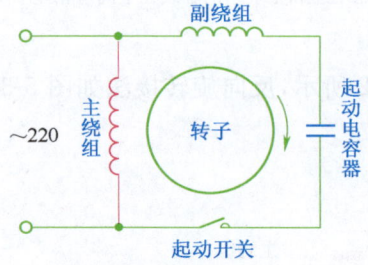

图 5-6a　电容起动单相电动机
接线原理图(接法 1)
副绕组和主绕组的轴线在空间应相差 90°

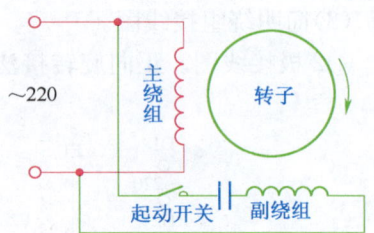

图 5-6b　电容起动单相电动机
接线原理图(接法 2)
副绕组和主绕组的轴线在空间应相差 90°

(2) 简明绕组接线图。

① 2 极接线图。正向旋转接法如图 5-7 所示,反向旋转接法如图 5-8 所示。

② 4 极接线图。

a. 正向旋转接法。有两种:第一种接法是离心开关接在绕组的端线与电源输入线之间,如图 5-9a 所示;第二种接法是离心开关接在线圈组的中间,如图 5-9b 所示。

b. 反向旋转接法。如图 5-10 所示。

第五章 单相异步电动机定子绕组接线图

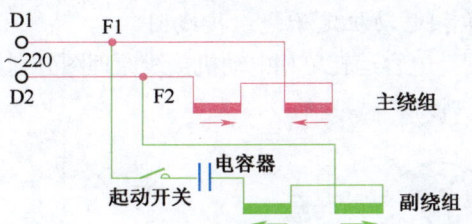

图 5-7 正向旋转接法

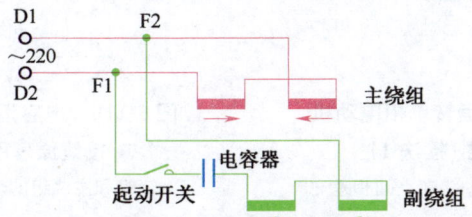

图 5-8 反向旋转接法

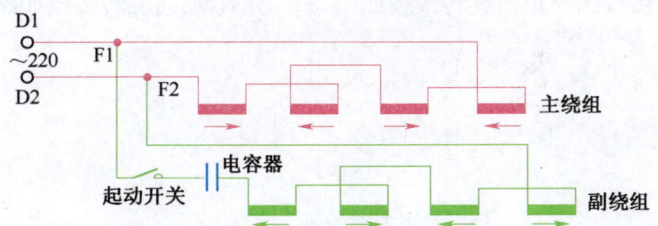

图 5-9a 正向旋转接法（接法 1）

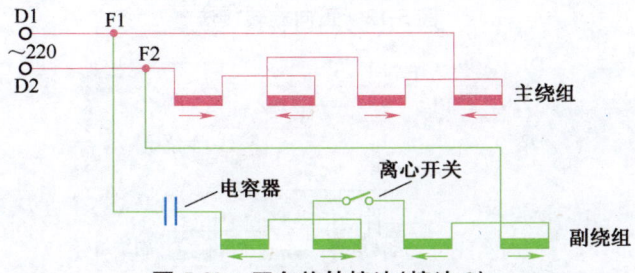

图 5-9b 正向旋转接法（接法 2）

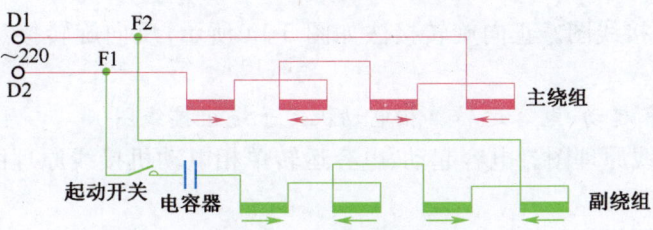

图 5-10 反向旋转接法

3. 电容运转单相电动机定子绕组接线图

(1)接线原理图。电容运转单相电动机接线原理图分别如图 5-11a、b 所示。

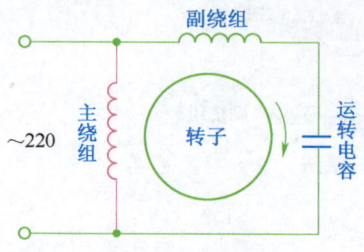
图 5-11a　电容运转单相电动机
接线原理图(接法 1)
副绕组和主绕组的轴线在空间相差 90°

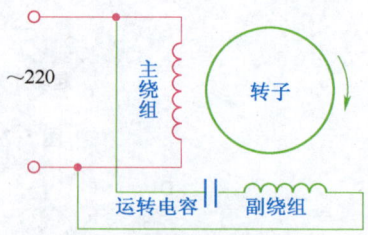
图 5-11b　电容运转单相单电动机
接线原理图(接线 2)
副绕组和主绕组的轴线在空间相差 90°

(2)简明绕组接线图。

①2 极接线图。正向旋转接线如图 5-12 所示,反向旋转接线如图 5-13 所示。

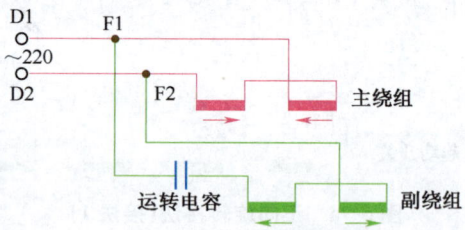
图 5-12　正向旋转接法

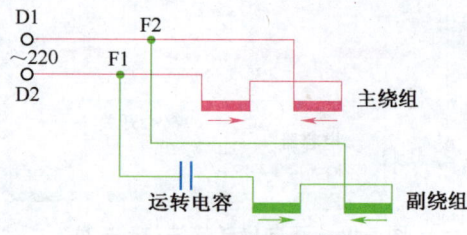
图 5-13　反向旋转接法

②4 极接线图。正向旋转接法如图 5-14 所示,反向旋转接法如图 5-15 所示。

4. 电容起动、电容运转单相电动机定子绕组接线图

(1)接线原理图。电容起动、电容运转单相电动机接线原理图分别如图 5-16a、b、c 所示。

(2)简明绕组接线图。

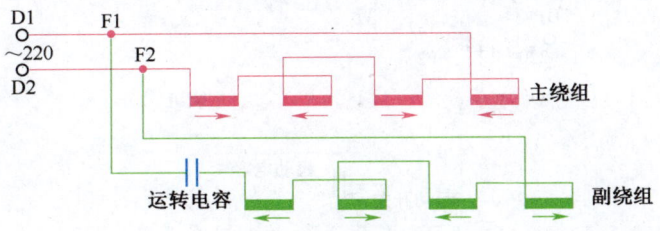

图 5-14　正向旋转接法

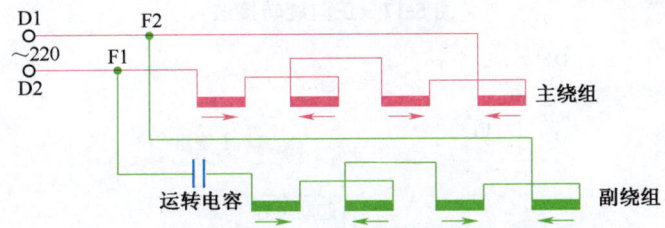

图 5-15　反向旋转接法

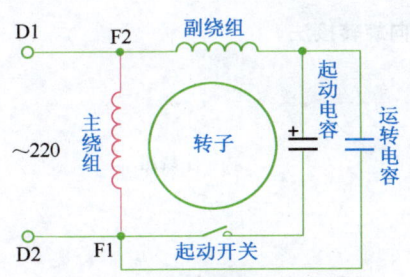

图 5-16a　电容起动、电容运转
单相电动机拉线原理图（接法 1）

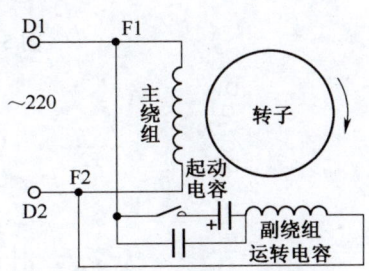

图 5-16b　电容起动、电容运转
单相电动机接线原理图（接法 2）

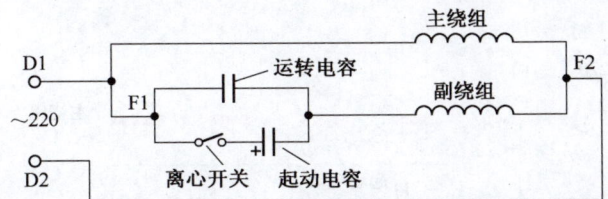

图 5-16c　电容起动、电容运转单相电动机接线原理图（接法 3）

①2 极接线图。正向旋转接法如图 5-17 所示，反向旋转接法如图 5-18 所示。

②4 极接线图。正向旋转接法如图 5-19 所示，反向旋转接法，如图 5-20 所示。

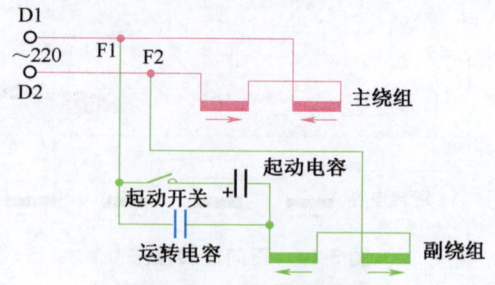

图 5-17　正向旋转接法

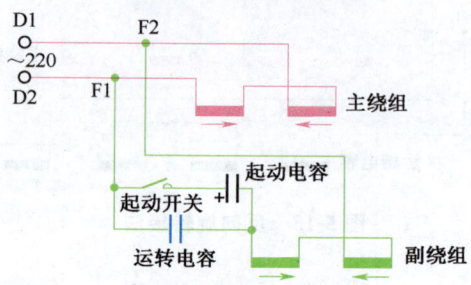

图 5-18　反向旋转接法

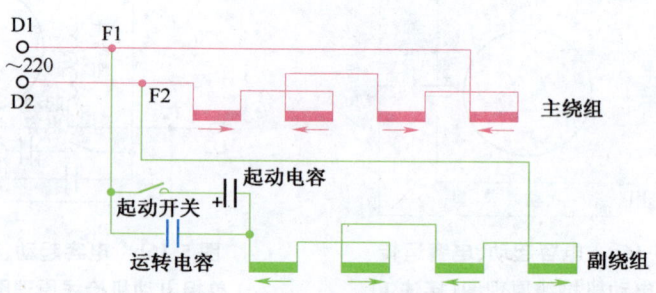

图 5-19　正向旋转接法

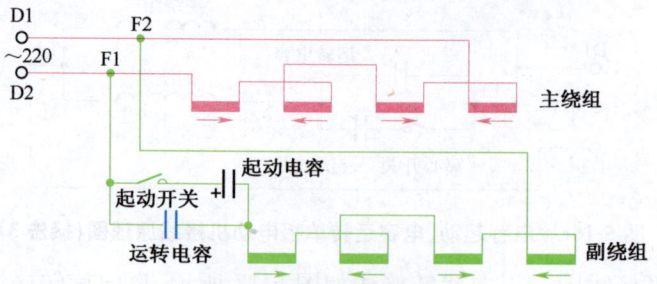

图 5-20　反向旋转接法

5. 2 极单相电动机定子绕组 2 路并联接线图

(1)电阻起动式。如图 5-21 所示。

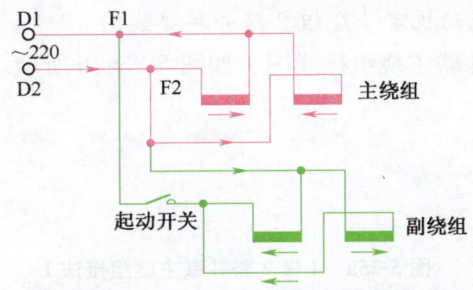

图 5-21　电阻起动式 2 极单相电动机定子绕组 2 路并联接法

（2）电容起动式。如图 5-22 所示。

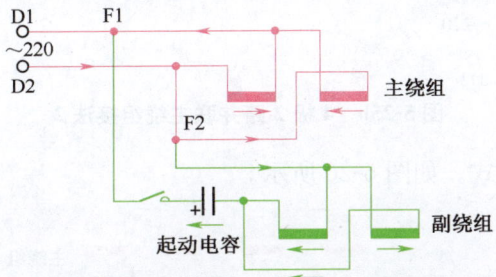

图 5-22　电容起动式 2 极单相电动机定子绕组 2 路并联接法

（3）电容运转式。如图 5-23 所示。

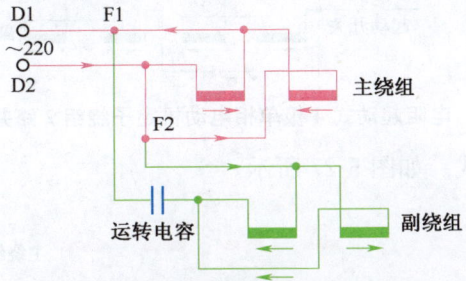

图 5-23　电容运转式 2 极单相电动机定子绕组 2 路并联接法

（4）电容起动、电容运转式。如图 5-25 所示。

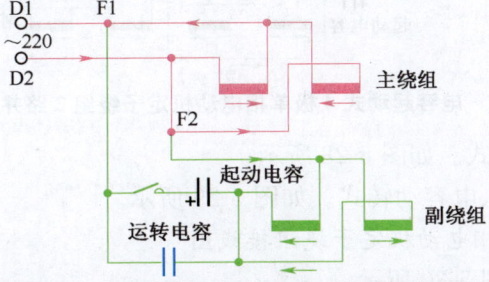

图 5-24　电容起动、电容运转 2 极单相电动机定子绕组 2 路并联接法

6. 4极单相电动机定子绕组2路并联接线图

(1)4极2路并联主绕组接线图。如图5-25a、b所示。

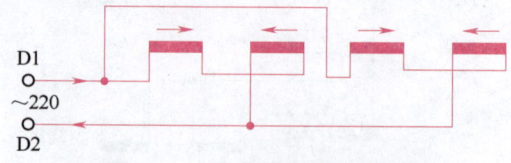

图5-25a　4极2路并联主绕组接法1

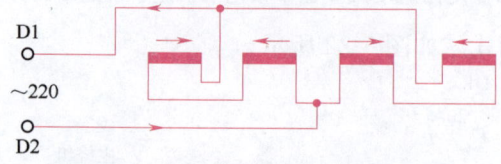

图5-25b　4极2路并联主绕组接法2

(2)电阻起动式。如图5-26所示。

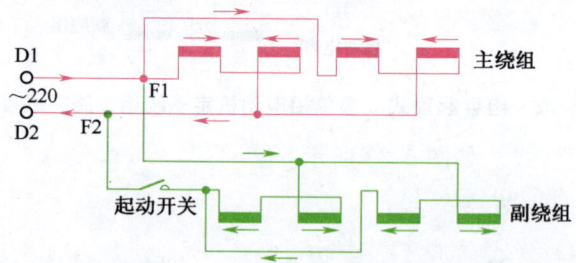

图5-26　电阻起动式4极单相电动机定子绕组2路并联接法

(3)电容起动式。如图5-27所示。

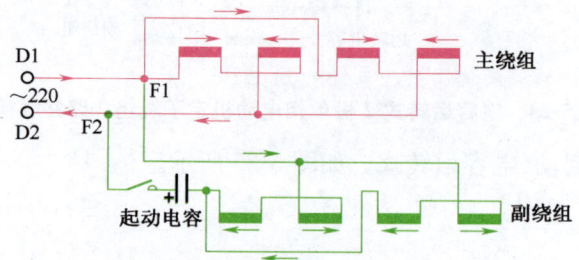

图5-27　电容起动式4极单相电动机定子绕组2路并联接法

(4)电容运转式。如图5-28所示。
(5)电容起动、电容动转式。如图5-29所示。

7. 罩极式单相电动机定子绕组接线图

接线原理如图5-30所示。

第五章 单相异步电动机定子绕组接线图

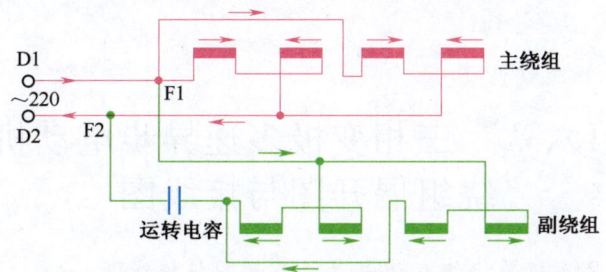

图 5-28 电容运转式 4 极单相电动机定子绕组 2 路并联接法

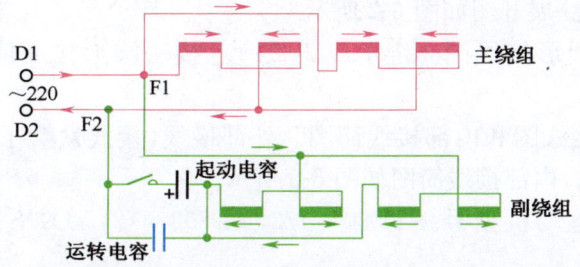

图 5-29 电容起动、电容运转式 4 极单相电动机定子绕组 2 路并联接法

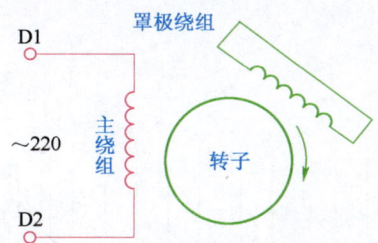

图 5-30 罩极式单相异步电动机定子绕组接线原理图

罩极绕组与主绕组在空间相差约 45°电角度

第六章 三相变极多速异步电动机绕组展开图与接线图

1. 24 槽 2/4 极单绕组双速电动机展开图与接线图(一)

(1)绕组展开图(节距:$Y=1-7$)。U 相绕组展开图如图 6-1 所示,三相绕组 2Y/△接法展开图如图 6-2 所示。

(2)绕组圆形接线图。定子绕组 2Y/△接法圆形接线图如图 6-3 所示。

(3)外部接线图和内部接线简图。外部接线(接线盒盒子接线)分别如图 6-4a、b 所示,内部接线简图如图 6-5 所示。

(4)适用电动机型号。YD801-4/2,YD802-4/2,YD90S-4/2,YD90L-4/2。

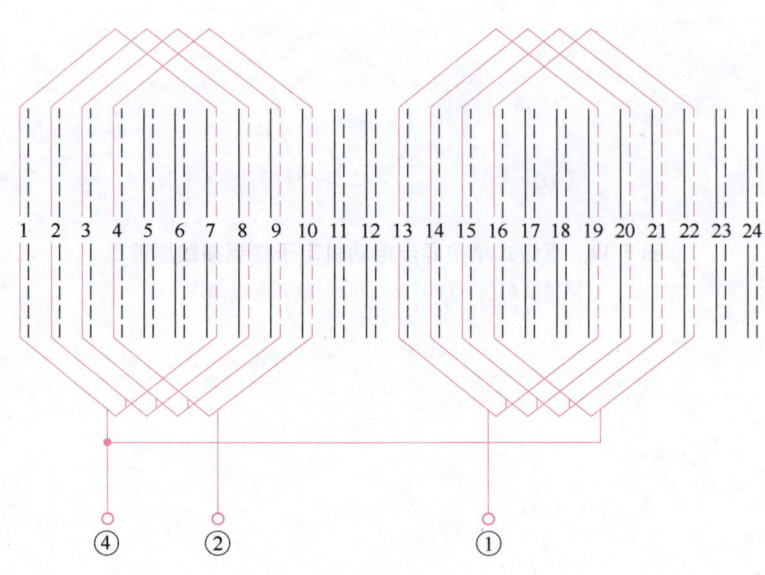

图 6-1 U 相绕组展开图

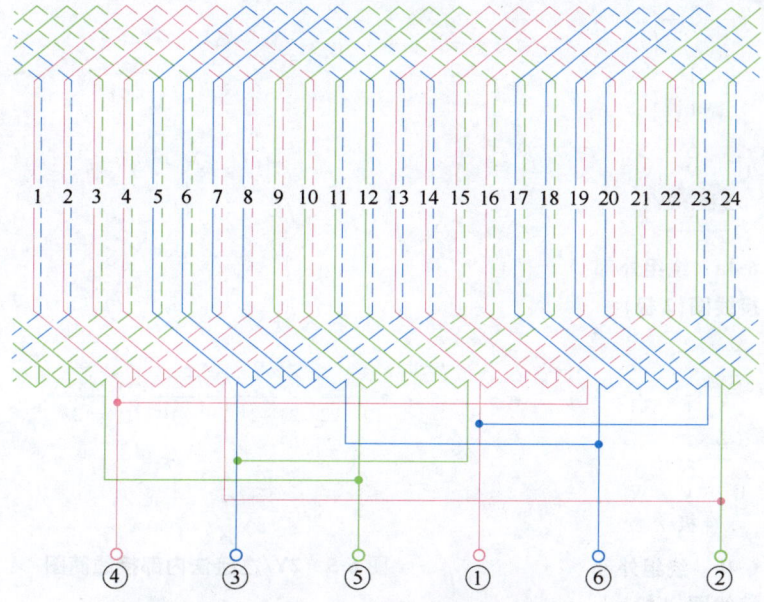

图 6-2　定子绕组(2Y/△接法)展开图

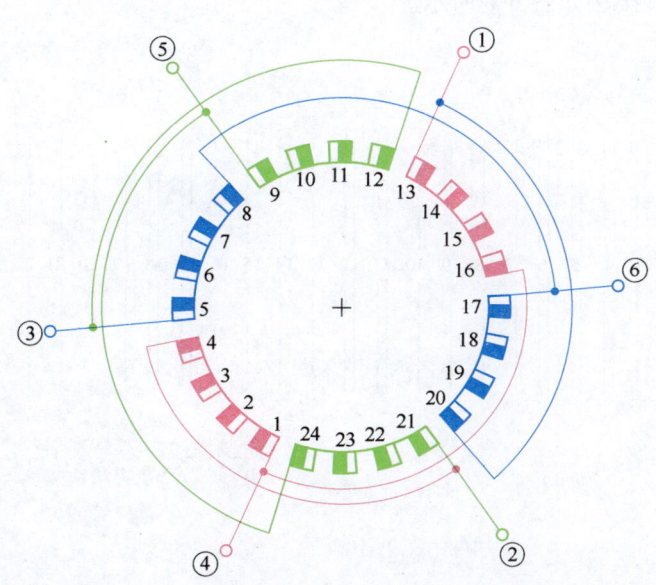

图 6-3　定子绕组(2Y/△接法)圆形接线图

第六章 三相变极多速异步电动机绕组展开图与接线图

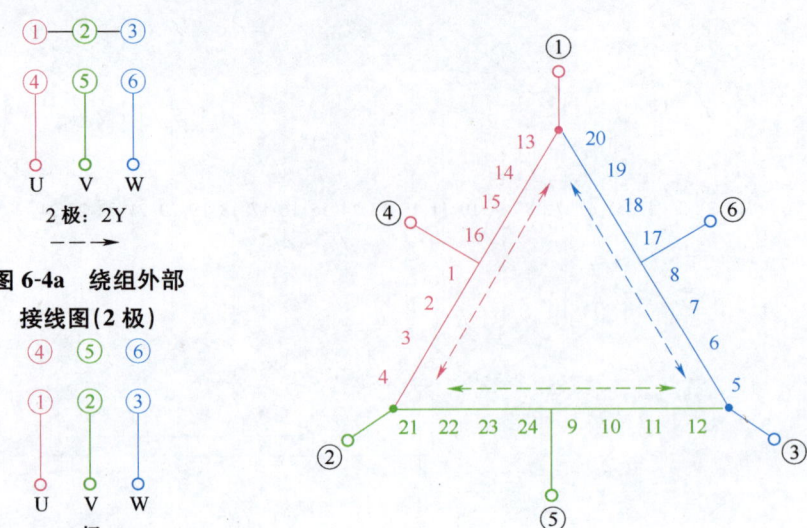

图 6-4a 绕组外部接线图(2 极)

图 6-4b 绕组外部接线图(4 极)

图 6-5 2Y/△接法内部接线简图

2. 24 槽 2/4 极单绕组双速电动机展开图与接线图(二)

(1)绕组展开图(节距：$Y=1-7$)。U 相绕组展开图如图 6-6 所示,定子绕组 2Y/2Y 接法如图 6-7 所示。

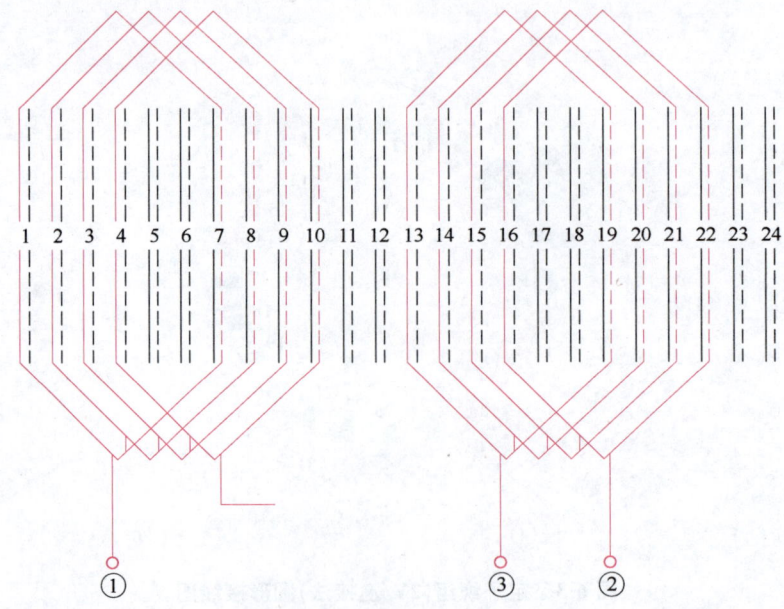

图 6-6 U 相绕组展开图

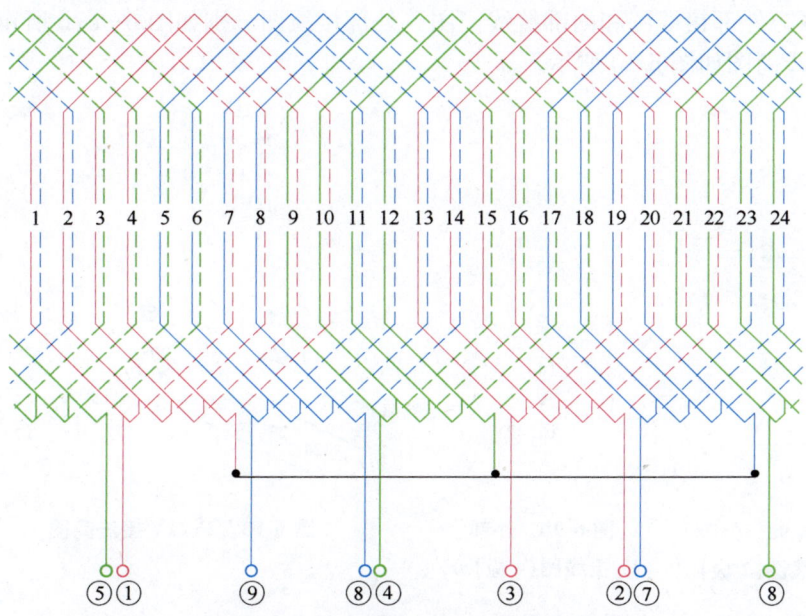

图 6-7 定子绕组 2Y/2Y 接法展开图

(2) 绕组圆形接线图。定子绕组 2Y/2Y 接法圆形接线图如图 6-8 所示。

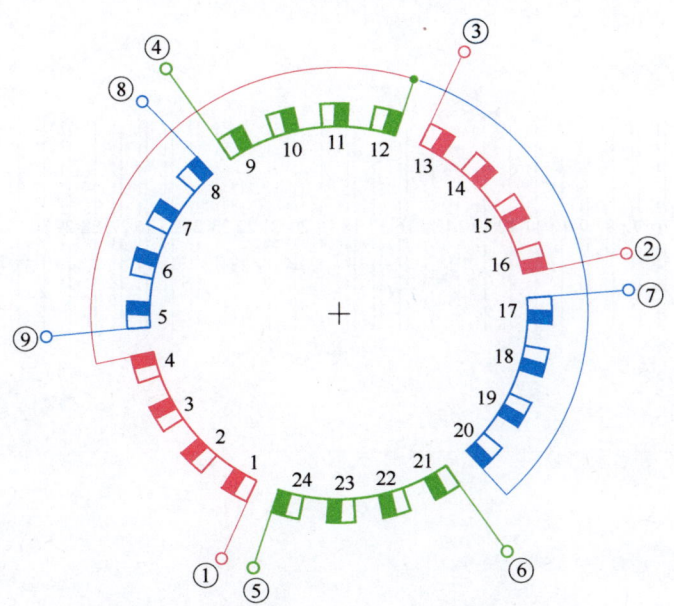

图 6-8 定子绕组 2Y/2Y 接法圆形接线图

(3)外部接线图和内部接线简图。外部接线图分别如图 6-9a、b 所示,内部接线简图如图 6-10 所示。

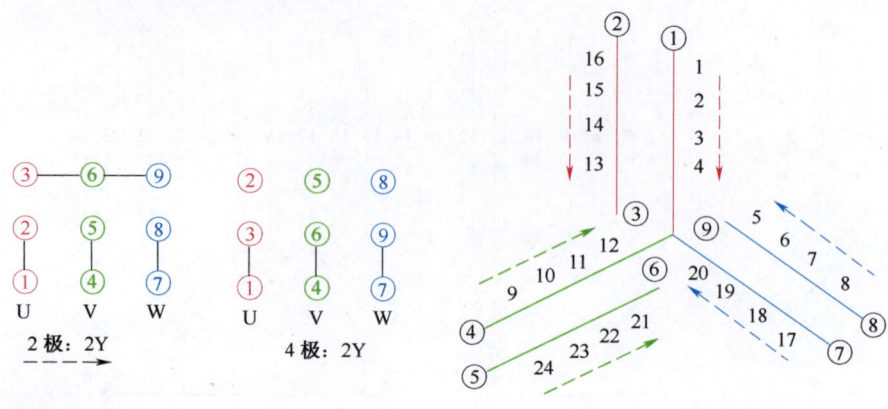

图 6-9a 外部接线图(2极)　　图 6-9b 外部接线图(4极)　　图 6-10 2Y/2Y 接法简图

3. 36 槽 2/4 极单绕组双速电动机展开图与接线图(一)

(1)绕组展开图(节距:Y＝1－10)。U 相绕组展开图如图 6-11 所示,定子绕组 2Y/△接法展开图如图 6-12 所示。

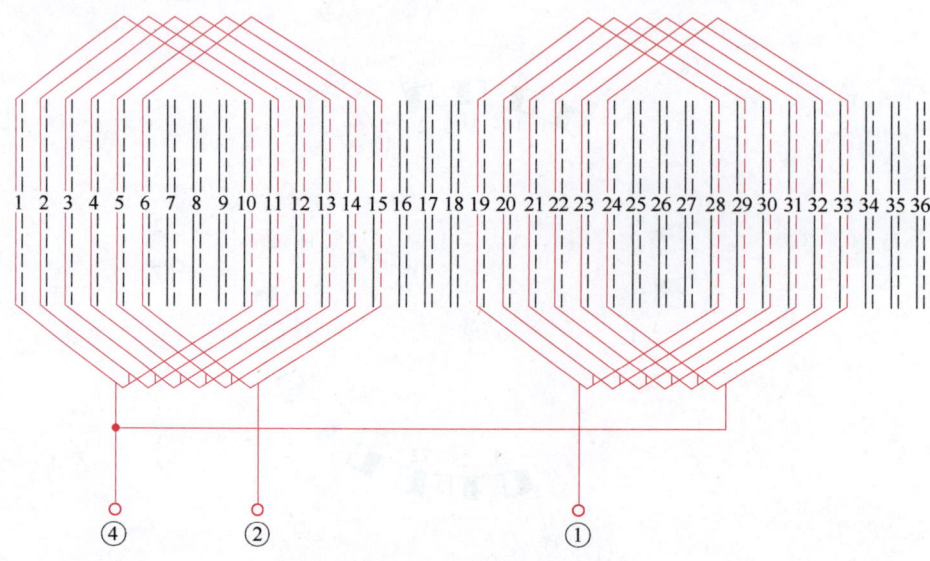

图 6-11 U 相绕组展开图

(2)绕组圆形接线图。如图 6-13 所示。

第六章 三相变极多速异步电动机绕组展开图与接线图　　279

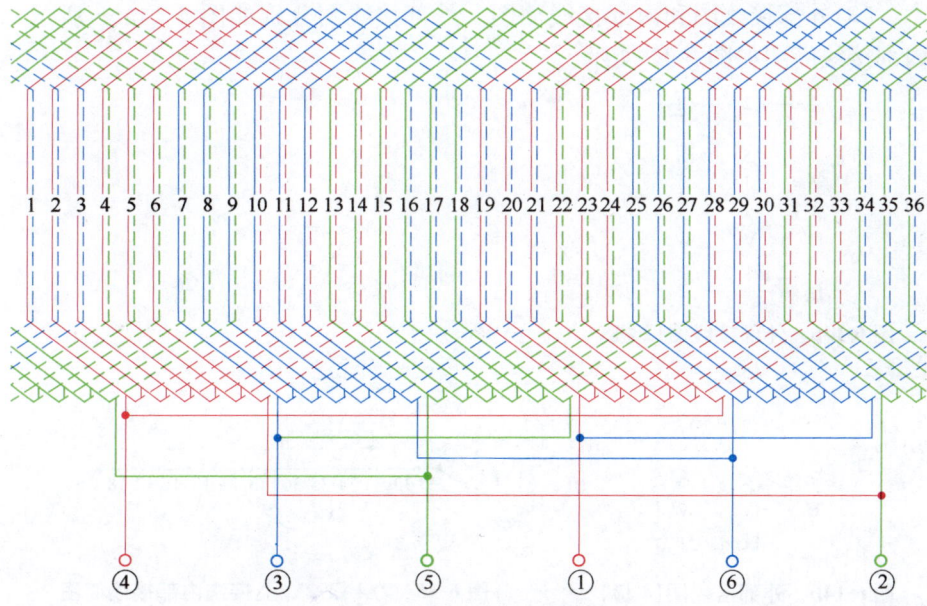

图 6-12　定子绕组 2Y/△接法展开图

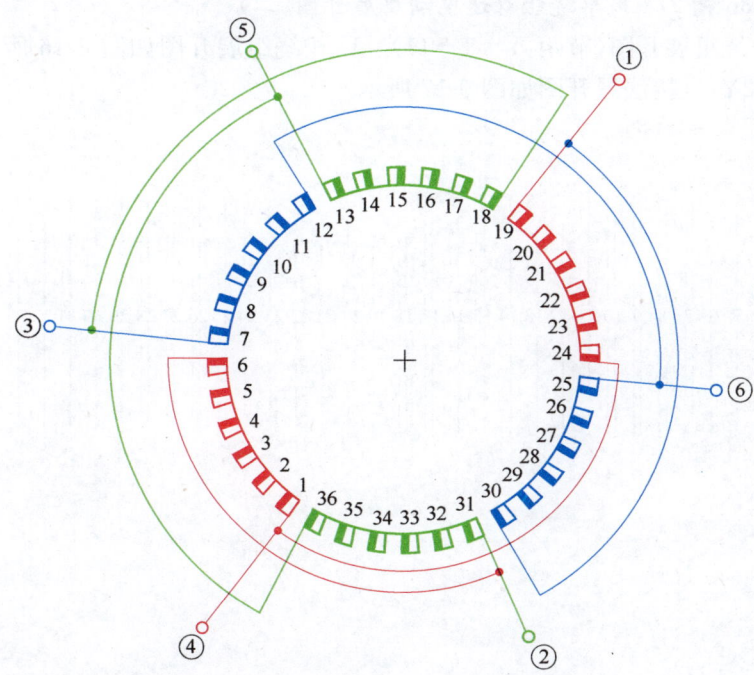

图 6-13　定子绕组 2Y/△接法圆形接线图

(3) 外部接线图和内部接线简图。外部接线图分别如图 6-14a、b 所示，内部接线简图如图 6-15 所示。

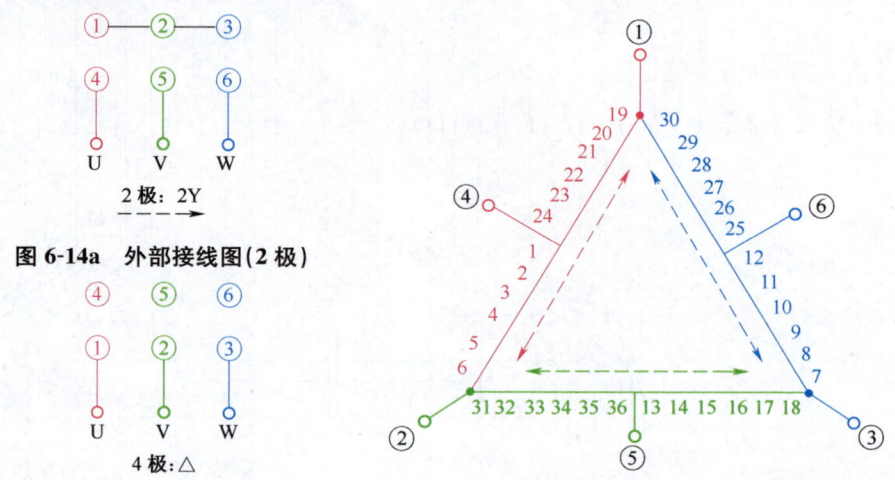

图 6-14a 外部接线图(2 极)

图 6-14b 外部接线图(4 极)

图 6-15 2/4 极-2Y/△接法内部接线简图

(4) 适用电动机型号：YD160M-4/2，YD160L-4/2。

4. 36 槽 2/4 极单绕组双速电动机展开图(二)

(1) 绕组展开图(节距：$Y=1-11$)。U 相绕组展开图如图 6-16 所示，定子绕组 2Y/△接法展开图如图 6-17 所示。

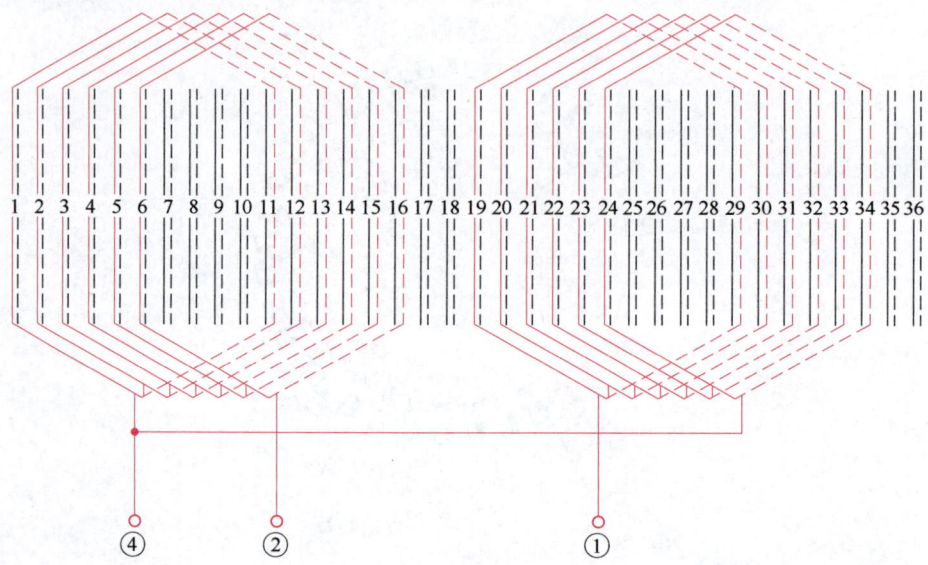

图 6-16 U 相绕组展开图

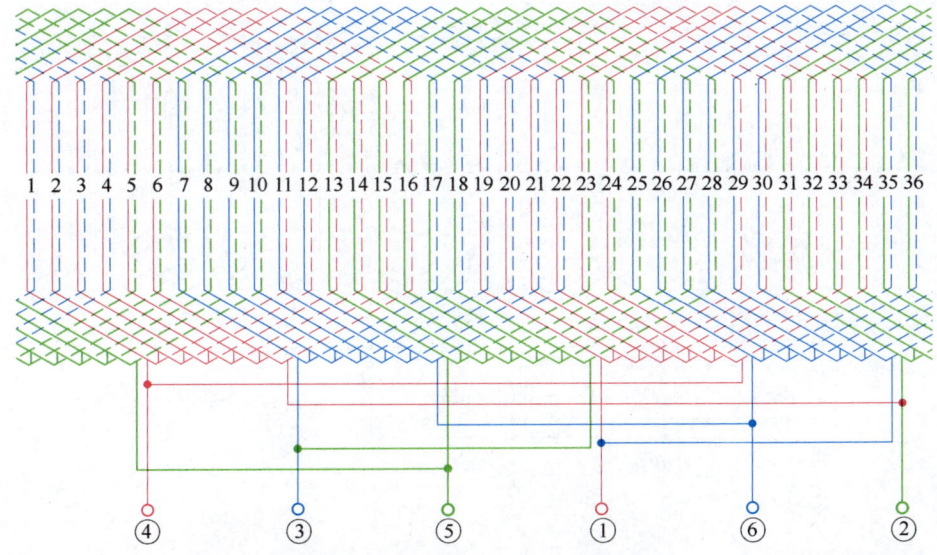

图 6-17　定子绕组 2Y/△接法展开图

(2) 绕组圆形接线图。参见图 6-13 所示。

(3) 外部接线示意图和内部接线简图。分别参见图 6-14、图 6-15。

(4) 适用电动机型号。YD100L1-4/2，YD100L2-4/2，YD112M-4/2，YD132S-4/2，YD132M-4/2。

5. 48 槽 2/4 极单绕组双速电动机展开图与接线图

(1) 绕组展开图(节距：$Y=1-13$)。U 相绕组展开图如图 6-18 所示，定子绕组 2Y/△接法绕组展开图如图 6-19 所示。

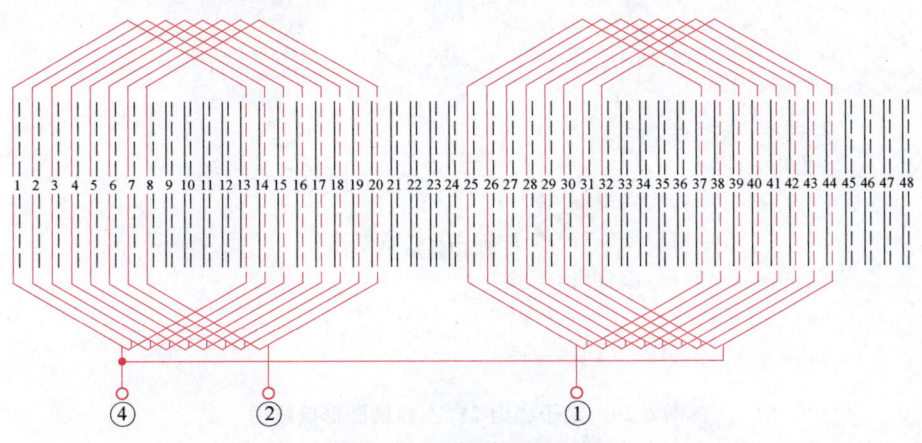

图 6-18　U 相绕组展开图

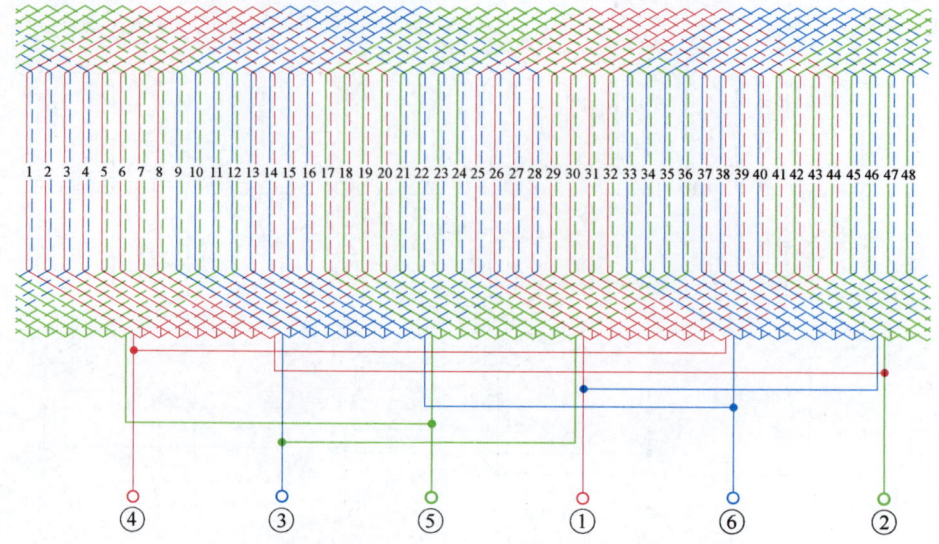

图 6-19　定子绕组 2Y/△接法展开图

(2)绕组圆形接线图。如图 6-20 所示。

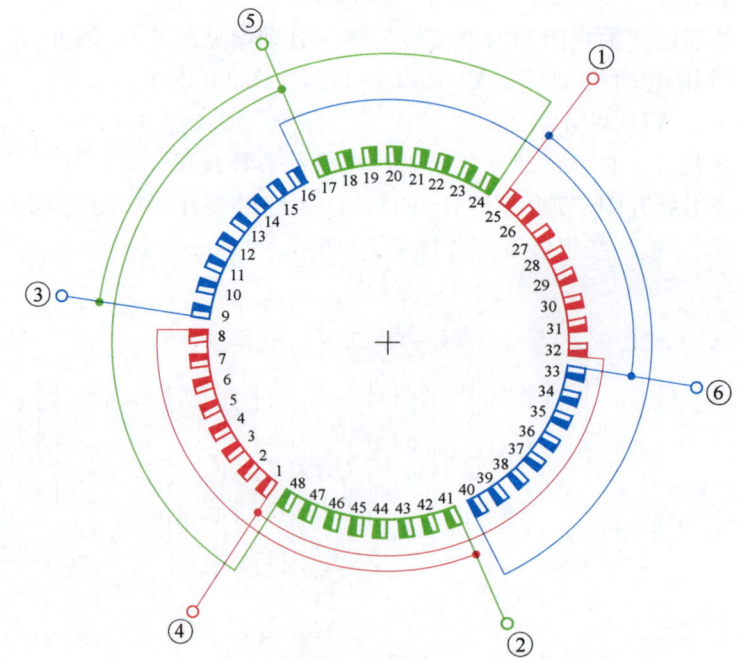

图 6-20　定子绕组 2Y/△接法圆形接线图

(3)外部接线图和内部接线简图。外部接线图分别如图 6-21a、b 所示，内部接线简图如图 6-22 所示。

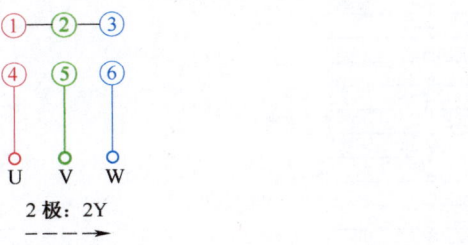
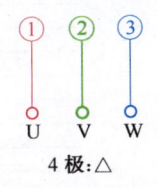

图 6-21a　绕组外部接线图(2 极)　　　图 6-21b　绕组外部接线图(4 极)

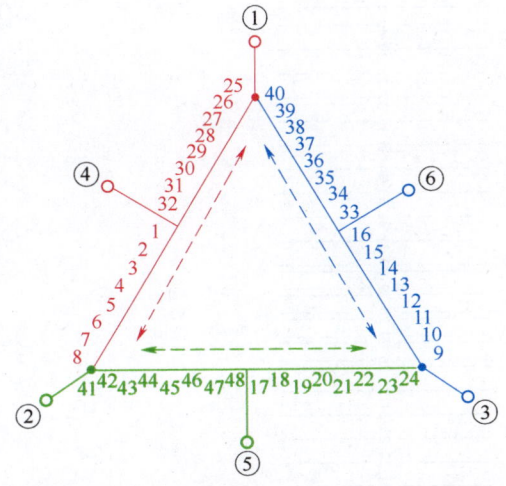

图 6-22　2/4 级 2Y/△接法内部接线简图

(4)适用电动机型号。YD180M-4/2，YD180L-4/2，YD200L-4/2，YD225S-4/2，YD225M-4/2，YD250M-4/2。

6. 60 槽 2/4 极单绕组双速电动机展开图与接线图

(1)绕组展开图(节距：$Y=1-16$)。U 相绕组展开图如图 6-23 所示，定子绕组 2Y/△接法展开图如图 6-24 所示。

(2)绕组圆形接线图。如图 6-25 所示。

(3)外部接线图和内部接线简图。外部接线图分别如图 6-26a、b 所示，内部接线简图如图 6-27 所示。

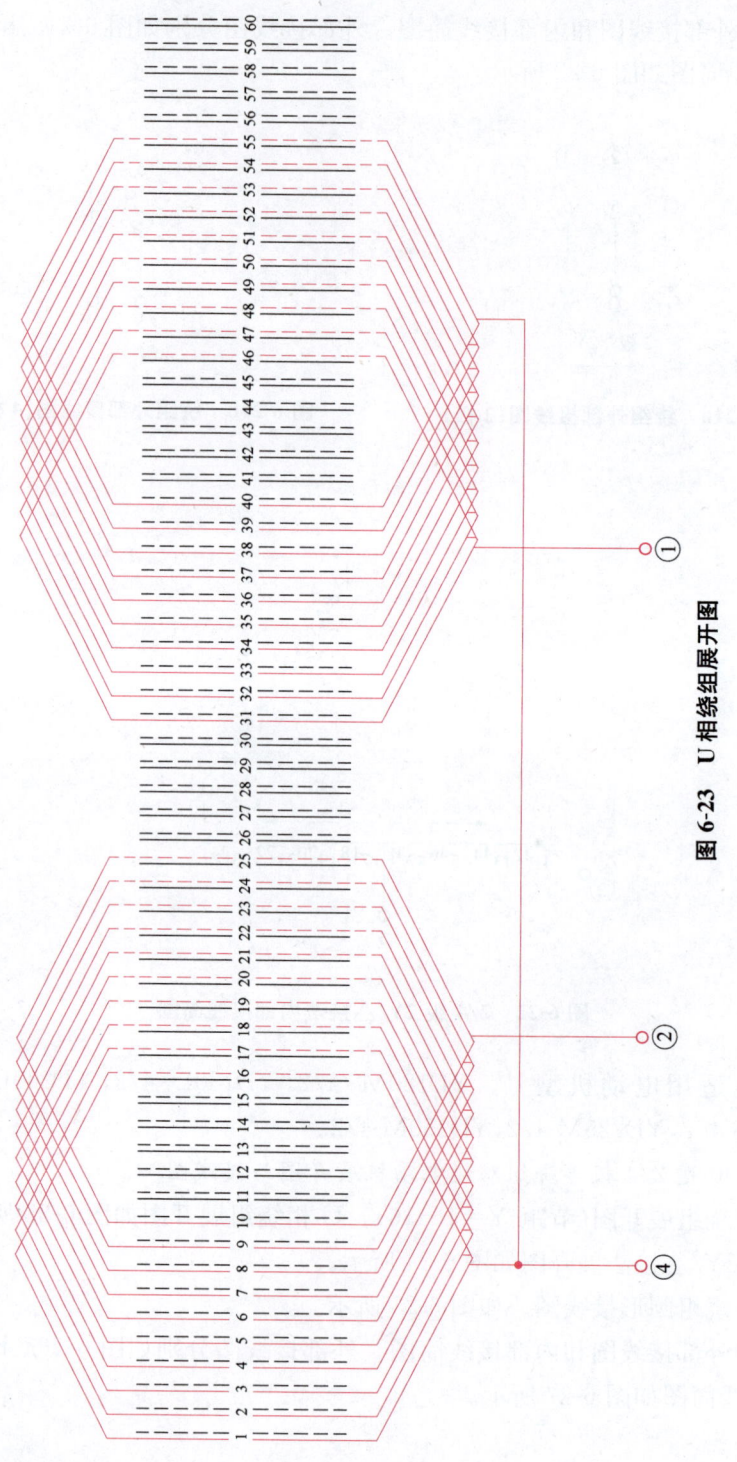

图 6-23 U 相绕组展开图

第六章 三相变极多速异步电动机绕组展开图与接线图

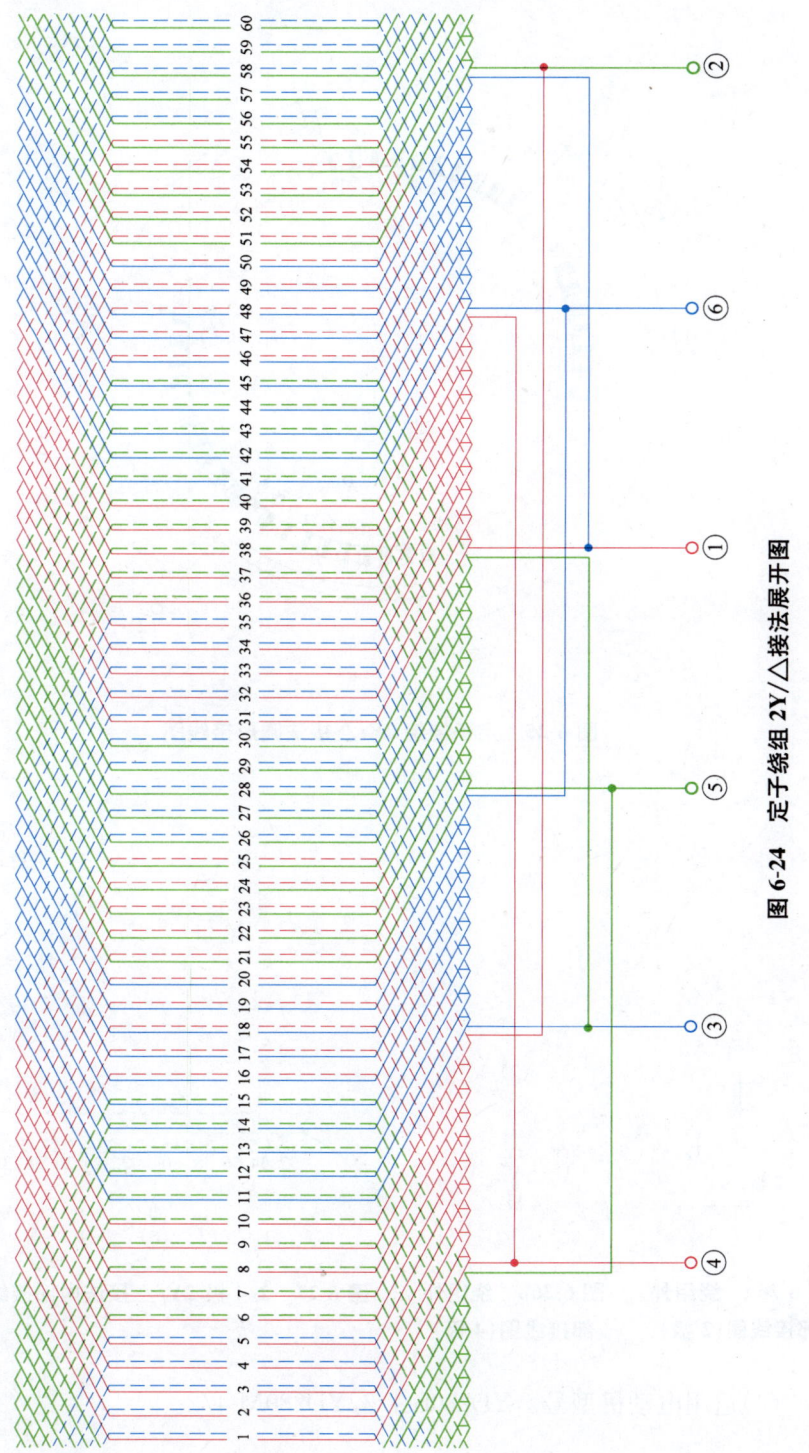

图 6-24 定子绕组 2Y/△接法展开图

第六章 三相变极多速异步电动机绕组展开图与接线图

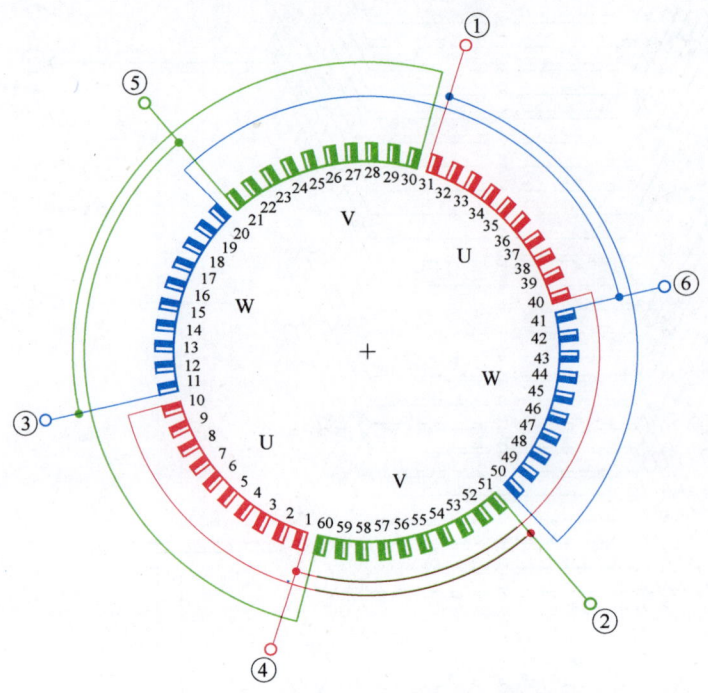

图 6-25 定子绕组 2Y/△接法圆形接线图

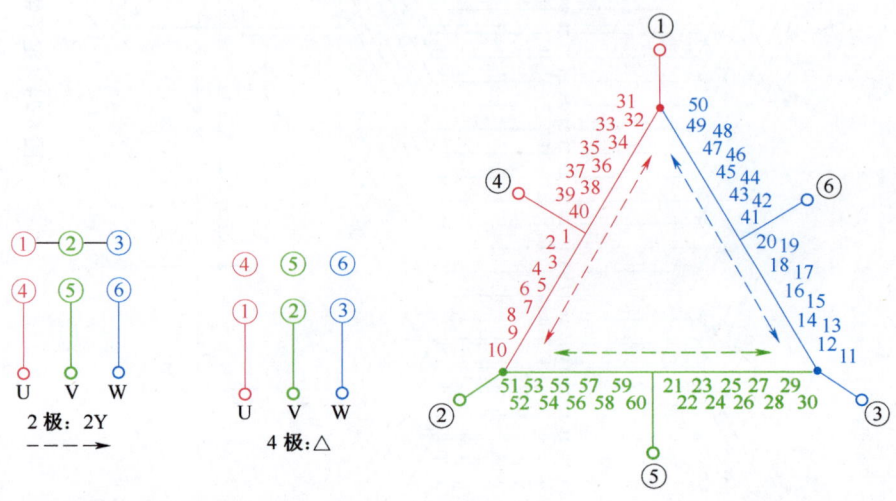

图 6-26a 绕组外部接线图(2极)　　图 6-26b 绕组外部接线图(4极)　　图 6-27 2/4极 2Y/△接法内部接线简图

(4)适用电动机型号。YD280S-4/2，YD280M-4/2。

7. 36槽4/8极单绕组双速电动机展开图与接线图

(1)绕组展开图(节距:$Y=1-6$)。U相绕组展开图如图6-28所示,定子绕组2Y/△接法展开图如图6-29所示。

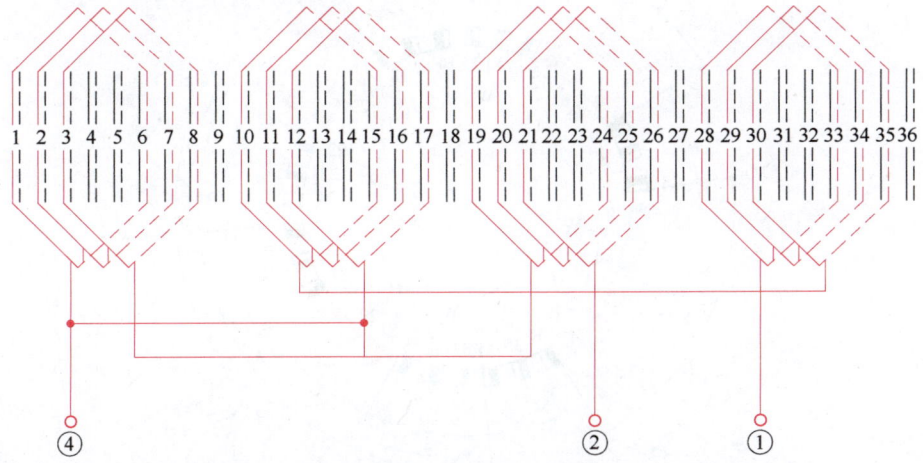

图 6-28　U相绕组展开图

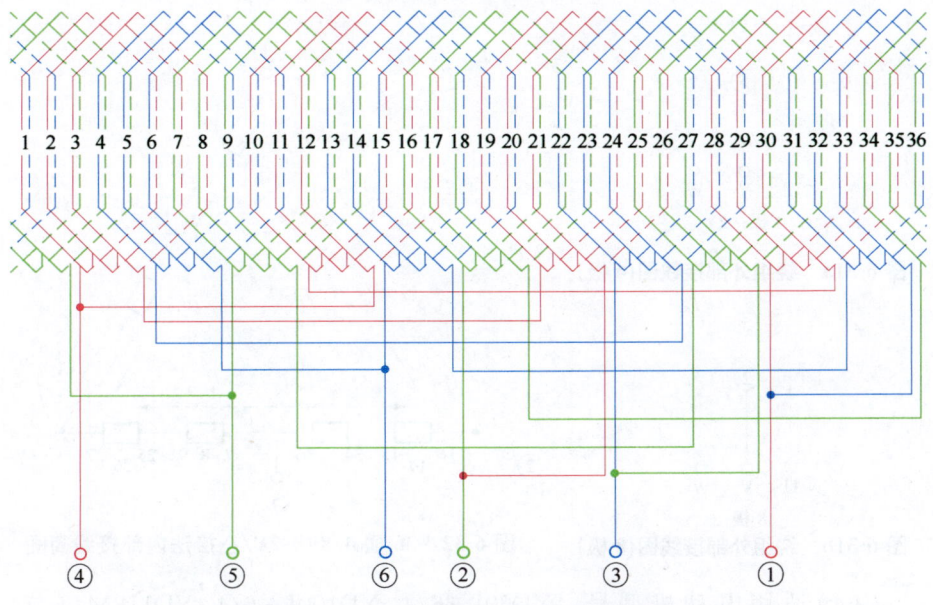

图 6-29　定子绕组 2Y/△接法展开图

(2)绕组圆形接线图。如图6-30所示。

(3)外部接线图和内部接线简图。外部接线图分别如图6-31a、b所示,内部接线简图如图6-32所示。

288 第六章 三相变极多速异步电动机绕组展开图与接线图

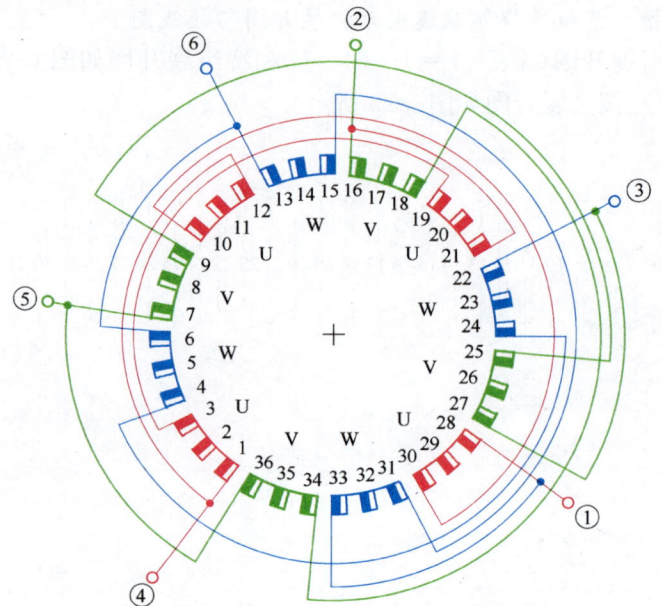

图 6-30 定子绕组 2Y/△接法圆形接线图

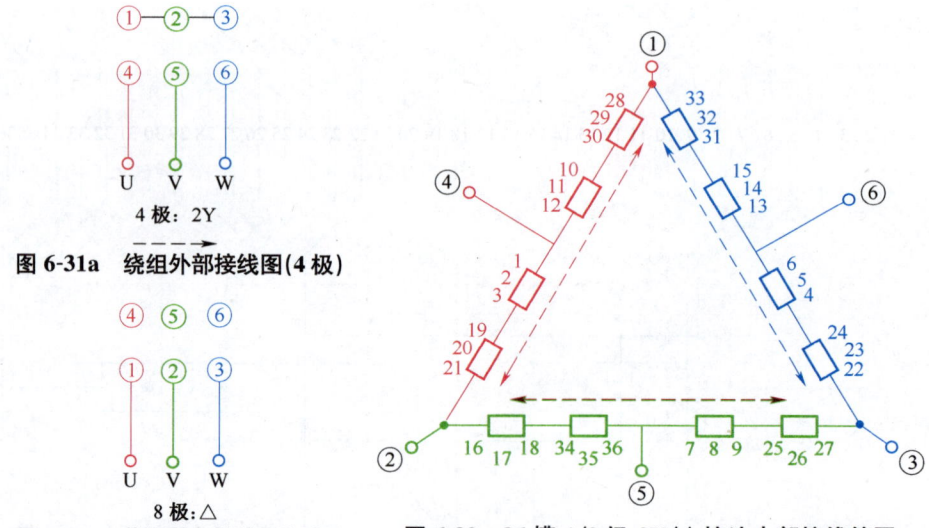

图 6-31a 绕组外部接线图(4极)

图 6-31b 绕组外部接线图(8极)

图 6-32 36槽 4/8极-2Y/△接法内部接线简图

(4) 适用电动机型号。YD90L-6/4，YD100L-6/4，YD112M-6/4，YD132S-6/4，YD132M-6/4，YD160M-6/4，YD160L-6/4。

8. 48槽 4/8极单绕组双速电动机展开图与接线图

(1) 绕组展开图(节距:$Y=1-7$)。U相绕组展开图如图 6-33 所示,定子绕组 2Y/△接法展开图如图 6-34 所示。

第六章 三相变极多速异步电动机绕组展开图与接线图

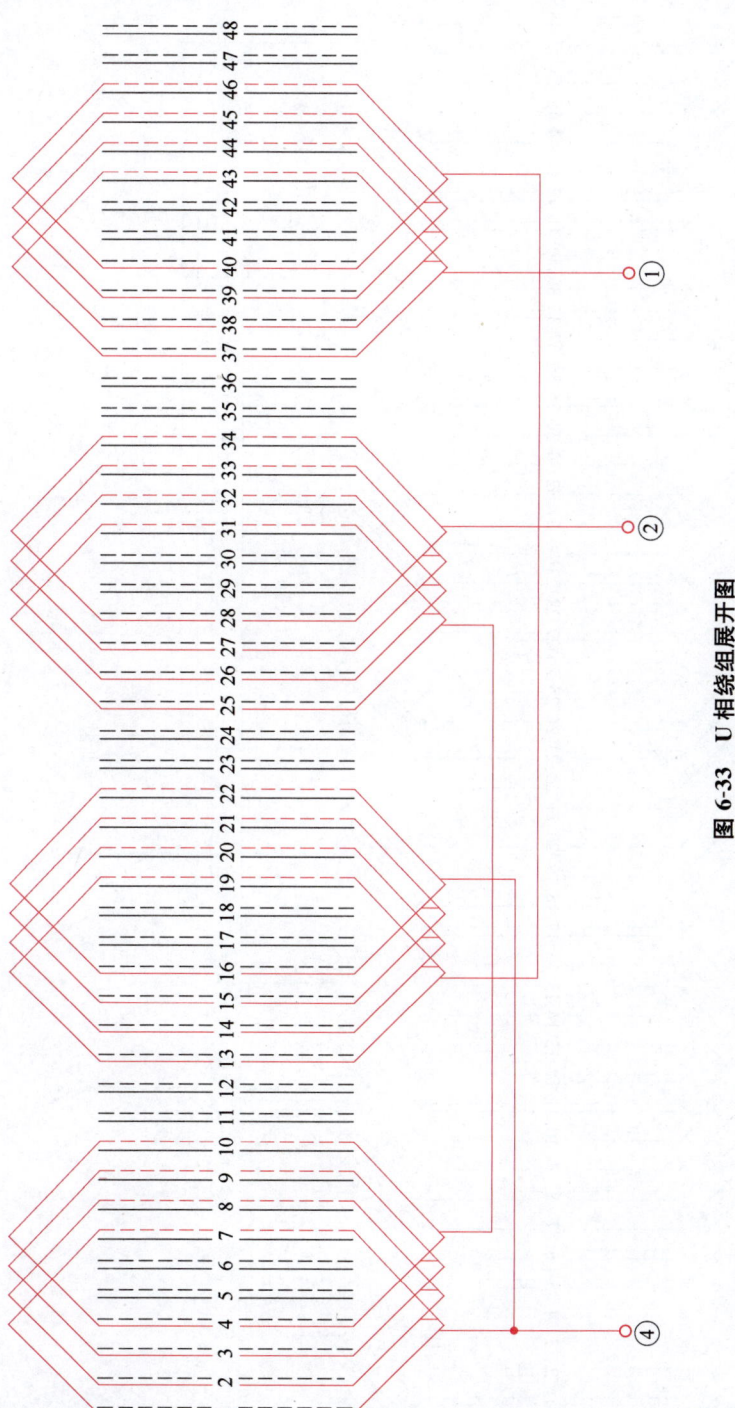

图 6-33 U 相绕组展开图

第六章 三相变极多速异步电动机绕组展开图与接线图

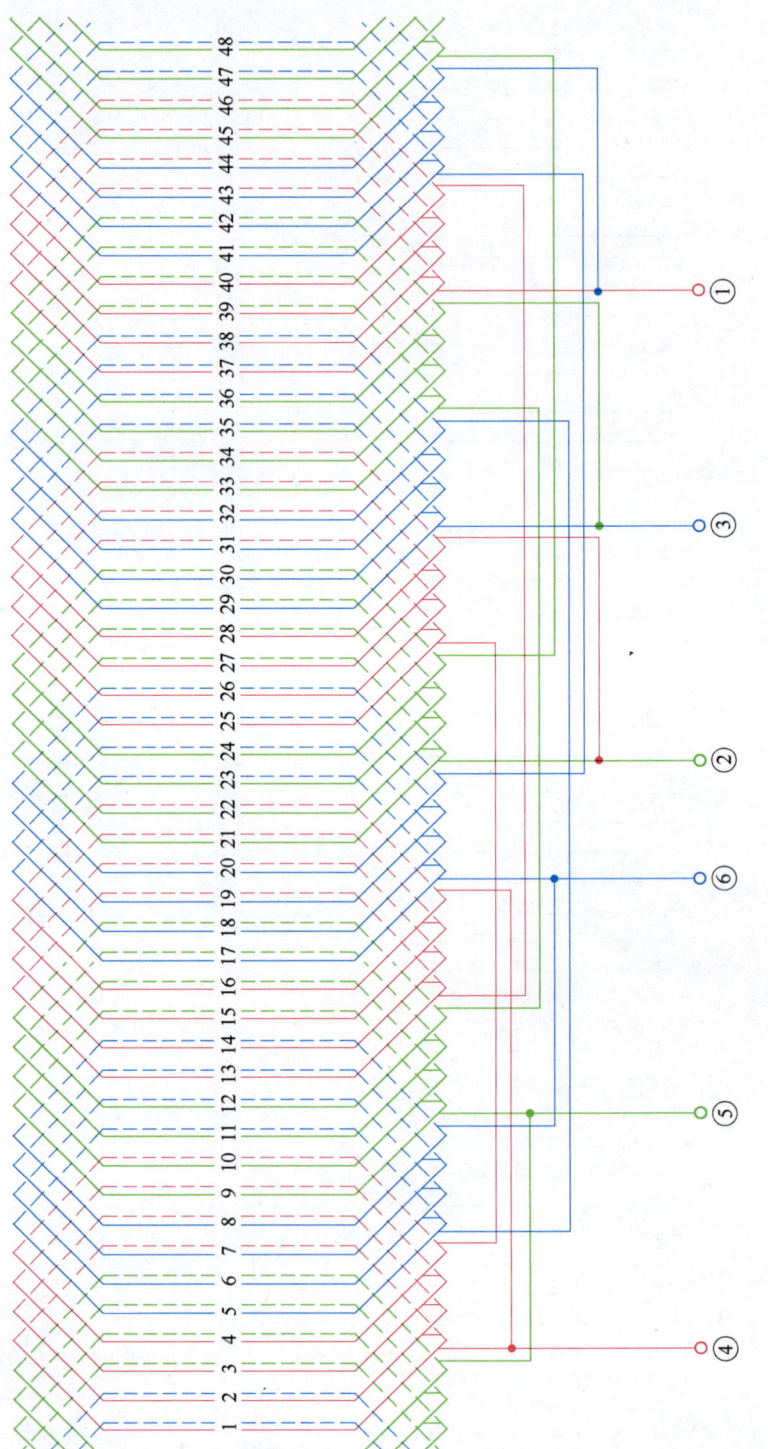

图 6-34 定子绕组 2Y/△接法展开图

(2)绕组圆形接线图。如图 6-35 所示。

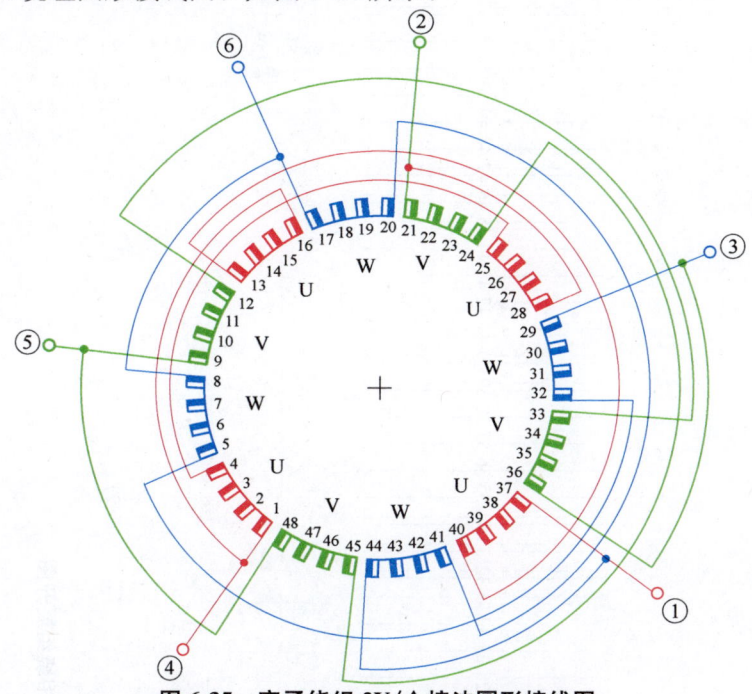

图 6-35　定子绕组 2Y/△接法圆形接线图

(3)外部接线图和内部接线简图。绕组外部接线分别如图 6-36a、b 所示，内部接线简图如图 6-37 所示。

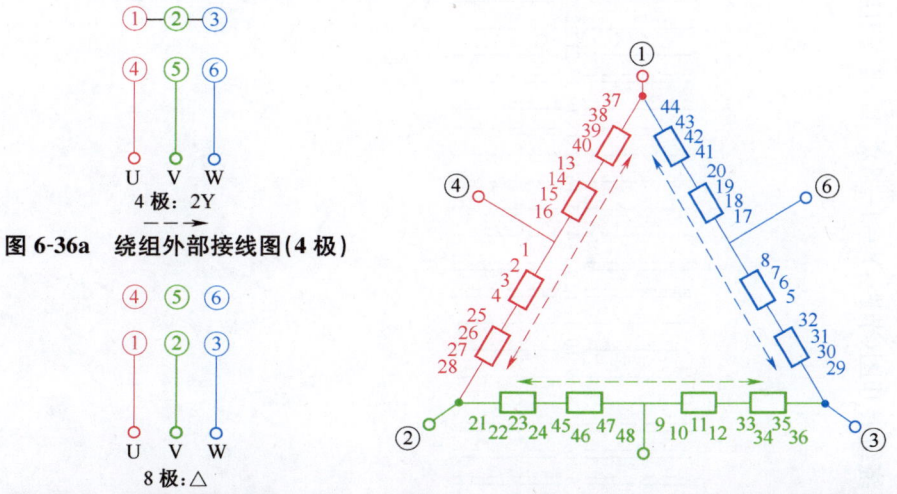

图 6-36a　绕组外部接线图(4 极)

图 6-36b　绕组外部接线图(8 极)

图 6-37　48 槽 4/8 极-2Y/△接法内部接线简图

(4)适用电动机型号。JDO22-61-8/4。

9. 54槽4/8极单绕组双速电动机展开图与接线图

(1) 绕组展开图(节距：Y=1—8)。U相绕组展开图如图6-38所示，定子绕组2Y/△接法展开图如图6-39所示。

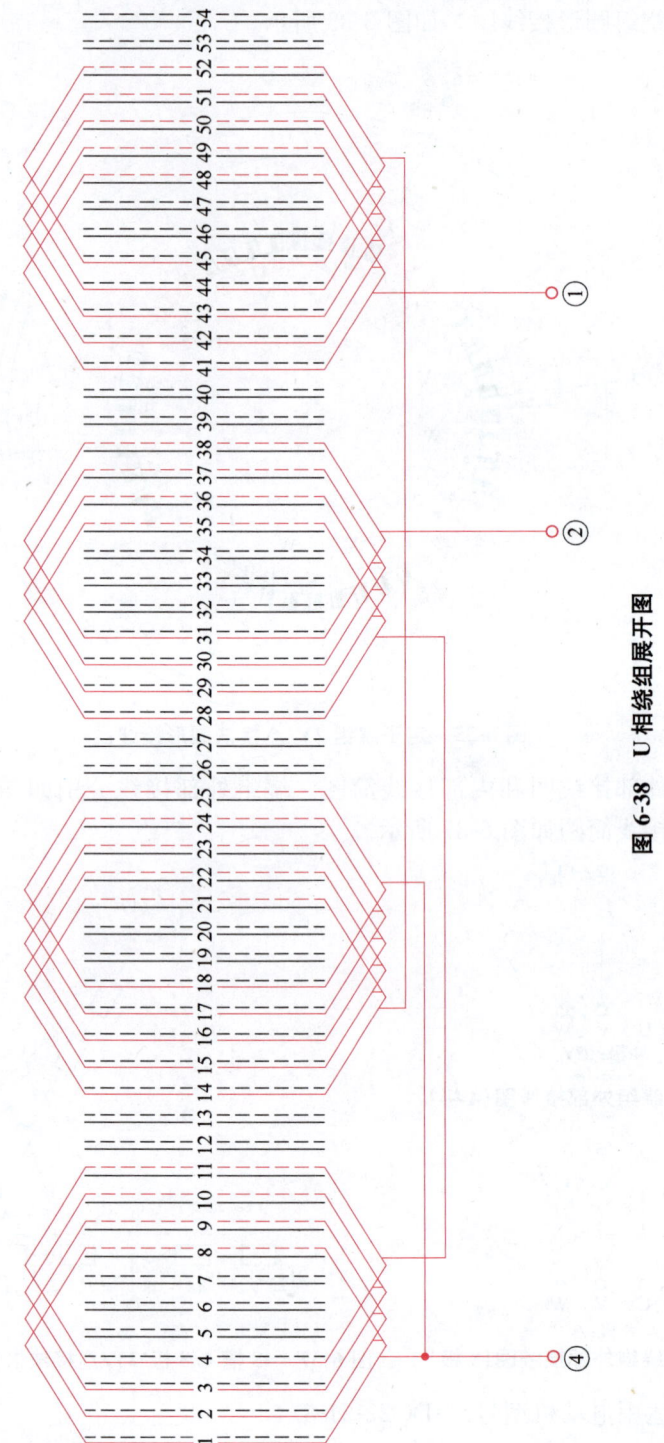

图6-38 U相绕组展开图

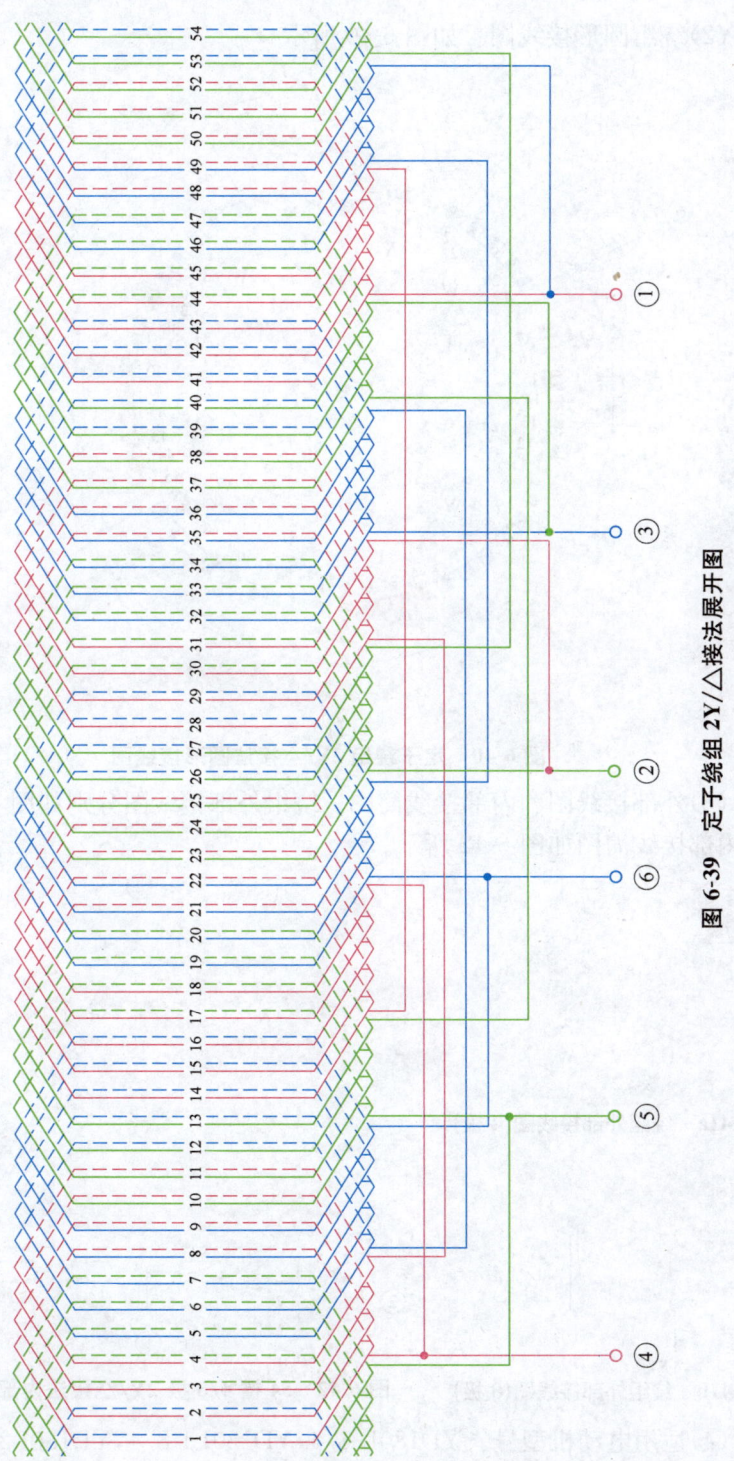

图 6-39 定子绕组 2Y/△接法展开图

(2) 绕组圆形接线图。如图 6-40 所示。

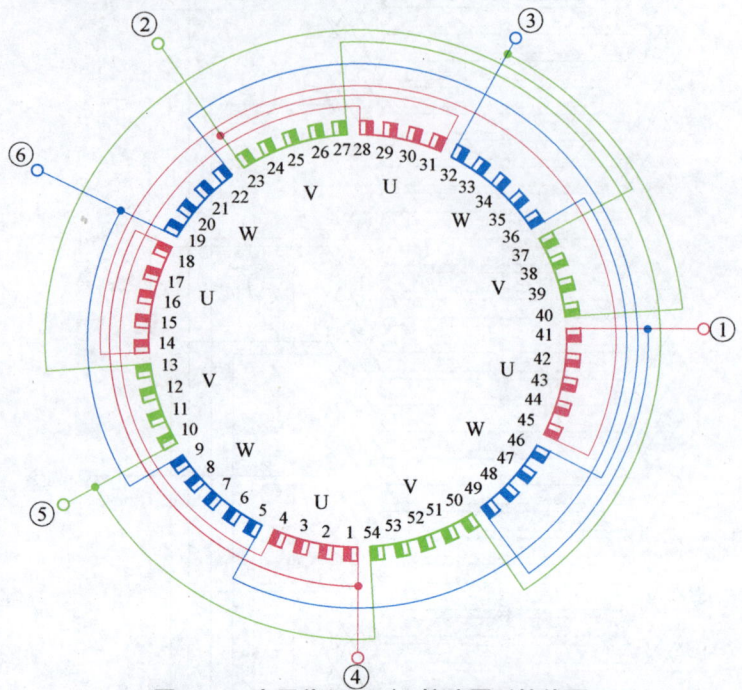

图 6-40　定子绕组 2Y/△接法圆形接线图

(3) 外部接线图和内部接线简图。绕组外部接线图分别如图 6-41a、b 所示，内部接线简图如图 6-42 所示。

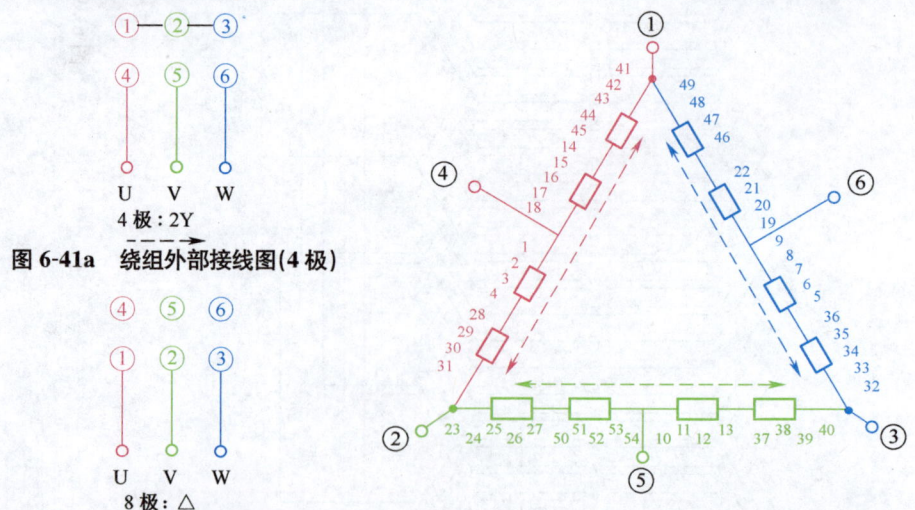

图 6-41a　绕组外部接线图(4 极)

图 6-41b　绕组外部接线图(8 极)

图 6-42　54 槽 4/8 极-2Y/△接法内部接线简图

(4) 适用电动机型号。YD180L-8/4，YD180L1-8/4，YD180L2-8/4。

10. 72槽4/8极单绕组双速电动机展开图与接线图

(1) 绕组展开图(节距:Y=1—10)。U相绕组展开图如图6-43所示,定子绕组2Y/△接法展开图如图6-44所示。

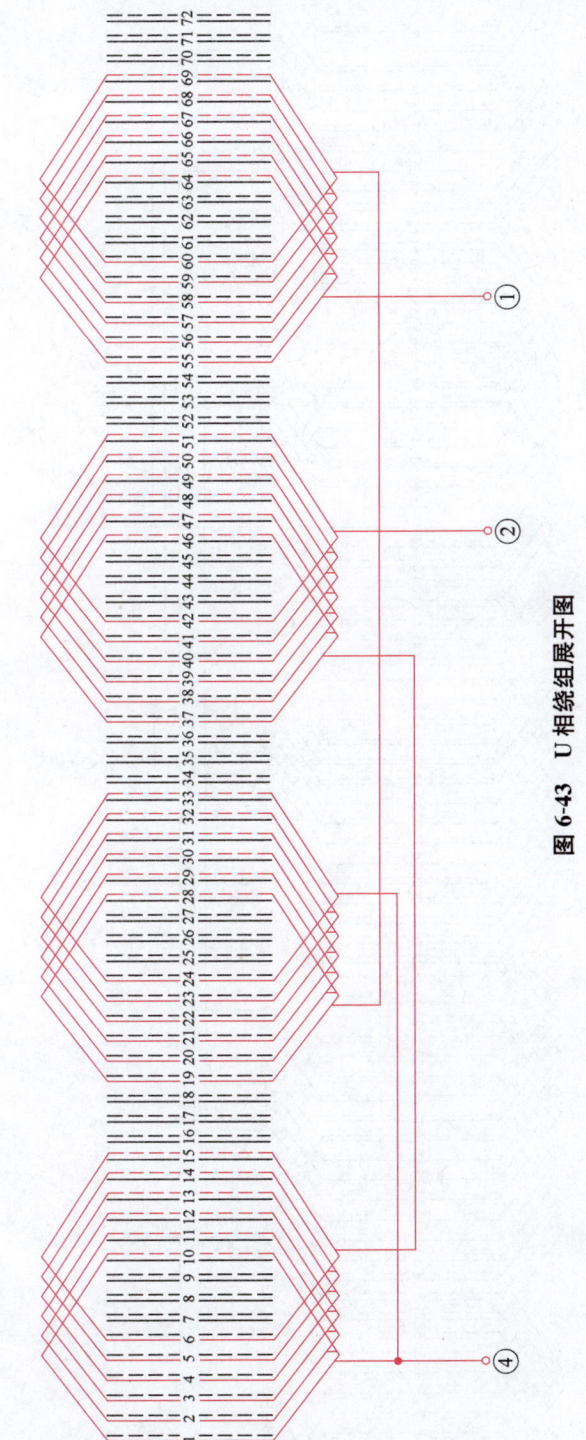

图6-43 U相绕组展开图

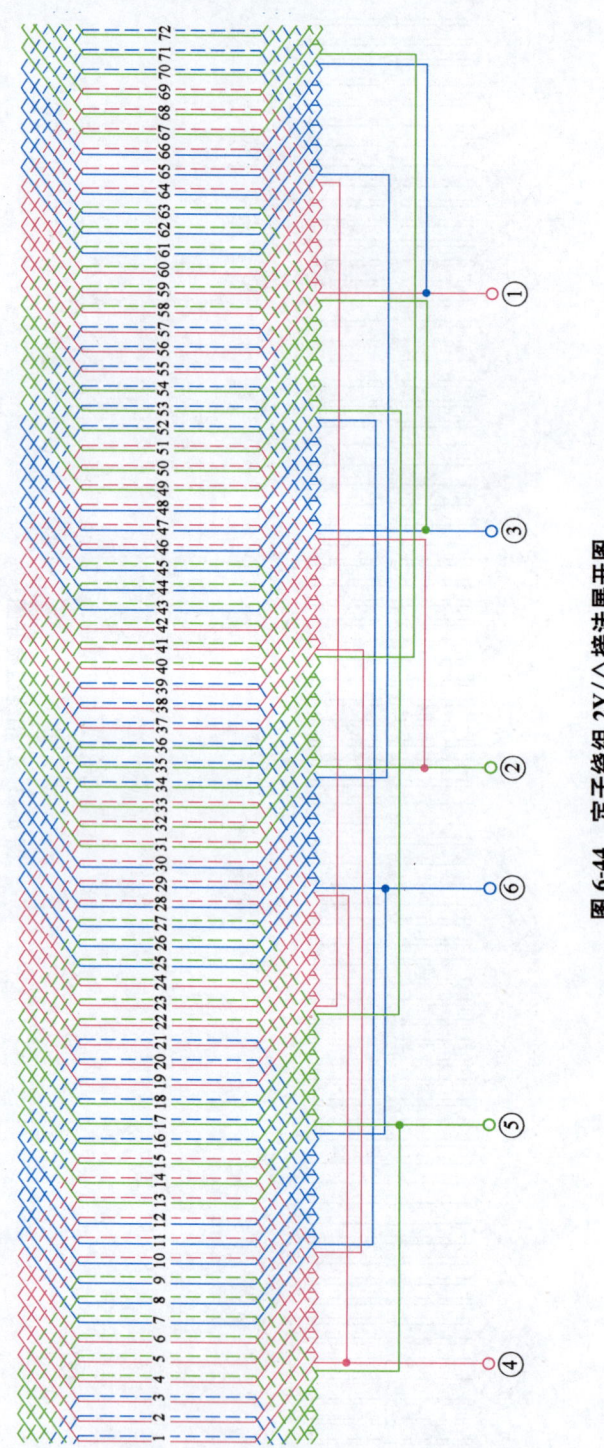

图 6-44 定子绕组 2Y/△接法展开图

(2)绕组圆形接线图。如图 6-45 所示。

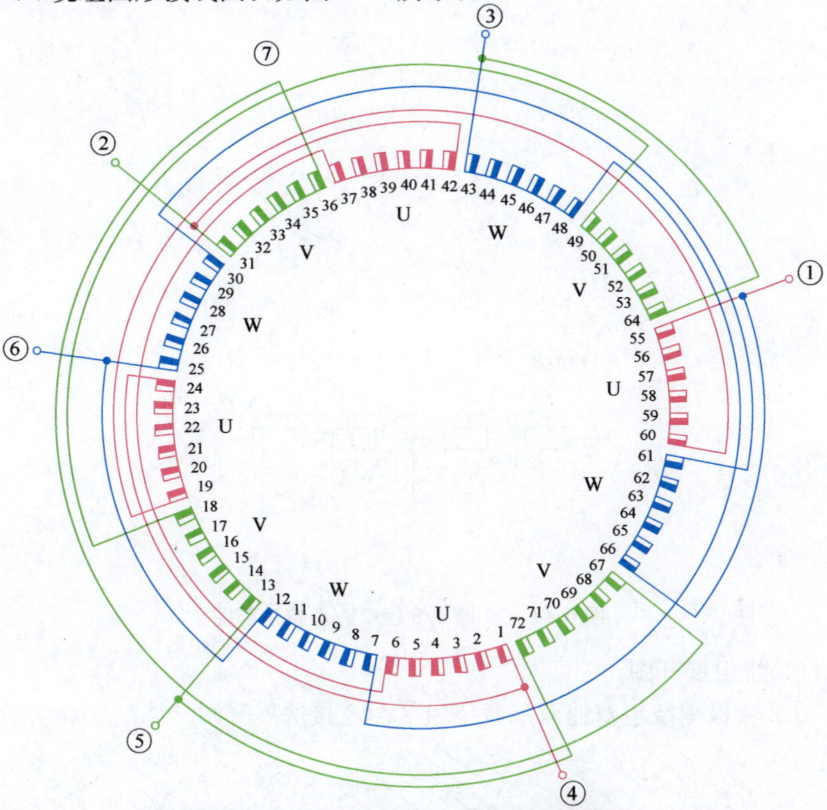

图 6-45 定子绕组 2Y/△接法圆形接线图

(3)外部接线图和内部接线简图。绕组外部接线图分别如图 6-46a、b 所示,内部接线简图如图 6-47 所示。

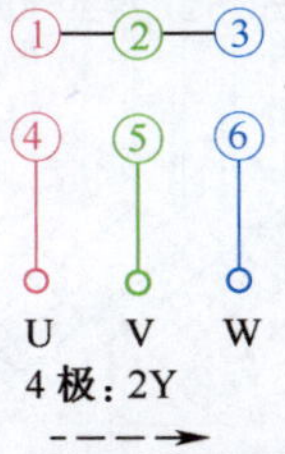

图 6-46a 绕组外部接线图(4 极) 　　图 6-46b 绕组外部接线图(8 极)

(4)适用电动机型号。YD225M-8/4,YD250M-8/4,YD280M-8/4,YD280S-8/4。

11. 36 槽 6/4/2 极双绕组三速电动机展开图与接线图

该电动机定子槽数 $Z=36$,分别放置两套独立的绕组。一套绕组为 2/4 极,节距为 $Y=1-10$;另一套绕组为 6 极,节距为 $Y=1-6$。

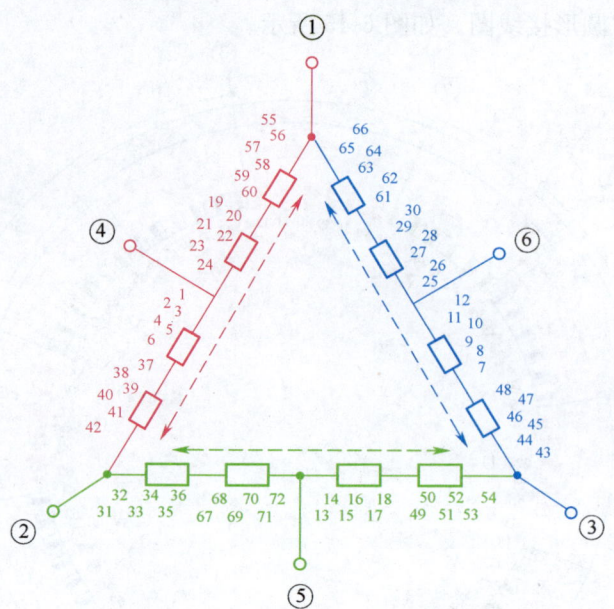

图 6-47　72 槽 4/8 极-2Y/△接法简图

(1) 绕组展开图。

① 2/4 极单绕组双速双层叠绕组 2Y/△接法展开图。如图 6-48 所示。

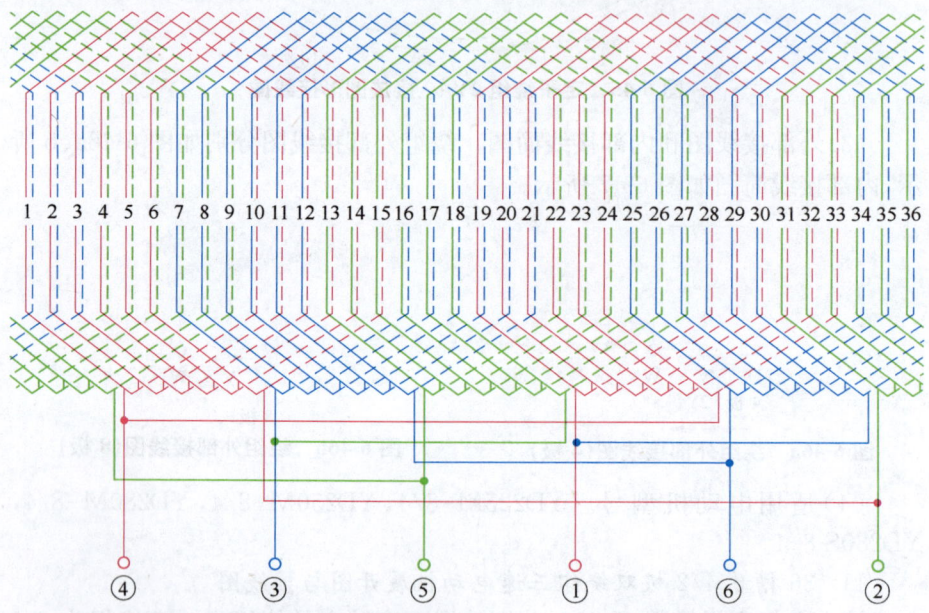

图 6-48　36 槽 2/4 极单绕组双速双层叠绕组 2Y/△接法展开图(节距:$Y=1-10$)

②36槽6极单速单层链式绕组Y形接法展开图。如图6-49所示。

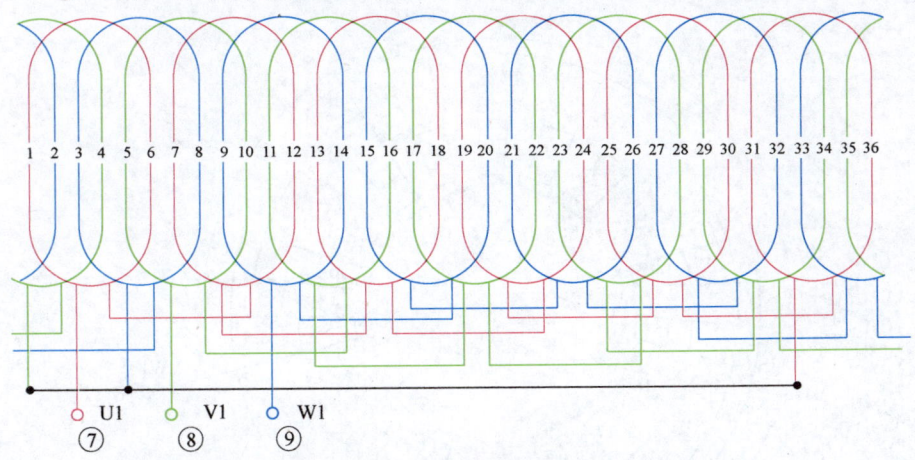

图6-49　36槽6极单层链式绕组Y形接法展开图(节距:$Y=1-6$)

(2)绕组圆形接线图。

①2/4极单绕组双速双层叠绕组2Y/△接法圆形接线图。如图6-50所示。

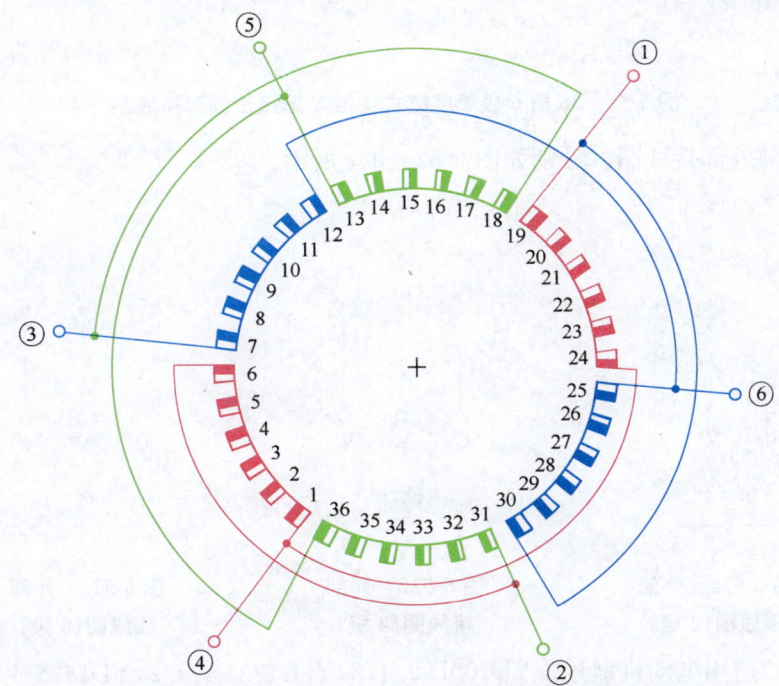

图6-50　36槽2/4极单绕组双速双层叠绕组2Y/△接法圆形接线图

②36槽6极单速单层链式绕组Y形接法圆形接线图。如图6-51所示。

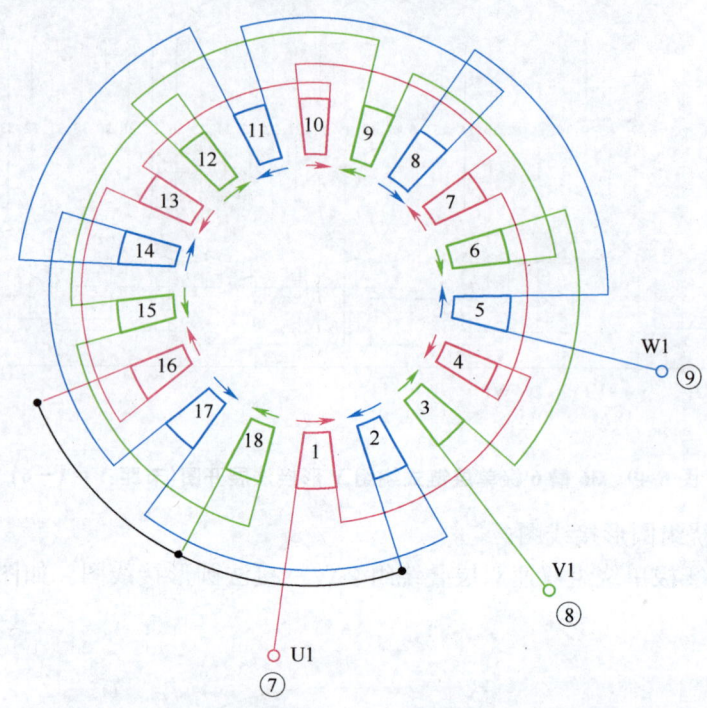

图6-51 36槽6极单层链式绕组Y形接法圆形接线图

(3)外部接线图。分别如图6-52a、b、c所示。

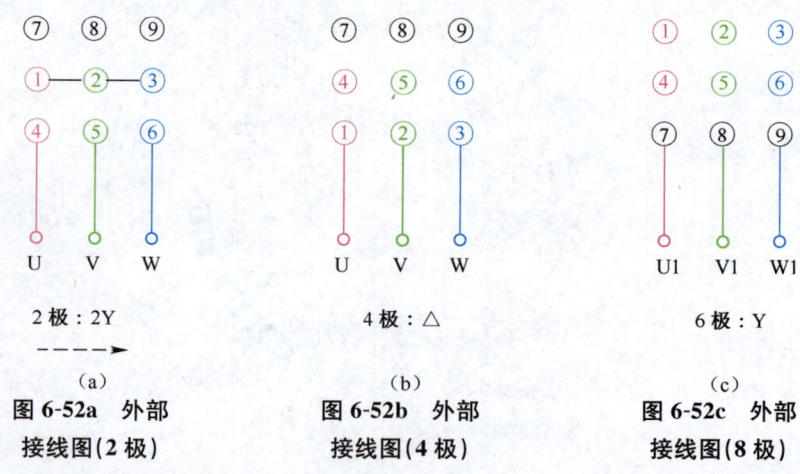

(a) 图6-52a 外部接线图(2极)

(b) 图6-52b 外部接线图(4极)

(c) 图6-52c 外部接线图(8极)

(4)适用电动机型号。YD100L-6/4/2,YD112M-6/4/2,YD132S-6/4/2,YD132M1-6/4/2,YD132M2-6/4/2,YD160M-6/4/2,YD160L-6/4/2。

12. 36槽8/4/2极双绕组三速电动机展开图与接线图

该电动机定子槽数 $Z=36$,分别放置两套独立的绕组。一套绕组为2/4极,节距为 $Y=1-10$;另一套绕组为8极,节距为 $Y=1-5$。

(1)绕组展开图。

①2/4极单绕组双速双层叠绕组 2Y/△接法展开图。如图6-53所示。

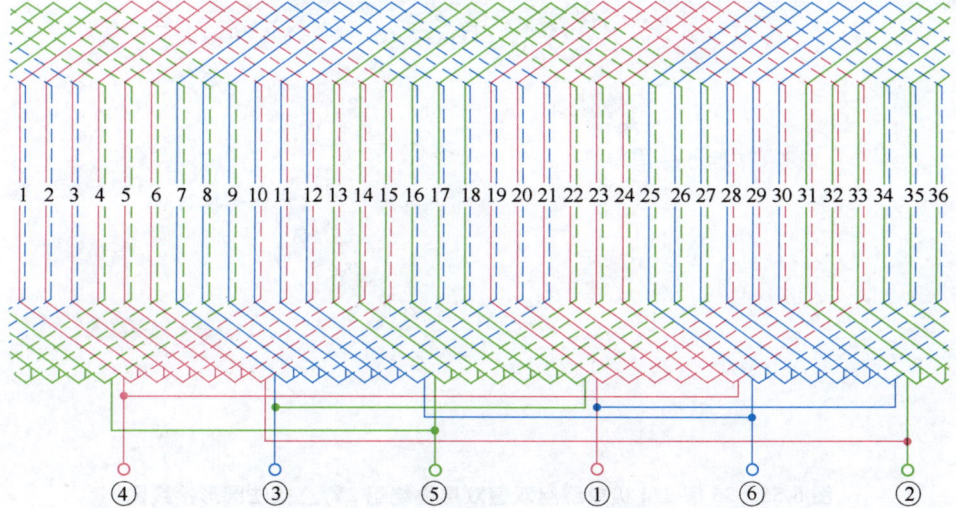

图 6-53　36槽2/4极单绕组双速双层叠绕组 2Y/△接法展开图(节距:$Y=1-10$)

②36槽8极单速双层叠绕组 Y 形接法展开图。如图6-54所示。

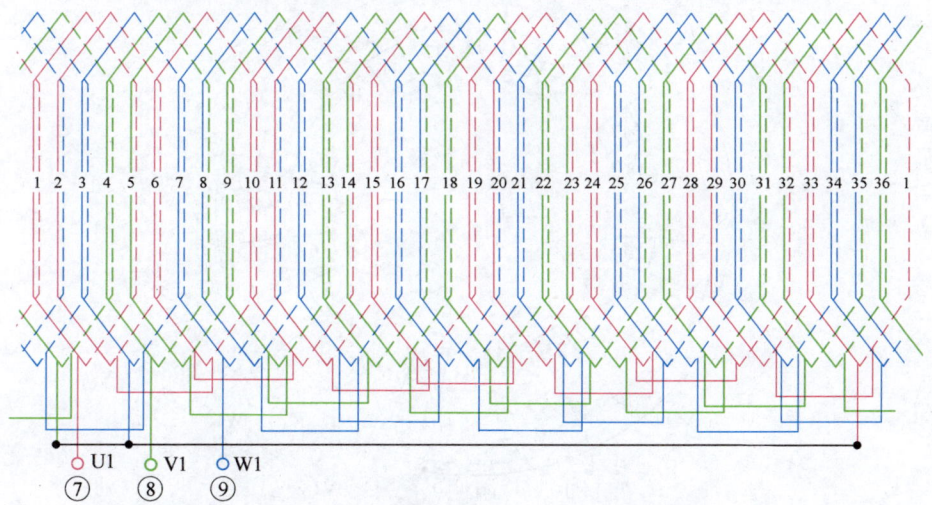

图 6-54　36槽8极单速双层叠绕组 Y 形接法展开图(节距:$Y=1-5$)

(2)绕组圆形接线图。

①2/4极单绕组双速双层叠绕组2Y/△接法圆形接线图。如图6-55所示。

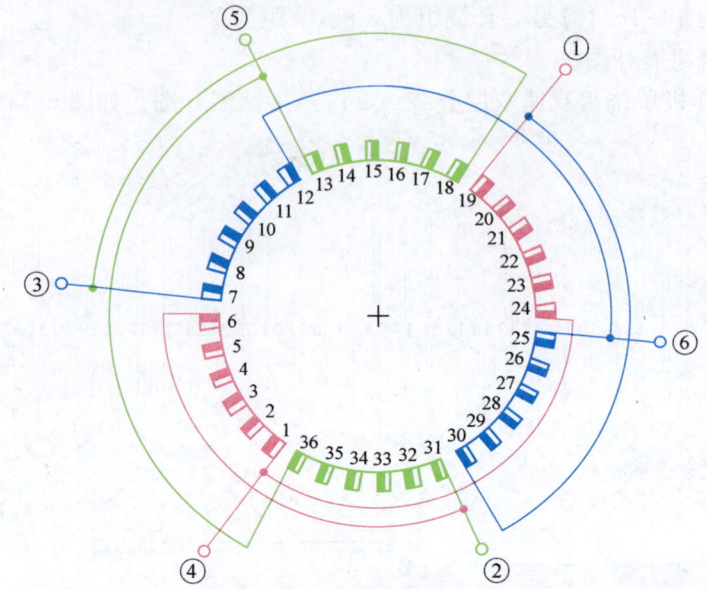

图6-55　36槽2/4极单绕组双速双层叠绕组2Y/△接法圆形接线图

②36槽8极单速双层叠绕组(Y形接法)圆形接线图。如图6-56所示。

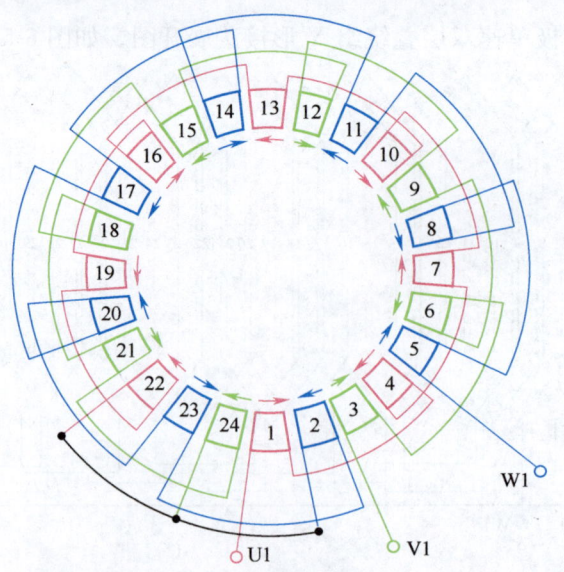

图6-56　36槽8极单速双层叠绕组Y形接法圆形接线图

(3) 外部接线图。如图 6-57a、b、c 所示。

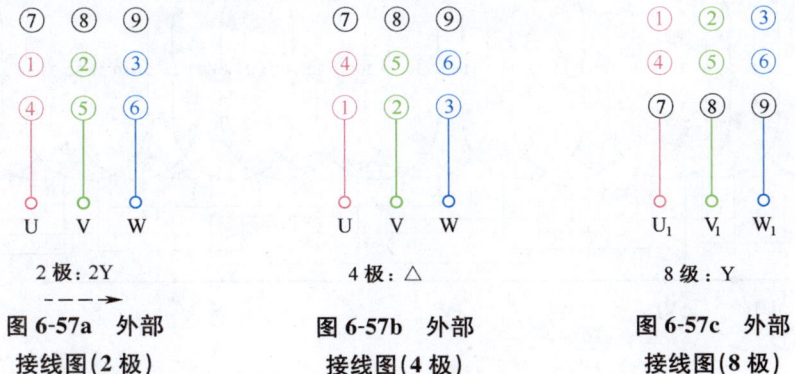

图 6-57a 外部接线图（2 极）　　图 6-57b 外部接线图（4 极）　　图 6-57c 外部接线图（8 极）

(4) 适用电动机型号。YD112M-8/4/2，YD132S-8/4/2，YD132M-8/4/2，YD160M-8/4/2，YD160L-8/4/2。

13. 36 槽 8/6/4 极双绕组三速电动机展开图与接线图

该电动机定子槽数 $Z=36$，分别放置两套独立的绕组。一套绕组为 4/8 极，节距为 $Y=1-6$；另一套绕组为 6 极，节距为 $Y=1-6$。

(1) 绕组展开图。

① 4/8 极单绕组双速双层叠绕组（2Y/△接法）展开图。如图 6-58 所示。

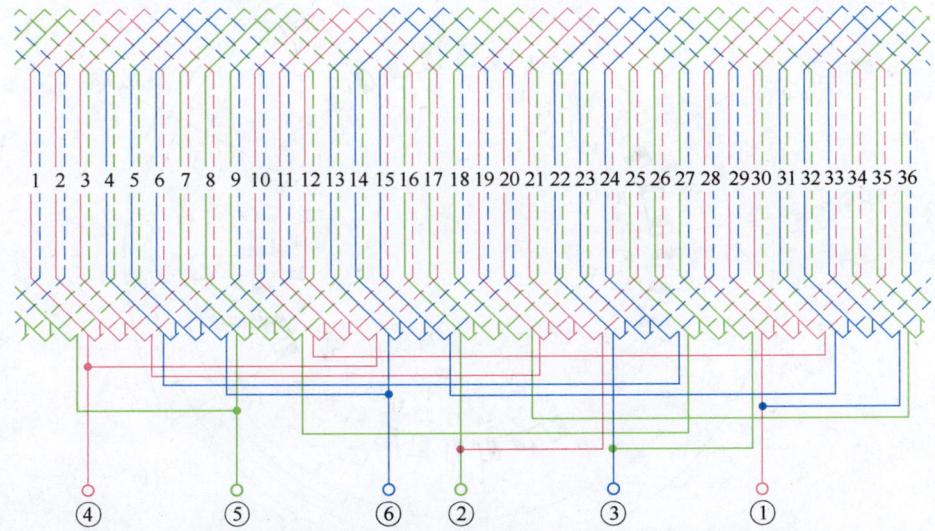

图 6-58　36 槽 4/8 极单绕组双速双层叠绕组 2Y/△接法展开图（节距：$Y=1-6$）

② 36 槽 6 极单速单层链式绕组 Y 形接法展开图。如图 6-59 所示。

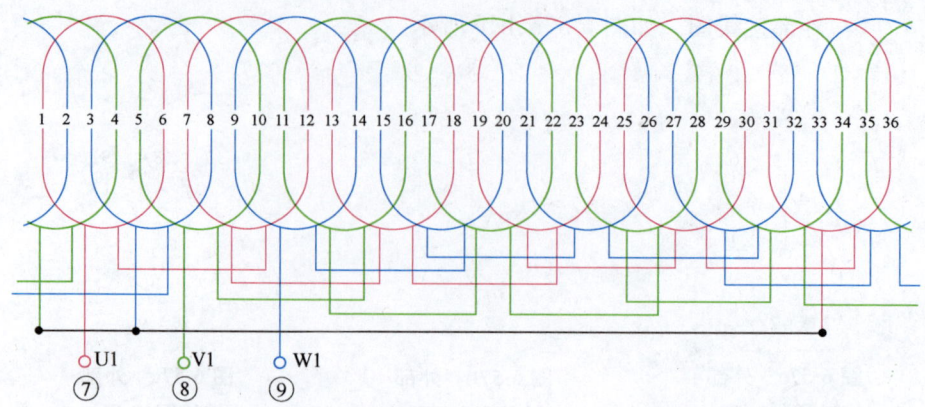

图 6-59　36 槽 6 极单速单层链式绕组 Y 形接法展开图(节距:$Y=1-6$)

(2)绕组圆形接线图。

①4/8 极单绕组双速双层叠绕组(2Y/△接法)圆形接线图。如图 6-60 所示。

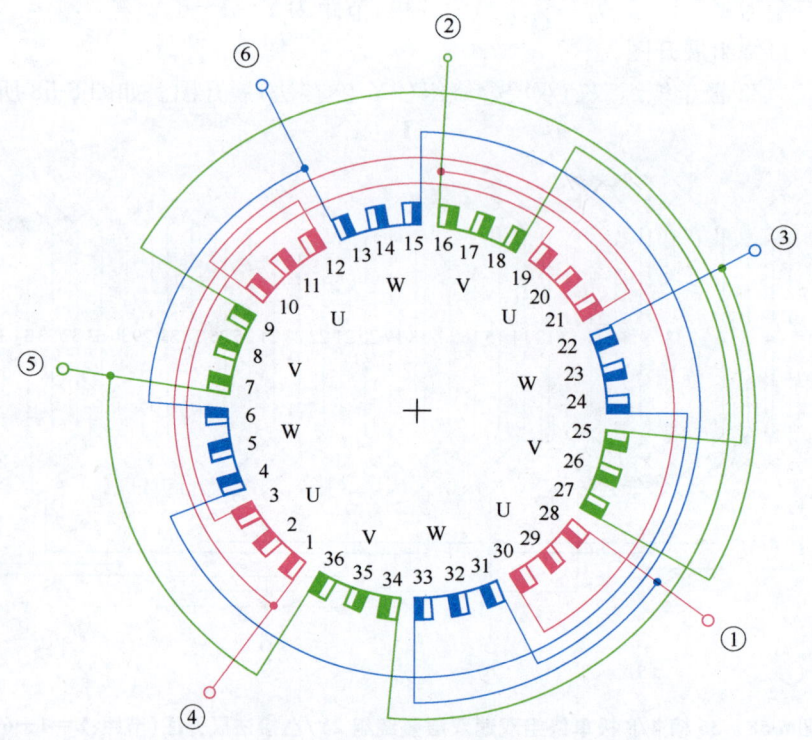

图 6-60　36 槽 4/8 极单绕组双速双层叠绕组 2Y/△接法圆形接线图

②36槽6极单速单层链式绕组Y形接法圆形接线图。如图6-61所示。

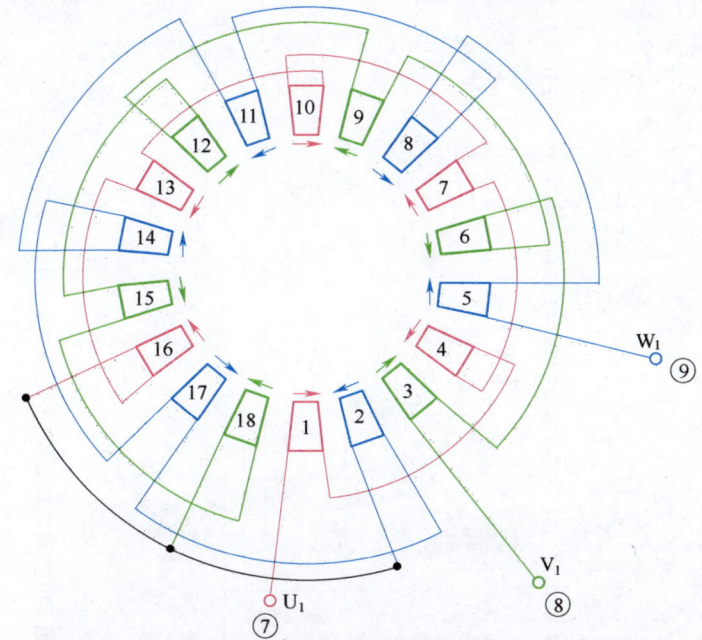

图6-61　36槽6极单速单层链式绕组Y形接法圆形接线图

(3)外部接线图。分别如图6-62a、b、c所示。

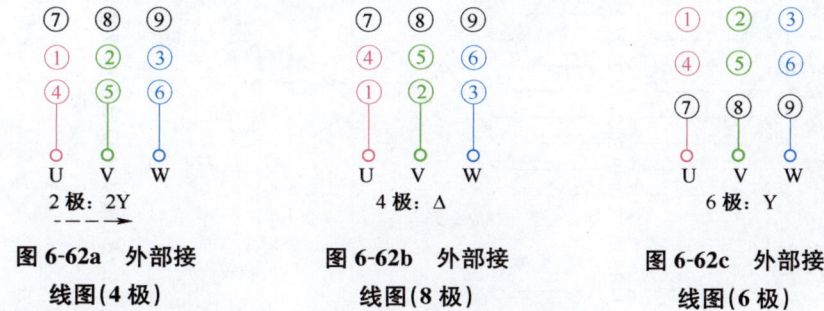

图6-62a　外部接线图(4极)　　图6-62b　外部接线图(8极)　　图6-62c　外部接线图(6极)

(4)适用电动机型号。YD112M-8/6/4,YD132S-8/6/2,YD132M1-8/6/4,YD132M2-8/6/4,YD160M-8/6/4,YD160L-8/6/4。

14. 54槽8/6/4极双绕组三速电动机展开图与接线图

该电动机定子槽数$Z=54$,分别放置两套独立的绕组。一套绕组为4/8极,节距为$Y=1-8$;另一套绕组为6极,节距为$Y=1-9$。

(1)绕组展开图。

①4/8极单绕组双速双层叠绕组2Y/△接法展开图。如图6-63所示。

②54槽6极单速双层叠绕组(Y形接法)展开图。如图6-64所示。

306　第六章　三相变极多速异步电动机绕组展开图与接线图

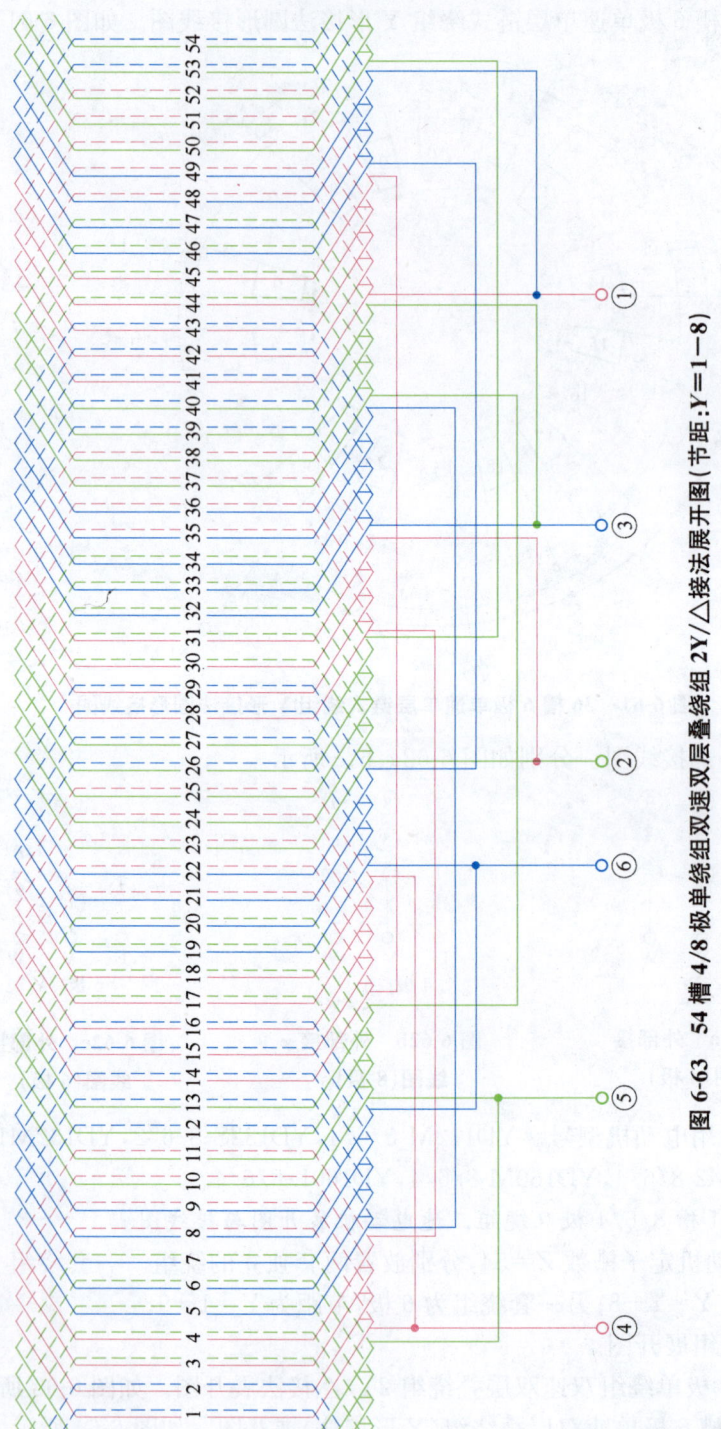

图 6-63　54 槽 4/8 极单绕组双层叠绕组 2Y/△接法展开图（节距：$Y=1-8$）

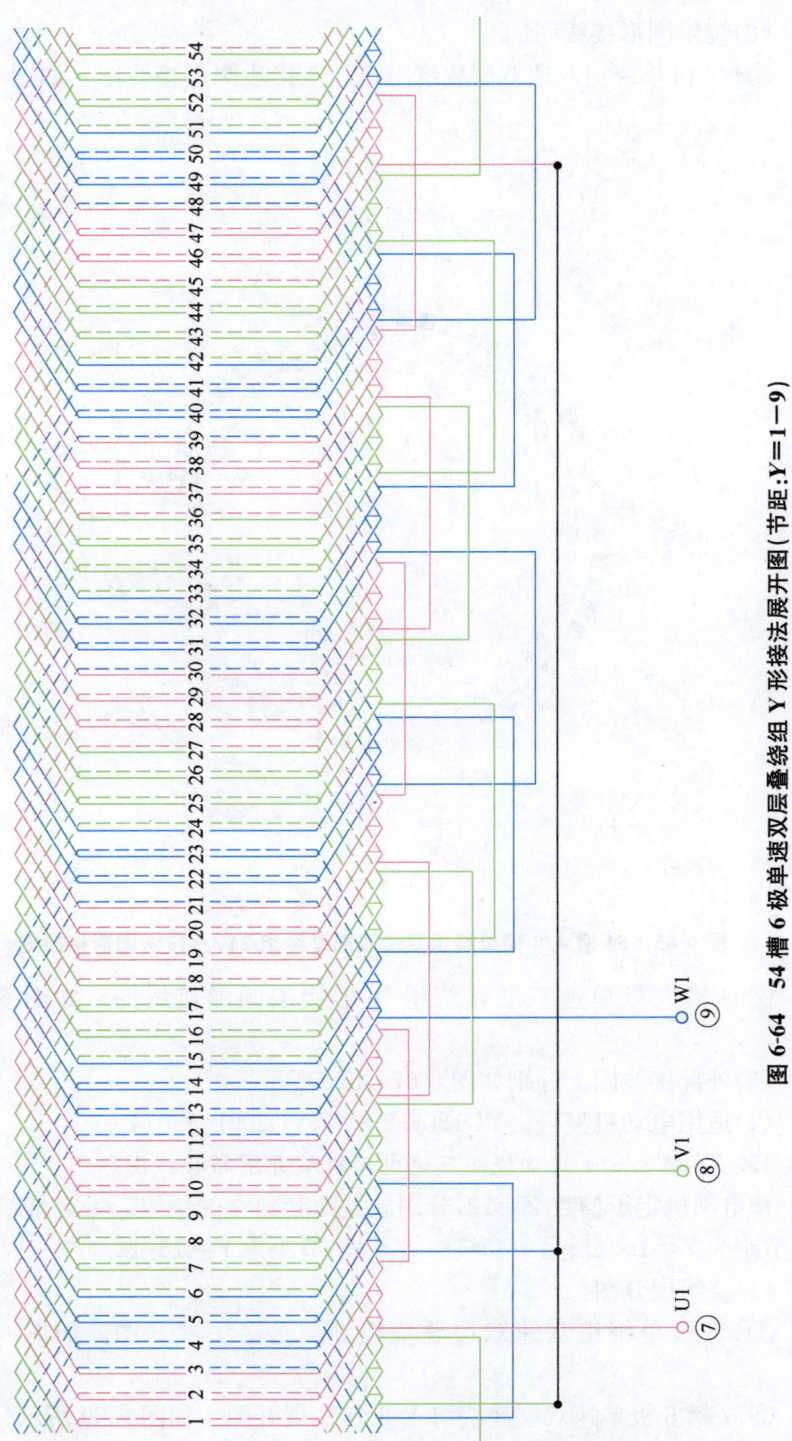

图 6-64 54 槽 6 极单速双层叠绕组 Y 形接法展开图（节距：$Y=1—9$）

(2)绕组圆形接线图。

①4/8极单绕组双速双层叠绕组2Y/△接法圆形接线图。如图6-65所示。

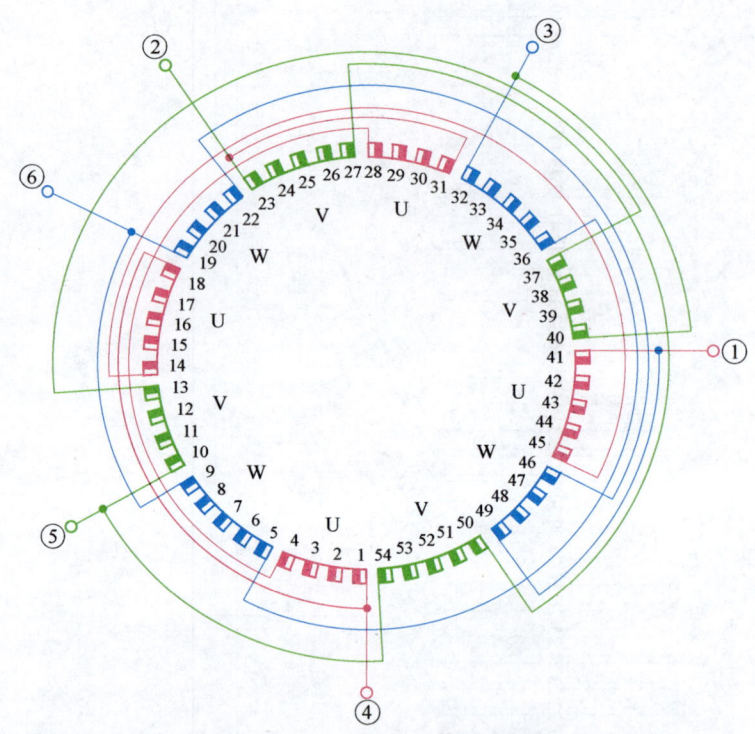

图6-65　54槽4/8极单绕组双速双层叠绕组2Y/△接法圆形接线图

②54槽6极单速双层叠绕组Y形接法圆形接线图。如图6-66所示。

(3)外部接线图。分别如图6-67a、b、c所示。

(4)适用电动机型号。YD180L-8/6/4，YD200L-8/6/4。

15. 72槽8/6/4极双绕组三速电动机展开图与接线图(一)

该电动机定子槽数$Z=72$，分别放置两套独立的绕组。一套绕组为4/8极，节距为$Y=1-11$；另一套绕组为6极，节距为$Y=1-12$。

(1)绕组展开图。

①4/8极单绕组双速双层叠绕组2Y/△接法展开图。如图6-68所示。

②72槽6极单速双层叠绕组Y形接法展开图。如图6-69所示。

第六章 三相变极多速异步电动机绕组展开图与接线图　　309

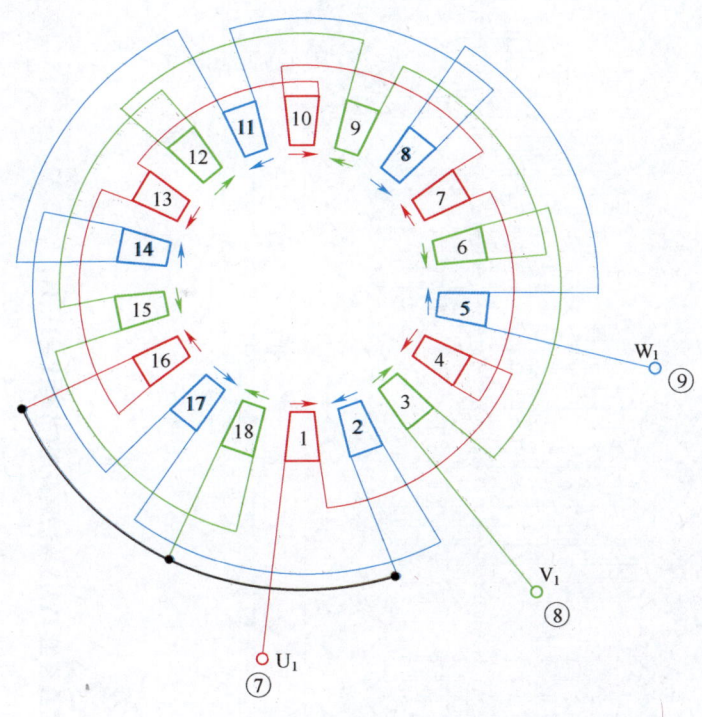

图 6-66　54 槽 6 极电动机绕组 Y 形接法圆形接线图

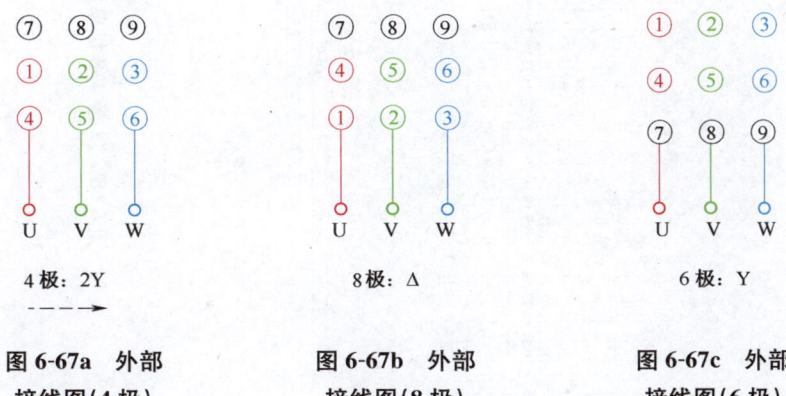

图 6-67a　外部接线图(4 极)　　图 6-67b　外部接线图(8 极)　　图 6-67c　外部接线图(6 极)

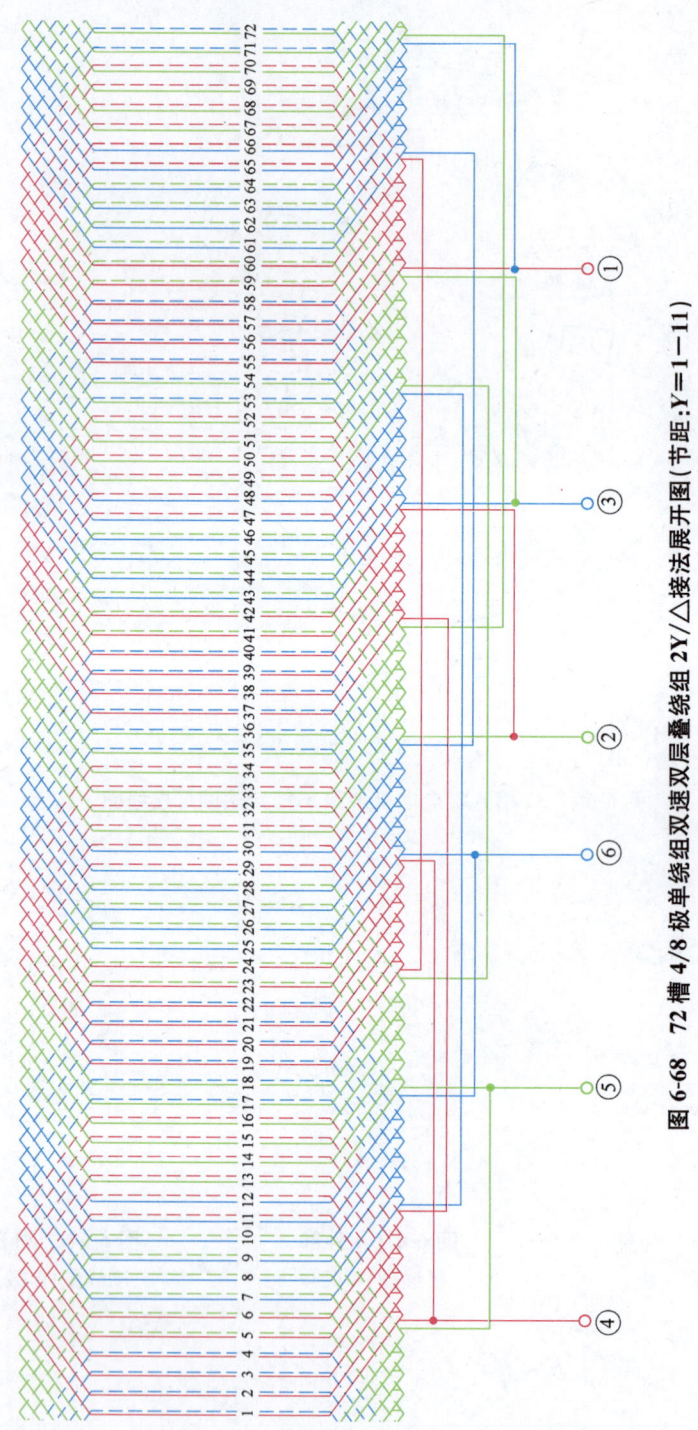

图 6-68 72槽 4/8极单绕组双速双层叠绕组 2Y/△接法展开图(节距:Y=1—11)

第六章 三相变极多速异步电动机绕组展开图与接线图

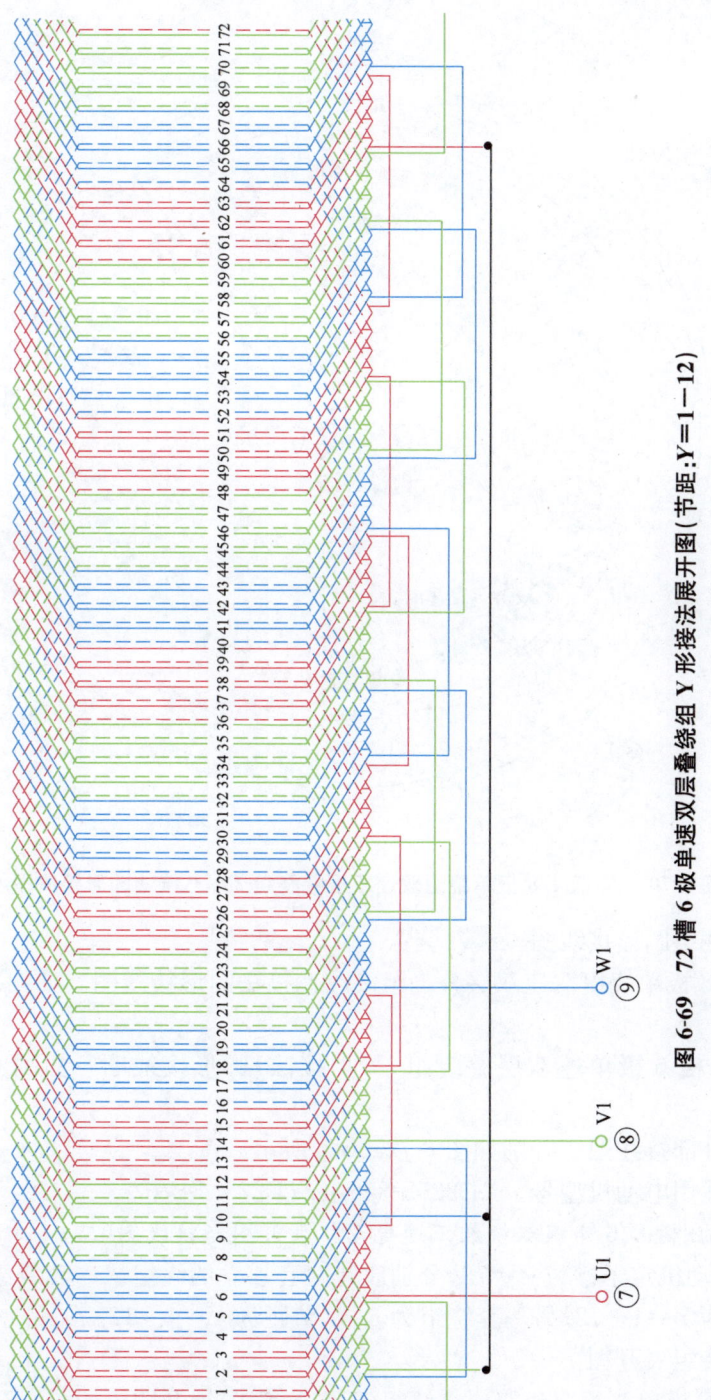

图 6-69 72槽6极单速双层叠绕组 Y 形接法展开图（节距：$Y=1—12$）

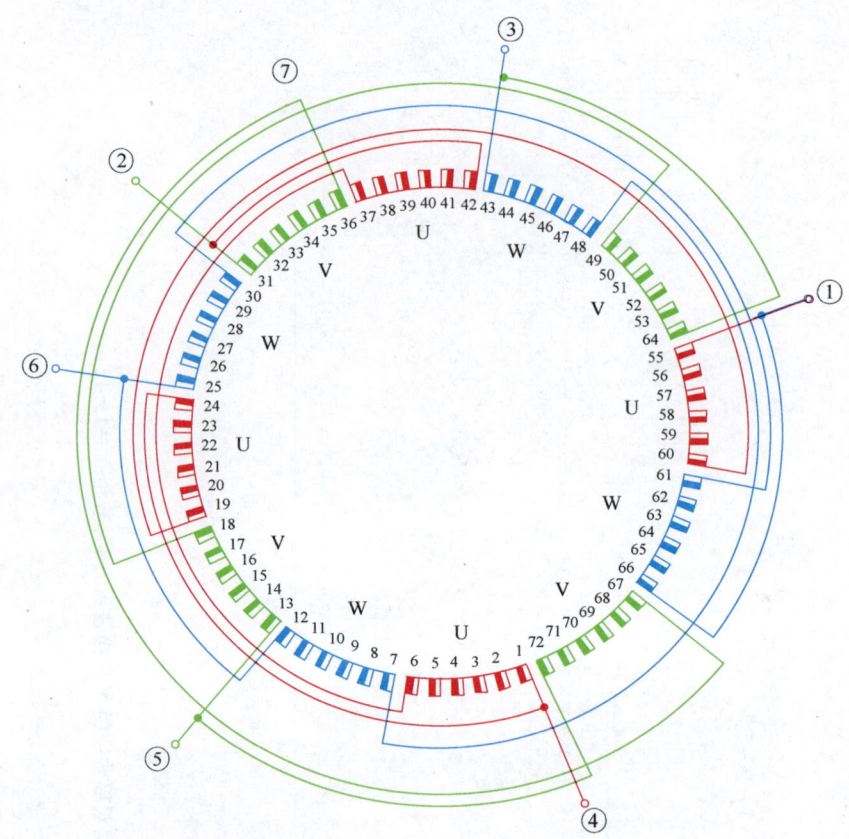

图 6-70　72 槽 4/8 极单绕组双速双层叠绕组 2Y/△接法圆形接线图

(2) 绕组圆形接线图。

①4/8 极单绕组双速双层叠绕组 2Y/△接法圆形接线图。如图 6-70 所示。

②72 槽 6 极单速双层叠绕组（Y 形接法）圆形接线图。如图 6-71 所示。

(3) 外部接线图。分别如图 6-72a、b、c 所示。

(4) 适用电动机型号。YD225S-8/6/4，YD225M-8/6/4。

16. 72 槽 8/6/4 极双绕组三速电动机展开图与接线图（二）

该电动机定子槽数 $Z=72$，分别放置两套独立的绕组。一套绕组为 4/8 极，节距为 $Y=1-12$；另一套绕组为 6 极，节距为 $Y=1-12$。

(1) 绕组展开图。

①4/8 极单绕组双速双层叠绕组（2Y/△接法）展开图。如图 6-73 所示。

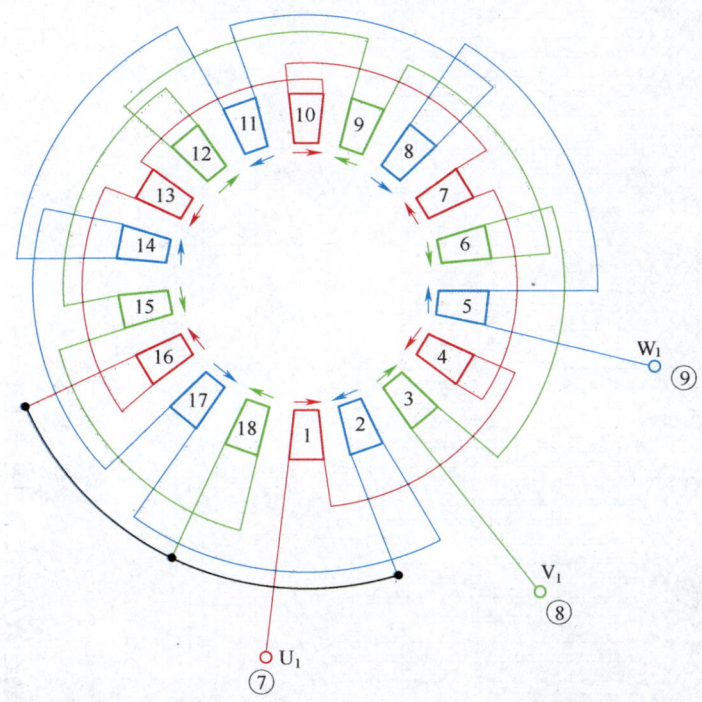

图 6-71　72 槽 6 极单速双层叠绕组 Y 形接法圆形接线图

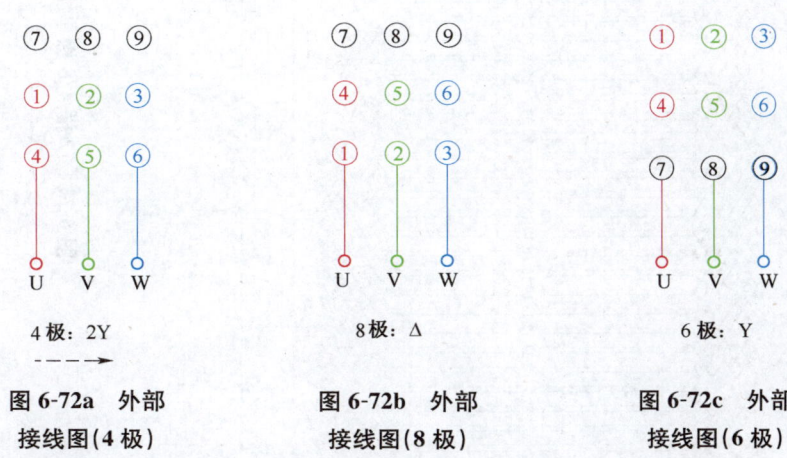

图 6-72a　外部接线图(4 极)　　图 6-72b　外部接线图(8 极)　　图 6-72c　外部接线图(6 极)

② 72 槽 6 极单速双层叠绕组 Y 形接法展开图。如图 6-74 所示。

第六章 三相变极多速异步电动机绕组展开图与接线图

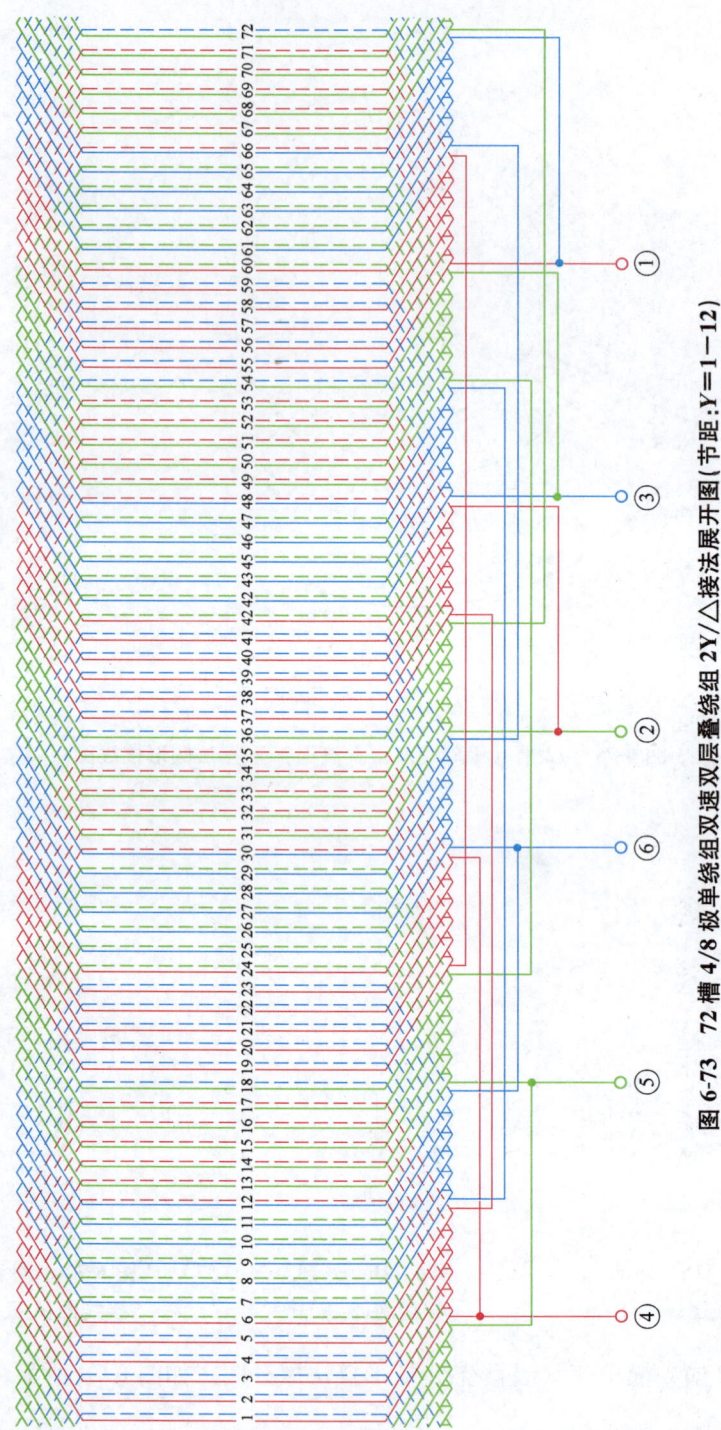

图 6-73 72槽 4/8 极单绕组双速双层叠绕组 2Y/△接法展开图(节距:$y=1-12$)

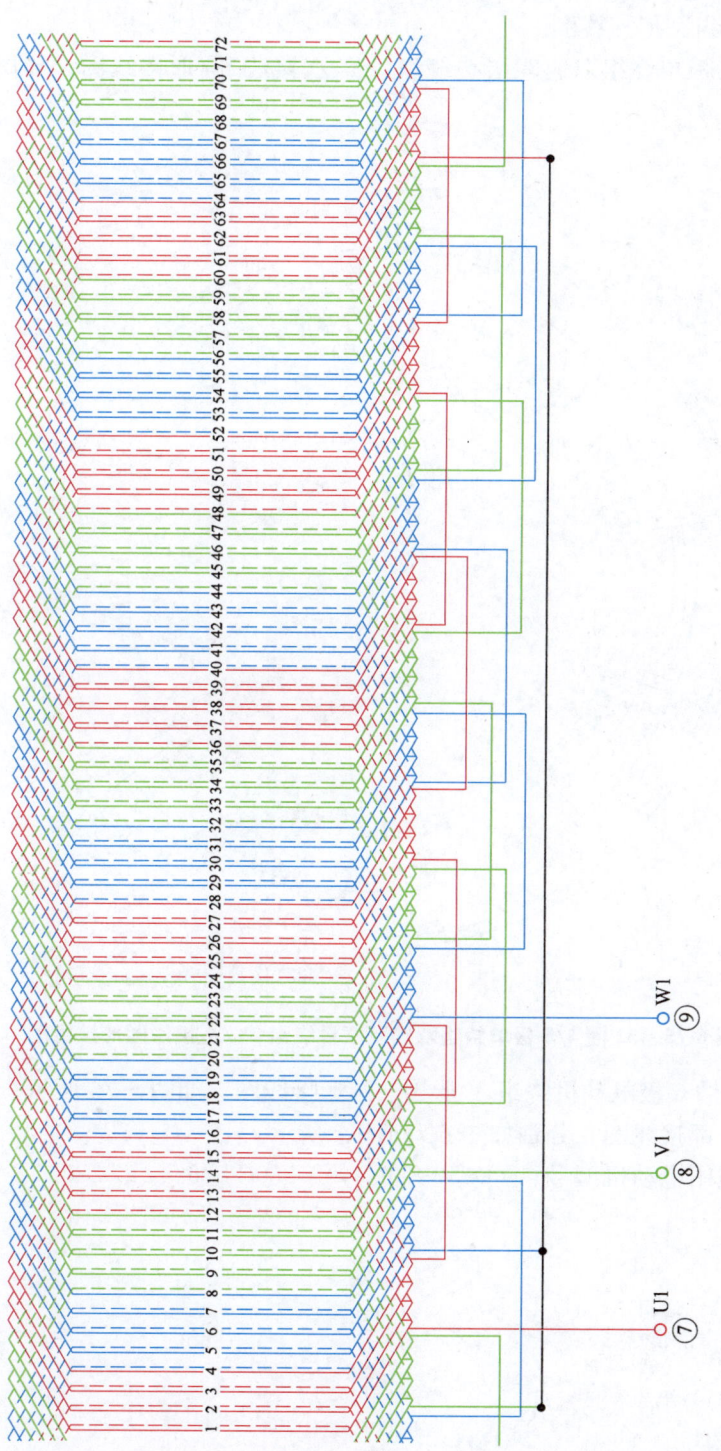

图 6-74 72 槽 6 极单速双层叠绕组 Y 形接法展开图（节距：$Y=1-12$）

(2) 绕组圆形接线图。

①4/8极单绕组双速双层叠绕组(2Y/△接法)圆形接线图。如图6-75所示。

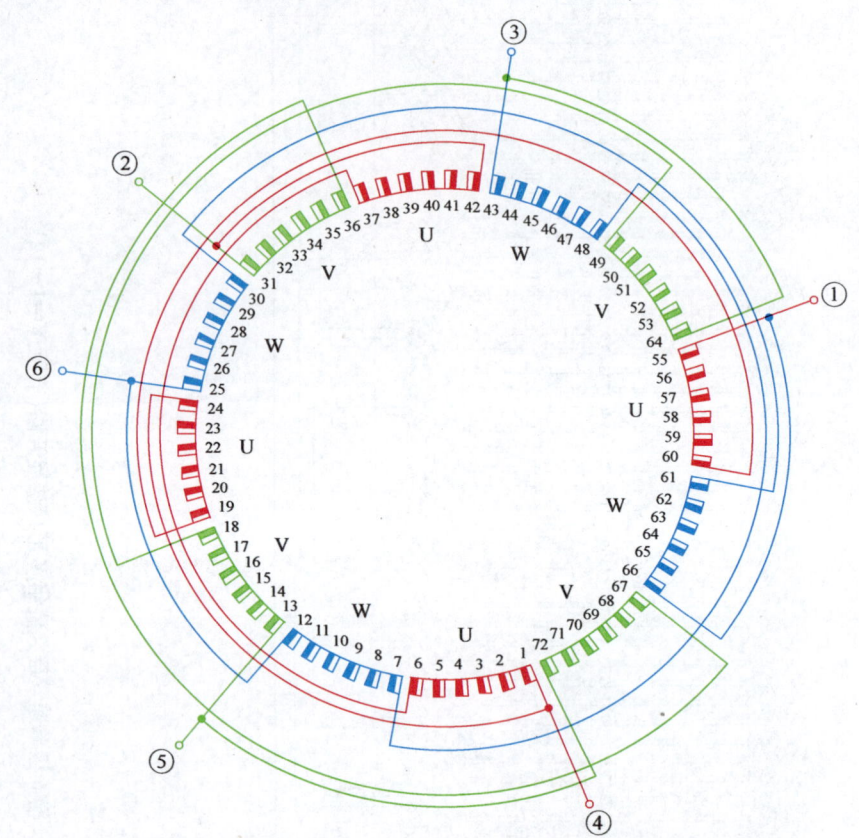

图 6-75　72 槽 4/8 极单绕组双速双层叠绕组 2Y/△接法圆形接线图

②72 槽 6 极电动机绕组 Y 形接法圆形接线图。如图 6-76 所示。

(3) 外部接线图。分别如图 6-77a、b、c 所示。

(4) 适用电动机型号。YD250-8/6/4，YD280S-8/6/4，YD280M-8/6/4。

第六章 三相变极多速异步电动机绕组展开图与接线图

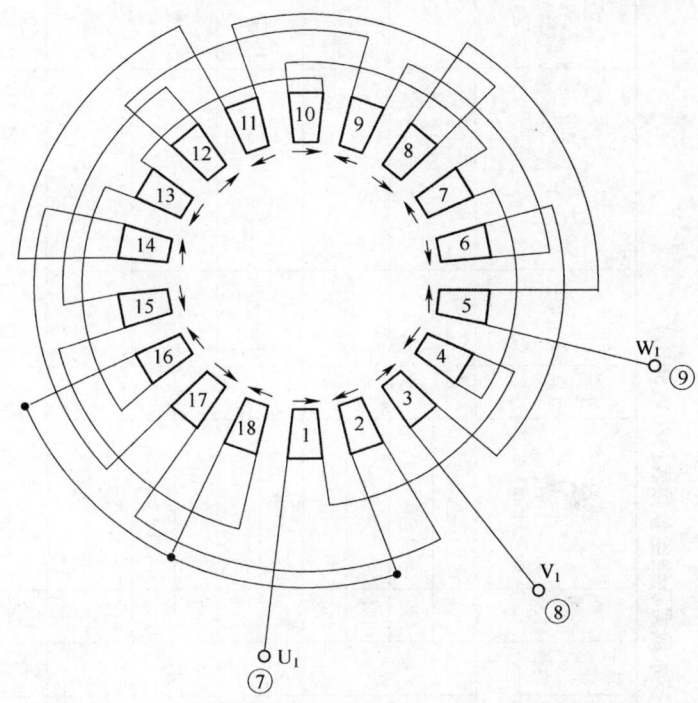

图 6-76 72槽6极单速双层叠绕组 Y 形接法圆形接线图

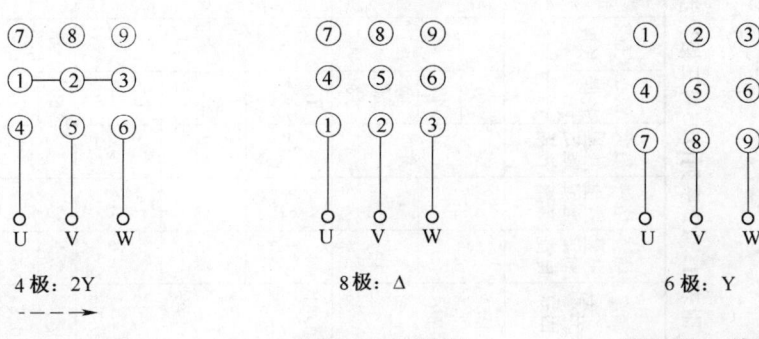

图 6-77a 外部接线图(4极)

图 6-77b 外部接线图(8极)

图 6-77c 外部接线图(6极)

附录 异步电动机技术数据及绕组参数表

附表1 Y2系列(IP54)三相异步电动机技术数据及绕组参数表(380V、50Hz)

型号	额定功率(kW)	额定电流(A)	额定效率(%)	额定功率因数	堵转电流/额定电流	堵转转矩/额定转矩	最大转矩/额定转矩	铁心长度	气隙长度(mm)	定子冲片外径(mm)	定子冲片内径(mm)	转子冲片内径(mm)	每槽线数	线规 $n-d$ (mm)	并联支路数	绕组形式	节距	定转子槽数 Z_1/Z_2
Y2-631-2	0.18	0.51	65.0	0.80	5.5	2.2	2.2	36	0.25	96	50	14	234	1—0.315	1Y	单层交叉	1—9,2—10,11—18	18/16
Y2-632-2	0.25	0.67	68.0	0.81	5.5	2.2	2.2	42	0.25	96	50	14	196	1—0.355	1Y	单层交叉	1—9,2—10,11—18	18/16
Y2-631-4	0.12	0.43	57.0	0.72	4.4	2.1	2.2	42	0.25	96	58	14	284	1—0.28	1Y	单层链式	1—6	24/22
Y2-632-4	0.18	0.61	60.0	0.73	4.4	2.1	2.2	52	0.25	96	58	14	220	1—0.315	1Y	单层链式	1—6	24/22
Y2-711-2	0.37	0.98	70.0	0.81	6.1	2.2	2.2	40	0.25	110	58	17	160	1—0.40	1Y	单层交叉	1—9,2—10,11—18	18/16
Y2-712-2	0.55	1.33	73.0	0.82	6.1	2.3	2.3	58	0.25	110	58	17	116	1—0.50	1Y	单层交叉	1—9,2—10,11—18	18/16
Y2-711-4	0.25	0.76	65.0	0.74	5.2	2.1	2.2	45	0.25	110	67	17	206	1—0.40	1Y	单层链式	1—6	24/22
Y2-712-4	0.37	1.07	67.0	0.75	5.2	2.1	2.0	53	0.25	110	67	17	166	1—0.45	1Y	单层链式	1—6	24/22
Y2-711-6	0.18	0.71	56.0	0.66	4.0	1.9	2.0	60	0.25	110	71	17	214	1—0.355	1Y	双层叠式	1—5	27/30
Y2-712-6	0.25	0.92	59.0	0.68	4.0	1.9	2.0	70	0.25	110	71	17	178	1—0.40	1Y	双层叠式	1—5	27/30
Y2-801-2	0.75	1.78	75.0	0.83	6.1	2.2	2.3	60	0.3	120	67	26	109	1—0.60	1Y	单层交叉	1—9,2—10,11—18	18/16
Y2-802-2	1.1	2.49	77.0	0.84	7.0	2.2	2.3	75	0.3	120	67	26	87	1—0.67	1Y	单层交叉	1—9,2—10,11—18	18/16

附录 异步电动机技术数据及绕组参数表

续附表 1

型号	额定功率 (kW)	额定电流 (A)	额定效率 (%)	额定功率因数	堵转电流/额定电流	堵转转矩/额定转矩	最大转矩/额定转矩	铁心长度	气隙长度	定子冲片外径 (mm)	定子冲片内径	转子冲片内径	每槽线数	线规 $n-d$ (mm)	并联支路数	绕组形式	节距	定转子槽数 Z_1/Z_2
Y2-801-4	0.55	1.54	71.0	0.75	5.2	2.4	2.3	60	0.25	120	75	26	129	1-0.53	1Y	单层链式	1-6	24/22
Y2-802-4	0.75	1.99	73.0	0.76	6.0	2.3		70					110	1-0.60				
Y2-801-6	0.37	1.27	62.0	0.70	4.7	1.9	2.0	65					127	1-0.45				
Y2-802-6	0.55	1.74	65.0	0.72			2.1	85					98	1-0.53		双层叠式	1-5	36/28
Y2-801-8	0.18	0.86	51.0	0.61	3.3	1.8	1.9	75			78		172	1-0.40				
Y2-802-8	0.25	1.14	54.0	0.61				90					138	1-0.45				
Y2-90S-2	1.5	3.34	79.0	0.84	7.0	2.2	2.3	80	0.35		72		77	1-0.80		单层交叉	1-9,2-10,11-18	18/16
Y2-90L-2	2.2	4.69	81.0	0.85				105					59	1-0.95				
Y2-90S-4	1.1	2.80	75.0	0.77	6.0	2.3		75	0.25	130	80	30	90	1-0.67		单层链式	1-6	24/22
Y2-90L-4	1.5	3.65	78.0	0.79			2.1	105					67	1-0.80				
Y2-90S-6	0.75	2.23	69.0	0.72	5.5	2.0		85			86		84	1-0.63		双层叠式	1-5	36/28
Y2-90L-6	1.1	3.10	72.0	0.73				115					63	1-0.75				
Y2-90S-8	0.37	1.47	62.0	0.61	4.0	1.8	1.9	100					110	1-0.56				
Y2-90L-8	0.55	2.10	63.0	0.61			2.0	125					84	1-0.63				
Y2-100L-2	3.0	6.14	83.0	0.87	7.5	2.2	2.3	90	0.40	155	84	38	43	2-0.80	1Y	单层同心	1-12,2-11, 13-24,14-23	24/20
Y2-100L1-4	2.2	5.05	80.0	0.81				90			98		44	1-0.67,1-0.71		单层交叉	1-9,2-10,11-18	36/28
Y2-100L2-4	3.0	6.64	82.0	0.82	7.0	2.3		120	0.30				34	1-1.12				

续附表 1

型号	额定功率 (kW)	额定电流 (A)	额定效率 (%)	额定功率因数	堵转电流/额定电流	堵转转矩/额定转矩	最大转矩/额定转矩	铁心长度	气隙长度	定子冲片外径 (mm)	定子冲片内径	转子冲片内径	每槽线数	线规 $n-d$ (mm)	并联支路数	绕组形式	节距	定转子槽数 Z_1/Z_2
Y2-100L-6	1.5	3.89	76.0	0.75	5.5	2.0	2.1	85	0.25	155	106	38	61	1−0.85	1Y	单层链式	1—6	36/28
Y2-100L1-8	0.75	2.34	71.0	0.67	4.0	1.8	2.0	70	0.25	155	106	38	79	1−0.71	1△	单层链式	1—6	48/44
Y2-100L2-8	1.1	3.22	73.0	0.69	5.0		2.0	90	0.25	155	106	38	62	1−0.80				
Y2-112M-2	4.0	7.83	85.0	0.88	7.5	2.2	2.3	90	0.45	175	98		54	1−0.95	1△	单层同心	1—16,2—15,3—14 17—30,18—29	30/26
Y2-112M-4	4.0	8.62	84.0	0.82	7.0	2.3		120	0.35	175	110		52	1−1.0		单层交叉	1—9,2—10,11—18	36/28
Y2-112M-6	2.2	5.46	79.0	0.76	6.5	2.1	2.1	95	0.30	175	120		50	1−1.0	1Y	单层链式	1—6	48/44
Y2-112M-8	1.5	4.41	75.0	0.69	5.0	1.8	2.0	95	0.30	175	120		51	1−0.95				
Y2-132S1-2	5.5	10.7	86.0	0.88	7.5	2.2	2.3	90	0.55	210	116	48	44	2−0.90	1△	单层同心	1—16,2—15,3—14 17—30,18—29	30/26
Y2-132S2-2	7.5	14.2	87.0	0.88	7.0			105	0.55	210	116	48	38	1−0.95,1−1.0				
Y2-132S-4	5.5	11.5	85.0	0.83	7.0	2.3		105	0.40	210	136	48	47	1−1.18	1Y	单层交叉	1—9,2—10,11—18	36/28
Y2-132M-4	7.5	15.3	87.0	0.84				145	0.40	210	136	48	35	2−0.95				
Y2-132S-6	3.0	7.1	81.0	0.76	6.5	2.1	2.1	85	0.35	210	148	48	43	1−1.18	1Y	单层链式	1—6	36/42
Y2-132M1-6	4.0	9.3	82.0	0.76				115	0.35	210	148	48	56	2−0.71	1△			
Y2-132M2-6	5.5	12.3	84.0	0.77				155	0.35	210	148	48	43	1−1.18				
Y2-132S-8	2.2	6.0	78.0	0.71	6.0	1.8	2.0	85	0.35	210	148	48	42	1−1.0	1Y			48/44
Y2-132M-8	3.0	7.6	79.0	0.73				115	0.35	210	148	48	33	2−0.80				

附录　异步电动机技术数据及绕组参数表

续附表1

型号	额定功率 (kW)	额定电流 (A)	额定效率 (%)	额定功率因数	堵转电流/额定电流	堵转转矩/额定转矩	最大转矩/额定转矩	铁心长度	气隙长度	定子冲片外径 (mm)	定子冲片内径	转子冲片内径	每槽线数	线规 $n-d$ (mm)	并联支路数	绕组形式	节距	定转子槽数 Z_1/Z_2
Y2-160M1-2	11	20.9	88.0	0.89	7.5	2.2	2.3	115	0.65	260	150	60	28	3-1.06	1△	单层同心	1-16,2-15;3-14 17-30,18-29	30/26
Y2-160M2-2	15	27.9	89.0	0.89	7.5	2.2	2.3	140	0.65	260	150	60	23	3-1.18	1△	单层同心	1-16,2-15;3-14 17-30,18-29	30/26
Y2-160L-2	18.5	33.9	90.0	0.90	7.5	2.2	2.3	175	0.65	260	150	60	19	3-1.32	1△	单层同心	1-16,2-15;3-14 17-30,18-29	30/26
Y2-160M-4	11	22.2	88.0	0.84	7.0	2.2	2.3	135	0.50	260	170	60	29	1-1.18,1-1.25	1△	单层交叉	1-9,2-10,11-18	36/28
Y2-160L-4	15	29.8	89.0	0.85	7.5	2.2	2.3	180	0.50	260	170	60	22	1-1.12,1-1.18	1△	单层交叉	1-9,2-10,11-18	36/28
Y2-160M-6	7.5	16.7	86.0	0.77	6.5	2.0	2.1	120	0.40	260	180	60	40	1-1.0,1-1.06	1△	单层链式	1-6	36/42
Y2-160L-6	11	23.6	87.5	0.78	6.5	2.0	2.1	170	0.40	260	180	60	29	2-1.25	1△	单层链式	1-6	36/42
Y2-160M1-8	4.0	10.0	81.0	0.73	6.0	1.9	2.0	85	0.40	260	180	60	56	1-1.06	1△	单层链式	1-6	36/42
Y2-160M2-8	5.5	13.3	83.0	0.74	6.0	2.0	2.0	120	0.40	260	180	60	41	1-0.85,1-0.9	1△	单层链式	1-6	36/42
Y2-160L-8	7.5	17.8	85.5	0.75	6.6	2.0	2.0	170	0.40	260	180	60	30	2-1.0	1△	单层链式	1-6	36/42
Y2-180M-2	22	40.5	90.0	0.90	7.5	2.0	2.3	165	0.80	290	165	70	34	2-1.25	2△	双层叠式	1-14	36/28
Y2-180M-4	18.5	36.1	90.5	0.86	7.5	2.2	2.3	170	0.60	290	187	70	34	2-1.06	2△	双层叠式	1-11	48/38
Y2-180L-4	22	42.6	91.0	0.86	7.0	2.2	2.3	190	0.60	290	187	70	30	2-1.18	2△	双层叠式	1-11	48/38
Y2-180L-6	15	30.7	89.0	0.81	7.0	2.0	2.1	170	0.45	290	205	70	38	1-0.95,1-1.0	2△	双层叠式	1-9	54/44
Y2-180L-8	11	24.9	87.5	0.76	6.6	2.0	2.0	165	0.45	290	205	70	56	1-1.3	2△	双层叠式	1-6	48/44
Y2-200L1-2	30	54.8	91.2	0.90	7.5	2.0	2.3	160	1.0	327	187	75	31	1-1.18,2-1.25	2△	双层叠式	1-14	36/28
Y2-200L2-2	37	66.6	92.0	0.90	7.5	2.0	2.3	195	1.0	327	187	75	26	2-1.12,2-1.18	2△	双层叠式	1-14	36/28

续附表 1

型号	额定功率(kW)	额定电流(A)	额定效率(%)	额定功率因数	堵转电流/额定电流	堵转转矩/额定转矩	最大转矩/额定转矩	铁心长度	气隙长度	定子冲片外径(mm)	定子冲片内径	转子冲片内径	每槽线数	线规 $n-d$ (mm)	并联支路数	绕组形式	节距	定转子槽数 Z_1/Z_2
Y2-200L-4	30	57.2	92.0	0.86	7.2	2.2	2.3	195	0.7	327	210	75	26	3-1.18	2△	双层叠式	1—11	48/38
Y2-200L1-6	18.5	37.7	90.0	0.81	7.0	2.1	2.1	160	0.5	327	230	75	34	2-1.06	2△	双层叠式	1—9	54/44
Y2-200L2-6	22	44.1	90.0	0.83	6.6	2.0	2.0	185	0.5	327	230	75	30	1-1.12,1-1.18	2△	双层叠式	1—6	48/44
Y2-200L-8	15	33.3	88.0	0.76	6.6	2.0	2.0	175					46	1-1.06,1-1.12				
Y2-225S-4	45	81.0	92.3	0.90	7.5	2.0	2.3	175	1.1	368	210	80	24	3-1.5	2△	双层叠式	1—14	36/28
Y2-225M-4	37	69.6	92.5	0.87	7.2	2.1		180	0.8	368	245	80	50	3-0.95	4△		1—12	48/38
Y2-225M-6	45	84.0	92.8	0.87	7.0	2.2	2.1	220					41	2-1.3	3△	双层叠式	1—9	54/44
Y2-225S-8	30	58.4	91.5	0.84	6.6	2.0	2.0	180	0.55	368	260	80	44	2-1.3	2△		1—6	48/44
Y2-225M-8	18.5	40.1	90.0	0.76	6.6	1.9		160					44	2-1.25				
Y2-250M-2	22	46.8	90.5	0.78	7.5	2.0	2.0	190	1.2	400	225	85	38	4-0.95	2△	双层叠式	1—14	36/28
Y2-250M-4	55	99.6	92.5	0.90	7.2	2.2	2.3	205	0.9	400	260	85	20	1-1.3,4-1.4	2△	双层叠式	1—11	48/38
Y2-250M-6	55	102.9	93.0	0.87	7.0	2.1	2.1	190	0.6	400	285	85	28	1-1.4,3-1.5	3△	双层叠式	1—12	72/58
Y2-250M-8	37	70.4	92.0	0.86	6.6	1.9	2.0	200					22	1-1.3,1-1.4	2△		1—9	
Y2-280S-2	30	63.0	91.0	0.79	7.5	2.0		185	1.3	445	255	100	16	3-1.25	2△	双层叠式	1—16	42/34
Y2-280M-2	75	133.3	93.0	0.90	7.2	2.2	2.3	215					14	6-1.3,1-1.4				
Y2-280S-4	90	158.2	93.8	0.91				215	1.0	445	300	100	28	6-1.3,2-1.4	2△	双层叠式	1—14	60/50
Y2-280M-4	75	138.0	93.8	0.87	7.2	2.2		270					22	3-1.4	4△			
	90	165.6	94.2	0.87										1-1.3,3-1.4				

附录 异步电动机技术数据及绕组参数表

续附表 1

型号	额定功率 (kW)	额定电流 (A)	额定效率 (%)	额定功率因数	堵转电流/额定电流	堵转转矩/额定转矩	最大转矩/额定转矩	铁心长度	气隙长度 (mm)	定子冲片外径	定子冲片内径	转子冲片内径	每槽线片数	线规 $n-d$ (mm)	并联支路数	绕组形式	节距	定转子槽数 Z_1/Z_2
Y2-280S-6	45	85.4	92.5	0.86	7.0	2.1	2.0	180	0.7	445	325	100	26	3−1.18	3△	双层叠式	1−12	72/58
Y2-280M-6	55	103.3	92.8	0.86				215					22	3−1.3				
Y2-280S-8	37	76.2	91.5	0.79	6.6	1.9		190					42	1−1.12,1−1.18	4△		1−9	48/40
Y2-280M-8	45	92.5	92.0	0.79				235					34	2−1.25				
Y2-315S-2	110	195.1	94.0	0.91				250	1.5		300	95	10	11−1.4,4−1.5	2△		1−18	
Y2-315M-2	132	231.6	94.5	0.91			2.2	280					9	7−1.4,9−1.5				
Y2-315L1-2	160	279.6	94.6	0.92	7.1	1.8		315					8	7−1.4,11−1.5				
Y2-315L2-2	200	347.7	94.8	0.92				360					7	13−1.4,8−1.5				
Y2-315S-4	110	200.2	94.5	0.88				280	1.1	520	350	110	17	2−1.4,4−1.5	4△	双层叠式	1−16	72/64
Y2-315M-4	132	239.1	94.8	0.88	6.9	2.1	2.0	315					15	3−1.4,4−1.5				
Y2-315L1-4	160	288.0	94.9	0.89				370					13	3−1.4,5−1.5				
Y2-315L2-4	200	358.9	95.0	0.89	7.0			435					11	8−1.4,2−1.5				
Y2-315S-6	75	140.2	93.5	0.86				245	0.9		375		40	1−1.18,3−1.25	6△		1−11	72/58
Y2-315M-6	90	167.0	93.8	0.86	6.7	2.0	2.0	290					34	2−1.3,2−1.4				
Y2-315L1-6	110	202.3	94.0	0.86				360					28	4−1.5				
Y2-315L2-6	132	242.3	94.2	0.87				415					24	3−1.4,2−1.5				

续附表 1

型号	额定功率 (kW)	额定电流 (A)	额定效率 (%)	额定功率因数	堵转电流/额定电流	堵转转矩/额定转矩	最大转矩/额定转矩	铁心长度	气隙长度 (mm)	定子冲片外径	定子冲片内径	转子冲片内径	每槽线数	线规 $n-d$ (mm)	并联支路数	绕组形式	节距	定转子槽数 Z_1/Z_2
Y2-315S-8	55	110.4	92.8	0.81	6.6	1.8	2.0	230	0.8	520	390	110	64	2−1.25	8△	双层叠式	1—9	72/58
Y2-315M-8	75	148.1	93.0	0.81	6.6			315					48	1−1.4,1−1.5				
Y2-315L1-8	90	177.6	93.8	0.82	6.4			375					40	3−1.3				
Y2-315L2-8	110	215.8	94.0	0.82	6.4			440					34	2−1.18,2−1.25				
Y2-315S-10	45	95.2	91.5	0.75	6.0	1.5	2.0	230					42	3−1.25	5△			
Y2-315M-10	55	116.7	92.0	0.75	6.0			280					34	5−1.06				
Y2-315L1-10	75	156.3	92.5	0.76	6.0			375					26	1−1.3,3−1.4				
Y2-315L2-10	90	187.2	93.0	0.77	6.0			440					22	4−1.5				
Y2-355M-2	250	429.4	95.3	0.92	7.1	1.6	2.2	410	1.6	590	327	110	6	14−1.4,19−1.5	2△	双层叠式	1—18	48/40
Y2-355L-2	315	538.9	95.6	0.92	7.1			495					5	20−1.4,20−1.5				
Y2-355M-4	250	437.5	95.3	0.90	6.9	2.1		420	1.2		400	130	11	7−1.4,8−1.5	4△		1—16	72/64
Y2-355L-4	315	547.4	95.6	0.90	6.9			520					9	6−1.4,12−1.5				
Y2-355M1-6	160	287.9	94.5	0.88	6.7	1.9	2.0	370	1.0		423	148	24	6−1.5	6△		1—11	72/84
Y2-355M2-6	200	358.4	94.7	0.88	6.7			440					20	6−1.4,2−1.5				
Y2-355L-6	250	444.8	94.9	0.88				560					16	9−1.5				

续附表 1

型号	额定功率 (kW)	额定电流 (A)	额定效率 (%)	额定功率因数	堵转电流/额定电流	堵转转矩/额定转矩	最大转矩/额定转矩	铁心长度	气隙长度 (mm)	定子冲片外径	转子冲片内径	每槽线数	线规 $n-d$ (mm)	并联支路数	绕组型式	节距	定转子槽数 Z_1/Z_2
Y2-355M1-8	132	256.8	93.7	0.82				400				36	3—1.3,2—1.4				
Y2-355M2-8	160	307.8	94.2	0.82	6.4	1.8		455				32	3—1.4,2—1.5	8△			72/86
Y2-355L-8	200	383.0	94.5	0.83			2.0	560	1.0	590	445	26	2—1.4,4—1.5		双层叠式	1—9	
Y2-355M1-10	110	224.7	93.2	0.78				380				46	2—1.18,2—1.25				
Y2-355M2-10	132	270.0	93.5	0.78	6.0	1.3		455				38	2—1.3,2—1.4	10△			90/72
Y2-355L-10	160	322.5	93.5	0.78				560				32	1—1.4,3—1.5				

注：此表摘自《Y2系列三相异步电动机技术手册》机械工业出版社，2004.1。

附表 2 Y2-E系列（IP54）三相异步电动机技术数据及绕组参数表（380V，50Hz）

型号	额定功率 (kW)	额定电流 (A)	额定效率 (%)	额定功率因数	堵转电流/额定电流	堵转转矩/额定转矩	最大转矩/额定转矩	铁心长度	气隙长度 (mm)	定子冲片外径	转子冲片内径	每槽线数	线规 $n-d$ (mm)	并联支路数	绕组形式	节距	定转子槽数 Z_1/Z_2
Y2-801-2E	0.75	1.76	77.0	0.83	7.0	2.2		65	0.3		67	104	1—0.60		单层交叉	1—9,2—10,11—18	18/16
Y2-802-2E	1.1	2.49	79.0	0.84			2.3	80		120		83	1—0.67	1Y			
Y2-801-4E	0.55	1.49	73.5	0.75	6.0	2.4		65	0.25		75	126	1—0.56		单层链式	1—6	24/22
Y2-802-4E	0.75	1.95	75.5	0.77				80				102	1—0.63				

续附表 2

型号	额定功率 (kW)	额定电流 (A)	额定效率 (%)	额定功率因数	堵转电流/额定电流	堵转转矩/额定转矩	最大转矩/额定转矩	铁心长度	气隙长度	定子冲片外径 (mm)	定子冲片内径	转子冲片内径	每槽线数	线规 $n-d$ (mm)	并联支路数	绕组形式	节距	定转子槽数 Z_1/Z_2
Y2-90S-2E	1.5	3.32	80.5	0.85	7.0	2.2	2.3	85	0.35	130	72	30	73	1-0.85	1Y	单层交叉	1-9,2-10,11-18	18/16
Y2-90L-2E	2.2	4.70	82.5	0.85				115					54	1-0.67,1-0.71				
Y2-90S-4E	1.1	2.76	76.5	0.78	6.5	2.3		80	0.25		80		86	1-0.71		单层链式	1-6	24/22
Y2-90L-4E	1.5	3.65	79.5	0.78				115					62	1-0.85				
Y2-90S-6E	0.75	2.19	72.5	0.71	5.6	2.1		95			86		79	1-0.67				36/28
Y2-90L-6E	1.1	3.13	74.5	0.71				130					57	1-0.80				
Y2-100L-2E	3.0	6.08	84.0	0.87	8.0	2.2	2.3	100	0.40	155	84	38	40	1-0.80,1-0.85	1Y	单层同心	1-12,2-11,13-24,14-23	24/20
Y2-100L1-4E	2.2	4.96	82.0	0.81	7.1	2.3		105	0.30		98		40	1-0.71,1-0.75		单层交叉	1-9,2-10,11-18	36/28
Y2-100L2-4E	3.0	6.62	83.0	0.82				130					32	1-0.80,1-0.85				
Y2-100L-6E	1.5	3.83	78.0	0.74	6.4	2.1		100	0.25		106		55	1-0.90		单层链式	1-6	
Y2-112M-2E	4.0	7.76	86.0	0.90	8.0	2.2	2.3	100	0.45	175	98	38	50	1-0.67,1-0.71	1△	单层同心	1-16,2-15,3-14,17-30,18-29	30/26
Y2-112M-4E	4.0	8.59	86.0	0.82	7.1	2.3		130	0.35		110		49	2-0.75		单层交叉	1-9,2-10,11-18	36/28
Y2-112M-6E	2.2	5.45	81.0	0.75	6.4	2.1		110	0.30		120		45	1-1.06	1Y	单层链式	1-6	
Y2-132S1-2E	5.5	10.4	88.0	0.90	8.0	2.2	2.3	105	0.55	210	116	48	42	1-0.90,1-0.95	1△	单层同心	1-16,2-15,3-14,17-30,18-29	30/26
Y2-132S2-2E	7.5	14.2	88.5	0.90		2.1		115					36	2-1.0				
Y2-132S-4E	5.5	11.4	87.0	0.83	7.1	2.3		115	0.40		136		44	2-0.85		单层交叉	1-9,2-10,11-18	36/28
Y2-132M-4E	7.5	15.1	88.0	0.85				160					34	1-0.95,1-1.0				

附录　异步电动机技术数据及绕组参数表

续附表 2

型号	额定功率 (kW)	额定电流 (A)	额定效率 (%)	额定功率因数	堵转电流/额定电流	堵转转矩/额定转矩	最大转矩/额定转矩	铁心长度	气隙长度	定子冲片外径 (mm)	定子冲片内径	转子冲片内径	每槽线数	线规 $n-d$ (mm)	并联支路数	绕组形式	节距	定转子槽数 Z_1/Z_2
Y2-132S-6E	3.0	6.97	84.0	0.76	6.4			110	0.35	210	148		37	1−1.25	1Y	单层链式	1−6	36/42
Y2-132M1-6E	4.0	9.18	85.5	0.76	7.0	2.1		135	0.35	210	148	48	51	1−1.06	1△	单层链式	1−6	36/42
Y2-132M2-6E	5.5	12.5	86.5	0.77	7.0	2.1		165	0.35	210	148	48	40	2−0.85	1△	单层链式	1−6	36/42
Y2-160M1-2E	11	20.3	90.5	0.90	8.0		2.3	130	0.65	260	150		26	3−1.12		单层同心	1−16,2−15,3−14 17−30,18−29	30/26
Y2-160M2-2E	15	27.2	91.0	0.90	8.0	2.1	2.3	160	0.65	260	150		21	3−1.25		单层同心	1−16,2−15,3−14 17−30,18−29	30/26
Y2-160L-2E	18.5	33.0	92.0	0.90	8.2	2.1	2.3	195	0.65	260	150	60	18	1−1.3,2−1.4		单层同心	1−16,2−15,3−14 17−30,18−29	30/26
Y2-160M-4E	11	21.6	90.5	0.85	7.7			145	0.50	260	170		28	1−1.25,1−1.3	1△	单层交叉	1−9,2−10,11−18	36/28
Y2-160L-4E	15	29.1	91.0	0.85	7.7	2.1		195	0.50	260	170		21	2−1.18,1−1.12	1△	单层交叉	1−9,2−10,11−18	36/28
Y2-160M-6E	7.5	15.8	88.5	0.78	7.0	1.9		145	0.40	260	180		38	1−1.06,1−1.12		单层链式	1−6	36/42
Y2-160L-6E	11	22.7	89.0	0.80	7.0	1.9		195	0.40	260	180		28	2−1.3		单层链式	1−6	36/42
Y2-180M-2E	22	39.8	91.7	0.90	8.2	2.1	2.25	180	0.80	290	165		16	3−1.18,2−1.25	1△	双层叠式	1−14	36/28
Y2-180M-4E	18.5	34.9	92.5	0.86	7.7	2.3		195	0.60	290	187	70	34	1−1.3,1−1.4		双层叠式	1−11	48/38
Y2-180L-4E	22	41.2	92.8	0.86	7.0	2.1		220	0.60	290	187	70	30	1−1.4,1−1.5	2△	双层叠式	1−11	48/38
Y2-180L-6E	15	30.5	90.5	0.81	7.0	1.9		200	0.45	290	205		34	1−1.06,1−1.12		双层叠式	1−9	54/44
Y2-200L1-2E	30	53.1	92.7	0.90	7.6	1.9		180	1.0	327	187	75	30	1−1.12,3−1.18	2△	双层叠式	1−14	36/28
Y2-200L-2E	37	65.1	93.2	0.90	7.6	2.3		205	1.0	327	187	75	26	3−1.25,1−1.3	2△	双层叠式	1−14	36/28
Y2-200L-4E	30	56.0	93.2	0.86	7.3	2.1		230	0.7	327	210		24	1−1.3,2−1.4		双层叠式	1−11	48/38

续附录 2

型号	额定功率 (kW)	额定电流 (A)	额定效率 (%)	额定功率因数	堵转电流/额定电流	堵转转矩/额定转矩	最大转矩/额定转矩	铁心长度	气隙长度	定子冲片外径 (mm)	转子冲片内径	每槽线数	线规 $n-d$ (mm)	并联支路数	绕组形式	节距	定转子槽数 Z_1/Z_2
Y2-200L1-6E	18.5	36.8	91.5	0.81	7.0	1.9	2.1	185	0.5	327	230	75	32	1-1.18,1-1.25	2△	双层叠式	1-9	54/44
Y2-200L2-6E	22	43.5	92.0	0.83	7.0	1.9	2.1	210	0.5	327	230	75	28	2-1.3	2△	双层叠式	1-9	54/44
Y2-225M-2E	45	78.3	94.2	0.90	7.6	1.7	2.3	200	1.1	368	210		12	10-1.3	1△		1-14	36/28
Y2-225S-4E	37	67.5	94.0	0.87	7.3	1.8	2.3	200	0.8	368	245	80	26	1-1.5,2-1.6			1-12	48/38
Y2-225M-4E	45	81.7	94.2	0.87	7.0	1.8	2.3	235	0.8	368	245	80	22	1-1.4,3-1.5			1-12	48/38
Y2-225M-6E	30	56.7	93.5	0.85	7.0	1.8	2.1	205	0.55	368	260		30	1-1.18,3-1.25	2△		1-9	54/44
Y2-250M-2E	55	96.8	94.5	0.90	7.6	1.5	2.3	200	1.2	400	225	85	10	9-1.5	1△		1-14	36/28
Y2-250M-4E	55	100.5	94.5	0.87	7.3	1.8	2.1	235	0.9	400	260	85	38	2-1.3,1-1.4	4△	双层叠式	1-11	48/38
Y2-250M-6E	37	68.5	93.5	0.86	7.0	1.8		210	0.6	400	285		28	2-1.18,1-1.25	3△		1-12	72/58
Y2-280S-2E	75	130.1	94.8	0.91	7.6	1.5	2.3	215	1.3	445	255	85	16	3-1.4,6-1.5	2△		1-16	42/34
Y2-280M-2E	90	155.1	95.2	0.91	7.3	2.0		245	1.3	445	255	85	14	3-1.5,6-1.6			1-16	42/34
Y2-280S-4E	75	137.1	94.7	0.87	7.0	2.0		255	1.0	445	300	100	24	1-1.3,3-1.4	4△	双层叠式	1-15	60/50
Y2-280M-4E	90	163.2	95.0	0.87	7.0	2.0		310	1.0	445	300	100	20	4-1.5			1-15	60/50
Y2-280S-6E	45	83.5	93.5	0.86	7.0	1.8	2.0	215	0.7	445	325		50	1-1.18,1-1.25	6△		1-12	72/58
Y2-280M-6E	55	101.1	93.8	0.86	7.0	1.8	2.0	260	0.7	445	325		42	2-1.3	6△		1-12	72/58

注:此表摘自《Y2系列三相异步电动机技术手册》(机械工业出版社. 2004.1)。

附录 异步电动机技术数据及绕组参数表　329

附表3　Y系列(IP44)三相笼型异步电动机绕组参数表

电动机型号	功率(kW)	定子铁心				定子绕组						并联支路数	转子槽数
		外径(mm)	内径(mm)	长度(mm)	槽数	电磁线型号	电磁线直径	并联根数	绕组形式	每个元件匝数	跨距Y1	总元件数	
Y801-2	0.75	120	67	65	18	QZ-2	1−φ0.63	1	单层交叉	111	1—9 2—10 11—18	9	1Y	16
Y802-2	1.1	120	67	80	18	QZ-2	1−φ0.71	1	单层交叉	90	1—9 2—10 11—18	9	1Y	16
Y801-4	0.55	120	75	65	24	QZ-2	1−φ0.56	1	单层链式	128	1—6	12	1Y	22
Y802-4	0.75	120	75	80	24	QZ-2	1−φ0.63	1	单层链式	103	1—6	12	1Y	22
Y90S-2	1.5	130	73	85	18	QZ-2	1−φ0.85	1	单层交叉	74	1—9 2—10 11—18	9	1Y	16
Y90L-2	2.2	130	72	110	18	QZ-2	1−φ0.95	1	单层交叉	58	1—9 2—10 11—18	9	1Y	16
Y90S-4	1.1	130	80	90	24	QZ-2	1−φ0.71	1	单层链式	81	1—6	12	1Y	22
Y90L-4	1.5	130	80	120	24	QZ-2	1−φ0.80	1	单层链式	63	1—6	12	1Y	22
Y90S-6	0.75	130	86	100	36	QZ-2	1−φ0.67	1	单层链式	77	1—6	18	1Y	33
Y90L-6	1.1	155	86	125	36	QZ-2	1−φ0.75	1	单层链式	60	1—6	18	1Y	33
Y100L-2	3	155	84	100	24	QZ-2	1−φ1.18	1	单层同心式	40	1—12 2—11	12	1Y	20
Y100L1-4	2.2	155	98	105	36	QZ-2	2−φ0.71	2	单层交叉	41	1—9 2—10 11—18	18	1Y	32
Y100L2-4	3	155	98	135	36	QZ-2	1−φ0.80 1−φ0.85	2	单层交叉	31	1—9 2—10 11—18	18	1Y	32
Y100L-6	1.5	155	106	100	36	QZ-2	1−φ0.85	1	单层链式	53	1—6	18	1Y	33
Y112M-2	4	175	98	100	30	QZ-2	1−φ1.06	1	单层同心式	48	1—16 2—15 3—14 17—30 18—29	15	1△	26

续附表 3

电动机型号	功率(kW)	定子铁心 外径(mm)	定子铁心 内径(mm)	定子铁心 长度(mm)	槽数	电磁线型号	电磁线直径	并联根数	绕组形式	每个元件匝数	跨距 Y1	总元件数	并联支路数	转子槽数
Y112M-4	4	175	110	135	36	QZ-2	1—φ1.06	1	单层交叉	46	1—9 2—10 11—18	18	1Y	32
Y112M-6	2.2	175	120	110	36	QZ-2	1—φ1.06	1	单层链式	44	1—6	18	1Y	32
Y132S1-2	5.5	210	116	100	30	QZ-2	1—φ0.90 1—φ0.95	2	单层同心式	44	1—16 2—15 3—14	15	1△	26
Y132S2-2	7.5	210	116	125	30	QZ-2	1—φ1.06 1—φ1.06	2	单层同心式	37	17—30 18—29	15	1△	26
Y132S-4	5.5	210	136	110	36	QZ-2	1—φ0.90 1—φ0.95	2	单层交叉	47	1—9 2—10	18	1△	32
Y132M-4	7.5	210	136	155	36	QZ-2	2—φ1.06	2	单层交叉	35	1—18	18	1△	32
Y132S-6	3	210	148	105	36	QZ-2	1—φ0.85 1—φ0.90	2	单层链式	38	1—6	18	1Y	33
Y132M1-6	4	210	148	140	36	QZ-2	1—φ1.06	1	单层链式	52	1—6	18	1△	33
Y132M2-6	5.5	210	148	175	36	QZ-2	1—φ1.25	1	单层链式	42	1—6	18	1△	33
Y132S-8	2.2	210	148	110	48	QZ-2	1—φ1.12	1	单层链式	38	1—6	24	1Y	44
Y132M-8	3	210	148	140	48	QZ-2	1—φ1.3	1	单层链式	30	1—6	24	1Y	44
Y160M1-2	11	260	150	125	30	QZ-2	2—φ1.18 1—φ1.25	3	单层同心式	28	1—16 2—15	15	1△	26
Y160M2-2	15	260	150	150	30	QZ-2	2—φ1.12 2—φ1.18	4	单层同心式	23	3—14 17—30	15	1△	26
Y160L-2	18.5	260	150	195	30	QZ-2	3—φ1.12 2—φ1.18	5	单层同心式	19	18—29	15	1△	26
Y160M-4	11	260	170	140	36	QZ-2	3—φ0.9 1—φ0.95	4	单层交叉式	28	1—9 2—10 11—18	18	1△	26
Y160L-4	15	250	170	185	36	QZ-2	3—φ0.9 2—φ0.95	5	单层交叉式	22	1—9 2—10 11—18	18	1△	26
Y160M-6	7.5	250	180	145	36	QZ-2	2—φ1.12	2	单层链式	38	1—6	18	1△	33

续附表3

电动机型号	功率(kW)	定子铁心 外径(mm)	内径(mm)	长度(mm)	槽数	定子绕组 电磁线型号	电磁线直径	并联根数	绕组形式	每个元件匝数	跨距 Y1	总元件数	并联支路数	转子槽数
Y160L-6	11	250	180	145	36	QZ-2	4—φ0.95	4	单层链式	28	1—6	18	1△	33
Y160M1-8	4	250	180	110	48	QZ-2	1—φ1.25	1	单层链式	49	1—6	24	1△	44
Y150M2-8	5.5	260	180	145	48	QZ-2	2—φ1.0	2	单层链式	39	1—6	24	1△	44
Y160L-8	7.5	260	180	195	48	QZ-2	1—φ1.12 1—φ1.18	2	单层链式	30	1—6	24	1△	44
Y180M-2	22	290	160	175	36	QZ-2	2—φ1.3 2—φ1.4	4	双层叠绕	8	1—14	36	1△	28
Y180M-4	18.5	290	187	185	48	QZ-2	2—φ1.18	2	双层叠绕	16	1—11	48	2△	44
Y180L-4	22	290	187	21.5	48	QZ-2	2—φ1.3	2	双层叠绕	14	1—11	48	2△	44
Y180L-6	15	290	205	200	54	QZ-2	1—φ1.5	1	双层叠绕	17	1—9	54	2△	44
Y180L-8	11	290	205	200	54	QZ-2	2—φ0.9	2	双层叠绕	23	1—7	54	2△	58
Y200L1-2	30	327	182	175	36	QZ-2	2—φ1.12 2—φ1.18	4	双层叠绕	14	1—14	36	2△	28
Y200L2-2	37	327	182	205	36	QZ-2	1—φ1.4 2—φ1.5	3	双层叠绕	12	1—14	36	2△	28
Y200L-4	30	327	210	225	48	QZ-2	2—φ1.06 2—φ1.12	4	双层叠绕	12	1—11	48	2△	44
Y200L1-6	18.5	327	230	185	54	QZ-2	1—φ1.12 1—φ1.18	2	双层叠绕	16	1—9	54	2△	44
Y200L2-6	22	327	230	190	54	QZ-2	2—φ1.25	2	双层叠绕	14	1—9	54	2△	44
Y200L-8	15	327	230	215	54	QZ-2	1—φ1.5	1	双层叠绕	20	1—7	54	2△	50
Y225M-2	45	368	210	205	36	QZ-2	3—φ1.4 1—φ1.5	4	双层叠绕	11	1—14	36	2△	28
Y225S-4	37	368	245	195	48	QZ-2	2—φ1.25	2	双层叠绕	23	1—12	48	4△	44
Y225M-4	45	368	245	230	48	QZ-2	2—φ1.30 2—φ1.4	4	双层叠绕	10	1—12	48	2△	44
Y225M-6	30	368	260	200	54	QZ-2	2—φ1.3 1—φ1.4	3	双层叠绕	14	1—9	54	2△	44
Y225S-8	185	368	260	165	54	QZ-2	2—φ1.4	2	双层叠绕	20	1—7	54	2△	50
Y225M-8	22	368	260	200	54	QZ-2	2—φ1.5	2	双层叠绕	17	1—7	54	2△	50

续附表3

电动机型号	功率(kW)	定子铁心 外径(mm)	定子铁心 内径(mm)	定子铁心 长度(mm)	槽数	定子绕组 电磁线型号	定子绕组 电磁线直径	并联根数	绕组形式	每个元件匝数	跨距 Y1	总元件数	并联支路数	转子槽数
Y250M-2	55	400	225	195	36	QZ-2	6—φ1.4	6	双层叠绕	10	1—14	36	2△	28
Y250M-4	55	400	260	240	48	QZ-2	3—φ1.3	3	双层叠绕	18	1—12	48	4△	44
Y250M-6	37	400	285	225	72	QZ-2	1—φ1.12 2—φ1.18	3	双层叠绕	14	1—12	72	3△	58
Y250M-8	30	400	285	225	72	QZ-2	3—φ1.30	3	双层叠绕	11	1—9	72	2△	58
Y280S-2	75	445	255	225	42	QZ-2	7—φ1.5	7	双层叠绕	7	1—16	42	2△	34
Y280M-2	90	445	255	260	42	QZ-2	8—φ1.5	8	双层叠绕	6	1—16	42	2△	34
Y280S-4	75	445	300	240	60	QZ-2	2—φ1.25 2—φ1.30	4	双层叠绕	13	1—14	60	4△	50
Y280M-4	90	445	300	325	60	QZ-2	5—φ1.3	5	双层叠绕	10	1—14	60	4△	50
Y280S-6	45	445	325	215	72	QZ-2	2—φ1.3 1—φ1.4	3	双层叠绕	13	1—12	72	3△	58
Y280M-6	55	445	325	260	72	QZ-2	1—φ1.4 2—φ1.5	3	双层叠绕	11	1—12	72	3△	58
Y280S-8	37	445	325	215	72	QZ-2	2—φ1.3	2	双层叠绕	20	1—9	72	4△	58
Y280M-8	45	445	325	260	72	QZ-2	1—φ1.4 1—φ1.5	2	双层叠绕	17	1—9	72	4△	58
Y315S-2	110	520	300	290	48	QZ-2	13—φ1.5	13	双层叠绕	5/4	1—18	40	2△	40
Y315M-2	132	520	300	340	48	QZ-2	16—φ1.5	16	双层叠绕	4	1—18	48	2△	40
Y315L1-2	160	520	300	380	72	QZ-2	21—φ1.5	21	双层叠绕	4/3	1—18	72	2△	40
Y315S-4	110	520	350	290	72	QZ-2	2—φ1.5 4—φ1.4	6	双层叠绕	9/8	1—16	72	4△	64
Y315M-4	132	520	350	380	72	QZ-2	5—φ1.4 2—φ1.5	7	双层叠绕	7	1—16	72	4△	64
Y315L1-4	160	520	350	420	72	QZ-2	8—φ1.5	8	双层叠绕	6	1—16	72	4△	64
Y315S-6	75	520	375	260	72	QZ-2	3—φ1.4	3	双层叠绕	21	1—11	72	6△	58
Y315M-6	90	520	375	340	72	QZ-2	3—φ1.5	3	双层叠绕	17	1—11	72	6△	58
Y315L1-6	110	520	375	380	72	QZ-2	4—φ1.5	4	双层叠绕	15	1—11	72	6△	58
Y315L3-6	132	520	375	480	72	QZ-2	5—φ1.5	5	双层叠绕	12	1—11	72	6△	58
Y315S-8	55	520	390	290	72	QZ-2	3—φ1.0	3	双层叠绕	29	1—9	72	8△	58

续附表 3

电动机型号	功率(kW)	定子铁心 外径(mm)	定子铁心 内径(mm)	定子铁心 长度(mm)	槽数	电磁线型号	电磁线直径	并联根数	绕组形式	每个元件匝数	跨距 Y1	总元件数	并联支路数	转子槽数
Y315M-8	75	520	390	380	72	QZ-2	2—φ1.4	2	双层叠绕	22	1—9	72	8△	58
Y315L1-8	90	520	390	420	72	QZ-2	5—φ1.4	5	双层叠绕	10	1—9	72	8△	58
Y315L2-8	110	520	390	480	72	QZ-2	3—φ1.5	3	双层叠绕	17	1—9	72	8△	58
Y315S-10	45	520	390	300	90	QZ-2	1—φ1.12 1—φ1.18	2	双层叠绕	66	1—9	90	10△	72
Y315M-10	55	520	399	400	90	QZ-2	2—φ1.3	2	双层叠绕	52	1—9	90	10△	72
Y315L1-10	75	520	390	455	90	QZ-2	2—φ1.4 2—φ1.5	4	双层叠绕	2L	1—9	90	5△	72
Y315L2-2	200	520	300	440	48	QZ-2	10—φ1.5 12—φ1.6	22	双层叠绕	3	1—18	48	2△	40
Y315L2-4	200	520	350	480	72	QZ-2	8—φ1.5 2—φ1.4	10	双层叠绕	5	1—16	72	4△	64

附表 4 YX 系列高效率三相异步电动机绕组参数表

型号	额定功率(kW)	额定电流(A)	定子铁心 外径(mm)	定子铁心 内径(mm)	铁心长度(mm)	气隙长度(mm)	定转子槽数 Z_1/Z_2	绕组形式	并联路数	节距	每槽线数	线规 n_c-d_c (mm)	质量(kg)
YX100L-2	3	5.9	155	84	115	0.4	24/20	单层同心式	1	1—12 2—11	38	2—φ0.85	36
YX112M-2	4	7.7	175	98	120	0.45					37	1—φ1.18	48
YX132S1-2	5.5	10.6	210	116	110	0.55				1—18 2—17 3—16	34	1—φ1.0 1—φ1.06	70
YX132M-2	7.5	14.3			145						26	2—φ1.18	75
YX160M1-2	11	20.9			150						20	3—φ1.25	135
YX160M2-2	15	27.8	260	150	190	0.65	36/28				16	2—φ1.18 2—φ1.25	146
YX160L-2	18.5	34.3			215						14	4—φ1.3	157
YX180M-2	22	40.1	290	160	205	0.8		双层叠式	2	1—14	28	2—φ1.25 1—φ1.18	195
YX200L1-2	20	54.5	327	182	200	1.0						3—φ1.4	258
YX200L2-2	37	67			235						24	4—φ1.3	275
YX225M-2	45	80.8	368	210	220	1.1					20	5—φ1.4	332
YX250M-2	55	99.7	400	225	240	1.2	42/34			1—17	14	1—φ1.5 1—φ1.6	472
YX200S-2	75	135.8	445	255	245	1.5				1—16		9—φ1.5	565

续附表 4

型号	额定功率 (kW)	额定电流 (A)	定子铁心外径 (mm)	定子铁心内径 (mm)	铁心长度 (mm)	气隙长度 (mm)	定转子槽数 Z_1/Z_2	绕组形式	并联路数	节距	每槽线数	线规 n_c-d_c (mm)	质量 (kg)
YX280M-2	90	162.6	445	255	275	1.5	42/34	双层叠式	2	1—16	12	6—ϕ1.5 4—ϕ1.6	605
YX100L1-4	2.2	4.7	155	98	135	0.3		单层交叉式		2/1—9 1/1—8	35	1—ϕ1.18	36
YX100L2-4	3	6.4			160						29	1—ϕ1.30	41
YX112M-4	4	8.3	175	110	160	0.3	36/32		1		46	1—ϕ1.25	52
YX132S-4	5.5	11.2	210	136	145	0.4					40	1—ϕ0.9 2—ϕ0.85	75
YX132M-4	7.5	14.8			180						32	2—ϕ1.18	82
YX160M-4	11	20.9	260	170	175	0.5		单层链式	1	1—11	20	2—ϕ1.18 1—ϕ1.25	133
YX160L-4	15	28.5			215				4		16	1—ϕ1.12 3—ϕ1.18	157
YX180M-4	18.5	35.2	290	187	220	0.55	48/44				60	2—ϕ0.95	190
YX130L-4	22	41.7			250				2		52	1—ϕ1.06 1—ϕ0.95	205
YX200L-4	30	56	327	210		0.65		双层叠式			26	3—ϕ1.40	274
YX225S-4	37	68.9	368	245	235	0.7			4	1—12	42	1—ϕ1.20 1—ϕ1.50	324
YX225M-4	45	83.5			260						38	2—ϕ1.50	349
YX250M-4	55	100.2	400	260	260	0.8	48/44	双层叠式		1—12	34	2—ϕ1.40 1—ϕ1.30	447
YX280S-4	75	136.7	445	300	290	0.9	60/50		4	1—14	24	4—ϕ1.30 1—ϕ1.40	605
YX280M-4	90	161.7			345						20	2—ϕ1.40 3—ϕ1.50	670
YX100L-6	1.5	3.8	155	106	115	0.25					50	1—ϕ0.95	35
YX112M-6	2.2	5.3	175	120	130	0.3				1—6	41	1—ϕ1.18	48
YX132S-6	3	6.9	210	148	125	0.35	36/33	单层链式	1		35	1—ϕ1.0 1—ϕ0.95	70
YX132M1-6	4	9			150						49	2—ϕ0.85	77
YX132M2-6	5.5	12.1			195						38	2—ϕ0.95	85
YX160M-6	7.5	16	260	180	165	0.4	54/44			1—9	24	1—ϕ1.25 1—ϕ1.30	127
YX160L-6	11	23.4			220						18	12—ϕ1.18 1—ϕ1.25	155
YX180L-6	15	30.7	290	205	235	0.45			3		48	2—ϕ0.95	195
YX200L1-6	18.5	36.9	327	230	215	0.5	72/58	双层叠式	2	1—12	24	2—ϕ1.0 1—ϕ1.06	250
YX200L2-6	22	43.2			225						22	2—ϕ1.0 1—ϕ1.18	270
YX225M-6	30	57.7	368	260	240	0.5					28	2—ϕ1.18 1—ϕ1.06	327
YX250M-6	37	70.8	400	285		0.55	72/58	双层叠式	3	1—12	30	3—ϕ1.25	441
YX280S-6	45	84	445	325	235	0.65					24	3—ϕ1.18 1—ϕ1.24	540
YX280M-6	55	102.4			280						20	2—ϕ1.25 1—ϕ1.60	595

附表 5 YR 系列绕线转子三相异步电动机技术数据及绕组参数表（IP44）

型号	额定功率 (kW)	定子电压 (V)	定子电流 (A)	转子电压 (A)	额定转速 (r/min)	定转子槽数 Z_1/Z_2	定子线规 (mm)	定子线圈匝数	定子线圈节距	定子绕组接法	定子绕组形式	转子线规 (mm)	转子线圈匝数	转子线圈节距	转子绕组接法	转子绕组形式
YR132M1-4	4	380	9.3	230	1440	36/24	1–ϕ0.8	102	1–9	2△	双层叠绕	3–ϕ1.06	28	1–6	1Y	双层叠绕
YR132M2-4	5.5	380	12.6	272	1440	36/24	1–ϕ0.95	74	1–9	2△	双层叠绕	2–ϕ1.12	24	1–6	1Y	双层叠绕
YR160M-4	7.5	380	15.7	250	1460	36/24	1–ϕ1.12	74	1–9	2△	双层叠绕	1–ϕ1.18				双层叠绕
YR160L-4	11	380	22.5	276	1460	36/24	2–ϕ0.95	52	1–9	2△	双层叠绕	2–ϕ1.0 1–ϕ1.06	44	1–6	2Y	双层叠绕
YR180L-4	15	380	30	278	1465	36/24	2–ϕ1.06	32	1–11	4△	双层叠绕	3–ϕ1.18	34	1–6	2Y	双层叠绕
YR200L1-4	18.5	380	36.7	247	1465	48/36	1–ϕ1.18	64	1–11	4△	双层叠绕	3–ϕ1.30	18	1–9	2Y	双层叠绕
YR200L2-4	22	380	43.2	243	1465	48/36	1–ϕ1.30	54	1–11	4△	双层叠绕	4–ϕ1.40	16	1–9	1Y	双层叠绕
YR225M2-4	30	380	57.6	360	1475	48/36	3–ϕ1.25	22	1–11	2△	双层叠绕	4–ϕ1.40 1–2.24×5.6	16	1–9	2Y	双层叠绕
YR250M1-4	37	380	71.4	289	1480	48/36	2–ϕ1.25	40	1–12	4△	双层叠绕	6–ϕ1.25 1–2.5×5.6	8	1–9	1Y	双层叠绕
YR250M2-4	45	380	85.9	340	1480	48/36	3–ϕ1.12	34	1–12	4△	双层叠绕	8–ϕ1.40 2–2×5.6	12	1–12	2Y	双层叠绕
YR280S-4	55	380	103.8	485	1480	48/36	2–ϕ1.50	26	1–14	4△	双层叠绕	8–ϕ1.40 2–2×5.6	6	1–12	1Y	双层叠绕
YR280M-4	75	380	140	354	1485	60/48	1–ϕ1.40 2–ϕ1.50	18	1–14	4△	双层叠绕	7–ϕ1.40 2–2×5	12 6	1–12	4Y 2Y	双层叠绕

续附录表 5

型号	额定功率 (kW)	定子电压 (V)	定子电流 (A)	转子电压 (A)	额定转速 (r/min)	定转子槽数 Z_1/Z_2	定子绕组 线规 (mm)	定子绕组 线圈匝数	定子绕组 线圈节距	定子绕组 接法	定子绕组 绕组形式	转子绕组 线规 (mm)	转子绕组 线圈匝数	转子绕组 线圈节距	转子绕组 接法	转子绕组 绕组形式
YR132M1-6	3	380	8.2	206	955	48/36	1—φ1.0	46	1—8	1△	双层叠绕	3—φ1.0	20	1—6	1Y	双层叠绕
YR132M2-6	4	380	10.7	230	955	48/36	1—φ0.80	70	1—8	2△	双层叠绕	2—φ0.95	34	1—6	2Y	双层叠绕
YR160M-6	5.5	380	13.4	244	970	48/36	1—φ1.0	66	1—8	2△	双层叠绕	2—φ1.06	34	1—6	2Y	双层叠绕
YR160L-6	7.5	380	17.9	256	970	48/36	1—φ1.18	50	1—8	2△	双层叠绕	2—φ1.18	28	1—6	2Y	双层叠绕
YR180L-6	11	380	23.6	310	975	54/36	1—φ1.25	38	1—9	2△	双层叠绕	4—φ1.0	28	1—6	2Y	双层叠绕
YR200L1-6	15	380	31.8	198	975	54/36	1—φ1.06	34	1—9	2△	双层叠绕	2—φ1.18 4—φ1.25	16	1—6	2Y	双层叠绕
YR225M1-6	18.5	380	38.3	187	980	54/36	1—φ1.18 1—φ1.25	36	1—9	2△	双层叠绕	1—2.24×5.6 8—φ1.25	8	1—6	1Y	双层叠绕
YR225M2-6	22	380	45	224	980	54/36	1—φ1.30 1—φ1.40	30	1—9	2△	双层叠绕	1—2.8×6.3 8—φ1.25	16	1—6	2Y	双层叠绕
YR250M1-6	30	380	60.3	282	980	72/48	3—φ1.12 1—φ1.18	18	1—12	2△	双层叠绕	1—2.8×6.3 8—φ1.25	8	1—6	1Y	双层叠绕
YR250M2-6	37	380	73.9	331	985	72/48	3—φ1.40	16	1—12	2△	双层叠绕	7—φ1.40 2—2.24×5	12	1—8	2Y	双层叠绕
												3—φ1.40 5—φ1.30	6	1—8	1Y	双层叠绕
YR280S-6	45	380	87.9	362	985	72/48	3—φ1.40 1—φ1.50	14	1—12	2△	双层叠绕	2—2.24×5	12	1—8	2Y	双层叠绕
												3—φ1.30 6—φ1.40 2—2.5×5.6	6	1—8	1Y	双层叠绕

续附录表 5

型号	额定功率 (kW)	定子电压 (V)	定子电流 (A)	转子电压 (A)	额定转速 (r/min)	定转子槽数 Z_1/Z_2	定子绕组 线规(mm)	定子绕组 线圈面数	定子绕组 线圈节距	定子绕组 接法	定子绕组 形式	转子绕组 线规(mm)	转子绕组 线圈面数	转子绕组 线圈节距	转子绕组 接法	转子绕组 形式
YR280M-6	55	380	106.9	423	985	72/48	3-φ1.50 1-φ1.60	12	1-12	2△	双层叠绕	9-φ1.40 2-2.5×5.6	12	1-8	2Y	双层叠绕
YR160M-8	4	380	10.7	216	715	48/36	1-φ0.90	92	1-6	2△	双层叠绕	2-φ0.95	42	1-5	2Y	双层叠绕
YR160L-8	5.5	380	14.2	230	715	48/36	1-φ1.0	70	1-6	2△	双层叠绕	2-φ1.06	34	1-5	2Y	双层叠绕
YR180L-8	7.5	380	18.4	255	725	54/36	1-φ1.06 1-φ1.12	28	1-7	1△	双层叠绕	1-φ1.25 1-φ1.30	34	1-5	2Y	双层叠绕
YR200L1-8	11	380	26.6	152	735	54/36	2-φ0.95	44	1-7	2△	双层叠绕	2-φ1.18	16	1-5	2Y	双层叠绕
YR225M1-8	15	380	34.5	169	735	54/36	2-φ1.12	40	1-7	2△	双层叠绕	4-φ1.25 1-2.2×5.6	8	1-5	1Y	双层叠绕
YR225M2-8	18.5	380	42.1	211	735	54/36	2-φ1.30	32	1-7	2△	双层叠绕	8-φ1.25 1-2.8×6.3	16	1-5	2Y	双层叠绕
YR250M1-8	22	380	48.7	210	735	72/48	1-φ1.40	48	1-9	4△	双层叠绕	8-φ1.25 1-2.8×6.3	8	1-5	1Y	双层叠绕
YR250M2-8	30	380	66.1	270	735	72/48	1-φ1.12	74	1-9	8△	双层叠绕	7-φ1.40 2-2.24×5	12	1-6	2Y	双层叠绕
YR280S-8	37	380	78.2	281	735	72/48	3-φ1.0	36	1-9	4△	双层叠绕	7-φ1.40 2-2.24×5	12	1-6	1Y	双层叠绕
												9-φ1.40 2-2.5×5.6	12	1-6	2Y	双层叠绕
													6	1-6	1Y	双层叠绕

续附表 5

型号	额定功率(kW)	定子电压(V)	定子电流(A)	转子电压(V)	额定转速(r/min)	定转子槽数 Z_1/Z_2	定子 线规(mm)	定子 线圈匝数	定子 线圈节距	定子 接法	定子 绕组形式	转子 线规(mm)	转子 线圈匝数	转子 线圈节距	转子 接法	转子 绕组形式
YR280M-8	45	380	92.9	359	735	72/48	2-φ1.4	28	1—9	4△	双层叠绕	3-φ1.30 6-φ1.40 2-2.5×5.6	12 6	1—9	2Y 1Y	双层叠绕 双层叠绕

注：①机座号 132～180 转子绕组为圆铜线；机座号 200～280 为圆、扁两种铜线并存，任选其一。

②定转子均为 B 级绝缘，采用聚酯薄膜和聚酯无纺布复合材料，其厚度选取与定转子中心高有关：
定子中心高 132～160mm 选 0.3mm 厚，180～280mm 选 0.35mm 厚；
转子中心高 132～160mm 选 0.3mm 厚，180～280mm 选 0.4mm 厚。

附表 6 YR 系列绕线转子三相异步电动机技术数据及绕组参数表(IP23)

型号	额定功率(kW)	定子电压(V)	定子电流(A)	转子电压(V)	额定转速(r/min)	定转子槽数 Z_1/Z_2	定子 线规(mm)	定子 线圈匝数	定子 线圈节距	定子 接法	定子 绕组形式	转子 线规(mm)	转子 线圈匝数	转子 线圈节距	转子 接法	转子 绕组形式
YR160M-4	7.5	380	16	260	1420	48/36	1-φ1.50	34	1—11	1△	双层叠绕	3-φ1.12	18	1—9	1Y	双层叠绕
YR160L1-4	11	380	22.7	275	1435	48/36	2-φ0.85	50	1—11	2△	双层叠绕	4-φ1.12	14	1—9	1Y	双层叠绕
YR160L2-4	15	380	30.8	260	1445	48/36	2-φ1.0	38	1—11	2△	双层叠绕	3-φ1.30 1-φ1.40	10	1—9	1Y	双层叠绕
YR180M-4	18.5	380	36.7	197	1425	48/36	2-φ1.12	40	1—11	2△	双层叠绕	1-1.8×5	8	1—9	1Y	双层叠绕
YR180L-4	22	380	43.2	232	1435	48/36	1-φ1.18 1-φ1.25	34	1—11	2△	双层叠绕	1-1.8×5	8	1—9	1Y	双层叠绕
YR200M-4	30	380	58.2	255	1440	48/36	2-φ0.95	62	1—11	4△	双层叠绕	1-2×5.6	8	1—9	1Y	双层叠绕
YR200L-4	37	380	71.8	316	1450	48/36	2-φ1.0	50	1—11	4△	双层叠绕	1-2×5.6	8	1—9	1Y	双层叠绕

续附表 6

型号	额定功率 (kW)	定子电压 (V)	定子电流 (A)	转子电压 (A)	额定转速 (r/min)	定转子槽数 Z_1/Z_2	定子绕组 线规 (mm)	定子绕组 线圈匝数	定子绕组 线圈节距	定子绕组 接法	定子绕组 形式	转子绕组 线规 (mm)	转子绕组 线圈匝数	转子绕组 线圈节距	转子绕组 接法	转子绕组 形式
YR225M1-4	45	380	87.3	240	1440	48/36	$1-\phi1.12$ / $3-\phi1.18$	24	1—11	2△	双层叠绕	$2-1.8\times4.5$	6	1—9	1Y	双层叠绕
YR225M2-4	55	380	105.5	288	1450	48/36	$1-\phi1.25$ / $1-\phi1.30$	40	1—11	4△	双层叠绕	$2-1.8\times4.5$	6	1—9	1Y	双层叠绕
YR250S-4	75	380	141.5	449	1450	60/48	$2-\phi1.25$ / $3-\phi1.30$	14	1—11	2△	双层叠绕	$2-1.6\times4.5$	6	1—12	1Y	双层叠绕
YR250M-4	90	380	168.8	524	1460	60/48	$4-\phi1.25$ / $2-\phi1.30$	12	1—11	2△	双层叠绕	$2-1.6\times4.5$	6	1—12	1Y	双层叠绕
YR280S-4	110	380	205.2	349	1460	60/48	$4-\phi1.25$ / $4-\phi1.30$	24	1—11	4△	双层叠绕	$2-2.24\times6.3$	4	1—12	1Y	双层叠绕
YR280M-4	132	380	243.6	419	1460	60/48	$4-\phi1.25$ / $4-\phi1.40$	20	1—11	4△	双层叠绕	$2-2.24\times6.3$	4	1—12	1Y	双层叠绕
YR160M-6	5.5	380	13.2	279	950	54/36	$2-\phi0.95$	36	1—11	1△	双层叠绕	$1-\phi1.8$ / $1-\phi1.25$	24	1—6	1Y	双层叠绕
YR160L-6	7.5	380	17.5	260	950	54/36	$1-\phi1.06$	58	1—11	2△	双层叠绕	$3-\phi1.12$	18	1—6	1Y	双层叠绕
YR180M-6	11	380	25.4	146	940	54/36	$1-\phi1.40$	48	1—11	2△	双层叠绕	$1-1.8\times4$	8	1—6	1Y	双层叠绕
YR180L-6	15	380	33.7	187	950	54/36	$2-\phi1.06$	36	1—11	2△	双层叠绕	$1-1.8\times4$	8	1—6	1Y	双层叠绕
YR200M-6	18.5	380	40.1	187	950	54/36	$2-\phi1.18$	36	1—9	2△	双层叠绕	$1-1.85\times5$	8	1—6	1Y	双层叠绕
YR200L-6	22	380	46.6	224	955	54/36	$1-\phi1.30$ / $1-\phi1.40$	30	1—9	2△	双层叠绕	$1-1.8\times5$	8	1—6	1Y	双层叠绕

续附表 6

型号	额定功率 (kW)	定子电压 (V)	定子电流 (A)	转子电压 (A)	额定转速 (r/min)	定转子槽数 Z_1/Z_2	定子绕组 线规 (mm)	定子绕组 线圈匝数	定子绕组 线圈节距	定子绕组 接法	定子绕组 形式	转子绕组 线规 (mm)	转子绕组 线圈匝数	转子绕组 线圈节距	转子绕组 接法	转子绕组 形式
YR225M1-6	30	380	61.3	227	965	72/54	2-ϕ1.12	38	1—12	3△	双层叠绕	2-1.6×4.5	6	1—9	1Y	双层叠绕
YR225M2-6	37	380	74.3	287	965	72/54	1-ϕ1.18	30	1—12	3△	双层叠绕	2-1.6×4.5	6	1—9	1Y	双层叠绕
YR250S-6	45	380	90.4	307	965	72/54	1-ϕ1.25	28	1—12	3△	双层叠绕	2-1.8×4.5	6	1—9	1Y	双层叠绕
YR250M-6	55	380	108.6	359	970	72/54	2-ϕ1.40	24	1—12	3△	双层叠绕	2-1.8×4.5	6	1—9	1Y	双层叠绕
YR280S-6	75	380	143.1	392	970	72/54	4-ϕ1.06	22	1—12	3△	双层叠绕	2-2×5	6	1—9	1Y	双层叠绕
YR280M-6	90	380	168.7	481	970	72/54	3-ϕ1.40	18	1—12	3△	双层叠绕	2-2×5	6	1—9	1Y	双层叠绕
YR160M-8	4	380	10.6	262	705	48/36	3-ϕ1.50	54	1—6	1△	双层叠绕	1-ϕ1.06	30	1—5	1Y	双层叠绕
YR160L-8	5.5	380	14.4	243	705	48/36	1-ϕ1.25	43	1—6	1△	双层叠绕	1-ϕ1.12	22	1—5	1Y	双层叠绕
YR180M-8	7.5	380	19	105	690	48/36	1-ϕ1.40	70	1—6	2△	双层叠绕	2-ϕ1.25	8	1—5	1Y	双层叠绕
YR180L-8	11	380	27.6	140	710	48/36	2-ϕ0.90	54	1—6	2△	双层叠绕	1-1.8×4	8	1—5	1Y	双层叠绕
YR200M-8	15	380	36.7	153	710	48/36	2-ϕ1.0	50	1—6	2△	双层叠绕	1-1.8×4	8	1—5	1Y	双层叠绕
YR200L-8	18.5	380	41.9	187	710	48/36	2-ϕ0.95	43	1—6	2△	双层叠绕	1-1.8×5	8	1—5	1Y	双层叠绕
YR225M1-8	22	380	49.2	161	715	72/48	2-ϕ1.30	90	1—6	4△	双层叠绕	1-1.8×5	6	1—6	1Y	双层叠绕
YR225M2-8	30	380	66.3	200	715	72/48	2-ϕ1.25	97	1—6	4△	双层叠绕	2-1.6×4.5	6	1—6	1Y	双层叠绕
YR250S-8	37	380	81.3	218	720	72/48	2-ϕ1.40	110	1—9	4△	双层叠绕	2-1.6×4.5	6	1—6	1Y	双层叠绕
YR250M-8	45	380	97.8	264	720	72/48	2-ϕ1.06	38	1—9	4△	双层叠绕	2-1.8×4.5	6	1—6	1Y	双层叠绕
YR280S-8	55	380	114.5	279	725	72/48	1-ϕ1.18	36	1—9	4△	双层叠绕	2-1.8×4.5	6	1—6	1Y	双层叠绕
YR280M-8	75	380	154.4	359	725	72/48	1-ϕ1.3 ϕ1.40 ϕ1.50 ϕ1.60	28	1—9	4△	双层叠绕	2-2×5	6	1—6	1Y	双层叠绕

附表7 JO4系列三相笼型异步电动机绕组参数表

型 号	额定功率(kW)	定子铁心 外径(mm)	内径(mm)	长度(mm)	气隙(mm)	槽数	结线	节距	线规	线圈匝数	线圈形式	铜线质量(kg)
JO4-21-2	1.5	130	72	90		18	△/Y	1—8 1—9	1—φ0.86	75	单层交叉	1.7
JO4-22-2	2.2	130	72	105		18	△/Y	1—8 1—9	1—φ0.96	63	〃	1.85
JO4-31-2	3	145	82	110	—	24	△/Y	1—10 1—12	1—φ1.12	41	单层同心	2.5
JO4-41-2	4	167	94	105		24	△	1—10 1—12	1—φ1.04	63	〃	3.6
JO4-42-2	5.5	167	94	130		24	△	1—10 1—12	1—φ0.9 1—φ0.86	51	〃	4.45
JO4-52-2	7.5	190	104	145		24	△	1—10 1—12	2—φ1.12	44	〃	7.05
JO4-61-2	10	230	128	135		24	△		3—φ1.08	21	双叠	9.3
JO4-62-2	13	230	128	160		24	△		4—φ1.04	18	〃	11
JO4-71-2	17	280	153	145		24	△		2—φ1.3 1—φ1.25	14	〃	9.87
JO4-72-2	22	280	153	160		30	△	y=11	4—φ1.3	11	〃	14.2
JO4-73-2	30	280	153	210		30	2△	Y=1—12	2—φ1.25 1—φ1.3	16	〃	16.3
JO4-21-4	1.1	130	84	95		24	△/Y	1—6	1—φ0.72	83	单层链式	1.4
JO4-22-4	1.5	130	84	110		24	△/Y	1—6	1—φ0.83	72	〃	1.85
JO4-31-4	2.2	138	94	110	—	24	△/Y	1—6	1—φ0.96	62	〃	2.05
JO4-41-4	3	167	104	105		36	△/Y	1—8 1—9	1—φ1.12	38	单层交叉	2.8
JO4-42-4	4	167	104	135		36	△	1—8 1—9	1—φ1.0	52	〃	3.5
JO4-51-4	5.5	190	121	125		36	△	1—8 1—9	2—φ0.9	47	〃	5.38
JO4-52-4	7.5	190	121	165		36	△	1—8 1—9	2—φ1.04	37	〃	6.35
JO4-61-4	10	230	152	150		36	△	1—8 1—9	2—φ1.16	32	〃	6.93
JO4-62-4	13	230	152	190		36	△	1—8 1—9	2—φ1.3	25	〃	7.5

续附表 7

型 号	额定功率 (kW)	定子铁心 外径 (mm)	内径 (mm)	长度 (mm)	气隙 (mm)	槽数	结线	绕组数据 节距	线规	线圈匝数	线圈形式	铜线质量 (kg)
JO4-71-4	17	280	181	175		36	△	y=8 Y=1-9	2-φ1.16 1-φ1.2	11	双叠	8.53
JO4-72-4	22	280	181	210		36	2△	—	2-φ1.35	21	双叠	15.35
JO4-73-4	30	280	181	270		36	2△	—	2-φ1.3 1-φ1.25	16	〃	—
JO4-21-6	0.8	130	86	110		36	△/Y	1-6	1-φ0.69	72	单层链式	1.65
JO4-22-6	1.1	130	86	120		36	△/Y	1-6	1-φ0.77	62	〃	1.85
JO4-31-6	1.5	138		110		36	△/Y	1-6	1-φ0.9	60	〃	2.41
JO4-41-6	2.2	167	114	115		36	△/Y	1-6	1-φ1.04	45	〃	2.7
JO4-42-6	3	167	114	140		36	△/Y	1-6	1-φ0.9 1-φ0.83	36	〃	3.25
JO4-51-6	4	190	128	125		36	△	1-6	1-φ1.08	57	〃	4.4
JO4-52-6	5.5	190	128	175		36	△	1-6	1-φ0.9	41	〃	5.35
JO4-61-6	7.5	230	166	165		36	△	1-6	1-φ1.0 1-φ1.04	37	〃	6.41
JO4-62-6	10	230	166	200		36	△	1-6	1-φ1.2	29	〃	7.73
JO4-71-6	13	280	191	175		54	△	1-9	3-φ1.08	10	双叠	—
JO4-72-6	17	280	191	210		54	△	1-9	3-φ1.2	9	〃	11.39
JO4-73-6	22	280	191	270		54	2△	1-9	1-φ1.2 1-φ1.25	13	〃	—
JO4-51-8	3	190	136	140		48	△/Y	1-6	2-φ0.93	31	单层链式	4.61
JO4-52-8	4	190	136	175		48	△	1-6	2-φ0.83	42	〃	5.8
JO4-61-8	5.5	230	166	165		48	△	1-6	2-φ0.93	37	〃	5.25
JO4-62-8	7.5	230	166	200		48	△	1-6	2-φ1.12	29	〃	8.4
JO4-71-8	10	280	—			54		1-6	1-φ1.2	24	双叠	8.49
JO4-72-8	13	280				54		1-6	1-φ1.0	22	〃	11.85
JO4-73-8	17	280				54		1-6	2-φ1.16	17	〃	

附表 8　JO3 系列三相笼型异步电动机绕组参数表(铜线)

型 号	极数	功率 (kW)	定子铁心 外径 (mm)	内径 (mm)	长度 (mm)	槽数	定子绕组 线规 n_c-d_c (mm)	每槽线数	接法	绕组形式	节距	铜线质量 (kg)
JO3-801-2	2	1.1	130	70	65	18	1-φ0.77	107	Y	交叉式	1(1-8)	1.57
JO3-802-2		1.5	130	70	85	18	1-φ0.86	82	Y		2(1-9)	1.75

续附表 8

型号	极数	功率 (kW)	定子铁心 外径 (mm)	定子铁心 内径 (mm)	定子铁心 长度 (mm)	槽数	定子绕组 线规 $n_c - d_c$ (mm)	定子绕组 每槽线数	定子绕组 接法	绕组形式	节距	铜线质量 (kg)
JO3-90S-2	2	2.2	145	80	90	24	1—φ1.00	52	Y	同心式	2—11 1—12	2.45
JO3-100S-2		3	167	94	90	24	2—φ0.86	42	Y			2.95
JO3-100L-2		4	167	94	120	24	1—φ1.04	55	△			3.05
JO3-112S-2		5.5	188	104	110	30	2—φ1.0	45	△		1—14 2—13	5.6
JO3-112L-2		7.5	188	104	145	30	3—φ0.9	35	△		1—16	6.2
JO3-140M-2		11	245	136	155	24	2—φ0.96	64	2△		2—15 3—14	7.9
JO3-160S-2		15	280	150	160	24	2—φ1.2	55	2△		2—11 1—12	12
JO3-160M-2		18.5	280	150	200	24	2—φ1.3	47	2△			14
JO3-801-4	4	0.75	130	80	75	24	1—φ0.69	113	Y	链式	1—6	1.67
JO3-820-4		1.1	130	80	100	24	1—φ0.80	85	Y			1.82
JO3-90S-4		1.5	145	90	100	24	1—φ0.86	69	Y			1.77
JO3-100S-4		2.2	167	104	85	36	2—φ0.74	48	Y	交叉式	2(1—9) 1(1—8)	2.84
JO3-100L-4		3	167	104	115	36	2—φ0.86	36	Y			3.2
JO3-112S-4		4	188	118	110	36	2—φ0.74	54	△			3.8
JO3-112L-4		5.5	188	118	140	36	2—φ0.86	42	△			4.75
JO3-140S-4		7.5	245	162	120	36	1—φ1.04	74	2△			6.4
JO3-140M-4		11	245	162	170	36	1—φ1.25	53	2△			7.5
JO3-160S-4		15	280	180	170	36	2—φ1.04	46	2△	双叠	1—9	9.7
JO3-160M-4		18.5	280	180	210	36	2—φ1.16	40	2△		1—11	11.7
JO3-90S-6	6	1.1	145	94	105	36	1—φ0.83	65	Y		1—6	2.22
JO3-801-6		0.55	130	80	80	27	1—φ0.64	128	Y		1—5	1.47
JO3-802-6		0.75	130	80	100	27	1—φ0.72	104	Y			2.12
JO3-100S-6		1.5	167	114	90	36	1—φ0.90	62	Y	链式		2.30
JO3-100L-6		2.2	167	114	125	36	2—φ0.77	45	Y			2.95
JO3-112S-6		3	188	128	110	36	2—φ0.90	41	Y			3.70
JO3-112L-6		4	188	128	150	36	2—φ0.80	54	△		1—6	4.90
JO3-140S-6		5.5	245	174	120	36	1—φ1.3	47	△			5.1
JO3-140M-6		7.5	245	174	170	36	1—φ1.08	70	2△			6.9
JO3-160S-6		11	280	200	180	36	1—φ1.3	60	2△	双叠式		8.8
JO3-160M-6		15	280	200	240	36	1—φ1.45	46	2△			9.6

续附表 8

型 号	极数	功率(kW)	定子铁心				定子绕组					铜线质量(kg)
			外径	内径	长度	槽数	线规 n_c-d_c	每槽线数	接法	绕组形式	节距	
			(mm)				(mm)					
JO3-100S-8	8	1.1	167	114	105	36	$1-\phi0.80$	72	Y	双叠式	1—6	2.35
JO3-100L-8		1.5	167	114	140	36	$1-\phi0.93$	54	Y			3.30
JO3-112S-8		2.2	188	128	115	48	$2-\phi0.83$	40	Y	链式		3.86
JO3-112L-8		3	188	128	145	48	$1-\phi0.96$	31	Y			4.5
JO3-140S-8		4	245	174	120	48	$1-\phi1.20$	49	△			5.7
JO3-140M-8		5.5	245	174	170	48	$1-\phi1.04$	70	2△			6.9
JO3-160S-8		7.5	280	200	180	48	$1-\phi1.20$	64	2△	双叠		8.5
JO3-160M-8		11	280	200	240	48	$1-\phi1.35$	48	2△			10.7

附表 9 JO2 系列三相笼型异步电动机绕组参数表

型 号	极数	功率(kW)	定子铁心				定子绕组					铜线质量(kg)
			外径	内径	长度	槽数	线规 n_c-d_c	每槽线数	接法	绕组形式	节距	
			(mm)				(mm)					
JO2-11-2	2	0.8	120	67	65	24	$1-\phi0.67$	94	Y	同心式	1—12 2—11	1.61
JO2-12-2		1.1	120	67	85	24	$1-\phi0.77$	72	Y			1.775
JO2-21-2		1.5	145	82	75	18	$1-\phi0.83$	80	Y	交叉式	2(1—9) 1(1—8)	1.805
JO2-22-2		2.2	145	82	100	18	$1-\phi0.93$	60	Y			1.88
JO2-31-2		3	167	94	95	24	$1-\phi1.12$	41	Y			2.74
JO2-32-2		4.0	167	94	125	24	$1-\phi0.96$	56	△	同心式	1—12 2—11	3.02
JO2-41-2		5.5	210	114	110	24	$2-\phi0.93$	52	△			5.76
JO2-42-2		7.5	210	114	135	24	$2-\phi1.08$	43	△			6.77
JO2-51-2		10	245	136	120	24	$2-\phi1.35$	40	△			10.4
JO2-52-2		13	245	136	160	24	$3-\phi1.25$	32	△			11.22
JO2-61-2		17	280	155	155	30	$1-\phi1.45$	50	2△		1—11	9.15
JO2-71-2		22	327	182	155	36	$4-\phi1.35$	20	△	双叠式		17.92
JO2-72-2		30	327	182	200	36	$4-\phi1.60$	16	△		1—13	21.8
JO2-82-2		40	368	210	240	36	$2-\phi1.56$	26	2△			29.8
JO2-91-2		55	423	245	260	42	$4-\phi1.56$	20	2△			38.7
JO2-92-2		75	423	245	300	42	$5-\phi1.56$	16	2△		1—15	42.7
JO2-93-2		100	423	245	365	42	$7-\phi1.56$	12	2△			48.9

续附表 9

型号	极数	功率 (kW)	定子铁心 外径 (mm)	定子铁心 内径 (mm)	定子铁心 长度 (mm)	槽数	线规 $n_c - d_c$ (mm)	每槽线数	接法	绕组形式	节距	铜线质量 (kg)
JO2-11-4	4	0.6	120	75	85	24	$1-\phi 0.57$	115	Y	链式	1—6	1.217
JO2-12-4		0.8	120	75	100	24	$1-\phi 0.67$	96	Y			1.52
JO2-21-4		1.1	145	90	85	24	$1-\phi 0.72$	80	Y			1.445
JO2-22-4		1.5	145	90	115	24	$1-\phi 0.83$	62	Y			1.715
JO2-31-4		2.2	167	104	95	36	$1-\phi 0.96$	41	Y	交叉式		2.27
JO2-32-4		3.0	167	104	135	36	$1-\phi 1.12$	31	Y			2.74
JO2-41-4		4.0	210	136	100	36	$1-\phi 1.0$	52	△		2(1—9) 1(1—8)	3.55
JO2-42-4		5.5	210	136	125	36	$1-\phi 1.12$	42	△			3.96
JO2-51-4		7.5	245	162	120	36	$2-\phi 1.0$	38	△			6.08
JO2-52-4		10	245	162	160	36	$2-\phi 1.12$	29	△			6.56
JO2-61-4		13	280	182	155	36	$1-\phi 1.25$	54	2△	双叠式	1—8	7.58
JO2-62-4		17	280	182	190	36	$1-\phi 1.45$	42	2△			8.75
JO2-71-4		22	327	210	175	36	$2-\phi 1.25$	42	2△		1—9	14.05
JO2-72-4		30	327	210	235	36	$2-\phi 1.50$	32	2△			17.7
JO2-82-4		40	368	245	275	48	$3-\phi 1.40$	22	2△		1—11	24.4
JO2-91-4		55	423	280	260	60	$2-\phi 1.50$	34	4△		1—13	37.1
JO2-92-4		75	423	280	340	60	$3-\phi 1.45$	26	4△	链式	1—13	45.5
JO2-93-4		100	423	280	380	60	$4-\phi 1.40$	22	4△			50.8
JO2-21-6	6	0.8	145	94	85	36	$1-\phi 0.67$	81	Y	链式	1—6	1.62
JO2-22-6		1.1	145	94	115	36	$1-\phi 0.77$	61	Y			1.895
JO2-31-6		1.5	167	114	95	36	$1-\phi 0.86$	60	Y			2.28
JO2-32-6		2.2	167	114	135	36	$1-\phi 1.04$	42	Y			2.81
JO2-41-6		3	210	148	110	36	$1-\phi 1.20$	40	Y			3.44
JO2-42-6		4	210	148	140	36	$1-\phi 1.04$	55	△			4.03
JO2-51-6		5.5	245	174	130	36	$1-\phi 1.20$	47	△			4.70
JO2-52-6		7.5	245	174	170	36	$1-\phi 1.40$	37	△			5.81

续附表 9

型号	极数	功率 (kW)	定子铁心 外径 (mm)	内径 (mm)	长度 (mm)	槽数	定子绕组 线规 $n_c - d_c$ (mm)	每槽线数	接法	绕组形式	节距	铜线质量 (kg)
JO2-61-6	6	10	280	200	175	54	2—ϕ1.12	22	△	叠式	1—9	7.6
JO2-62-6		13	280	200	220	54	2—ϕ1.35	18	△			9.53
JO2-71-6		17	327	230	200	54	2—ϕ1.50	18	△			11.5
JO2-72-6		22	327	230	250	54	2—ϕ1.20	28	2△			13.42
JO2-81-6		30	368	260	240	72	2—ϕ1.25	32	3△		1—11	23.3
JO2-82-6		40	368	260	310	72	2—ϕ1.45	24	3△			27.20
JO2-91-6		55	423	300	320	72	3—ϕ1.40	20	3△			33.6
JO2-92-6		75	423	300	420	72	2—ϕ1.40	30	6△			39.8
JO2-41-8	8	2.2	210	148	110	48	1—ϕ112	37	Y	链式	1—6	3.40
JO2-42-8		3.0	210	148	140	48	1—ϕ1.30	31	Y			4.39
JO2-51-8		4.0	245	174	130	48	1—ϕ1.12	48	△			4.95
JO2-52-8		5.5	245	174	170	48	1—ϕ1.30	37	△			5.95
JO2-61-8		7.5	280	200	175	54	1—ϕ1.04	58	2△		1—7	7.58
JO2-62-8		10	280	200	220	54	1—ϕ1.20	46	2△			9.2
JO2-71-8		13	327	230	200	54	1—ϕ1.35	42	2△			10.32
JO2-72-8		17	327	230	250	54	1—ϕ1.56	34	2△			12.8
JO2-81-8		22	368	260	240	72	2—ϕ1.35	24	2△	双叠式	1—9	19.0
JO2-82-8		30	368	260	310	72	2—ϕ1.62	20	2△			26.6
JO2-91-8		40	423	300	320	72	2—ϕ1.30	34	4△			30.9
JO2-92-8		55	423	300	420	72	2—ϕ1.50	26	4△			37.6
JO2-81-10	10	17	368	260	240	60	2—ϕ1.25	34	2△		1—6	17.8
JO2-82-10		22	368	260	310	60	2—ϕ1.45	26	2△			21.7
JO2-91-10		30	423	300	320	60	1—ϕ1.40	52	5△			21.7
JO2-92-10		40	423	300	400	60	1—ϕ1.62	42	5△			26.7

附表10 YD系列变极多速三相异步电动机技术数据及绕组参数表（380V、50Hz）

型号	极数	额定功率(kW)	接法	转速(r/min)	电流(A)	效率(%)	功率因数	堵转电流/额定电流	堵转转矩/额定转矩	最大转矩/额定转矩	定子铁心外径(mm)	定子铁心内径(mm)	铁心长度(mm)	定/转子槽数	绕组形式	节距	每槽导体数	线规(根-mm)
YD801-4/2	4	0.45	△	1420	1.37	66	0.74	6.5	1.5	1.8	120	75	65	24/22	双层叠式	1-8 (1-7)	260	1-0.38
	2	0.55	2Y	2860	1.45	65	0.85	7	1.6									
YD802-4/2	4	0.55	△	1420	1.64	68	0.74	6.5	1.5	1.8	120	75	80	24/22	双层叠式	1-8 (1-7)	210	1-0.42
	2	0.75	2Y	2860	1.9	66	0.85	7	1.6									
YD90S-4/2	4	0.85	△	1430	2.27	74	0.77	6.5	1.5	1.8	130	80	90	24/22	双层叠式	1-7	160	1-0.47
	2	1.1	2Y	2850	2.68	72	0.84	7	1.6									
YD90L-4/2	4	1.3	△	1430	3.29	76	0.78	6.5	1.5	1.8	130	80	120	24/22	双层叠式	1-7	124	1-0.56
	2	1.6	2Y	2850	3.79	74	0.84	7	1.6									
YD100L1-4/2	4	2	△	1430	4.76	78	0.81	6.5	1.5	1.8	155	98	105	36/22	双层叠式	1-11	80	1-0.71
	2	2.4	2Y	2850	5.52	76	0.86	7	1.6									
YD100L2-4/2	4	2.4	△	1430	5.42	79	0.83	6.5	1.5	1.8	155	98	135	36/22	双层叠式	1-11	68	1-0.75
	2	3.0	2Y	2850	6.27	77	0.89	7	1.6									
YD112M-4/2	4	3.3	△	1450	7.33	81	0.83	6.5	1.5	1.8	175	110	136	36/32	双层叠式	1-11	56	1-0.95
	2	4.0	2Y	2890	8.47	80	0.88	7	1.6									
YD132S-4/2	4	4.5	△	1450	9.63	83	0.84	6.5	1.5	1.8	210	136	115	36/32	双层叠式	1-11	56	1-1.18
	2	5.5	2Y	2860	11.8	79	0.88	7	1.6									

续附表 10

型号	极数	额定功率 (kW)	接法	额定值 转速 (r/min)	额定值 电流 (A)	额定值 效率 (%)	额定值 功率因数	堵转电流/额定电流	堵转转矩/额定转矩	最大转矩/额定转矩	定子铁心 外径 (mm)	定子铁心 内径 (mm)	铁心长度 (mm)	定/转子槽数	绕组形式	节距	每槽导体数	线规 (根—mm)
YD132M-4/2	4	6.5	△	1450	13.6	84	0.85	6.5	1.5	1.8	210	136	160	36/32	双层叠式	1—11	42	2—0.95
	2	8	2Y	2880	16.2	80	0.89	7	1.6									
YD160M-4/2	4	9	△	1460	18.2	87	0.85	6.5	1.5	1.8	260	170	155	36/26	双层叠式	1—10	36	1—1.18 1—1.12
	2	11	2Y	2920	22.0	82	0.89	7	1.6									
YD160L-4/2	4	11	△	1460	21.8	87	0.86	6.5	1.5	1.8	260	170	195	36/26	双层叠式	1—10	30	1—1.25 1—1.3
	2	14	2Y	2920	26.8	82	0.90	7	1.6									
YD180M-4/2	4	15	△	1470	29.0	89	0.87	6.5	1.5	1.8	290	187	190	48/44	双层叠式	1—13	20	3—1.25
	2	18.5	2Y	2940	36.6	85	0.90	7	1.5									
YD180L-4/2	4	18.5	△	1470	35.4	89	0.88	6.5	1.5	1.8	290	187	220	48/44	双层叠式	1—13	18	3—1.12 1—1.18
	2	22	2Y	2940	41.5	86	0.91	7	1.4									
YD200L-4/2	4	26	△	1470	49.1	89	0.89	6.5	1.4	1.8	327	210	230	48/44	双层叠式	1—13	16	3—1.4 1—1.3
	2	30	2Y	2940	55.4	85	0.92	7	1.4									
YD225S-4/2	4	32	△	1470	59.6	90	0.89	6.5	1.4	1.8	368	245	235	48/44	双层叠式	1—13	14	3—1.4 2—1.5
	2	37	2Y	2950	68.7	86	0.92	7	1.4									
YD225M-4/2	4	37	△	1470	68.4	91	0.89	6.5	1.4	1.8	368	245	270	48/44	双层叠式	1—13	12	1—1.5 4—1.4
	2	45	2Y	2950	82.7	87	0.92	7	1.4									

附录 异步电动机技术数据及绕组参数表

续附表 10

型号	极数	额定功率 (kW)	接法	额定值 转速 (r/min)	额定值 电流 (A)	额定值 效率 (%)	额定值 功率因数	堵转电流/额定电流	堵转转矩/额定转矩	最大转矩/额定转矩	定子铁心 外径 (mm)	定子铁心 内径 (mm)	铁心长度 (mm)	定/转子槽数	绕组形式	节距	每槽导体数	线规 (根—mm)
YD250M-4/2	4	45	△	1470	83.3	91	0.89	6.5	1.4	1.8	400	260	240	48/44	双层叠式	1—13	12	1—1.5
	2	55	2Y	2950	100.3	88	0.92	7	1.4	1.8								5—1.6
YD280S-4/2	4	60	△	1470	109.8	90	0.90	6.5	1.4	1.8	445	300	265	60/50	双层叠式	1—16	8	6—1.5
	2	72	2Y	2950	132.0	88	0.92	7	1.4	1.8								4—1.4
YD280M-4/2	4	72	△	1470	131.2	91	0.90	6.5	1.4	1.8	445	300	325	60/50	双层叠式	1—16	7	12—1.4
	2	82	2Y	2950	146.7	88	0.93	6	1.4	1.8								
YD90S-6/4	6	0.65	△	920	2.12	64	0.70	6	1.3	1.8	130	86	100	36/33	双层叠式	1—8 (1—7)	146	1—0.45
	4	0.85	2Y	1420	2.18	70	0.79	6.5	1.4	1.8								
YD90L-6/4	6	0.85	△	930	2.72	66	0.70	6	1.3	1.8	130	86	125	36/33	双层叠式	1—8 (1—7)	116	1—0.53
	4	1.1	2Y	1400	2.8	71	0.79	6.5	1.4	1.8								
YD100L1-6/4	6	1.3	△	940	3.71	74	0.70	6	1.3	1.8	155	98	115	36/32	双层叠式	1—7	102	1—0.63
	4	1.8	2Y	1440	4.37	77	0.80	6.5	1.4	1.8								
YD100L2-6/4	6	1.5	△	940	4.23	75	0.70	6	1.3	1.8	155	98	135	36/32	双层叠式	1—7	88	1—0.67
	4	2.2	2Y	1440	5.23	77	0.80	6.5	1.4	1.8								
YD112M-6/4	6	2.2	△	960	5.68	77	0.75	6	1.3	1.8	175	120	135	36/33	双层叠式	1—8	76	1—0.80
	4	2.8	2Y	1440	6.36	77	0.82	6.5	1.3	1.8								

续附表 10

型号	极数	额定功率 (kW)	接法	额定值 转速 (r/min)	额定值 电流 (A)	额定值 效率 (%)	额定值 功率因数	堵转电流/额定电流	堵转转矩/额定转矩	最大转矩/额定转矩	定子铁心 外径 (mm)	定子铁心 内径 (mm)	铁心长度 (mm)	定子/转子槽数	绕组形式	节距	每槽导体数	线规 (根—mm)
YD132S-6/4	6	3	△	970	7.57	79	0.75	6.5	1.4	1.8	210	148	120	36/33	双层叠式	1—8	66	1—0.95
	4	4	2Y	1440	8.84	80	0.82	6.5	1.3									
YD132M-6/4	6	4	△	970	9.63	81	0.76	6	1.4	1.8	210	148	180	36/33	双层叠式	1—8	48	2—0.80
	4	5.5	2Y	1440	11.6	80	0.85	6.5	1.3									
YD160M-6/4	6	6.5	△	970	14.7	84	0.78	6	1.4	1.8	260	180	145	36/33	双层叠式	1—8	46	1—1.0 / 1—1.06
	4	8	2Y	1460	16.6	83	0.85	6.5	1.3									
YD160L-6/4	6	9	△	970	20.2	85	0.78	6	1.4	1.8	260	180	195	36/33	双层叠式	1—8	34	2—1.18
	4	11	2Y	1460	22.5	84	0.85	6.5	1.3									
YD180M-6/4	6	11	△	980	24.9	85	0.78	6	1.4	1.8	290	205	200	36/32	双层叠式	1—8	30	3—0.95 / 1—0.90
	4	14	2Y	1470	28.8	85	0.85	6.5	1.3									
YD180L-6/4	6	13	△	980	29.3	86	0.78	6	1.4	1.8	290	205	230	36/32	双层叠式	1—8	26	2—1.18 / 1—1.12
	4	16	2Y	1470	32.8	85	0.85	6.5	1.3									
YD200L-6/4	6	18.5	△	980	40.3	87	0.78	6.5	1.4	1.8	327	230	230	36/32	双层叠式	1—8	22	2—1.25 / 2—1.3
	4	22	2Y	1470	43.8	87	0.86	7	1.3									
YD225S-6/4	6	22	△	980	42.5	88	0.86	6.5	1.4	1.8	368	260	240	72/58	双层叠式	1—15	12	3—1.5 / 2—1.6
	4	28	2Y	1470	54.1	87	0.87	7	1.3									

续附表 10

型号	极数	额定功率(kW)	接法	额定值 转速(r/min)	额定值 电流(A)	额定值 效率(%)	额定值 功率因数	堵转电流/额定电流	堵转转矩/额定转矩	最大转矩/额定转矩	定子铁心 外径(mm)	定子铁心 内径(mm)	铁心长度(mm)	定/转子槽数	绕组形式	节距	每槽导体数	线规(根-mm)
YD225M-6/4	6	26	△	980	49.7	88	0.86	6.5	1.4	1.8	368	260	270	72/58	双层叠式	1-15	12	6-1.4
	4	34	2Y	1470	63.0	87	0.90	7	1.3	1.8								
YD250M-6/4	6	32	△	980	60.2	90	0.87	6.5	1.4	1.8	400	285	295	72/58	双层叠式	1-13	10	5-1.4
	4	42	2Y	1470	76.6	88	0.91	7	1.3	1.8								1-1.3
YD280S-6/4	6	42	△	980	80.4	90	0.87	6.5	1.4	1.8	445	325	295	72/58	双层叠式	1-14	8	9-1.4
	4	55	2Y	1470	101.9	89	0.90	7	1.3	1.8								
YD280M-6/4	6	55	△	980	104.8	90	0.87	6.5	1.4	1.8	445	325	327	72/58	双层叠式	1-14	6	12-1.4
	4	72	2Y	1470	135.1	89	0.89	7	1.3	1.8								
YD90L-8/4	8	0.45	△	700	1.89	58	0.63	5.5	1.5	1.8	130	86	125	36/33	双层叠式	1-6	168	1-0.42
	4	0.75	2Y	1420	1.78	72	0.87	6.5	1.5	1.8								
YD100L-8/4	8	0.85	△	700	2.98	68	0.63	5.5	1.5	1.8	155	106	135	36/33	双层叠式	1-6	114	1-0.56
	4	1.5	2Y	1410	3.29	75	0.88	6.5	1.5	1.8								
YD112M-8/4	8	1.5	△	700	4.97	72	0.63	5.5	1.5	1.8	175	120	135	36/33	双层叠式	1-6	94	1-0.71
	4	2.4	2Y	1410	5.19	78	0.88	6.5	1.5	1.8								
YD132S-8/4	8	2.2	△	720	6.76	75	0.64	5.5	1.5	1.8	210	148	120	36/33	双层叠式	1-6	84	1-0.85
	4	3.3	2Y	1440	6.8	80	0.88	6.5	1.5	1.8								

续附表 10

型号	极数	额定功率 (kW)	接法	转速 (r/min)	电流 (A)	效率 (%)	功率因数	堵转电流/额定电流	堵转转矩/额定转矩	最大转矩/额定转矩	定子铁心 外径 (mm)	内径 (mm)	铁心长度 (mm)	定转子槽数	绕组形式	节距	每槽导体数	线规 (根—mm)
YD132M-8/4	8	3	△	720	6.82	78	0.65	5.5	1.5	1.8	210	148	180	36/33	双层叠式	1—6	60	1—0.67
	4	4.5	2Y	1440	9.05	82	0.89	6.5	1.5									1—0.71
YD160M-8/4	8	5	△	730	13.7	83	0.66	5.5	1.5	1.8	260	180	145	36/33	双层叠式	1—6	54	1—0.9
	4	7.5	2Y	1450	15.0	84	0.89	6.5	1.5									1—1.0
YD160L-8/4	8	7	△	730	17.7	85	0.66	5.5	1.5	1.8	260	180	195	36/33	双层叠式	1—6	40	2—1.12
	4	11	2Y	1450	21.6	86	0.89	6.5	1.5									
YD180L-8/4	8	11	△	730	24.9	86	0.74	6	1.5	1.8	290	205	260	54/58	双层叠式	1—8	22	2—1.3
	4	17	2Y	1470	31.5	87	0.92	7	1.5									
YD200L1-8/4	8	14	△	730	32.6	86	0.74	6	1.5	1.8	327	230	220	54/50	双层叠式	1—8	20	1—1.18
	4	22	2Y	1470	41.0	88	0.92	7	1.5									2—1.25
YD200L2-8/4	8	17	△	730	37.5	87	0.74	6	1.5	1.8	327	230	270	54/50	双层叠式	1—8	18	2—1.6
	4	26	2Y	1470	47.9	88	0.92	7	1.5									
YD225M-8/4	8	24	△	730	51.5	89	0.77	6	1.4	1.8	368	260	250	72/58	双层叠式	1—10	13	1—1.4
	4	34	2Y	1470	65.2	88	0.88	7	1.3									4—1.5
YD250M-8/4	8	30	△	730	61.2	90	0.78	6	1.4	1.8	400	285	295	72/58	双层叠式	1—10	11	2—1.4
	4	42	2Y	1470	75.1	89	0.91	7	1.3									3—1.5

续附录表 10

型号	极数	额定功率 (kW)	接法	额定值 转速 (r/min)	电流 (A)	效率 (%)	功率因数	堵转电流/额定电流	堵转转矩/额定转矩	最大转矩/额定转矩	定子铁心 外径 (mm)	内径 (mm)	铁心长度 (mm)	定/转子槽数	绕组形式	节距	每槽导体数	线规 (根—mm)
YD280S-8/4	8	40	△	730	81.9	91	0.80	6	1.4	1.8	445	325	260	72/58	双层叠式	1—10	10	3—1.5
	4	55	2Y	1470	99.8	90	0.91	7	1.3									3—1.6
YD280M-8/4	8	47	△	730	94.6	91	0.81	6	1.4	1.8	445	325	335	72/58	双层叠式	1—10	8	8—1.5
	4	67	2Y	1470	119.1	90	0.92	7	1.3									
YD90S-8/6	8	0.35	△	700	1.54	56	0.60	5	1.5	1.8	130	86	100	36/33	双层叠式	1—6	208	1—0.4
	6	0.45	2Y	920	1.35	70	0.71	6	1.5									
YD90L-8/6	8	0.45	△	700	1.87	59	0.60	5	1.5	1.8	130	86	125	36/33	双层叠式	1—6	170	1—0.45
	6	0.65	2Y	920	1.82	71	0.73	6	1.5									
YD100L-8/6	8	0.75	△	710	2.82	65	0.60	5	1.5	1.8	155	106	135	36/33	双层叠式	1—6	116	1—0.53
	6	1.1	2Y	950	2.84	75	0.73	6	1.5									
YD112M-8/6	8	1.3	△	710	4.49	72	0.61	5	1.5	1.8	175	120	135	36/33	双层叠式	1—6	98	1—0.67
	6	1.8	2Y	950	4.53	78	0.73	6	1.5									
YD132S-8/6	8	1.8	△	730	5.77	75	0.62	5	1.5	1.8	210	148	110	36/33	双层叠式	1—5	94	1—0.53
	6	2.4	2Y	970	6.22	80	0.73	6	1.5									1—0.56
YD132M-8/6	8	2.6	△	730	7.97	78	0.62	5	1.5	1.8	210	148	180	36/33	双层叠式	1—5	62	1—0.67
	6	3.7	2Y	970	9.04	82	0.73	6	1.5									1—0.71

续附表 10

型号	极数	额定功率(kW)	接法	额定值 转速(r/min)	电流(A)	效率(%)	功率因数	堵转电流/额定电流	堵转转矩/额定转矩	最大转矩/额定转矩	定子铁心 外径(mm)	内径(mm)	铁心长度(mm)	定/转子槽数	绕组形式	节距	每槽导体数	线规(根—mm)
YD160M-8/6	8	4.5	△	730	12.5	83	0.62	5	1.5	1.8	260	180	145	36/33	双层叠式	1—5	56	2—0.95
	6	6	2Y	980	14.1	85	0.73	6	1.5									
YD160L-8/6	8	6	△	730	16.6	84	0.62	5	1.5	1.8	260	180	195	36/33	双层叠式	1—5	42	3—0.90
	6	8	2Y	980	18.5	86	0.73	6	1.5									
YD180M-8/6	8	7.5	△	730	21.0	84	0.62	5	1.5	1.8	290	205	200	36/32	双层叠式	1—5	36	1—0.95
	6	10	2Y	980	23.5	86	0.73	6	1.5									2—1.0
YD180L-8/6	8	9	△	730	24.3	85	0.65	5	1.5	1.8	290	205	230	36/32	双层叠式	1—5	32	1—1.25
	6	12	2Y	980	27.7	86	0.75	6	1.5									1—1.3
YD200L1-8/6	8	12	△	730	31.2	86	0.65	5	1.5	1.8	327	230	230	36/32	双层叠式	1—5	28	3—1.3
	6	17	2Y	980	37.9	87	0.76	6	1.5									
YD200L2-8/6	8	15	△	730	38.5	87	0.65	5	1.5	1.8	327	230	270	36/32	双层叠式	1—5	24	2—1.8
	6	20	2Y	980	44.2	88	0.76	6	1.5									2—1.25
YD160M-12/6	12	2.6	△	480	10.9	75	0.46	4	1.2	1.8	260	180	145	36/33	双层叠式	1—4	74	1—0.8
	6	5	2Y	970	11.3	84	0.78	6	1.3									1—0.85
YD160L-12/6	12	3.7	△	480	15.5	77	0.46	4	1.2	1.8	260	180	205	36/33	双层叠式	1—4	52	1—1.4
	6	7	2Y	970	15.6	85	0.79	6	1.3									

续附表 10

型号	极数	额定功率(kW)	接法	额定值 转速(r/min)	额定值 电流(A)	额定值 效率(%)	额定值 功率因数	堵转电流/额定电流	堵转转矩/额定转矩	最大转矩/额定转矩	定子铁心 外径(mm)	定子铁心 内径(mm)	铁心长度(mm)	定/转子槽数	绕组形式	节距	每槽导体数	线规(根—mm)
YD180L-12/6	12	5.5	△	490	19.2	79	0.54	4	1.2	1.8	290	205	230	54/58	双层叠式	1—6	32	1—1.06
	6	10	2Y	980	19.8	86	0.86	6	1.3									1—1.12
YD200L1-12/6	12	7.5	△	490	25.0	82	0.56	4	1.2	1.8	327	230	220	54/50	双层叠式	1—6	28	1—1.3
	6	13	2Y	980	25.8	87	0.86	6	1.3									1—1.25
YD200L2-12/6	12	9	△	490	28.4	83	0.57	4	1.2	1.8	327	230	270	54/50	双层叠式	1—6	24	3—1.12
	6	15	2Y	980	29.5	87	0.87	6	1.3									
YD225M-12/6	12	12	△	490	33.9	85	0.61	4	1.2	1.8	368	260	200	72/58	双层叠式	1—7	22	2—1.5
	6	20	2Y	980	38.9	88	0.87	6	1.3									1—1.4
YD250M-12/6	12	15	△	490	40.8	86	0.63	4	1.2	1.8	400	285	225	72/58	双层叠式	1—7	18	1—1.4
	6	24	2Y	980	45.9	88	0.87	6	1.3									2—1.5
YD280S-12/6	12	20	△	490	54.0	88	0.63	4	1.2	1.8	445	325	215	72/58	双层叠式	1—7	16	4—1.5
	6	30	2Y	980	57.4	89	0.87	6	1.3									
YD280M-12/6	12	24	△	490	61.1	88	0.65	4	1.2	1.8	445	325	260	72/58	双层叠式	1—7	14	3—1.4
	6	37	2Y	980	70.0	89	0.87	6	1.3									2—1.5
YD100L-6/4/2	6	0.75	Y	950	2.51	67	0.65	5.5	1.2	1.8	155	98	135	36/32	单层链式	1—6	54	1—0.56
	4	1.3	△	1450	3.4	72	0.75	6	1.3						双层叠式	1—10	72	1—0.53
	2	1.8	2Y	2900	4.33	71	0.85	7	1.3									

续附表 10

型号	极数	额定功率(kW)	接法	转速(r/min)	电流(A)	效率(%)	功率因数	堵转电流/额定电流	堵转转矩/额定转矩	最大转矩/额定转矩	定子铁心外径(mm)	定子铁心内径(mm)	铁心长度(mm)	定/转子槽数	绕组形式	节距	每槽导体数	线规(根—mm)
YD112M-6/4/2	6	1.1	Y	950	3.44	73	0.65	5.5	1.3						单层链式	1—6	45	1—0.67
	4	2	△	1450	4.92	73	0.81	6	1.3	1.8	175	110	135	36/32	双层叠式	1—10	62	1—0.60
	2	2.4	2Y	2900	5.50	74	0.85	7	1.3									
YD132S-6/4/2	6	1.8	Y	950	4.76	75	0.71	5.5	1.3						单层链式	1—6	45	1—0.9
	4	2.6	△	1450	5.96	78	0.83	6	1.3	1.8	210	136	115	36/32	双层叠式	1—10	64	1—0.75
	2	3	2Y	2920	6.98	71	0.87	7	1.3									
YD132M-6/4/2	6	2.2	Y	970	5.82	77	0.72	5.5	1.3						单层链式	1—6	37	1—0.9
	4	3	△	1460	7.19	80	0.84	6	1.3	1.8	210	136	140	36/32	双层叠式	1—10	56	1—0.85
	2	4	2Y	2910	8.34	76	0.91	7	1.3									
YD132M2-6/4/2	6	2.6	Y	970	6.75	80	0.72	5.5	1.3						单层链式	1—6	30	2—0.75
	4	4	△	1460	8.69	80	0.84	6	1.3	1.8	210	136	180	36/32	双层叠式	1—10	44	1—0.9
	2	5	2Y	2910	10.2	77	0.91	7	1.3									

续附表 10

型号	极数	额定功率 (kW)	接法	转速 (r/min)	电流 (A)	效率 (%)	功率因数	堵转电流/额定电流	堵转转矩/额定转矩	最大转矩/额定转矩	定子铁心 外径 (mm)	定子铁心 内径 (mm)	铁心长度 (mm)	定/转子槽数	绕组形式	节距	每槽导体数	线规 (根—mm)
YD160M-6/4/2	6	3.7	Y	980	9.37	82	0.72	5.5	1.3	1.8	260	170	155	36/26	单层链式	1—6	27	2—0.9
	4	5	△	1470	11.0	81	0.84	6	1.3						双层叠式	1—10	40	2—0.75
	2	6	2Y	2930	12.8	76	0.91	7	1.3									
YD160M-6/4/2	6	4.5	Y	980	11.3	83	0.72	5.5	1.3	1.8	260	170	195	36/26	单层链式	1—6	22	2—0.8
	4	7	△	1470	14.9	83	0.85	6	1.3						双层叠式	1—10	32	1—1.18
	2	9	2Y	2930	18.1	79	0.92	7	1.3									
YD112M-8/4/2	8	0.65	Y	700	2.57	59	0.63	4.5	1.3	1.8	175	110	135	36/32	双层叠式	1—5	68	1—0.53
	4	2	△	1450	4.92	73	0.81	6	1.3							1—10	62	1—0.60
	2	2.4	2Y	2920	5.5	74	0.85	7	1.3									
YD132S-8/4/2	8	1	Y	720	3.61	69	0.61	4.5	1.3	1.8	210	136	115	36/32	双层叠式	1—5	62	1—0.75
	4	2.6	△	1460	5.96	78	0.83	6	1.3							1—10	64	1—0.75
	2	3	2Y	2910	6.98	71	0.87	7	1.3									
YD132M-8/4/2	8	1.3	Y	720	4.4	71	0.61	4.5	1.3	1.8	210	136	160	36/32	双层叠式	1—5	48	1—0.85
	4	3.7	△	1460	8.16	80	0.84	6	1.3							1—10	48	1—0.85
	2	4.5	2Y	2910	9.46	76	0.91	7	1.3									

续附表 10

型号	极数	额定功率 (kW)	接法	额定值 转速 (r/min)	电流 (A)	效率 (%)	功率因数	堵转电流/额定电流	堵转转矩/额定转矩	最大转矩/额定转矩	定子铁心 外径 (mm)	内径 (mm)	铁心长度 (mm)	定/转子槽数	绕组形式	节距	每槽导体数	线规 (根-mm)
YD160M-8/4/2	8	2.2	Y	720	7.56	75	0.59	4.5	1.3	1.8	260	170	155	36/26	双层叠式	1—5	36	2—0.75
	4	5	△	1440	11.0	81	0.84	6	1.3							1—10	40	2—0.75
	2	6	24	2910	12.8	76	0.91	7	1.3									
YD160L-8/4/2	8	2.8	Y	720	8.98	77	0.60	4.5	1.3	1.8	260	170	195	36/26	双层叠式	1—5	30	1—1.25
	4	7	△	1440	14.9	83	0.85	6	1.3							1—10	32	1—1.18
	2	9	2Y	2910	18.2	79	0.92	7	1.3									
YD112M-8/6/6/4	8	0.85	△	710	3.72	62	0.56	5.5	1.3	1.8	175	120	135	36/33	双层叠式	1—6	100	1—0.53
	6	1	Y	950	3.08	67	0.73	6.5	1.3						单层链式	1—6	46	1—0.56
	4	1.5	2Y	1440	3.47	75	0.86	7	1.4						双层叠式	1—6	100	1—0.53
YD132S-8/6/4	8	1.1	△	730	4.10	67	0.60	5.5	1.3	1.8	210	148	120	36/33	双层叠式	1—6	98	1—0.6
	6	1.5	Y	970	4.18	74	0.73	6.5	1.3						单层链式	1—6	41	1—0.71
	4	1.8	2Y	1460	3.95	78	0.87	7	1.4						双层叠式	1—6	98	1—0.6

续附表 10

型号	极数	额定功率 (kW)	接法	转速 (r/min)	电流 (A)	效率 (%)	功率因数	堵转电流/额定电流	堵转转矩/额定转矩	最大转矩/额定转矩	外径 (mm)	内径 (mm)	铁心长度 (mm)	定/转子槽数	绕组形式	节距	每槽导体数	线规 (根-mm)
YD132M1-8/6/4	8	1.5	△	730	5.09	71	0.62	5.5	1.3	1.8	210	148	160	36/33	双层叠式	1—6	78	1—0.67
	6	2	Y	970	5.28	77	0.73	6.5	1.3						双层叠式	1—6	32	1—0.85
	4	2.2	2Y	1460	4.7	79	0.87	7	1.4						双层叠式	1—6	78	1—0.67
YD132M2-8/6/4	8	1.8	△	730	6.25	72	0.62	5.5	1.3	1.8	210	148	160	36/33	双层叠式	1—6	66	1—0.71
	6	2.6	Y	970	6.79	78	0.74	6.5	1.3						单层链式	1—6	27	1—0.9
	4	3	2Y	1460	6.34	80	0.87	7	1.4						双层叠式	1—6	66	1—0.71
YD160M-8/6/4	8	3.3	△	720	10.1	79	0.62	5.5	1.6	1.8	260	180	145	36/33	双层叠式	1—6	58	1—0.71
	6	4	Y	960	9.89	81	0.76	6.5	1.5						双层叠式	1—6	25	1—0.75
	4	5.5	2Y	1440	11.2	83	0.87	7	1.4						单层链式	1—6	58	2—0.8
															双层叠式			1—0.75

续附录 表 10

型号	极数	额定功率(kW)	接法	额定值 转速(r/min)	电流(A)	效率(%)	功率因数	堵转电流/额定电流	堵转转矩/额定转矩	最大转矩/额定转矩	定子铁心 外径(mm)	内径(mm)	铁心长度(mm)	定/转子槽数	绕组形式	节距	每槽导体数	线规(根-mm)
YD160L-8/6/4	8	4.5	△	720	13.3	80	0.62	5.5	1.6						双层叠式	1-6	44	2-0.85
	6	6	Y	960	14.7	83	0.76	6.5	1.5	1.8	260	180	195	36/33	单层链式	1-6	18	2-0.8
	4	7	2Y	1440	14.9	81	0.87	7	1.4						双层叠式	1-6	44	1-0.85
YD180L-8/6/4	8	7	△	740	17.5	81	0.71	6.5	1.6						双层叠式	1-8	26	2-0.85
	6	9	Y	980	20.2	83	0.80	7	1.5	1.8	290	205	230	54/58	双层叠式	1-9	10	2-1.12
	4	12	2Y	1470	22.9	84	0.90	7	1.4						双层叠式	1-8	26	2-0.95
YD200L-8/6/4	8	10	△	740	21.4	83	0.71	6.5	1.6						双层叠式	1-8	20	4-0.8
	6	13	Y	980	28.0	85	0.81	7	1.5	1.8	327	230	270	54/50	双层叠式	1-9	8	6-0.8
	4	17	2Y	1470	32.1	86	0.90	7	1.4						双层叠式	1-8	20	4-0.8
YD225S-8/6/4	8	14	△	740	33.4	86	0.71	6.5	1.6						双层叠式	1-11	14	4-1.25
	6	18.5	Y	980	37.6	87	0.81	7	1.5	1.8	368	260	240	72/58	双层叠式	1-12	8	3-1.6
	4	24	2Y	1480	44.5	87	0.90	7	1.4						双层叠式	1-11	14	4-1.25

续附表 10

型号	极数	额定功率 (kW)	接法	额定值 转速 (r/min)	额定值 电流 (A)	额定值 效率 (%)	额定值 功率因数	堵转电流/额定电流	堵转转矩/额定转矩	最大转矩/额定转矩	定子铁心 外径 (mm)	定子铁心 内径 (mm)	铁心长度 (mm)	定/转子槽数	绕组形式	节距	每槽导体数	线规 (根—mm)
YD225M-8/6/4	8	17	△	740	41.6	87	0.70	6.5	1.6	1.8	368	260	270	72/58	双层叠式	1—11	12	2—1.5 1—1.6
	6	22	Y	980	42.5	87	0.85	7	1.5							1—12	6	2—1.4 2—1.5
	4	28	2Y	1480	52.5	87	0.90	7	1.4							1—11	12	2—1.5 1—1.6
YD250M-8/6/4	8	24	△	740	54.1	88	0.75	6.5	1.2	1.8	400	285	335	72/58	双层叠式	1—12	10	2—1.25 2—1.4
	6	26	Y	980	51.3	88	0.85	7	1.5							1—12	13	2—1.18
	4	34	2Y	1480	60.8	89	0.92	7	1.4							1—12	10	2—1.25 2—1.4
YD280S-8/6/4	8	30	△	740	67.4	89	0.75	6.5	1.2	1.8	445	325	325	72/58	双层叠式	1—12	9	2—1.18 4—1.25
	6	34	Y	980	66.3	89	0.86	7	1.5							1—12	4	5—1.25 2—1.3
	4	42	2Y	1480	75.2	89	0.92	7	1.4							1—12	9	2—1.18 4—1.25

续附表 10

型号	极数	额定功率 (kW)	接法	额定值					堵转电流/额定电流	堵转转矩/额定转矩	最大转矩/额定转矩	定子铁心			铁心长度 (mm)	定/转子槽数	绕组形式	节距	每槽导体数	线规 (根-mm)
				转速 (r/min)	电流 (A)	效率 (%)	功率因数					外径 (mm)	内径 (mm)						
YD280M-8/6/4	8	34	△	740	75.6	89	0.75	6.5	1.2		445	325	375	72/58	双层叠式	1—12	8	5-1.18 2-1.25
	6	37	Y	980	71.3	89	0.86	7	1.5	1.8						1—12	11	1-1.25 2-1.18
	4	50	2Y	1480	89.5	90	0.92	7	1.4							1—12	8	5-1.18 2-1.25

金盾版图书,科学实用,通俗易懂,物美价廉,欢迎选购

机械工人基础技术	42.00元	模具钳工基本技术	14.50元
钳工基本技能	33.00元	磨工基本技术	17.00元
铣工基本技能	26.00元	刨工基本技术	8.50元
冷作钣金工基本技能	33.00元	钣金工基本技术(修订版)	
电焊工基本技能	39.00元		15.00元
电工基本技能	26.00元	维修电工基本技术	12.00元
维修电工基本技能	28.00元	铸造工基本技术	18.50元
车工初级技能	15.00元	钢筋工基本技术(修订版)	
钳工初级技能	18.00元		12.00元
冷作钣金工初级技能	19.00元	电焊工入门与技巧	38.00元
电焊工初级技能	17.00元	砌筑工入门与技巧	14.00元
钳工技术手册	26.00元	钢筋工入门与技巧	15.00元
铣工技术手册	35.00元	混凝土工入门与技巧	8.00元
冷作钣金工技术手册	39.00元	摩托车修理入门与技巧	14.00元
小企业技工手册	22.50元	新编焊工实用手册	57.00元
车工职业技能鉴定考试		电焊工基本技术(第二次	
题解(初、中级)	14.00元	修订版)	23.50元
钳工职业技能鉴定考试		实用五金手册	32.00元
题解(初、中级)	11.00元	实用工具手册	18.00元
焊工职业技能鉴定考试		实用电焊技术	40.00元
题解(初、中级)	15.00元	气焊工基本技术(修订版)	
怎样识读机械图样	17.00元		16.00元
机械加工基础	11.50元	特种焊接工基本技术	7.50元
车工	32.00元	电工实用技术	46.00元
车工基本技术(修订版)	18.00元	实用化工辞典	60.00元
冷作工基本技术	22.00元	工业助剂手册	68.00元
钳工技术	27.00元	精细化工原材料手册	60.00元
钳工	34.00元	催化剂手册	70.00元
铣工基本技术	38.00元	精细化工产品配方与制造	
机修钳工基本技术	16.00元	(一)	7.00元

精细化工产品配方与制造（二）	7.50元	技术(第二版)	6.50元
精细化工产品配方与制造（三）	8.00元	实用化妆品制造技术	14.50元
精细化工产品配方与制造（四）	7.00元	工业锅炉水处理实用技术	10.00元
精细化工产品配方与制造（五）	8.00元	太阳能利用技术	22.00元
精细化工产品配方与制造（六）	8.50元	农村小水电实用技术	3.10元
精细化工产品配方与制造（七）	9.00元	乡镇致富项目技术手册	40.00元
精细化工产品配方与制造（八）	9.50元	多种经营会计	38.00元
精细化工产品制造技术	16.50元	农家沼气实用技术（修订版）	12.00元
新编240种实用化工产品配方与制造	21.00元	农家沼气实用技术	4.00元
300种实用化工产品配方与制造	34.00元	新编汽车驾驶员自学读本（第二次修订版）	31.00元
240种实用化工产品配方与制造	11.00元	汽车维修工艺	46.00元
180种实用化工产品配方与制造	21.00元	汽车电子控制装置使用维修技术	33.00元
160种实用化工产品配方与制造	12.00元	柴油汽车故障检修300例	15.00元
104种实用化工产品配方与制造	7.50元	汽车发机机构造与维修	30.00元
50种实用化工产品的制造		汽车底盘构造与维修	26.50元
		汽车电气设备构造与维修	29.00元
		汽车驾驶技术教程	22.00元
		汽车使用性能与检测	19.00元
		汽车电工实用技术	46.00元
		汽车故障判断检修实例	10.00元
		汽车转向悬架制动系统使用与维修问答	22.00元

　　以上图书由全国各地新华书店经销。凡向本社邮购图书或音像制品，可通过邮局汇款，在汇单"附言"栏填写所购书目，邮购图书均可享受9折优惠。购书30元（按打折后实款计算）以上的免收邮挂费，购书不足30元的按邮局资费标准收取3元挂号费，邮寄费由我社承担。邮购地址：北京市丰台区晓月中路29号，邮政编码：100072，联系人：金友，电话：(010)83210681、83210682、83219215、83219217(传真)。